装配式建筑工程计量与计价

主编　田建冬

参编　何桂芳　陆隆源

　　　姜　磊　何　乐

东南大学出版社

南京

内容提要

　　"装配式建筑工程计量与计价"是工程造价、工程管理、土木工程专业的一门专业必修课程。本课程围绕装配式建筑工程计量与计价概述、装配式建筑分部分项工程计量与计价实例、装配式建筑工程计量与计价实例进行编写,通过对工程造价职业岗位进行充分调研和分析,借鉴先进的 BIM 技术进行课程开发,目的是让学生在掌握装配式建筑分部分项工程量计算规则,掌握房屋建筑与装饰工程和装配式建筑工程定额应用方法的基础上,熟悉并掌握应用 BIM 技术进行装配式建筑单位工程造价文件编制的方法。通过两阶段的实例学习,从而提升学生独立编制装配式建筑工程招标控制价的能力。本课程的学习是以"建筑制图与 CAD""平法施工图识读""建筑构造与识图""BIM 技术教程""建筑施工组织设计"课程的学习为基础,也是进一步学习"工程造价管理""工程项目管理"课程的基础。

图书在版编目(CIP)数据

　　装配式建筑工程计量与计价 / 田建冬主编. — 南京：
东南大学出版社，2021.1
　　ISBN 978 - 7 - 5641 - 9223 - 5

　　Ⅰ.①装… Ⅱ.①田… Ⅲ.①装配式构件-建筑工程
-计量-高等学校-材料②装配式构件-建筑工程-建筑
造价-高等学校-教材　Ⅳ.①TU723.3

　　中国版本图书馆 CIP 数据核字(2020)第 225991 号

装配式建筑工程计量与计价
Zhuangpeishi Jianzhu Gongcheng Jiliang Yu Jijia

主　　编	田建冬
出版发行	东南大学出版社
社　　址	南京市四牌楼 2 号　　邮编　210096
出 版 人	江建中
网　　址	http://www.seupress.com
责任编辑	戴　丽
责任印制	周荣虎
经　　销	全国各地新华书店
印　　刷	江苏扬中印刷有限公司

开　　本	787 mm×1092 mm　1/16
印　　张	25.25
字　　数	630 千字
版　　次	2021 年 1 月第 1 版
印　　次	2021 年 1 月第 1 次印刷
书　　号	ISBN 978 - 7 - 5641 - 9223 - 5
定　　价	58.00 元

经　　销	全国各地新华书店
发行热线	025-83790519　83791830

前　　言

随着BIM技术在建筑领域的不断推广应用,应用型本科院校和高职院校越来越注重应用型和技能型人才的培养,土建专业人才培养模式和教学方法将随之发生相应转变。本教材围绕全国高等教育建筑工程专业人才培养方案和专业必修课程教学大纲的基本要求,基于以往房屋建筑与装饰工程计量与计价教程建设的宝贵经验,结合房屋建筑与装饰工程和装配式建筑工程新版清单计价规范和先进的BIM技术,确定教材编写思路。本教材教学采用BIM实验室全程授课方式,将现代信息技术融入传统理论教学模式中。本教材每一章节内容安排先讲解理论知识,后讲解实例编制,做到一章节一实训练习,理论与实践有机结合,从而彻底解决了理论教学与实践环节脱节的问题,以期达到应用型和技能型人才培养的目标。

本教材各章节配套的实例为真实案例,前面章节的各分部分项工程实例由最后两章节完整实例细化分解而得,针对前面各章节的学习,学生先学习专业基础知识,再进行分部分项工程模块化实例实训练习,从而全面掌握装配式建筑各分部分项工程BIM的构建方法。在本教材的最后两章节,安排了完整的钢筋工程量计算和招标控制价编制案例,让学生独立完成该案例工程各分部分项工程实训内容的编制,独立编制装配式建筑单位工程招标控制价,通过对整体知识框架结构体系实例的实训练习,巩固复习前面所学各分部分项工程BIM的构建方法,提升学生的整体装配式建筑工程计量计价能力,培养学生的综合业务素质,从而达到熟练使用BIM技术进行装配式建筑工程计量计价的目的。

本教材分为三部分:第一部分为BIM与装配式建筑工程计量计价概述,共包含四章内容(第一章至第四章);第二部分为装配式建筑各分部分项工程及措施项目计量计价编制方法,共包含五章内容(第五章至第九章);第三部分为装配式建筑工程计量计价实例,共包含一章内容(第十章)。这三部分内容的设计讲授课时数为64学时。本教材授课在BIM实验室完成,借助先进的BIM技术,将装配式建筑施工现场搬进工程造价课堂,将施工技术与工程造价有机结合,这样可让学生既学习装配式建筑工程计量与计价,又感知装配式建筑工程施工工艺,进一步加深对专业知识的理解,从而提高学生的学习效果。

本教材主要适用于建筑工程相关专业装配式建筑工程计量与计价课程学习,不仅可以作为应用型本科院校和高职院校工程造价、工程管理、土木工程、房地产经营管理等专业的装配式建筑工程计量与计价教材,而且可供从事工程造价人员学习参考。

本教材的编写得到了教育部产学合作协同育人项目采薇君华公司的大力支持,在此表示衷心感谢。另外,由于编者水平有限,书中错误和不妥之处在所难免,恳请广大读者批评指正。

目　　录

1 工程造价基础知识

【学习目标】
1. 了解工程项目建设程序的概念。
2. 熟悉工程项目的概念及层次划分。
3. 掌握工程造价的概念及构成,掌握装配式建筑安装工程费用构成。
4. 掌握工程造价计价的概念,掌握工程造价的两种计价模式。

【学习要求】
1. 理解工程项目概念,掌握工程项目层次划分。
2. 掌握工程造价及其构成基本内容,理解装配式建筑安装工程费用构成基本内容。
3. 了解工程项目建设程序,掌握工程造价计价基本内容。

1.1 工程项目概述

1.1.1 工程项目含义及其层次划分

1. 工程项目概念

1）项目

项目是指那些作为管理对象,在一定的约束条件下(限定资源、时间、质量等),完成的具有特定目的的一次性任务。其具有任务一次性、目标明确性、管理对象整体性特征,如建设一栋办公楼、建设一所学校、完成某项科研任务等,这些都具有上述特征,所以都属于项目。

项目按其最终成果可划分为科研项目、开发项目、建设工程项目、修缮项目、航天项目、咨询项目、环保项目、旅游项目等等。

2）工程项目

工程项目是指需要一定量的资金投入,在一定的约束条件下(时间、质量、成本等),经过投资决策、勘察设计、施工、竣工验收等一系列程序,以形成固定资产为目标的一次性建设任务。其基本特征包括以下几个方面:

（1）有明确的项目组成。建设工程项目在一个总体设计或初步设计范围内,由一个或若干个互有内在联系的单项工程组成,建设中实行统一核算、统一管理。

（2）在一定约束条件下,以形成固定资产为特定目标。在项目建设过程中,约束条件主要包括时间约束、质量约束、资源约束三方面。

（3）需要遵循必要的建设程序和经过特定的建设过程,且是一个有序的全过程。

（4）具有投资限额标准。只有达到一定的限额投资才能作为建设工程项目,低于投资限额标准的称为零星固定资产购置。

（5）根据特定的任务,采取一次性的组织形式,进行一次性投资,如一所学校、一个住宅区、一座工厂、一所医院、一条地铁等。

2. 工程项目的层次划分

为了适应工程管理和经济核算的需要,建设项目由大到小可分解为单项工程、单位工程、分部工程和分项工程,如图 1-1 所示。

图 1-1　工程项目的层次划分

1) 建设项目

建设工程项目可以是一个单体工程(如一个办公楼),也可以是一个住宅区、一所学校、一座工厂。总之,建设项目可以是一个综合体,也可以是一个单体建筑工程项目。

2) 单项工程

单项工程是建设项目的组成部分,是指具有独立性的设计文件,建成后可以独立发挥生产能力或使用效益的工程。一个建设项目可以分解为一个单项工程,也可以分解为多个单项工程。

3) 单位工程

单位工程是单项工程的组成部分,一般是指具有独立的设计文件或独立的施工条件,但不能独立发挥生产能力或使用效益的工程。如工业厂房中的土建工程、设备安装工程、工业管道工程等分别是单项工程中所包含的不同性质的单位工程。

4) 分部工程

分部工程是单位工程的组成部分,是指在单位工程中,按照不同结构、不同工种、不同材料和机械设备划分的工程。根据《建筑工程施工质量验收统一标准》(GB 50300—2013),建筑工程的分部工程包括土石方工程、地基与基础工程、砌体工程、钢筋混凝土工程、楼地面工程、屋面工程、门窗工程等分部工程。

5) 分项工程

分项工程是分部工程的组成部分,是指分部工程中,按照不同的施工方法、不同的材料、不同的规格进一步划分的最基本的工程项目,如素土夯实、灰土基础、砖基础、土方开挖、土方回填、模板、钢筋等工程。分项工程具有以下几个特点:

(1) 能用最简单的施工过程去完成。

(2) 能用一定的计量单位计算。

(3) 能计算出某一计量单位的分项工程所需耗用的人工、材料和机械台班的数量。

下面以某学校为例说明工程项目的层次划分,如图 1-2 所示。

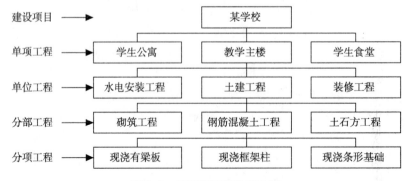

图 1-2　工程项目层次划分图

1.1.2　工程项目建设程序

工程项目建设程序是指工程项目从策划、评估、决策、设计、施工到竣工验收、投入生产或交付使用的整个建设过程中,各项工作必须遵循的先后工作次序。工程项目建设程序是工程建设过程客观规律的反映,是建设工程项目科学决策和顺利进行的重要保证。

目前,我国工程项目建设程序基本划分为 7 个阶段,即工程项目建议书编制阶段、工程项目可行性研究阶段、工程项目设计阶段、工程项目开工前准备阶段、工程项目施工阶段、工程项目竣工验收阶段和工程项目后评估阶段,如图 1-3 所示。

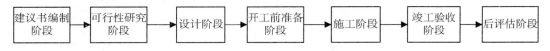

图 1-3　工程项目的建设程序图

1. 工程项目建议书编制阶段

项目建议书是在项目周期内的最初阶段,提出一个轮廓设想要求建设某一具体投资项目并做出初步选择的建议性文件。项目建议书从总体和宏观上考察拟建项目的建设必要性、建设条件的可行性和获利的可能性,并给出项目的投资建议和初步设想,以作为国家、地区或企业选择投资项目的初步决策依据和进行可行性研究的基础。

2. 工程项目可行性研究阶段

可行性研究是项目建议书获得批准后,对拟建设项目在技术、工程和外部协作条件等方面的可行性、经济(包括宏观和微观经济)合理性进行全面分析和深入论证,为项目决策提供依据。

3. 工程项目设计阶段

工程建设项目的设计是工程项目的先导,是对拟建工程项目的实施在技术上和经济上所进行的全面而详尽的安排,是组织施工安装的依据。可行性研究报告经批准的工程项目应通过招投标择优选择设计单位。根据工程项目建设的不同情况,工程项目设计一般可分为三个阶段:初步设计阶段、技术设计阶段、施工图设计阶段。

4. 工程项目开工前准备阶段

工程建设项目在开工之前,建设单位(业主)必须要做好开工前的各项准备工作。主要内容包括:

1) 完成工程项目所在地块的征地、拆迁工作。

2) 完成施工场地的施工用水、施工用电、道路畅通和场地平整(三通一平)等工作。

3) 组织设备、材料订货(特别是甲供材)。

4) 获取工程项目的所有施工图纸。

5) 组织施工招标投标,择优选定施工单位和监理单位。

5. 工程项目施工阶段

工程项目经建设行政主管部门批准开工建设,即进入工程项目的施工阶段,施工单位(承包商)必须要做好开工前的各项准备工作。这一阶段的工作内容包括:

1) 承包商要针对工程项目或单项工程的总体规划安排施工活动。

2）承包商要按照工程设计要求、施工合同条款、施工组织设计及投资预算等，在保证工程质量、工期、成本、安全目标的前提下进行施工。

3）承包商要加强环境保护，处理好人、建筑、绿色生态建筑三者之间的协调关系，满足可持续发展的需要。

4）工程建设项目达到竣工验收标准后，由施工承包单位进行初步验收。初步验收合格以后再通知监理单位和业主进行最后的整体建设项目的竣工验收，竣工验收合格后移交给建设单位使用。

6. 工程项目竣工验收阶段

竣工验收是工程建设过程的最后一环，是全面考核基本建设成果，检验设计、施工质量的重要步骤。竣工验收阶段的工作内容包括：

1）检验设计和工程质量，保证项目按设计要求的技术经济指标正常使用。

2）有关部门和单位可以通过工程的验收总结经验教训。

3）对验收合格的项目，可及时移交建设单位使用。

7. 工程项目后评估阶段

工程项目后评估是建设项目投资管理的最后一个环节，通过工程项目后评估可达到肯定成绩、总结经验、吸取教训、改进工作、提高决策水平的目的，并为制定科学的建设计划提供依据。工程项目后评估主要对以下几个方面进行评估：

1）使用效益和实际发挥情况。

2）投资回收和贷款偿还情况。

3）社会效益和环境效益。

4）其他需要总结的经验。

1.2　工程造价构成概述

1.2.1　工程项目总投资及其构成

1. 工程项目总投资

工程项目总投资，一般是指工程建设过程中所支出的各项费用之和，是建设项目按照确定的建设内容、建设规模、建设标准、功能要求和使用要求全部建成，并验收合格交付使用，所需的全部费用。

2. 工程项目总投资的构成

工程项目按投资作用可分为生产性建设工程项目和非生产性建设工程项目。生产性建设工程项目总投资包括建设投资、建设期利息和流动资产投资三部分；非生产性建设工程项目总投资包括建设投资和建设期利息两部分。

1.2.2　工程造价及其构成

1. 工程造价

工程造价通常是指工程项目建设预计或实际支出的费用，其直接含义就是工程项目的建造价格。工程造价也指进行一个工程项目的建造所需要花费的全部费用，即从工程项目确定建设意向直至建成、竣工验收为止的整个建设期间所支出的总费用。建设工程造价就是指工程项目建设投资和建设期的利息之和。

2. 工程造价的构成

根据国家发改委和原建设部审定颁布的《建设项目经济评价方法与参数》(第三版)的规定,我国现行工程造价(固定资产投资)主要包括工程费用、工程建设其他费用、预备费、建设期贷款利息和固定资产投资方向调节税五部分。其具体构成内容如图1-4所示。

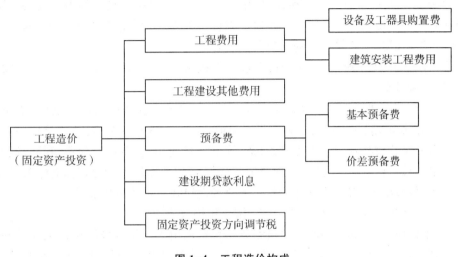

图 1-4　工程造价构成

工程费用是指直接构成固定资产实体的各种费用,包括两部分:一是设备及工器具购置费;二是建筑安装工程费用。

工程建设的其他费用是指根据国家有关规定应在投资中支付,并列入建设项目总造价或单项工程造价的费用。

预备费是指为了保证工程项目的顺利实施,避免在难以预料的情况下造成投资不足而预先安排的一笔费用。

建设期贷款利息是指建设项目使用银行或其他金融机构的贷款,在建设期应归还的借款利息。

固定资产投资方向调节税是指国家为了贯彻产业政策,控制投资规模,引导投资方向,调整投资结构,加强重点建设,促进国民经济持续稳定协调发展,对进行固定资产投资的单位和个人开征或暂缓征收税种。目前,该税种暂停征收。

1.2.3　装配式建筑安装工程费用组成

装配式建筑安装工程费用包括装配式建筑工程费用和安装工程费用两部分内容。

1) 装配式建筑工程费用

(1) 各类装配式建筑工程费用,列入装配式建筑工程预算的供水、供暖、供电、卫生、通风、煤气等设备费用及其装饰、油饰工程的费用,列入装配式建筑工程预算的各种管道、电力、电信和电缆导线敷设工程的费用。

(2) 设备基础、支柱、工作台、烟囱、水塔、水池、灰塔等建筑工程,以及各种窑炉的砌筑工程和金属结构工程的费用。

（3）为施工而进行的场地平整，工程和水文地质勘探，原有建筑物和障碍物的拆除，施工临时用水、电、气、路，以及完工后的场地清理、环境绿化、美化等工作的费用。

（4）矿井开凿，井巷延伸，露天矿剥离和石油、天然气钻井，修建铁路、公路、桥梁、水库、堤坝、灌渠及防洪等工程的费用。

2）安装工程费用

（1）生产、动力、起重、运输、传动、医疗和实验等各种需要安装的机械设备的装配费用，与设备相连的工作台、楼梯栏杆等附属工程以及附设于被安装设备的管线敷设工程和被安装设备的绝缘、防腐、保温、油漆等工作的材料费和安装费。

（2）为测定安装工作质量，对单个设备进行单机试运转和对系统设备进行系统联动无负荷试运工作的调试费。

按照住房和城乡建设部、财政部《关于印发〈建筑安装工程费用项目组成〉的通知》（建标〔2013〕44号）的规定，装配式建筑安装工程费用项目组成有两种划分方式：一是按照费用构成要素划分，由人工费、材料（包含工程设备）费、施工机具使用费、企业管理费、利润、规费、税金组成，属于定额计价模式；二是按照工程造价形成划分，由分部分项工程费、措施项目费、其他项目费、规费、税金组成，属于清单计价模式。两者之间既独立又相互联系。

1. 装配式建筑安装工程费用项目组成（按费用构成要素划分）

按照费用构成要素划分，装配式建筑安装工程费用由人工费、材料（包含工程设备）费、施工机具使用费、企业管理费、利润、规费和税金组成。其中人工费、材料费、施工机具使用费、企业管理费和利润包含在分部分项工程费、措施项目费、其他项目费中，其组成结构如图1-5所示。

1）人工费

人工费是指按工资总额构成规定，支付给从事装配式建筑安装工程施工的生产工人和附属生产单位工人的各项费用，其内容包括：

（1）计时工资或计件工资，是指按计时工资标准和工作时间或对已做工作按计件单价支付给个人的劳动报酬。

（2）奖金，是指对超额劳动和增收节支支付给个人的劳动报酬。如节约奖、劳动竞赛奖等。

（3）津贴补贴，是指为了补偿职工特殊或额外的劳动消耗和因其他特殊原因支付给个人的津贴，以及为了保证职工工资水平不受物价影响支付给个人的物价补贴，如流动施工津贴、特殊地区施工津贴、高温（寒）作业临时津贴、高空津贴等。

（4）加班加点工资，是指按规定支付的在法定节假日工作的加班工资和在法定日工作时间外延时工作的加点工资。

（5）特殊情况下支付的工资，是指根据国家法律、法规和政策规定，因病、工伤、产假、计划生育假、婚丧假、事假、探亲假、定期休假、停工学习、执行国家或社会义务等原因，按计时工资标准或计时工资标准的一定比例支付的工资。

2）材料费

材料费是指施工过程中耗费的原材料、辅助材料、构配件、零件、半成品或成品的费用和周转使用材料的摊销（或租赁）费用，其内容包括：

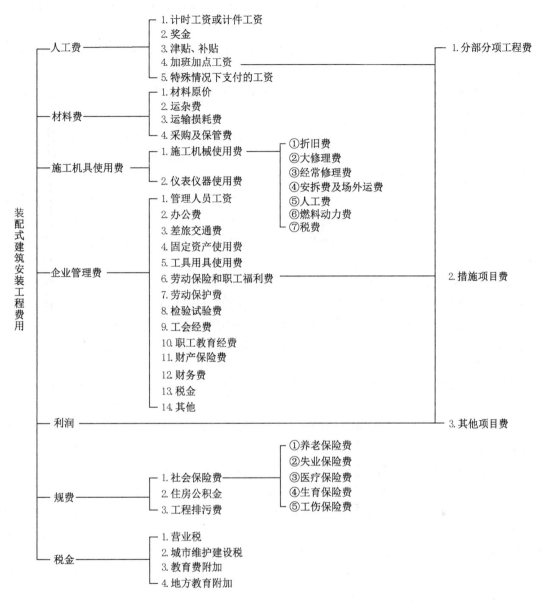

图1-5 装配式建筑安装工程费用组成(按费用构成要素划分)

(1) 材料原价,是指材料、工程设备的出厂价格或商家供应价格。

(2) 运杂费,是指材料、工程设备自来源地运至工地仓库或指定堆放地点所发生的全部费用。

(3) 运输损耗费,是指材料在运输、装卸过程中不可避免的损耗。

(4) 采购及保管费,是指为组织采购、供应和保管材料、工程设备的过程中所需要的各项费用,包括采购费、仓储费、工地保管费、仓储损耗。工程设备是指构成或计划构成永久工程一部分的机电设备、金属结构设备、仪器装置及其他类似的设备和装置。

3) 施工机具使用费

施工机具使用费是指施工作业所发生的施工机械、仪器仪表使用费或其租赁费。

　　(1) 施工机械使用费,以施工机械台班耗用量乘以施工机械台班单价表示,施工机械台班单价应由下列七项费用组成:

　　① 折旧费,指施工机械在规定的使用年限内陆续收回其原值的费用及购置资金的时间价值。

　　② 大修理费,指施工机械按规定的大修理间隔台班进行必要的大修理,以恢复其正常功能所需的费用。

　　③ 经常修理费,指施工机械除大修理以外的各级保养和临时故障排除所需的费用,包括为保障机械正常运转所需替换设备与随机配备工具附具的摊销和维护费用,机械运转中日常保养所需润滑与擦拭的材料费用及机械停滞期间的维护和保养费用等。

　　④ 安拆费及场外运费,安拆费指施工机械(大型机械除外)在现场进行安装与拆卸所需的人工、材料、机械和试运转费用,以及机械辅助设施的折旧、搭设、拆除等费用。场外运费指施工机械整体或分体自停放地点运至施工现场或由一施工地点运至另一施工地点的运输、装卸、辅助材料及架线等费用。

　　⑤ 人工费,指机上司机(司炉)和其他操作人员的人工费。

　　⑥ 燃料动力费,指施工机械在运转作业中所消耗的各种燃料及水、电等费用。

　　⑦ 税费,指施工机械按照国家规定应缴纳的车船使用税、保险费及年检费等费用。

　　(2) 仪器仪表使用费,指工程施工所需使用的仪器仪表的摊销及维修费用。

　　4) 企业管理费

　　企业管理费是指装配式建筑安装施工企业组织施工生产和经营管理所需的费用,其内容包括:

　　(1) 管理人员工资,是指按规定支付给管理人员的计时工资、奖金、津贴补贴、加班加点工资及特殊情况下支付的工资等。

　　(2) 办公费,是指企业管理办公用的文具、纸张、账表、印刷、邮电、书报、办公软件、现场监控、会议、水电、烧水和集体取暖降温(包括现场临时宿舍取暖降温)等费用。

　　(3) 差旅交通费,是指职工因公出差、调动工作的差旅费和住勤补助费,市内交通费和误餐补助费,职工探亲路费,劳动力招募费,职工退休、退职一次性路费,工伤人员就医路费,工地转移费,以及管理部门使用的交通工具的油料、燃料等费用。

　　(4) 固定资产使用费,是指管理和试验部门及附属生产单位使用的属于固定资产的房屋、设备、仪器等的折旧、大修、维修或租赁费。

　　(5) 工具用具使用费,是指企业施工生产和管理使用的不属于固定资产的工具、器具、家具、交通工具和检验、试验、测绘、消防用具等的购置、维修和摊销费。

　　(6) 劳动保险和职工福利费,是指由企业支付的职工退职金、按规定支付给离休干部的经费,集体福利费、夏季防暑降温补贴、冬季取暖补贴、上下班交通补贴等。

　　(7) 劳动保护费,是企业按规定发放的劳动保护用品的支出,如工作服、手套、防暑降温饮料,以及在有碍身体健康的环境中施工的保健费用等。

　　(8) 检验试验费,是指施工企业按照有关标准规定,对建筑及材料、构件和建筑安装物进行一般鉴定和检查所发生的费用,包括自设实验室进行试验所耗用的材料等费用。不包括新结构、新材料的试验费,对构件做破坏性试验及其他特殊要求检验试验的费用,和建设单位委托检测机构进行检测的费用,对此类检测发生的费用由建设单位在工程建设其他费用中列支。但对施工企业提供的具有合格证明的材料进行不合格检测的费用由施工企业支付。

(9) 工会经费,是指企业按《中华人民共和国工会法》规定的全部职工工资总额比例计提的工会经费。

(10) 职工教育经费,是指按职工工资总额的规定比例计提,企业对职工进行专业技术和职业技能培训,专业技术人员继续教育、职工职业技能鉴定、职业资格认定,以及根据需要对职工进行各类文化教育所发生的费用。

(11) 财产保险费,是指施工管理用财产、车辆等的保险费用。

(12) 财务费,是指企业为施工生产筹集资金或提供预付款担保、履约担保、职工工资支付担保等所发生的各种费用。

(13) 税金,是指企业按规定缴纳的房产税、非施工机械车船使用税、土地使用税、印花税等。

(14) 其他,包括技术转让费、技术开发费、投标费、业务招待费、绿化费、广告费、公证费、法律顾问费、审计费、咨询费、保险费等。

5) 利润

利润是指装配式建筑安装施工企业完成所承包工程获得的盈利。

6) 规费

规费是指按国家法律、法规规定,由省级政府和省级有关权力部门规定必须缴纳或计取的费用,包括以下几个方面。

(1) 社会保险费,包括以下5个:

① 养老保险费,是指企业按照规定标准为职工缴纳的基本养老保险费。

② 失业保险费,是指企业按照规定标准为职工缴纳的失业保险费。

③ 医疗保险费,是指企业按照规定标准为职工缴纳的基本医疗保险费。

④ 生育保险费,是指企业按照规定标准为职工缴纳的生育保险费。

⑤ 工伤保险费,是指企业按照规定标准为职工缴纳的工伤保险费。

(2) 住房公积金,是指企业按规定标准为职工缴纳的住房公积金。

(3) 工程排污费,是指按规定缴纳的施工现场工程排污费。

其他应列而未列入的规费,按实际发生计取。

7) 税金

税金是指国家税法规定的应计入装配式建筑安装工程造价内的营业税、城市维护建设税、教育费附加以及地方教育附加。

2. 装配式建筑安装工程费用项目组成(按照工程造价形成划分)

按照工程造价形成划分,装配式建筑安装工程费用由分部分项工程费、措施项目费、其他项目费、规费、税金组成,其中分部分项工程费、措施项目费、其他项目费均由人工费、材料费、施工机具使用费、企业管理费和利润五部分组成。目前的《建设工程工程量清单计价规范》(GB 50500—2013)就是以此作为清单计价装配式建筑安装工程费用的构成,其组成如图1-6所示。

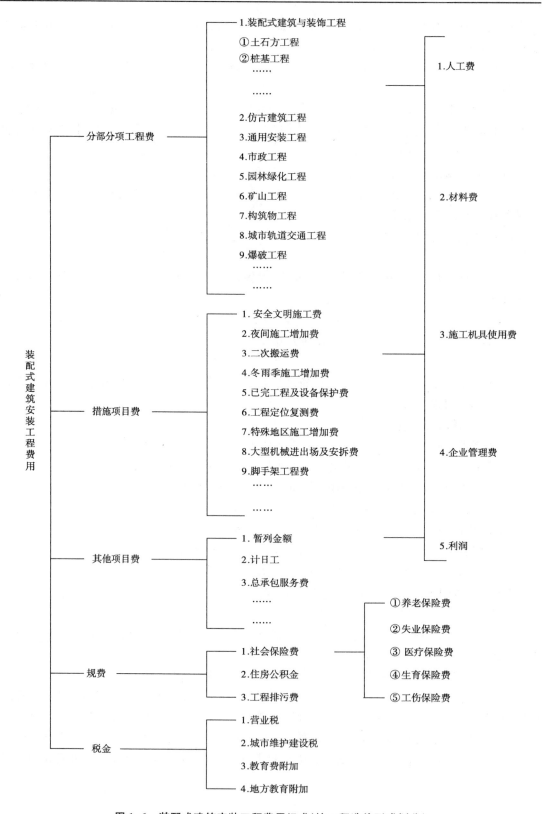

图 1-6　装配式建筑安装工程费用组成(按工程造价形成划分)

1) 分部分项工程费

分部分项工程费,是指施工过程中,装配式建筑安装工程的分部分项工程应予列支的各项费用。分部分项工程划分详见现行国家建设工程工程量计算规范。

综合单价,是指完成一个分部分项工程项目所需的人工费、材料费、施工机具使用费、企业管理费、利润以及一定范围内的风险费用。

2) 措施项目费

措施项目费,是指为完成建设工程项目施工,发生于该工程施工准备和施工过程中的技术、生活、安全、环境保护等方面的非工程实体项目费用,包括单价措施项目费和总价措施项目费。

(1) 单价措施费

① 脚手架工程费,是指施工需要的各种脚手架搭、拆、运输费用以及脚手架购置费的摊销(或租赁)费用。

② 垂直运输机械费,是指在合理工期内完成单位工程全部项目所需的垂直运输机械台班费用。

③ 混凝土、钢筋混凝土模板及支架费,是指混凝土施工过程中需要的各种模板及支架的支、拆、运输费用和模板及支架的摊销(或租赁)费用。

④ 混凝土泵送费,是指泵送混凝土所发生的费用。

⑤ 大型机械进出场及安拆费,是指大型机械整体或分体自停放场地运至施工现场或由一个施工地点运至另一个施工地点所发生的机械进出场运输转移费用,以及机械在施工现场进行安装、拆卸所需的人工费、材料费、机械费、试运转费和安装所需辅助设施(如塔吊基础)的费用。

⑥ 二次搬运费,是指因施工场地条件限制,材料、构配件、半成品等一次运输不能到达堆放地点,必须进行二次或多次搬运所发生的费用。

⑦ 已完工程及设备保护费,是指竣工验收前,对已完工程及设备采取必要保护措施所发生的费用。

⑧ 施工排水、降水费,是指为确保工程在正常条件下施工,采取各种排水、降水措施所发生的各种费用。

⑨ 建筑物超高加压水泵费,是指建筑物地上超过 6 层或设计室外标高至檐口高度超过 20 m 以上,水压不够,需增加加压水泵而发生的费用。

⑩ 夜间施工增加费,是指因夜间施工所发生的夜班补助费,夜间施工降效、夜间施工照明设备摊销及照明用电等费用。

(2) 总价措施费

① 安全文明施工费

a. 环境保护费,是指施工现场为达到环保部门要求所需要的各项费用。

b. 文明施工费,是指施工现场文明施工所需要的各项费用。

c. 安全施工费,是指施工现场安全施工所需要的各项费用。

d. 临时设施费,是指施工企业为进行建设工程施工所必须搭设的生活和生产用的临时建筑物、构筑物和其他临时设施费用,包括临时设施的搭设、维修、拆除、清理费或摊销费等。

临时设施包括临时宿舍,文化福利及公用事业房屋与构筑物,仓库,办公室,加工场,以及在规定范围内的道路、水、电管线等临时设施和小型临时设施。

② 检验试验配合费，是指施工单位按规定进行建筑材料、构配件等试样的制作、封样、送检和其他保证工程质量的检验试验所发生的费用。

③ 冬、雨季施工增加费，是指在冬季或雨季施工期间需增加的临时设施，防滑、排除雨雪，人工及施工机械效率降低等费用。

④ 工程定位复测费，是指工程施工过程中进行全部施工测量放线和复测工作的费用。

⑤ 优质工程增加费，是指招标人要求承包人完成的单位工程质量达到合同约定为优质工程所必须增加的施工成本费。

⑥ 提前竣工（赶工补偿）费，是指在工程发包时发包人要求压缩工期天数超过定额工期的20％或在施工过程中发包人要求缩短合同工程工期，由此产生的应由发包人支付的费用。

⑦ 特殊保健费，是指在有毒有害气体和有放射性物质区域范围内的施工人员的保健费，施工人员与建设单位职工享受同等特殊保健津贴。

⑧ 交叉施工补贴，是指装配式建筑与装饰工程和设备安装工程进行交叉作业而相互影响的费用。

⑨ 暗室施工增加费，是指在地下室（或暗室）内进行施工时所发生的照明费、照明设备摊销费及人工降效费。

⑩ 其他，根据各专业、不同地区及工程特点补充的施工组织措施费用项目。

3）其他项目费

（1）暂列金额，是指招标人在工程量清单中暂定并包括在工程合同价款中的一笔款项。用于工程施工合同签订时尚未确定或者不可预见的所需材料、工程设备、服务的采购，施工中可能发生的工程变更、合同约定调整因素出现时的工程价款调整以及发生的索赔、现场签证确认等的费用。

（2）暂估价，是指招标人在工程量清单中提供的用于支付必然发生但暂时不能确定价格的材料以及专业工程的金额。

（3）计日工，是指在施工过程中，施工企业完成建设单位提出的施工图纸以外的零星项目或工作所需的费用，按合同中约定的单价计价的一种方式。计日工综合单价应包含除税金以外的全部费用。

（4）总承包服务费，是指总承包人为配合、协调建设单位进行的专业工程发包，对建设单位自行采购的材料、工程设备等进行保管以及施工现场管理、竣工资料汇总整理等服务所需的费用。一般包括总分包管理费、总分包配合费、甲供材的采购保管费。

① 总分包管理费，是指总承包人对分包工程和分包人实施统筹管理而发生的费用，一般包括分包工程的施工组织设计、施工现场管理协调、竣工资料的汇总整理等活动所发生的费用。

② 总分包配合费，是指分包人使用总承包人的现有设施所支付的费用，一般包括脚手架、垂直运输机械设备、临时设施、临时水电管线的使用费用，提供施工用水电及总包和分包约定的其他费用。

③ 甲供材的采购保管费，是指建设单位供应的材料需总承包人接收及保管的费用。

总承包服务费率与工作内容可参照省、市、自治区工程造价管理机构的有关规定约定，也可以由甲、乙双方在合同中约定按实际发生计算。

(5) 停工窝工损失费,是指建筑施工企业进入现场后,由于设计变更、停水、停电累计超过 8 小时(不包括周期性停水、停电)以及其他按规定应由建设单位承担责任的原因造成的现场无法调剂的停工窝工损失费用。

(6) 机械台班停滞费,是指非承包商责任造成的机械停滞所发生的费用。

4) 规费

定义同前。

5) 税金

定义同前。

1.2.4 设备及工器具购置费的构成

装配式建筑安装工程中的设备及工器具购置费由设备购置费和工器具及生产家具购置费组成,是固定资产投资中的重要组成部分。

1. 设备购置费

设备购置费是指为工程项目购置或自制的达到固定资产标准的各种国产或进口设备、工器具的购置费用。所谓固定资产标准,是指使用年限在一年以上,单位价值在国家或各主管部门规定的限额以上。设备购置费由设备原价和设备运杂费构成。即:

$$设备购置费=设备原价+设备运杂费 \qquad (1-1)$$

式中,设备原价是指国产标准设备、国产非标准设备和进口设备的原价;设备运杂费是指设备原价中未包括的包装和包装材料费、运输费、装卸费、采购费及仓库保管费、供销部门手续费等,其计算公式为:

$$设备运杂费=设备原价×设备运杂费率 \qquad (1-2)$$

式中,设备运杂费率按各部门及各省、市等的规定计取,

1) 国产标准设备原价。国产标准设备是指按照主管部门颁布的标准图纸和技术要求,由我国设备生产厂批量生产的,符合国家质量检验标准的设备。国产标准设备原价一般指的是设备制造厂的交货价,即出厂价。国产标准设备原价有两种,即带有备件的原价和不带备件的原价,在计算时,一般采用带有备件的原价。

2) 国产非标准设备原价。国产非标准设备是指国家尚无定型标准,各设备生产厂不可能在工艺过程中采用批量生产,只能按一次订货,并根据具体的设计图纸制造的设备。非标准设备原价有多种不同的计算方法,如成本计算估价法、系列设备插入估价法、分部组合估价法、定额估价法等,成本计算估价法是一种常用的估算非标准设备原价的方法。

3) 进口设备原价。进口设备原价是指进口设备的抵岸价,即抵达买方边境港口或边境车站,且交完关税等税费后形成的价格,其计算公式为:

进口设备原价=货价+国际运费+运输保险费+银行财务费+外贸手续费+关税+增值税+消费税+海关监管手续费+车辆购置附加费

$$\qquad (1-3)$$

(1) 货价,一般指装运港船上交货价(FOB),习惯称离岸价格。

(2) 国际运费,从装运港(站)到达我国抵达港(站)的运费,我国进口设备大部分采用海洋运输,进口设备国际运费的计算公式为:

$$国际运费(海、陆、空)＝原币货价(FOB)×运费率 \tag{1-4}$$

$$国际运费(海、陆、空)＝运量×单位运价 \tag{1-5}$$

(3) 运输保险费,对外贸易货物运输保险是由保险人(保险公司)与被保险人(出口人或进口人)订立保险契约,在被保险人交付议定的保险费后,保险人根据保险契约的规定,对货物在运输过程中发生的承保责任范围内的损失给予经济上的补偿。

$$运输保险费＝[原币货价(FOB)＋国际运费]×保险费率/[1－保险费率] \tag{1-6}$$

式中,保险费率按保险公司规定的进口货物保险费率计算。

(4) 银行财务费,一般指中国银行手续费,其计算公式为:

$$银行财务费＝人民币交货价(FOB)×银行财务费率 \tag{1-7}$$

(5) 外贸手续费,指按对外经济贸易部门规定的外贸手续费率计取的费用,其计算公式为:

$$外贸手续费＝到岸价格(CIF)×外贸手续费率 \tag{1-8}$$

$$到岸价格(CIF)＝离岸价格(FOB)＋国际运费＋运输保险费 \tag{1-9}$$

(6) 关税,由海关对进出国境或关境的货物和物品征收的一种税,其计算公式为:

$$关税＝到岸价格(CIF)×进口关税税率 \tag{1-10}$$

(7) 增值税,指对从事进口贸易的单位和个人,在进口商品报关进口后征收的税种,其计算公式为:

$$进口产品增值税额＝组成计税价格×增值税税率 \tag{1-11}$$

$$组成计税价格＝关税完税价格＋关税＋消费税 \tag{1-12}$$

增值税税率根据规定的税率计算。

(8) 消费税,指对部分进口设备(如轿车、摩托车等)征收的税种,其计算公式为:

$$应纳消费税额＝[到岸价格(CIF)＋关税]×消费税税率/(1－消费税税率) \tag{1-13}$$

式中,消费税税率根据规定的税率计算。

(9) 海关监管手续费,指海关对进口减税、免税、保税货物实施监督、管理、提供服务的手续费,对于全额征收进口关税的货物不计本项费用,其计算公式为:

$$海关监管手续费＝到岸价格(CIF)×海关监管手续费率 \tag{1-14}$$

(10) 车辆购置附加费,指进口车辆需缴纳的车辆购置附加费,其计算公式为:

$$车辆购置附加费＝[到岸价格(CIF)＋关税＋消费税]×车辆购置附加费率 \tag{1-15}$$

2. 工器具及生产家具购置费

工器具及生产家具购置费是指新建或扩建项目初步设计规定的,保证初期正常生产必须购置的没有达到固定资产标准的设备、仪器、工卡模具、器具、生产家具和备品备件等的购置费用。一般以设备购置费为基数,按照有关部门或行业规定的工器具及生产家具费率计算,其计算公式为:

$$工器具及生产家具购置费＝设备购置费×定额费率 \tag{1-16}$$

1.2.5　工程建设其他费用

工程建设其他费用是指从工程筹建起到工程竣工验收交付使用的整个建设期间,除建筑安装工程费用和设备及工器具购置费用以外的,为保证工程建设顺利完成和交付使用后能够正常发挥效用而发生的各项费用。工程建设其他费用可分为三类:土地使用费、与工程建设有关的其他费用、与未来企业生产和经营有关的其他费用。

1. 土地使用费

土地使用费是指建设单位为了获得建设用地的使用权,通过划拨方式取得土地使用权而支付的土地征用及迁移补偿费,或者通过土地使用权出让方式取得土地使用权而支付的土地使用权出让金。

2. 与工程建设有关的其他费用

与工程建设有关的其他费用主要包括建设单位管理费、勘察设计费、研究试验费、临时设施费、工程监理费、工程保险费、施工机构迁移费、引进技术和进口设备的费用、工程承包费等。

3. 与未来企业生产经营有关的其他费用

与未来企业生产经营有关的其他费用主要包括联合试运转费、生产准备费、办公和生活家具购置费等。

1) 联合试运转费,是指新建、改建、扩建项目在工程竣工验收前,按照设计的生产工艺流程和质量标准对整个项目进行联合试运转所发生的费用支出与收入部分的差额部分。不包括应由设备安装工程费开支的单台设备调试费和试车费用。

2) 生产准备费,是指新建、改建、扩建工程项目为保证竣工交付后能正常使用而进行必要生产准备所发生的费用,包括生产人员培训费,生产单位提前进厂参加施工、设备安装、调试等,以及熟悉工艺流程和设备性能等人员的工资、工资性补贴、职工福利费、差旅交通费、劳动保护费等。

3) 办公和生活家具购置费,是指为保证新建、改建、扩建工程项目初期正常生产、使用和管理所必须购置的办公和生活家具用具的费用。

1.2.6　预备费

预备费又称建设工程不可预见费,按我国现行规定,预备费包括基本预备费和涨价预备费两部分。

1. 基本预备费

基本预备费是指在项目实施过程中可能发生而难以预料的,在初步设计及概算中预留的工程费用,主要指项目在实施过程中设计变更及工程量增加所产生的费用。具体内容包括以下几方面:

1) 在批准的初步设计范围内,技术设计、施工图设计及施工过程中所增加的工程费用,以及设计变更、局部地基处理等增加的费用。

2) 一般自然灾害造成的损失和预防自然灾害所采取的措施费用。实行工程保险的建设项目,其预留的工程费用应适当降低。

3) 竣工验收时,验收人员为了鉴定工程质量,对隐蔽工程进行必要的挖掘和修复所产生的费用。

基本预备费的计算公式为：

基本预备费＝(建筑安装工程费用＋设备及工器具购置费＋工程建设其他费用)×基本预备费率

(1-17)

基本预备费＝(工程费用＋工程建设其他费用)×基本预备费率　　　(1-18)

基本预备费率取值应执行国家及有关部门的有关规定。

2. 涨价预备费

涨价预备费是指建设项目在建设期间内由于利率、汇率或价格等因素的变化引起工程造价变化的预留费用，包括人工、设备、材料、施工机械的价差费，也称为价格变动不可预见费，其计算公式为：

$$PF = \sum_{i=1}^{n} I_t \left[(1+f)^m (1+f)^{0.5} (1+f)^{t-1} - 1 \right] \qquad (1-19)$$

式中：PF——涨价预备费；

n——建设期年份数；

I_t——估算静态投资额中第 t 年投入的工程费用；

m——建设前期年限(从编制估算到开工建设)；

f——年均投资价格上涨率；

t——建设期第 t 年。

1.2.7　建设期贷款利息

建设期贷款利息是指建设项目使用国内银行和其他非银行金融机构贷款、出口信贷、外国政府贷款、国际商业银行贷款以及在境内外发行的债券等，在建设期内应偿还的借款利息。

对于贷款总额一次性贷出且利息固定的贷款，建设期贷款本息直接按复利公式计算，贷款利息计算公式为：

$$I = P \left[(1+i_{实际})^n - 1 \right] \qquad (1-20)$$

式中：I——建设期贷款利息；

P——一次性贷款金额；

$i_{实际}$——年实际利率；

n——贷款期限。

对于总贷款采用分年均衡发放的情况，建设期利息的计算可按当年借款在年中支用考虑，即当年贷款按半年计息，上年贷款按全年计息，其计算公式为：

$$q_t = \left(P_{t-1} + \frac{1}{2} A_t \right) i_{实际} \qquad (1-21)$$

$$I = \sum_{t=1}^{n} q_t \qquad (1-22)$$

式中：I——建设期贷款利息；

q_t——建设期第 t 年应计利息；

P_{t-1}——建设期第$(t-1)$年末贷款累计金额与利息累计金额之和；

A_t——建设期第t年贷款金额；

$i_{实际}$——年实际利率。

当总贷款分年贷款且在建设期各年年初发放时,当年借款和上年贷款都按全年计息,其计算公式为:

$$q_t = (P_{t-1} + A_t)i_{实际} \tag{1-23}$$

$$i_{实际} = (1 + i_{名义}/m)^m - 1 \tag{1-24}$$

式中:$i_{名义}$——年名义利率；

m——每年的计息次数；

其他字母含义同上。

【例1-1】　某新建工程项目,建设期为3年,贷款年利率为5%,按季计息,试计算以下三种情况下建设期的贷款利息。

(1) 如果在建设期初一次性贷款1 500万元。

(2) 如果贷款在各年均衡发放,第一年贷款500万元,第二年贷款600万元,第三年贷款400万元。

(3) 如果贷款在各年年初发放,第一年贷款500万元,第二年贷款600万元,第三年贷款400万元。

【解】　由题意可知:贷款年利率为5%,按季计息,因此,年名义利率5%对应的年实际利率为:

$$i_{实际} = \left(1 + \frac{i_{名义}}{m}\right)^m - 1 = \left(1 + \frac{5\%}{4}\right)^4 - 1 = 5.09\%$$

(1) 如果在建设期初一次性贷款1 500万元

根据在建设期初一次性贷款的公式,第三年末本利和为:

$F = P(1 + i_{实际})^n = 1 500 \times (1 + 5.09\%)^3 = 1 740.91(万元)$

建设期的总利息为:$1 740.91 - 1 500 = 240.91$(万元)

(2) 如果贷款在各年均衡发放,在建设期,各年利息和总利息计算如下:

$$q_1 = \frac{1}{2}A_1 i_{实际} = \frac{1}{2} \times 500 \times 5.09\% = 12.73(万元)$$

$$q_2 = \left(P_1 + \frac{1}{2}A_2\right)i_{实际} = \left(500 + 12.73 + \frac{1}{2} \times 600\right) \times 5.09\% = 41.37(万元)$$

$$q_3 = \left(P_2 + \frac{1}{2}A_3\right)i_{实际} = \left(500 + 12.73 + 600 + 41.37 + \frac{1}{2} \times 400\right) \times 5.09\% = 68.92(万元)$$

所以,建设期贷款利息为:$12.73 + 41.37 + 68.92 = 123.02$(万元)

(3) 如果贷款在各年年初发放,各年利息和总利息计算如下:

$q_1 = A_1 i_{实际} = 500 \times 5.09\% = 25.45(万元)$

$q_2 = (P_1 + A_2)i_{实际} = (500 + 25.45 + 600) \times 5.09\% = 57.29(万元)$

$q_3 = (P_2 + A_3)i_{实际} = (500 + 25.45 + 600 + 57.29 + 400) \times 5.09\% = 80.56(万元)$

所以,建设期贷款利息为:$25.45 + 57.29 + 80.56 = 163.3$(万元)

1.3　工程造价计价概述

1.3.1　工程造价计价的概念

工程造价计价是指计算和确定建设工程项目的工程造价,具体是指工程造价人员在项目实施的各个阶段,根据各个阶段的不同要求,遵循计价原则和程序,采用科学的计价方法,对建设工程项目可能实现的合理造价做出科学的计算。

由于建设工程项目具有单件性、体积大、生产周期长、价值高等特性,且每个工程项目大多是由几个单项工程或单位工程组成的集合体,每个工程项目都需要根据不同的使用功能要求,分别进行单独的设计施工,所以,不能按统一的价格标准来确定各个不同工程项目的价格,只能采用特殊的计价程序和计价方法,将整个工程项目进行分解,分解成可以按照有关技术经济参数进行价格测算的基本单元子项或者是分部分项工程。通过将工程项目分解到基本单元子项,也就是基本构造要素,就能很容易地计算出每个基本项的费用。一般来说,结构层次分解得越细,基本项越多,工程造价计价的计算结果就越精确。

1.3.2　工程造价计价特征

工程造价计价具有计价的单件性、计价的多次性、计价方法的多样性、计价的组合性、计价依据的复杂性五项特征。

1. 计价的单件性

建设工程项目在生产上的单件性决定了其在工程造价计算上的单件性,因此,工程项目不能像一般工业产品那样按照品种、规格、质量进行成批生产,按照统一的价格标准进行定价,而应根据不同建设工程项目的具体情况分解成可以进行价格测算的基本单元,遵循一定的计价原则和计价程序,采用科学的计算方法,进行单件计价,计算出各个建设工程项目的工程造价。

2. 计价的多次性

由于建设工程项目规模大、工程造价高、建设周期长,需要按基本建设程序分阶段实施,相应地需要在不同阶段进行多次性计价,以保证工程造价计价的科学性和合理性。随着建设程序的不断深化,多次性计价可以使工程造价计价越来越接近建设工程项目的实际造价,从而满足了工程建设参与方(业主、咨询方、设计方和施工方)各阶段工程造价管理的需要。大中型建设工程项目建设程序对应的多次性计价如图 1-7 所示。

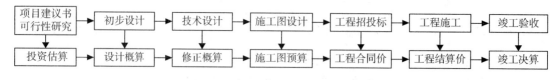

图 1-7　工程项目多次性计价示意图

1) 投资估算

投资估算是在工程项目投资决策阶段,由业主或其委托的具有相应资质的咨询机构,依据现有的资料和特定的方法,对拟建工程项目的投资数额进行预算、测算确定。投资估算是项目建设前期编制项目建议书和可行性研究报告的重要组成部分，一经批准就是建设项目投资的最高限额，不得随意突破。

2）设计概算

设计概算是指在初步设计或扩大初步设计阶段，设计单位在投资估算的控制下，根据设计图样及说明书、设备清单、概算定额或概算指标、各项费用取费标准、类似工程预（结）算文件等资料，用科学的方法计算和确定装配式建筑安装工程全部建设费用的经济文件。设计概算是由单个到综合、由局部到总体，逐个编制，层层汇总而成的。设计概算是初步设计文件的重要组成部分，其准确性高于投资估算，但受投资估算额的控制。

3）修正概算

修正概算是指在技术设计阶段，随着对初步设计内容的深化，设计单位对建设规模、结构性质、设备类型等方面进行必需的修改和变动，根据其修改和变动对初步设计概算进行修正调整，而形成的工程造价文件，是技术设计文件的组成部分。修正概算准确性高于设计概算，但同样受到设计概算额的控制。

4）施工图预算

施工图预算是指在工程设计的施工图完成以后，以施工图为依据，根据工程预算定额、费用定额，以及工程所在地区的人工、材料、施工机械台班的预算价格所编制的一种确定单位工程预算造价的经济文件，是施工图设计文件的组成部分。施工图预算与设计概算或修正概算相比，内容更详细，准确性更高，但同样要受到设计概算和修正概算的控制，其费用内容即为装配式建筑安装工程造价。

5）工程合同价

工程合同价是在工程项目招投标阶段，经评标确定中标单位后，由建设单位与中标单位根据招标文件和投标文件内容，对拟建工程项目中标价格以书面合同形式来确定拟建工程项目的承发包价格。它是由承发包双方根据市场机制共同形成并认可的成交价格，其费用内容即为中标投标书中商务标部分内容。

6）工程结算价

工程结算价是指在工程承发包合同实施阶段，由建设项目承发包双方依据工程承发包合同中有关调价范围和调价方法的规定，对已完工程量、实际发生的工程量增减，以及实际发生的设备和材料价差等进行调整计算并确认的建设工程项目价格，并按规定的程序向建设单位收取的工程价款。工程结算价反映的是承发包建设项目的实际价格，其费用内容为已完建设项目装配式建筑安装工程造价。

7）竣工决算

竣工决算是指在整个建设项目或单项工程竣工验收移交后，由建设单位的财务部门以竣工结算等为依据，编制的反映建设工程项目从筹建、施工直至竣工投产全过程中发生的所有实际支出，包括设备及工器具购置费、装配式建筑安装工程费和其他费用等，是竣工验收报告的重要组成部分，也是项目法人核定各类新增固定资产价值、办理其交付使用的依据。

3. 计价方法的多样性

计价方法的多样性是指建设项目的多次性计价有其各不相同的计价依据，每次计价的精确度要求也各不相同，故而工程造价计价方法也随之具有多样性特征。例如，计算和确定设计概算、施工图预算有两种基本方法,即单价法和实物法;计算和确定投资估算的方法有设备系数法、生产能力指数估算法等。不同的工程造价计价方法具有不同的优缺点,其适应条件也各不相同,所以,在进行工程造价计价时要根据具体情况加以选择。

4. 计价的组合性

工程造价的计算是由各分部组合而成,这一特征与建设项目的组合性有关。一个建设项目是多个单位工程的综合体,这个综合体可以分解为许多有内在联系又不能独立的单位工程。从计价和工程管理的角度,分部工程还可以分解为若干分项工程。由此可以看出,建设项目的这种组合性决定了计价的过程是一个逐步组合的过程。这一特征在计算设计概算和施工图预算时较为明显,所以也会反映到工程合同价和工程结算价中。其计算过程和计算顺序是分部分项工程费用,单位工程造价,单项工程造价,建设项目总造价,如图 1-8所示。

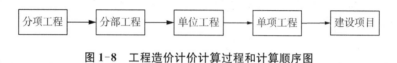

图 1-8　工程造价计价计算过程和计算顺序图

5. 计价依据的复杂性

工程项目结构的复杂性造成工程造价构成比较复杂。此外,影响建设项目工程造价计价的因素繁多,主要表现为:不同的费用有不同的计价依据;不同的计价方式也有不同的计价依据;不同的建设阶段计价依据也不相同;不同部门、不同地区、不同时期,计价依据均有差异。而且工程造价计价的方法多种多样,工程造价计价的种类较多,因此,工程造价计价依据十分复杂。

1.3.3　工程造价计价的基本原理

由于建设项目需进行多次性计价,具有投资估算、设计概算、施工图预算、招标工程控制价、投标报价、工程合同价、工程结算价和决算价等多种表现形式,业主单位、咨询单位、设计单位、施工单位均需进行计价。尽管表现形式不同,但工程造价计价的基本原理是相同的,都包含建设项目的建设成本和合理的利润两部分内容,不同之处就是对于不同的建设项目参与方计价主体,其建设成本和合理利润的内涵不同。

建设项目工程造价计价采用组合性计价方法,就是先把整个建设项目按工程结构进行分解,分解到基本单元子项,以便计算基本单元子项的工程量,以及需要消耗的各种资源数量及其价格,建设项目分解的基本单元子项越多,结构层次分解得越细,计算得到的费用也越准确。然后从基本单元子项的成本向上组合汇总就可得到上一层的成本费用。如果仅从成本费用计算的角度分析,影响成本费用的主要因素有两个:基本单元子项单位价格和基本单元子项工程实物数量。

1. 基本单元子项工程实物数量

基本单元子项工程实物数量可以根据设计图纸和相应的计算规则计算得到,它能直接反映建设项目的建设规模和工作内容。

基本单元子项工程实物数量的计量单位取决于基本单元子项单位价格计量单位。如果单位价格的计量单位是一个单位工程,甚至是一个单项工程,则工程实物量计量单位也对应地是一个单位工程,甚至是一个单项工程。计价基本单元子项越大,得到的工程造价额就越粗略;如果以一个分项工程为一个基本单元子项,则得到的造价结果就会更准确。建设项目工程结构分解的层次越多,基本单元子项越小,越便于计量,得到的工程造价越准确。

编制建设项目投资估算时,由于所能提供的影响工程造价的信息资料较少,工程建设方案还停留在建设项目的概念设计阶段,计算建设项目的投资估算时基本单元子项单位价格计量单位的对象较大,可能是一个单项工程,也可能是一个单位工程,所以得到的投资估算额较粗略。编制设计概算时,基本单元子项单位价格计量单位的对象可以取到扩大分项工程,而编制施工图预算时则可以取到分项工程,此时,建设项目工程结构分解的层次和基本单元子项的数目都大大超过投资估算或设计概算的基本单元子项数目,因而施工图预算值相对较为准确。

2. 基本单元子项单位价格

基本单元子项单位价格主要由两大要素构成:完成基本单元子项所需资源数量和所需资源价格。所需资源主要包括人工、材料和施工机械等。基本单元子项单位价格的计算公式可以表示为:

$$基本单元子项单位价格 = \sum_{i=1}^{n} 所需资源消耗量 \times 所需资源价格 \qquad (1-25)$$

式中:i——第 i 种所需资源;

n——完成某基本单元子项所需资源个数。

如果所需资源消耗量包括人工消耗量、材料消耗量和机械台班消耗量,则所需资源价格就包括人工单价、材料单价和机械台班单价。

所需资源消耗量是指完成基本单元子项单位实物量所需的人工、材料、机械消耗量,即消耗量定额,它与国家一定时期劳动生产率水平、社会生产力水平、技术和管理水平密切相关。因此,消耗量定额是进行工程造价计价的重要依据。建设单位进行工程造价计价的主要依据是国家或地方颁布的反映社会平均生产力水平的国家定额,如地方建设主管部门编制的概算定额、预算定额等。建筑施工企业进行投标报价时,则应依据反映企业先进劳动生产率、先进技术和管理水平的企业定额。

所需资源价格是指进行建设项目工程造价计价时所需资源的市场价格,而市场价格会受到市场供求关系变化和物价涨跌变动因素的影响,从而导致建设项目工程造价的变化。如果基本单元子项单位价格仅由所需资源消耗量和所需资源价格形成,则构成消耗量定额中的直接工程费单位价格;如果基本单元子项单位价格由规费和税金以外的费用形成,则构成清单计价中的综合单位价格。

1.3.4 工程造价计价的两种模式

影响工程造价的因素主要包括基本单元子项单位价格和基本单元子项工程实物数量,基本单元子项单位价格主要包括仅由所需资源消耗量和所需资源价格形成的直接工程费单位价格,即工料机单价,以及由规费和税金以外的费用形成的综合单位价格,即综合单价。工料机单价对应于预算定额计价模式,综合单价对应于工程量清单计价模式,这也是我国现阶段建设工程造价的两种计价模式,如图1-9所示。

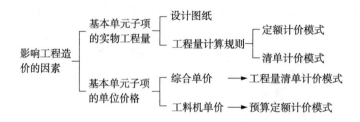

图 1-9　影响工程造价的因素

1. 预算定额计价模式

预算定额计价模式是指在建设项目工程造价计价过程中,以国家或地方颁布的预算定额,以及配套的取费标准和材料预算价格为依据,按其规定的分项工程子目和工程量计算规则,逐项计算施工图纸各分项工程的工程量,套用预算定额中的人工、材料、机械单价确定直接工程费,然后在此基础上,按规定取费标准计算构成工程造价的其他费用、利润和税金,从而获得建设项目装配式建筑安装工程造价,如图 1-10 所示。

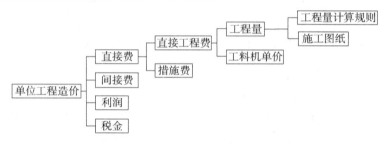

图 1-10　定额计价模式

由于预算定额中人工、材料、机械的消耗量是根据社会平均水平进行综合测定的,取费标准也是根据社会平均水平进行测算的,因此,通过预算定额计价模式计算所得建设项目工程造价反映的是一种社会平均水平,与企业先进的技术水平和管理水平无关,抑制了市场竞争机制的作用,不利于促进施工企业改进技术、加强管理、提高劳动效率和市场竞争力。

2. 工程量清单计价模式

工程量清单计价模式是在建设项目招标投标活动中,招标人或委托具有资质的中介机构按照国家统一制定的工程量清单计价规范,编制反映工程实体消耗和措施消耗的工程量清单,并作为招标文件的一部分提供给投标人,由投标人依据工程量清单、长期积累的经验数据以及由市场获得的工程造价信息,结合企业定额自主报价的工程造价计价方式,如图 1-11 所示。

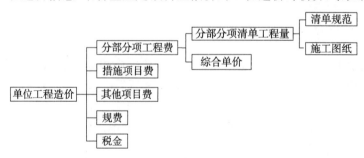

图 1-11　清单计价模式

　　工程量清单计价模式的实施,实质上是建立了一种强有力且行之有效的竞争机制,施工企业在投标竞争中必须报出合理低价才能中标,因而对促进施工企业改进技术、加强管理、提高劳动效率和市场竞争力起到了积极的推动作用。按照工程量清单计价规范,在各相应专业工程计量规范规定的工程量清单项目设置和工程量计算规则基础上,针对具体工程的施工图纸和施工组织设计计算出各个清单项目的工程量,根据规定的方法计算出综合单价,并汇总各清单合价即可获得建设项目装配式建筑安装工程造价。

　　3. 预算定额计价模式与工程量清单计价模式的区别和联系

　　1) 两者的区别

　　(1) 适用范围不同

　　全部使用国有资金投资或国有资金投资为主的建设工程项目必须实行工程量清单计价。除此以外的建设工程,可以采用工程量清单计价,也可采用预算定额计价,但工程量清单计价和预算定额计价不能在同一工程项目中混合使用。采用工程量清单招标的建设项目应该使用工程量清单计价;非招标建设项目既可采用工程量清单计价,也可采用预算定额计价。

　　(2) 项目划分不同

　　采用工程量清单计价模式的建设项目,基本以一个综合实体考虑,一个项目可能包括一项或多项工作内容;而采用预算定额计价模式的建设项目仅需按定额子目所包含的工作内容进行计算,通常一个项目仅需套用一个定额子目。

　　(3) 工程量计算规则不同

　　采用工程量清单计价模式的建设项目必须按照《建设工程工程量清单计价规范》(GB 50500—2013)规定的计算规则计算;采用预算定额计价模式的建设项目按地区预算定额的计算规则计算。

　　(4) 采用的消耗量标准不同

　　采用工程量清单计价模式,投标人计价时可以采用地区统一消耗量定额,也可以采用投标人自己的企业定额。企业定额是施工企业根据本企业先进的施工技术和管理水平,以及有关工程造价资料制定,并供本企业使用的人工、材料、机械台班消耗量。消耗量标准体现投标人的个体水平,并且是动态的。

　　采用预算定额计价模式,投标人计价时须采用地区统一消耗量定额。消耗量定额是指由建设行政主管部门根据合理的施工组织设计,按照正常施工条件制定的,生产一个规定计量单位合格建设项目所需人工、材料、机械台班等的社会平均消耗量,其消耗量反映的是社会平均水平,是静态的,不反映具体工程中承包人个体之间的个性变化。

　　(5) 风险分担不同

　　采用工程量清单计价模式,工程量清单由招标人提供,一般情况下,各投标人无须再计算工程量,招标人承担工程量计算风险,投标人则承担综合单价风险;而预算定额计价模式下的招投标工程,工程量由各投标人自行计算,工程量计算风险和单价风险均由投标人自行承担。

　　2) 两者的联系

　　对于装配式建筑安装工程费用项目组成,将预算定额计价模式中的装配式建筑安装工程费的四项构成拆分成可以与工程量清单计价模式相关联的七项构成。通过装配式建筑安装工程费用项目组成可以清晰地看到,预算定额计价模式是工程量与前三项人工、材料、机械单价形成合价后,再计取管理费、利润、规费、税金。工程量清单计价模式是工程量与前五项人工费、材料费、机械费、管理费、利润形成合价后,再计取规费和税金。

预算定额计价模式在我国建设项目工程造价计价中使用了很长一段时间,具有一定的科学性和实用性,今后将继续存在于建设项目工程发承包计价活动中,即使工程量清单计价模式占据主导地位,它仍是一种工程造价计价的补充方式。

目前,大部分施工企业尚未建立和拥有自己的企业定额体系,建设行政主管部门发布的消耗量定额,尤其是地区消耗量定额,仍然是企业投标报价的主要依据。也就是说,工程量清单计价活动中,仍然存在着部分预算定额计价的成分。应该看到,在我国建设市场逐步放开的改革过程当中,虽然已经制定并推广了工程量清单计价模式,但是,由于各地实际情况的差异,我国目前的工程造价计价模式又不可避免地出现预算定额计价与工程量清单计价两种模式双轨并行的局面。

对于全部使用国有资金投资或国有资金投资为主的建设工程必须实行工程量清单计价模式,而除此以外的建设工程项目既可以采用工程量清单计价模式,也可采用预算定额计价模式。随着我国工程造价管理体制改革的不断深入,以及与国际工程造价管理惯例的进一步接轨,工程量清单计价模式将逐渐占主导地位,最终将实现工程量清单计价模式完全代替预算定额计价模式。

【课后习题】

1. 工程造价计价的两种模式分别是什么? 两者中哪一个在行业内应用较为广泛?
2. 建筑安装工程间接费由什么内容组成?
3. 预算定额计价模式与工程量清单计价模式有哪些联系与区别?

2 建设工程定额

【学习目标】
1. 了解建设工程定额的种类及编制原则、编制方法。
2. 熟悉建设工程定额的概念、用途和分类。
3. 了解建设工程定额的编制程序及分类,掌握装配式建筑安装工程施工定额工料机消耗量的编制。
4. 掌握装配式建筑安装工程预算定额的确定及其应用,了解其他计价定额的概念。

【学习要求】
1. 理解建设工程定额的概念、种类、作用及编制原则、编制方法。
2. 掌握装配式建筑安装工程施工定额工料机消耗量的编制,及其预算定额的确定与应用。

2.1 概述

2.1.1 建设工程定额的概念

1. 建设工程定额

建设工程定额是指在工程建设中,在正常的施工生产条件下,也就是在合理的劳动组织、合理使用材料及机械的条件下,完成单位合格产品所必需的人工、材料、施工机械设备及其资金消耗的数量标准,即规定的额度。它反映的是在一定的社会生产力发展水平的条件下,完成某项建设产品与各种所需资源消耗量之间特定的数量关系。

2. 建设工程定额的作用

建设工程定额可以促进节约社会劳动和提高生产效率的作用,实行建设工程定额的目的是促使企业加强管理,厉行节约,合理分配和使用资源,力求用最少的资源,生产出更多合格的建设工程产品,取得更加良好的经济效益。

建设工程定额提供的信息,为建设市场供需双方的交易活动和公平竞争创造了良好的条件,有助于完善建筑市场信息系统。定额本身是大量信息的集合,既是大量信息加工的结果,又可以向使用者提供信息,建设项目工程造价就是依据定额提供的信息进行编制的。

建设工程定额是建设项目工程造价计价的主要依据。在编制建设项目投资估算、设计概算、施工图预算、竣工结算时,无论是划分工程项目、计算工程量,还是计算人工、材料和施工机械台班的消耗量,都是以建设工程定额为标准和依据的。

建设工程定额也是建设项目承包单位实行科学管理的重要手段。建设项目承包单位在编制施工进度计划、施工作业计划,下达施工任务,组织调配资源以及进行成本核算等过程中,都可以按照建设工程定额提供的人工、材料、机械使用台班消耗量为标准,进行科学合理的管理。

2.1.2　建设工程定额的分类

建设工程定额是一个综合概念,是各类建设工程定额的总称。因此,在建设项目工程造价计价中,需要根据不同的情况套用不同的建设工程定额。建设工程定额的种类很多,根据不同的分类标准可划分为不同的建设工程定额。

1. 按定额反映的生产要素消耗内容分类

按定额反映的生产要素消耗内容分类,主要分为劳动定额、材料消耗定额和机械台班使用定额三种,如图 2-1 所示。

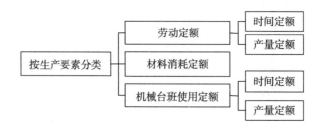

图 2-1　按生产要素分类

1) 劳动定额

劳动定额,又称人工消耗定额,是指在正常生产组织和生产技术条件下,完成单位合格产品需要消耗的劳动力数量标准。劳动定额反映的是人工消耗量,按照反映人工消耗量的方式不同,劳动定额的表现形式分为时间定额和产量定额两种,如图 2-1 所示。

时间定额是指在合理的生产组织和生产技术条件下,生产单位合格产品需要消耗的人工工日数量标准。按照我国现行的劳动制度,1 工日＝8 小时。

产量定额是指在合理的生产组织和生产技术条件下,某工种、某技术等级的工人小组或个人在单位时间内应该完成的合格产品数量标准。

人工工日的时间定额与产量定额的关系是互为倒数,即时间定额＝1/产量定额。

2) 材料消耗定额

材料消耗定额是指在合理和节约使用材料的条件下,生产单位合格产品需要消耗的一定品种、一定规格的建筑材料的数量标准,包括原材料、成品、半成品、构配件、燃料及水电等资源。材料消耗定额的组成:材料消耗量＝净用量＋损耗量。

3) 机械台班使用定额

机械台班使用定额是指在合理使用机械和合理的施工组织条件下,完成单位合格产品所需要消耗的机械台班数量标准。按照反映机械台班消耗量的方式不同,机械台班使用定额的表现形式分为时间定额和产量定额两种,如图 2-1 所示。

时间定额是指在合理的生产组织和生产技术条件下,生产单位合格产品需要消耗的机械台班数量标准。按我国现行劳动制度,1 台班＝1 台机械工作 8 小时。

产量定额是指在合理的生产组织和生产技术条件下,某施工机械在单位时间内应该完成的合格产品数量标准。

机械台班的时间定额与产量定额的关系是互为倒数,即机械时间定额＝1/机械台班产量定额,机械台班产量定额＝1/机械时间定额。

2. 按编制的程序和用途分类

按编制的程序和用途分类,可分为投资估算指标、概算指标、概算定额、预算定额、施工定额,如图 2-2 所示。

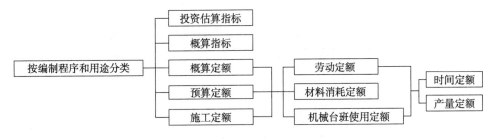

图 2-2　按编制的程序和用途分类

1) 投资估算指标

投资估算指标是以独立的单项工程或完整的工程项目为计算对象,完成一定计量单位合格项目所需消耗的人工、材料和施工机械台班使用的数量及费用标准,是在编制项目建议书、可行性研究报告和设计任务书阶段进行投资估算、计算投资需要量时使用的一种定额。它是决策阶段编制投资估算的依据,是一种扩大的技术经济指标,具有较强的综合性、概括性。

2) 概算指标

概算指标是以整个建筑物为计算对象,完成一定计量单位合格建筑安装工程所需消耗的人工、材料、施工机械台班使用和资金的数量及费用标准。它是以每 100 m^2 建筑面积、每 $1 000 \text{ m}^3$ 建筑体积或每座构筑物为计量单位,规定人工、材料和施工机械台班使用的数量及费用的定额指标。概算指标比概算定额更加综合和扩大,一般有综合指标和单项指标两种形式。

3) 概算定额

概算定额是以扩大分项工程和扩大结构构件为计算对象,完成一定计量单位合格扩大结构构件或扩大分项工程所需消耗的人工、材料和施工机械台班使用的数量及费用标准。概算定额在预算定额的基础上,以主体结构分部工程为主,将与其相关的部分进行综合、扩大、合并而成,是编制建设工程概算指标或投资估算指标的基础,是建设项目初步设计或技术设计阶段采用的一种定额。

4) 预算定额

预算定额是指在合理的施工组织设计、正常施工条件下,完成一定计量单位合格建筑产品(分项工程或结构构件)所需的人工、材料和机械台班的社会平均消耗数量标准。预算定额以施工定额为基础编制,并在施工定额的基础上综合和扩大。预算定额既是编制施工图预算,确定建筑安装工程造价的依据,也是编制施工组织设计和工程竣工决算的依据,还是编制概算定额和概算指标的基础资料。

5) 施工定额

施工定额是施工企业内部使用的定额,是以同一性质的施工过程——工序作为研究对象,表示生产产品数量与时间消耗综合关系编制的定额,是一种典型的计量性定额。施工定额是施工单位内部使用和管理的定额,是生产、作业性质的定额,属于企业定额的性质。施工定额既是编制施工预算、施工组织设计、施工作业计划的依据,也是考核劳动生产率和进行成本核算的依据,还是编制预算定额的基础资料。

3. 按投资的费用性质分类

按投资的费用性质分类,主要分为建筑工程定额、设备安装工程定额、建筑安装工程费用定额、设备及工器具定额、工程建设其他费用定额等,如图 2-3 所示。

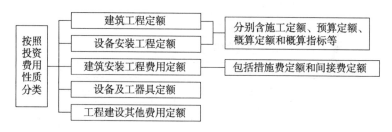

图 2-3　按投资的费用性质分类

1) 建筑工程定额

建筑工程定额是指建筑施工企业在正常施工条件下,完成单位合格产品所需消耗的人工、材料、机械使用台班的数量标准。它是建筑工程的施工定额、预算定额、概算定额、概算指标的统称,也是进行建筑工程各阶段工程造价计价的主要依据。

2) 设备安装工程定额

设备安装工程定额是指安装企业及其生产者在正常施工条件下,完成单位合格产品需消耗的人工、材料、机械使用台班的数量标准。设备安装工程定额是安装工程的施工定额、预算定额、概算定额、概算指标的统称,也是进行安装工程各阶段工程造价计价的主要依据。

3) 建筑安装工程费用定额

建设安装工程费用定额是关于建筑安装工程造价构成中除了直接工程费外的其他费用的取费标准。建筑安装工程费用定额是为了规范建设项目工程造价计价行为,合理确定和有效控制工程造价,结合地区实际情况,进行措施费、间接费、利润和税金计价的主要依据。

4) 设备及工器具定额

设备工器具定额是为新建或扩建项目投产运转首次配置的设备和工器具数量标准。设备是指为建设工程购置或自制的达到固定资产标准的设备;工具和器具是指按照有关规定不够固定资产标准但起劳动手段作用的工具、器具和生产用家具。设备及工器具定额是进行设备及工器具工程造价计价的主要依据。

5) 工程建设其他费用定额

工程建设其他费用定额是独立于建筑安装工程、设备和工器具购置之外的其他费用开支的标准。工程建设其他费用的发生和整个项目的建设密切相关,一般要占项目总投资的 10% 左右,其他费用定额按各项独立费用分别编制,以便合理控制这些费用的开支。工程建设其他费用定额是计算工程建设其他费用的主要依据。

4. 按专业性质分类

按照定额的专业性质分类,主要分为建筑工程定额、装饰装修工程定额、安装工程定额、市政工程定额、园林绿化工程定额、矿山工程定额,如图 2-4 所示。

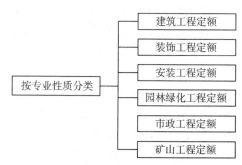

图 2-4　按专业性质分类

1) 建筑工程定额

建筑工程通常是指房屋建筑的土建工程。建筑工程定额是指建筑施工企业在正常施工条件下,完成单位合格产品需消耗的人工、材料、机械使用台班的数量标准。它是建设单位或建筑施工单位(承包商)进行房屋建筑土建工程造价计价的主要依据。

2) 装饰装修工程定额

装饰装修工程通常是指房屋建筑室内外的装饰装修工程。装饰装修工程定额是建筑装饰施工企业在正常施工条件下,完成单位合格产品需消耗的人工、材料、机械使用台班的数量标准。它是建设单位或建筑装饰施工企业(承包商)进行建筑装饰装修工程造价计价的主要依据。

3) 安装工程定额

安装工程通常是指房屋建筑室内外各种管线、设备的安装工程。安装工程定额是指安装施工企业在正常施工条件下,完成单位合格产品需消耗的人工、材料、机械使用台班的数量标准。它是建设单位或安装施工企业(承包商)进行安装工程造价计价的主要依据。

4) 市政工程定额

市政工程是指城市道路、桥梁等公共设施的建设工程。市政工程定额是指市政施工企业在正常施工条件下,完成单位合格产品需消耗的人工、材料、机械使用台班的数量标准。它是建设单位或市政施工企业(承包商)进行市政工程造价计价的主要依据。

5) 园林绿化工程定额

园林绿化工程是指城市园林小品、绿化环境的建设工程。园林绿化工程定额是指园林绿化施工企业在正常施工条件下,完成单位合格产品需消耗的人工、材料、机械使用台班的数量标准。它是建设单位或园林绿化施工企业(承包商)进行园林绿化工程造价计价的主要依据。

6) 矿山工程定额

矿山工程是指自然矿产资源的开采、矿物分选、加工的建设工程。矿山工程定额是指矿山施工企业在正常施工条件下,完成单位合格产品需消耗的人工、材料、机械使用台班的数量标准。它是建设单位或矿山施工企业(承包商)进行矿山工程造价计价的主要依据。

5. 按编制单位和管理权限分类

按照编制单位和管理权限分类,可分为全国统一定额、行业统一定额、地区统一定额、企业定额、补充定额,如图 2-5 所示。

图 2-5　按编制单位和管理权限分类

1) 全国统一定额

全国统一定额是指由国家建设行政主管部门根据全国各专业工程的生产技术与组织管理情况而编制的、在全国范围内执行的定额,如《全国统一建筑工程基础定额》《全国统一安装工程预算定额》等。

2) 行业统一定额

行业统一定额是指按照国家定额分工管理的规定,由各行业部门根据本行业情况编制的、只在本行业和相同专业性质的范围内使用的定额,如交通部发布的《公路工程预算定额》、水利部发布的《水利工程定额》等。

3)地区统一定额

地区统一定额是指按照国家定额分工管理的规定,由各省、自治区、直辖市建设行政主管部门根据本地区情况编制的、在其管辖的行政区域内执行的定额,如《××省建筑工程预算定额》《××省装饰工程预算定额》《××省安装工程预算定额》等。

4)企业定额

企业定额是指由建筑施工企业考虑本企业生产技术和组织管理等具体情况,参照全国统一定额、行业统一定额或地区统一定额的水平编制的、只在本企业内部使用的定额,如施工企业定额等。

5)补充定额

补充定额是指当现行定额项目不能满足生产需要时,由注册造价师和有经验的工程造价人员根据建设项目施工现场施工特点、工艺要求等实际情况编制的一次性补充定额,并报当地造价管理部门批准或备案。

2.2　施工定额的编制

施工定额是施工企业内部使用的定额,是以同一性质的施工过程——工序作为研究对象,表示生产产品数量与时间消耗综合关系编制的定额,是一种典型的计量性定额。它是建设工程定额中分项最细、定额子目最多的一种定额,是工程建设中的基础性定额,由劳动定额、材料消耗定额、机械台班使用定额组成。施工定额是按照社会平均先进生产力水平编制的,反映企业的施工水平、装备水平和管理水平,是衡量施工企业劳动生产率的主要依据,是施工企业进行经济核算的依据。

2.2.1　工作时间的含义及分类

1. 工作时间的含义

工人工作时间是指施工过程中的工作班的延续时间(不含午休时间),按照我国现行劳动制度规定,建筑、安装企业中一个工作班的劳动时间为 8 小时。对工作时间消耗的研究,可以分为两个系统进行,即工人工作时间消耗和工人所使用机器工作时间消耗。

2. 工人工作时间消耗分类

工人工作时间消耗是指工人在同一工作班内,全部劳动时间的消耗,按其性质基本上可以分为必需消耗的时间(定额时间)和损失时间(非定额时间)两类,如图 2-6 所示。

1)必需消耗的时间

必需消耗的时间是指工人在正常施工条件下,为完成一定产品所必需消耗的工作时间,它是制定定额的主要依据,包括有效工作时间、休息时间和不可避免的中断时间。

(1)有效工作时间是指从生产效果来看与完成产品直接有关的时间消耗,包括基本工作时间、辅助工作时间、准备与结束工作时间。

基本工作时间是指工人为完成一定合格产品而直接与施工过程的技术作业发生关系的时间消耗。如预制构配件安装组合成型,从预制构配件场内运输开始直到将预制构配件安装至

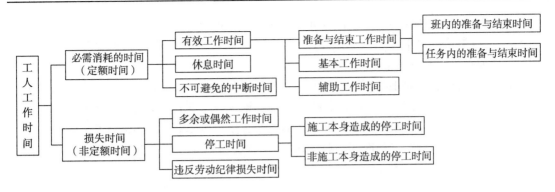

图 2-6   工人工作时间的分类

指定部位并固定连接所需的全部时间消耗即属于基本工作时间。基本工作时间所包括的内容依工作性质各不相同,基本工作时间的长短和工作量大小成正比。基本工作最大的特点是可以使产品的形状大小、性质、位置发生变化。

辅助工作时间是指为保证基本工作能顺利完成所做的辅助性工作消耗的时间,该时间的消耗与施工过程的技术作业没有直接关系。在辅助工作时间里,不能使产品的形状大小、性质或位置发生变化。辅助工作时间的结束,往往就是基本工作时间的开始。辅助工作一般是手工操作,但如果在机手并动的情况下,辅助工作就是在机械运转过程中进行的,为避免重复则不再计辅助工作时间的消耗。辅助工作时间长短与工作量大小有关。

准备与结束工作时间是指在执行工作前做好相应准备工作或任务完成后做好收拾整理工作所需要花费的时间。一般分为班内的准备与结束工作时间和任务内的准备与结束工作时间两种。班内的准备与结束工作具有经常性的每天的工作时间消耗的特性,如检查安全技术措施、交接班等。任务内的准备与结束工作是在一批任务的开始与结束时产生的,如熟悉图纸、技术交底等,通常不反映在每一个工作班里。

(2)休息时间是工人在工作过程中为恢复体力所必需的短时间休息,以及生理需要必须消耗的时间(如喝水、上厕所等)。这种时间是为了保证工人精力充沛地进行工作,所以在定额时间中必须进行计算。休息时间的长短和劳动条件、劳动强度有关。

(3)不可避免的中断时间是指由施工过程中工艺特点引起的不可避免的或难以避免的中断时间。与施工过程工艺特点有关的工作中断时间应包括在定额时间内,但应尽量缩短此项时间消耗,如汽车司机在等待挖掘机挖土装车所消耗的时间。

2)损失时间

损失时间是指与产品生产无关,而与施工组织和技术上的缺点有关,与工人在施工过程中的个人过失或某些偶然因素有关的时间消耗。损失时间是工人在工作班内所消耗的不必要的时间,包括多余或偶然工作时间、停工时间和违反劳动纪律损失的时间。

(1)多余或偶然工作时间是指在正常施工条件下不应发生的时间消耗,或由于意外情况引起的工作所消耗的时间。多余工作的时间损失,一般都是由于工程技术人员和工人的差错而引起的,因此,不应计入定额时间中。偶然工作也是工人在任务外进行的工作,但能够获得一定产品,如抹灰不得不补上偶然遗留的墙洞等。由于偶然工作能获得一定产品,拟定定额时要适当考虑它的影响。

(2)停工时间是指工人在工作班内,因某种原因未能从事生产活动而损失的时间。按其性质可分为施工本身造成的停工时间和非施工本身造成的停工时间两种。

施工本身造成的停工时间,是由于施工组织不善、材料供应不及时、工作面准备工作做得不好、工作地点组织不良等情况造成的停工时间。

非施工本身引起的停工时间,是指由于气候条件,施工图不能及时到达,水源、电源临时中断所造成的停工损失时间,这是由于外部原因的影响,非施工单位的责任而引起的停工。

(3)违反劳动纪律损失的时间是指工人不遵守劳动纪律而造成的时间损失,如上班迟到、早退、擅自离开工作岗位、工作时间内聊天,以及个别人违反劳动纪律而影响其他工人无法工作的时间损失。

2.2.2　劳动消耗定额的编制方法

劳动消耗定额简称劳动定额,是指活劳动的消耗,也称为人工定额,它是在正常的施工技术组织条件下,完成单位合格产品所必需的活劳动消耗数量标准。劳动定额根据表达方式分为时间定额和产量定额两种,一般采用时间定额形式。因此,劳动定额的确定要先根据工人工作时间的划分确定其时间定额,而产量定额与时间定额互为倒数关系。

1. 时间定额的计算方法

时间定额是指在合理的生产组织和生产技术条件下,完成一定计量单位的合格建筑产品所需要的必需消耗时间,而必需消耗的时间即为完成该建筑产品所需要的基本工作时间、辅助工作时间、准备与结束工作时间、休息时间和不可避免的中断时间之和,也就是劳动定额时间,即定额时间=基本工作时间+辅助工作时间+准备与结束工作时间+休息时间+不可避免的中断时间。

2. 基本工作时间的计算方法

基本工作时间在必需消耗的工作时间中占的比重最大,一般应根据计时观察资料来确定。具体做法为是首先确定工作过程中每一道施工工序的工时消耗,然后再综合出该工作过程的工时消耗。如果施工工序的建筑产品计量单位和工作过程的建筑产品计量单位不符,就需要先求出不同计量单位之间的换算系数,进行建筑产品计量单位的换算,然后再相加,可求得整个工作过程的工时消耗。

如果各施工工序的计量单位与工作过程建筑产品计量单位一致时,基本工作时间的计算公式为:

$$T = \sum_{i=1}^{n} t_i \qquad (2\text{-}1)$$

式中:T——单位工作过程建筑产品基本工作时间;

t_i——工作过程各施工工序的基本工作时间;

n——工作过程施工工序的个数。

如果各施工工序的计量单位与工作过程建筑产品计量单位不一致时,基本工作时间的计算公式为:

$$T = \sum_{t=1}^{n} k_i t_i \qquad (2\text{-}2)$$

式中:k_i——对应于工作过程各施工工序的基本工作时间的换算系数;

其他字母含义同上。

【例 2-1】 砌标准砖墙勾缝的计算单位是平方米,但若将勾缝作为砌标准砖墙施工过程的一个施工工序处理,即将勾缝时间按砌标准墙厚度和砌标准砖墙体积分别计算,设每平方米墙面所需的勾缝时间为 12 min,试求一砖墙厚和一砖半墙厚每立方米标准砖墙体所需的勾缝时间。

【解】 一砖墙厚的标准砖墙,每立方米标准砖墙体换算成每平方米标准砖墙面勾缝面积的换算系数为 $1/0.24 = 4.17(m^2)$,则每立方米标准砖墙体所需的勾缝时间是 $4.17 \times 12 = 50.04(min)$。

标准砖规格为 $0.240\ m \times 0.115\ m \times 0.053\ m$,灰缝厚度取平均值 $0.01\ m$。

一砖半墙厚为 $0.24 + 0.115 + 0.01 = 0.365(m)$。

一砖半墙厚的标准砖墙,每立方米标准砖墙体换算成每平方米墙面勾缝面积的换算系数为 $1/0.365 = 2.74(m^2)$,则每立方米标准砖墙体所需的勾缝时间是 $2.74 \times 12 = 32.88(min)$。

3. 辅助工作时间、准备与结束工作时间、休息时间和不可避免的中断时间的计算方法

辅助工作和准备与结束工作时间的计算方法与基本工作时间相同,但是,如果这两项工作时间在整个工作班工作时间消耗中所占比重不超过 5%~6%,则可归纳为一项。以工作过程的计量单位表示,确定出工作过程的工时消耗,如果在计时观察时不能取得足够的资料,也可采用工时规范或经验数据来确定。如果有现行的工时规范,可以直接利用工时规范中规定的辅助工作和准备与结束工作时间占定额时间百分比来计算;如果有现行的工时规范,休息时间和不可避免的中断时间的计算同样可以直接利用工时规范中规定的休息时间和不可避免的中断时间占定额时间的百分比来计算。

4. 定额时间的计算方法

定额时间=基本工作时间(J)+定额时间×辅助工作时间占定额时间的百分比(F)+定额时间×准备与结束工作时间占定额时间的百分比(ZJ)+定额时间×休息时间占定额时间的百分比(X)+定额时间×不可避免的中断时间占定额时间的百分比(B) (2-3)

$$定额时间 = \frac{J}{1-(F+ZJ+X+B)} \qquad (2-4)$$

【例 2-2】 由计时观察资料可知:人工挖 $1\ m^3$ 三类土,需要花费基本工作时间 90 min,辅助工作时间占定额时间的 3%,准备与结束工作时间占定额时间的 2%,休息时间占 16%,不可避免的中断时间占 2%,试确定人工挖二类土的劳动定额。

【解】 定额时间=基本工作时间+辅助工作时间+准备与结束时间+休息时间+不可避免的中断时间=基本工作时间+定额时间(3%+2%+16%+2%)

定额时间=基本工作时间/[1-(3%+2%+16%+2%)]
$$= 90/[1-(3\%+2\%+16\%+2\%)] = 116.883(min)$$

时间定额=$116.883/(60 \times 8) = 0.244(工日/m^3)$

产量定额=1/时间定额=$1/0.244 = 4.098(m^3/工日)$

2.2.3 材料消耗定额的编制方法

1. 根据材料消耗性质分类

材料消耗定额是编制材料需要量计划、运输计划、供应计划,计算仓库面积,签发限额领料

单和经济核算的依据。制定合理的材料消耗定额是组织材料正常供应,保证生产顺利进行以及合理利用资源,减少积压浪费的必要前提,所以,准确合理地制定材料消耗定额,必须充分研究和严格区分材料在建设项目施工过程中的具体类别。根据材料消耗的性质划分,施工中材料的消耗可分为必须消耗的材料和损失的材料两类,如图 2-7 所示。

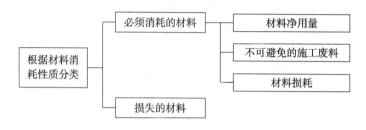

图 2-7 按材料消耗性质分类

1) 必须消耗的材料

必须消耗的材料是指在合理用料的条件下,生产单位合格建筑产品需消耗的材料,包括:直接用于建筑和安装工程的材料,编制材料净用量定额;不可避免的施工废料和材料损耗,编制材料损耗量定额,如图 2-8 所示。必须消耗的材料应计入材料消耗量定额中,材料各种类型的损耗量之和称为材料损耗量,除去损耗量之后,净用于工程实体上的材料数量称为材料净用量,材料净用量与材料损耗量之和称为材料总消耗量,损耗量与总消耗量之比称为材料损耗率。

$$损耗率=损耗量/材料总消耗量×100\% \tag{2-5}$$

$$材料总消耗量=净用量+损耗量=净用量+材料总消耗量×材料损耗率 \tag{2-6}$$

$$材料总消耗量=净用量/(1-材料损耗率) \tag{2-7}$$

2) 损失的材料

损失的材料是指在建设项目施工过程中,通过采取正确的施工操作技术和合理的管理措施可以避免的材料损耗。对于此类损失的材料不能计入材料消耗定额。

2. 根据材料消耗与工程实体的关系分类

根据材料消耗与工程实体的关系划分,施工中的材料可分为实体材料和非实体材料两类,如图 2-8 所示。

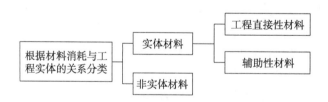

图 2-8 按材料消耗与工程实体的关系分类

1) 实体材料

实体材料也称为直接性材料,是指在建筑项目施工过程中,为了直接构成工程实体一次性消耗的材料,包括工程直接性材料和辅助性材料。

（1）工程直接性材料主要是指一次性消耗于建筑或结构工程上，并直接构成建筑物或结构本体的材，如砖砌体中的砖、水泥、砂子等。

（2）辅助性材料主要是指建设项目施工过程中所必须消耗的，但并非构成建筑物或者结构本体的材料，如土石方爆破工程中所需的炸药、引线、雷管等。

2）非实体材料

非实体材料也称为周转性材料，是指在建设项目施工过程中为了完成实体工程需要，能多次使用，但又不能直接构成工程实体的施工措施性材料，如模板、脚手架、支撑等。

3. 确定材料消耗量的基本方法

确定必须消耗材料中材料净用量定额和材料损耗量定额的计算数据，一般是通过现场技术测定、实验室试验、现场统计和理论计算等方法获得的，如图 2-9 所示。

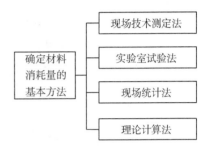

图 2-9　确定材料消耗量基本方法

1）现场技术测定法

现场技术测定法又称为观测法，通过对建设项目施工过程中材料消耗过程的测定与观察，对完成建筑产品数量和材料消耗量的计算，来确定各种材料的消耗定额。现场技术测定法主要适用于确定材料损耗量，因为该部分数值用统计法或其他方法较难得到。通过现场观察，还可以区别出哪些是可以避免的损耗，哪些是难以避免的损耗，明确定额中不应列入的可以避免的损耗。

2）实验室试验法

实验室试验法是指通过实验室试验，给出材料的组织结构、化学成分和物理性能，以及按强度等级控制的混凝土、砂浆等的配比，为编制材料消耗定额提供技术根据，保证计算数据的精确。实验室试验法主要用于编制必需消耗材料中材料净用量定额。这种方法能更深入、更详细地研究物理性能、化学成分因素对材料消耗的影响，但不能取得在施工现场实际条件下，各种客观因素对材料消耗量的影响。

3）现场统计法

现场统计法是指以施工现场积累的分部分项工程所进材料数量、使用材料数量、完成产品数量、完成产品后剩余材料数量等统计资料数据为基础，经过整理分析计算，获得生产单位合格建筑产品材料消耗量的数据。这种方法虽然简单易行，但一般只能用于确定材料总消耗量，不能用来确定净用量和损耗量，同时其准确程度受到统计资料和实际使用材料的影响，所以，该方法不能作为确定材料净用量定额和材料损耗定额的依据，只能作为编制定额的辅助性方法使用。

4）理论计算法

理论计算法是指根据建筑施工图和建筑构造要求，通过运用理论计算公式计算出建筑产品材料净用量的方法。这种计算方法只能计算出单位建筑产品的材料净用量，而材料的损耗量还需要通过其他的计算方法获得。

【例 2-3】　对于一砖半墙厚标准砖外墙，计算每立方米标准砖墙体中标准砖和砂浆的净用量和总消耗量，已知标准砖和砂浆的损耗率都为 2%。

【解】　（1）计算每立方米一砖半厚标准砖墙体中砖的净用量

标准砖尺寸为 0.24 m×0.115 m×0.053 m，灰缝厚度取平均值为 0.01 m。

在每立方米一砖半厚标准砖墙体中取一块标准砖长及灰缝、一块标准砖厚及灰缝和一砖半墙厚作为一个计算单元,其体积为:

$V=$(砖长+灰缝)×(砖长+砖宽+灰缝)×(砖厚+灰缝)=(0.24+0.01)×(0.24+0.115+0.01)×(0.053+0.01)=0.005\,749(m³)

则每立方米一砖半厚标准砖墙体中砖的净用量为:

$$砖块数=\frac{1.5\times2}{(0.24+0.01)\times(0.24+0.115+0.01)\times(0.053+0.01)}=521.83(块/m³)$$

(2)计算每立方米一砖半厚标准砖墙体中砂浆的净用量

由于砖的体积与砂浆的体积之和为 1 m³,因此,砂浆的净用量为:

砂浆体积=1-标准砖块的体积=1-521.83×0.24×0.115×0.053=0.24(m³)

(3)计算砌筑每立方米一砖半厚标准砖墙体砖和砂浆的总消耗量

$$砖的总消耗量=\frac{砖的净用量}{1-砖的损耗率}=\frac{521.83}{1-2\%}=532.5(块)$$

$$砂浆的总消耗量=\frac{砂浆的净用量}{1-砂浆的损耗率}=\frac{0.24}{1-2\%}=0.24(m³)$$

【例 2-4】　使用 1:2 水泥砂浆铺贴 600 mm×600 mm×8 mm 镜面抛光地砖,灰缝宽 1 mm,水泥砂浆结合层厚 20 mm,镜面抛光地砖损耗率 2%,水泥砂浆损耗率 2%。

(1)计算每 100 m² 镜面抛光地砖的总消耗量。

(2)计算每 100 m² 镜面抛光地砖的结合层砂浆和灰缝砂浆总消耗量。

【分析要点】

(1)计算镜面抛光地砖总消耗量要考虑灰缝所占的面积,设每 100 m² 镜面抛光地砖净用量为 A_1,每 100 m² 镜面抛光地砖总消耗量为 B_1,计算公式为:

$$A_1=\frac{100}{(块料长+灰缝)\times(块料宽+灰缝)} \qquad (2-8)$$

$$B_1=A_1/(1-镜面抛光地砖损耗率) \qquad (2-9)$$

(2)计算地面铺贴镜面抛光地砖砂浆用量时,要考虑结合层的用量和灰缝砂浆的用量,设每 100 m² 地面铺贴镜面抛光地砖砂浆净用量为 A_2,每 100 m² 地面铺贴镜面抛光地砖砂浆总消耗量为 B_2,计算公式为:

$$A_2=100\times结合层砂浆厚+(100-块料净用量\times每块面积)\times块料厚 \qquad (2-10)$$

$$B_2=A_2/(1-砂浆损耗率) \qquad (2-11)$$

【解】　(1)计算每 100 m² 地面铺贴镜面抛光地砖的总消耗量

每 100 m² 地面铺贴镜面抛光地砖的净用量 A_1:

$A_1=100/[(0.60+0.001)\times(0.60+0.001)]=276.854(块)$

每 100 m² 地面铺贴镜面抛光地砖的总消耗量 B_2:

$B_2=276.854/(1-2\%)=282.50(块)$

(2)计算每 100 m² 地面铺贴镜面抛光地砖的砂浆总消耗量

每 100 m² 地面铺贴镜面抛光地砖的砂浆净用量 A_1:

$A_1=100\times0.02+(100-276.854\times0.60\times0.60)\times0.008=2.003(m³)$

每 100 m² 地面铺贴镜面抛光地砖的砂浆总消耗量 B_2：

$B_2=2.003/(1-2\%)=2.044(\text{m}^3)$

2.2.4 机械台班消耗定额的编制方法

机械台班消耗定额又称机械台班定额，是指在正常的施工条件下，某种施工机械为完成单位合格建筑产品所必须消耗的机械台班的数量标准。根据其表现形式的不同，分为时间定额和产量定额。时间定额就是在正常的施工条件和劳动组织条件下，使用某种规定的机械，完成单位合格建筑产品必须消耗的机械台班数量标准；产量定额就是在正常的施工条件和劳动组织条件下，某种机械在一个机械台班时间内必须完成的合格建筑产品的数量标准。机械台班消耗定额一般采用时间定额形式，通常一台施工机械工作一个工作班（即 8 h）称为一个台班。确定机械台班消耗定额时首先确定其产量定额，然后再求其倒数即为时间定额。

1. 确定正常的施工条件

拟定施工机械工作正常条件，主要是拟定工作地点的合理施工组织和合理工人编制。工作地点的合理组织，就是对施工地点机械和材料的放置位置、工人从事操作的场所，做出科学合理地平面布置和空间安排。拟定合理的工人编制，就是根据施工机械的性能和设计生产能力、工人的专业分工和劳动工效，合理确定操作机械的工人和直接参加机械化施工过程的工人的编制人数。

2. 确定机械纯工作 1 小时的正常生产率

确定施工机械正常生产率必须先确定施工机械纯工作 1 小时的劳动生产率。因为只有先取得施工机械纯工作 1 小时正常生产率，才能根据施工机械利用系数计算出施工机械台班定额。机械纯工作时间就是指机械的必需消耗时间。机械纯工作 1 小时的正常生产率就是在正常施工组织条件下，具有必需的知识和技能的技术工人操作机械 1 小时的生产率。机械工作的特点不同，机械纯工作 1 小时的正常生产率的确定方法也不同，主要有以下两种：

1）循环动作机械

对于循环动作机械，需先计算循环机械一次循环的正常延续时间，再计算循环机械纯工作 1 小时的正常循环次数，最后，计算循环机械纯工作 1 小时的正常生产率。

先了解机械一次循环由几部分组成，根据现场观察资料和机械说明书确定一次循环各组成部分的延续时间。将一次循环各组成部分的延续时间相加，减去各组成部分之间的交叠时间，即可求出机械一次循环的正常延续时间，其计算公式为：

循环机械一次循环的正常延续时间 $=\sum$（一次循环各组成部分正常延续时间）$-$ 交叠时间 (2-12)

循环机械纯工作 1 小时的正常循环次数的计算公式为：

$$\text{循环机械纯工作 1 小时循环次数}=\frac{60\times60}{\text{一次循环的正常延续时间(s)}}\quad(2\text{-}13)$$

计算循环机械纯工作 1 小时的正常生产率的计算公式为：

循环机械纯工作 1 小时正常生产率＝循环机械纯工作 1 小时的循环次数×一次循环生产的产品数量 (2-14)

2）连续动作机械

对于连续动作机械,机械纯工作 1 h 的正常生产率要根据连续动作机械的类型和结构特征,以及工作过程的特点来进行计算,工作时间内的产品数量和工作时间的消耗,要通过多次现场观察和机械说明书来获得。对于同一台连续动作机械进行的不同工作过程,如挖掘机所挖土壤的类别不同,碎石机所破碎的石块硬度和粒径不同,需分别确定其纯工作 1 h 的正常生产率。

$$连续动作机械纯工作 1 小时正常生产率 = \frac{工作时间内生产的产品数量}{工作时间(h)} \quad (2\text{-}15)$$

3. 确定施工机械的正常利用系数

施工机械的正常利用系数是指机械在工作班内对工作时间的利用率。施工机械的利用系数与施工机械在工作班内的工作状况有着密切的关系。所以,要确定施工机械的正常利用系数,首先要拟定机械在工作班内的正常工作状况,而拟定机械在工作班内的正常工作状况,关键是如何保证合理利用工时问题。确定施工机械正常利用系数,要计算工作班正常状况下准备与结束工作,机械启动、机械维护等工作必须消耗的时间,以及机械有效工作的开始与结束时间,从而进一步计算出机械在工作班内的纯工作时间和机械正常利用系数。机械正常利用系数的计算公式如下:

$$机械正常利用系数 = \frac{机械在一个工作班内纯工作时间}{一个工作班延续时间(8\ h)} \quad (2\text{-}16)$$

4. 确定机械台班产量定额

计算施工机械台班产量定额是编制机械使用定额工作的最后一步。在确定了施工机械工作的正常施工条件、施工机械纯工作 1 h 的正常生产率和机械正常利用系数之后,采用下列公式计算施工机械台班产量定额。

$$施工机械台班产量定额 = 机械纯工作 1 小时正常生产率 \times 工作班纯工作时间 \quad (2\text{-}17)$$

$$施工机械台班产量定额 = 机械纯工作 1 小时正常生产率 \times 工作班延续时间 \times 机械利用系数$$
$$(2\text{-}18)$$

$$施工机械时间定额 = 1/机械台班产量定额 \quad (2\text{-}19)$$

【例 2-5】 某建设项目基坑开挖采用斗容量为 1 m³ 的反铲挖掘机挖土,假设该反铲挖掘机的铲斗充盈系数为 0.9,每一次循环正常延续时间为 2.5 min,机械时间利用系数为 0.9,求反铲挖掘机的台班产量定额和时间定额。

【解】 该反铲挖掘机一次循环的正常延续时间为 2.5 min = 1/24 h

该反铲挖掘机纯工作 1 小时的循环次数 = 1/(1/24) = 24(次)

该反铲挖掘机一次循环完成的工程量 = 1 × 0.9 = 0.9(m³)

该反铲挖掘机纯工作 1 小时正常生产率 = 24 × 0.9 = 21.6(m³)

该反铲挖掘机台班产量定额 = 21.6 × 8 × 0.9 = 155.52(m³/台班)

该反铲挖掘机时间定额 = 1/155.52 = 0.006 4(台班/m³)

【例 2-6】 某建设项目施工现场采用设计容量为 0.5 m³ 的混凝土搅拌机,搅拌后混凝土出料系数为 0.7,每一次循环中,水泥、砂子和石子的装料、搅拌、卸料、中断等时间分别为60 s、180 s、60 s、60 s,搅拌机的正常利用系数为 0.95,求该混凝土搅拌机的台班产量定额和时间定额。

　　【解】　该混凝土搅拌机一次循环由水泥、砂子和石子的装料、搅拌、卸料、中断等等工序组成,该混凝土搅拌机一次循环的正常延续时间=60+120+60+60=300(s)=1/12(h)

　　该混凝土搅拌机纯工作1小时循环次数=1/(1/12)=12(次)

　　该混凝土搅拌机一次循环完成的工程量=0.5×0.7=0.35(m³)

　　该混凝土搅拌机纯工作1小时正常生产率=12×0.35=4.2(m³)

　　该混凝土搅拌机台班产量定额=4.2×8×0.95=31.92(m³/台班)

　　该混凝土搅拌机时间定额=1/31.92=0.031(台班/m³)

2.3　预算定额的编制及应用

　　预算定额是指在合理的施工组织设计、正常施工条件下,完成一定计量单位合格建筑产品(分项工程或结构构件)所需的人工、材料和机械台班的社会平均消耗数量标准。预算定额除了规定各种资源的消耗数量以外,还规定了应完成的工作内容、达到的质量标准和安全要求,是一种综合性定额。

　　预算定额是在编制建筑施工图预算时,计算建设项目工程造价以及该建设项目中人工、材料和机械台班消耗数量使用的一种定额,属于一种计价性质的定额。

　　预算定额是由各省、市行政主管部门按照一定的科学程序,组织编制并颁布的一种具有法令性的指标,反映的是该地区完成一定计量单位分项工程或结构构件的人工、材料、机械使用台班消耗数量的社会平均水平。

　　预算定额的作用具体表现为:

　　1)预算定额是编制施工图预算的主要依据,是确定建筑安装工程造价和控制工程造价的基础。

　　2)预算定额的编制依据是施工定额,是编制概算定额和概算指标的基础。

　　3)预算定额是编制施工组织设计的依据,是施工单位进行经济活动分析的依据。

　　4)预算定额是合理编制招标标底、投标报价的基础,是工程结算的依据。

　　5)预算定额是国家对建设项目进行投资控制的依据,设计单位对设计方案进行经济评价,以及对新结构、新材料进行技术经济分析的依据。

2.3.1　预算定额的编制

　　1. 人工工日消耗量的确定

　　预算定额中人工消耗量是指在正常施工条件下,完成一定计量单位合格的分项工程或结构构件所必需消耗的人工工日数量。预算定额人工工日消耗量方法的确定有以下两种:一是以劳动定额为基础确定;二是以现场观察测定资料为基础确定。

　　1)人工工日消耗量指标的组成

　　预算定额中人工消耗量指标包括了完成该分项工程必需的各种用工量。人工工日消耗量一般由基本用工和其他用工两部分组成,如图2-10所示。

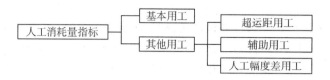

图 2-10　人工消耗指标的构成

（1）基本用工是指完成一定计量单位合格分项工程或结构构件所必需消耗的主要用工数量。例如，各种墙体砌筑工程中的砌砖、调制砂浆以及运输砖和砂浆的用工为基本用工。一般可按下式计算：

$$基本用工数量 = \sum（各施工工序工程量 \times 相应时间定额）\tag{2-20}$$

（2）其他用工是指劳动定额内没有包括而在预算定额内又必须考虑的辅助消耗工时，它是辅助基本用工消耗的工日，按其工作内容的不同可分为超运距用工、辅助用工和人工幅度差用工三种。

① 超运距用工是指预算定额中取定的材料、半成品等场内水平运输距离超过劳动定额所规定的场内水平运输距离而需增加的工日数。一般可按下式计算：

$$超运距用工量 = \sum（超运距运输材料数量 \times 相应超运距时间定额）\tag{2-21}$$

$$超运距 = 预算定额取定运距 - 劳动定额已包括的运距\tag{2-22}$$

② 辅助用工是指在技术工种劳动定额内未包括而在预算定额内又必须考虑的用工。如机械土方工程配合用工、电焊点火用工、模板整理用工等。其计算式为：

$$辅助用工 = \sum（某工序工程数量 \times 相应时间定额）\tag{2-23}$$

③ 人工幅度差用工是指在劳动定额作业时间之外，预算定额应考虑的，在正常施工条件下所发生的各种工时损失。它是因预算定额与劳动定额的定额水平不同而产生的差异，包括：

a. 各工种间的工序搭接及交叉作业互相配合所发生的停歇用工；

b. 施工机械在单位工程之间转移及临时水电线路移动所造成的停工；

c. 质量检查和隐蔽工程验收工作的影响；

d. 工序交接时对前一工序不可避免的修整用工；

e. 细小的难以测定的不可避免的工序和零星用工所需的时间等。

人工幅度差计算公式如下：

$$人工幅度差 = （基本用工 + 超运距用工 + 辅助用工）\times 人工幅度差系数\tag{2-24}$$

我国现行的国家统一建筑安装工程劳动定额规定，人工幅度差系数取值范围一般为10%～15%。

2）人工工日消耗量计算

预算定额的各种用工量应根据测算后综合取定的工程量数量和人工定额进行计算。预算定额是一项综合性定额，是按组成分项工程内容的各工序综合而成的。编制分项工程定额时，要按工序划分的要求测算、综合取定工程量，如砖墙工程除了主体砌墙外，还需综合砌筑门窗洞口、附墙烟囱、垃圾道、预留抗震柱等工程量。综合取定工程量是指按照一个地区历年实际设计的建设工程情况,选用多份设计图纸进行测算取定数量。最后,按照综合取定的工程量或单位工程量和劳动定额中的时间定额,计算出各种用工的工日数量。

2. 材料消耗量的确定

1) 材料消耗量的概念

预算定额中的材料消耗量是指在合理和节约使用材料的条件下,生产单位合格建筑安装工程产品(分部分项工程或结构构件)必须消耗的一定品种规格的原材料、辅助材料、构配件、零件、半成品的数量标准。材料耗用量指标是以材料消耗定额为基础,按预算定额的定额项目,综合材料消耗定额的相关内容,经汇总后确定。材料消耗量指标一般由材料净用量和材料损耗量构成,如图 2-11 所示。

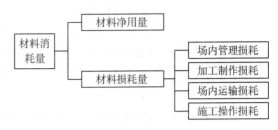

图 2-11 预算定额中材料消耗量的构成

2) 材料消耗量的分类及计算

材料按其使用性质、用途和用量大小划分为主要材料、辅助材料、周转性材料和零星材料。

(1) 主要材料

主要材料是指在建设项目施工中消耗量较大,占建设项目工程造价比重高,直接构成工程实体的大宗材料,如钢材、水泥、木材等。预算定额中主要材料消耗量的确定方法与施工定额中主要材料消耗量的确定方法一样,凡能计量的材料、成品、半成品均按品种、规格逐一列出其数量。其计算公式为:

$$主要材料损耗量 = 主要材料消耗量 \times 主要材料损耗率 \qquad (2-25)$$

主要材料消耗量 = 主要材料净用量 + 主要材料损耗量 = 主要材料净用量/(1 - 主要材料损耗率)

$$(2-26)$$

主要材料的净用量应结合分项工程的施工做法、综合取定的工程量以及有关资料进行计算。

主要材料损耗量由施工操作损耗、场内运输损耗、加工制作损耗和场内管理损耗四部分组成,其计算方法与施工定额一样。

【例 2-7】 砌筑一砖半厚标准砖墙体,经测定计算,每 1 m³ 标准砖墙体中板头体积为 0.03 m³,预留配电箱孔洞体积 0.007 m³,突出墙面砌体 0.008 m³,用高标号砂浆砌筑的标准砖过梁为 0.05 m³,计算 1 m³ 标准砖墙体的标准砖及砂浆净用量。

【解】 实砌 1 m³ 标准砖墙体不考虑任何因素(即不预留孔洞,也没有板头等),其标准砖及砂浆的净用量计算与施工定额中一样。

$$标准砖块数 = \frac{1.5 \times 2}{(砖长 + 灰缝) \times (砖长 + 砖宽 + 灰缝) \times (砖厚 + 灰缝)}$$

$$= 3/[(0.24 + 0.01) \times (0.24 + 0.115 + 0.01) \times (0.053 + 0.01)]$$

$$= 521.85(块/m^3)$$

$$砂浆体积 = 1 - 标准砖的总体积$$

$$= 1 - 521.85 \times 0.24 \times 0.115 \times 0.053$$

$$=0.236\,6(\mathrm{m}^3)$$

如果考虑标准砖墙体需扣除和增加的体积后,标准砖及砂浆的净用量为

标准砖净用量＝标准砖块数×(1−3%−0.7%+0.8%)

$$=521.85×0.971$$

$$=506.72(块/\mathrm{m}^3)$$

砂浆净用量＝砂浆体积×(1−3%−0.7%+0.8%)

$$=0.236\,6×0.971$$

$$=0.229\,7(\mathrm{m}^3)$$

砌筑标准砖过梁所用的砂浆标号较高,称为附加砂浆,砌筑标准砖墙的其他部分砂浆为主体砂浆。

附加砂浆净用量＝砂浆净用量×4%

$$=0.229\,7×4\%$$

$$=0.009\,2(\mathrm{m}^3)$$

主体砂浆净用量＝砂浆净用量×96%

$$=0.229\,7×96\%$$

$$=0.220\,5(\mathrm{m}^3)$$

【例 2-8】 根据试验资料可知,砌筑 1 m³ 标准砖墙体时标准砖和砂浆的损耗率均为 1%,计算例 2-7 中砌筑每立方米一砖半厚标准砖墙体时标准砖及砂浆的消耗量。

【解】 标准砖消耗量＝506.72/(1−1%)

$$=511.84(块/\mathrm{m}^3)$$

砂浆消耗量＝0.2297/(1−1%)

$$=0.232(\mathrm{m}^3)$$

（2）辅助材料

辅助材料是指在建设项目施工中消耗量不大,占建设项目工程造价比重相对较小,直接构成工程实体的,起辅助作用的材料,如砂、石灰、玻璃等。辅助材料净用量和损耗量的计算与施工定额一样,这里不再重述。

（3）周转性材料

周转性材料是指在施工过程中多次周转使用,分次摊销计算,且不构成工程实体的工具性材料,如模板、脚手架、支撑等。周转性材料消耗量中应计算周转性材料摊销量,为此,应根据施工过程中各施工工序计算出周转性材料一次使用量和周转性材料摊销量,其计算公式为:

$$周转性材料一次使用量＝周转性材料净用量/(1−周转性材料损耗率) \quad (2\text{-}27)$$

$$周转性材料摊销量＝周转性材料一次使用量×摊销系数 \quad (2\text{-}28)$$

$$摊销系数＝周转使用系数−\frac{(1−周转材料损耗率)×回收价值率}{周转次数}×100\% \quad (2\text{-}29)$$

$$周转使用系数＝\frac{(周转次数−1)×周转性材料损耗率}{周转次数}×100\% \quad (2\text{-}30)$$

$$回收价值率＝\frac{周转性材料一次使用量×(1−周转性材料损耗率)}{周转次数}×100\% \quad (2\text{-}31)$$

（4）零星材料

零星材料是指在建设项目施工过程中，用量不多、价值不大、不便计算，且不构成工程实体的次要材料，如铁件、铁丝、螺栓、焊条等。一般采用估算法计算其总价值后，以元为单位，在预算定额中用"其他材料费"来表示。

3. 机械台班消耗量的确定

1）机械台班消耗量

预算定额中的机械台班消耗量是指在正常施工条件下，生产单位合格建筑产品（分项工程或结构构件）必需消耗的某种型号施工机械的台班数量。

预算定额中的机械台班消耗量一般可以采用以下两种方法计算确定：

根据施工定额确定机械台班消耗量，这种方法是通过施工定额或劳动定额中机械台班产量加一定的机械幅度差计算预算定额的机械台班消耗量，即预算定额机械台班消耗量＝施工定额机械台班消耗量＋机械幅度差。

以现场测定资料为基础确定机械台班消耗量，如遇到施工定额（劳动定额）缺项者，则需要依据单位时间完成的合格建筑产品产量测定。

2）机械幅度差

机械幅度差是指施工定额所规定的机械台班消耗量范围内未包括的，在建设项目施工过程中，施工机械虽进行了合理的施工组织仍不可避免的机械损失时间。其内容包括：

（1）施工机械转移工作面及配套机械相互影响损失的时间。

（2）在正常施工情况下，机械施工中技术原因的中断和不可避免的工序间歇时间。

（3）工程结尾工作量不饱满所造成的机械间歇时间。

（4）检查工程质量造成的机械间歇时间。

（5）临时水电线路在施工过程中移动造成的不可避免的工序间歇，以及临时停电停水造成的工作间歇。

（6）配合机械施工的工人在人工幅度差范围以内的工作间歇影响的机械操作时间。

机械幅度差的计算公式为：

$$机械幅度差＝施工定额机械台班消耗量×机械幅度差系数 \qquad (2-32)$$

4. 预算定额基价的确定

预算定额基价是指完成一定计量单位合格的分项工程或结构构件所需的全部人工费、材料费和施工机械使用费之和。它是按某一地区的人工工资单价、材料预算价格、机械台班单价计算的分项工程或结构构件预算单价，其计算公式为：

$$一定计量单位的分项工程的预算定额基价＝人工费＋材料费＋施工机械使用费$$

$$(2-33)$$

$$人工费 ＝ \sum（人工工日消耗量 × 日工资单价） \qquad (2-34)$$

$$日工资单价＝（生产工人平均月工资（计时、计件）＋平均月奖金＋平均月津贴补贴＋平均月特殊情况下工资）/年平均每月法定工作日 \qquad (2-35)$$

$$材料费 ＝ \sum（材料消耗量 × 材料单价） \qquad (2-36)$$

$$材料单价＝[（材料原价＋运杂费）×（1＋运输损耗率）]×（1＋采购保管费率） \qquad (2-37)$$

$$施工机械使用 = \sum(施工机械台班消耗量 \times 机械台班单价) \tag{2-38}$$

机械台班单价＝台班折旧费＋台班大修理费＋台班经常修理费＋台班安拆费及场外运费＋台班人工费＋台班燃料动力费＋台班养路费及车船税费 (2-39)

2.3.2 预算定额的应用

1. 预算定额的组成

预算定额一般由目录、总说明、建筑面积计算规则、分部工程说明、分部工程的工程量计算规则、项目表、附注及附录表等内容组成。

总说明是对定额、编制依据、适用范围、编制过程中考虑和未考虑的因素以及有关问题的说明和使用方法。分部工程说明是为了说明分部工程定额的项目划分、施工方法、材料选用、定额换算以及使用中应该注意的问题。建筑面积计算规则严格、系统地规定了计算建筑面积的内容范围和计算规则,这是正确计算建筑面积的前提条件,从而使全国各地区的同类建筑产品的预算价格有一个科学的可比性。预算定额中篇幅最大的项目表,按分部、分项的顺序排序,项目表包括编号、名称和计量单位。附注是附在定额项目表下(或上)的注释,是对定额使用的补充说明。附录是指收录在预算定额中的参考资料,包括施工机械台班费用定额、混凝土和砂浆配合比表、建筑工程材料预算价格以及其他必要的资料,主要是供换算时使用。

当施工图纸的分部分项工程内容与所选套的相应定额项目内容相一致时,应直接套用定额项目。在查阅、选套定额项目和确定单位预算价值时,绝大多数工程项目适用于上述情况。

【例 2-9】 表 2-1 是某省混凝土加气块墙体砌筑预算定额项目表,请根据该表计算采用加气块专用砂浆砌筑混凝土加气块外墙 250 m³ 的直接工程费及主要材料消耗量。

表 2-1　某省建筑工程预算定额混凝土加气块墙体砌筑

工作内容:混凝土加气块墙体砌筑:调、运、铺砂浆,运加气块,砌加气块等。　　　　　　单位:10 m³

定额编号			A3-12
项目			混凝土加气块墙体
预算价格/元			3 587.34
其中	人工费/元		771.55
	材料费/元		2 755.25
	机械费/元		60.54
名称	单位	单价/元	数量
人工　综合工日	工日	65.0	11.87
材料　混凝土加气块	m³	240.23	10.15
加气块专用砂浆	m³	163.36	1.90
工程用水	m³	4.3	1.51
机械　灰浆搅拌机	台班	97.45	0.62

【解】 根据题意,查表 2-1,混凝土加气块墙体砌筑应该套 A3-12,又由于该分项工程采用的是加气块专用砂浆,与预算定额 A3-12 中完全一致,因此可以直接套用。

计算完成 250 m³ 混凝土加气块外墙砌筑工程的直接工程费

直接工程费:3 587.34/10×250＝89 683.5(元)

计算完成 250 m³ 混凝土加气块外墙砌筑工程的主要材料消耗量

加气块专用砂浆:1.9/10×250＝47.5(m³)

混凝土加气块:10.15/10×250＝253.75(m³)

2. 预算定额的套用

预算定额应用主要分为预算定额子目的套用、换算和补充三种情况。

1) 预算定额子目的套用

套用预算定额应根据设计施工图图纸、设计要求、做法说明等内容,选择相应的预算定额子目进行套用,当设计图纸分项工程要求的施工做法与预算定额相应子目包含的工作内容相一致时,可以直接套用预算定额中相应子目的预算价格和工料机消耗量,并据此计算该分项工程的直接工程费及工料机需用量。

2) 预算定额子目的换算

当设计图纸中分项工程要求的施工做法和预算定额相应子目包含的工作内容不一致时,为了能计算出该图纸中分项工程的直接工程费及工料消耗量,必须对预算定额相应子目包含的工作内容与该图纸分项工程要求的施工做法之间的差异进行调整,这种差异调整就是预算定额子目的换算。

预算定额子目的换算是对预算定额应用的进一步扩展,为保持一定时期的预算定额水平,在预算定额说明中明确了有关预算定额换算的具体规定,如需对预算定额子目进行换算,应从其规定。预算定额子目换算有以下五种类型:

(1) 同时选套两个预算定额子目的换算

这一类型是首先以一定的综合性为基础来考虑定额,然后考虑一个增减性的额度,这样在定额中会出现两项,即基础定额和增加定额,当需要换算时,就以基础定额加减增加定额的倍数即可。

【例 2-10】 某省房屋建筑工程预算定额子目 A13-18 为 40 mm 厚 C20 细石混凝土找平层,定额基价为 97.28 元/10 m²,预算定额子目 A13-19 为细石混凝土每增减 5 mm,定额基价为 11.39 元/10 m²,请计算 60 mm 厚 C20 细石混凝土找平层,工程量 150 m² 分项工程的直接工程费。

【解】 根据题意,60 mm 厚 C20 细石混凝土找平层与预算定额子目 A13-18 为 40 厚 C20 细石混凝土找平层厚度不同,厚度不同可以换算调整,即 A[13-18]＋A[13-19]×4。

换算后定额基价为:97.28＋11.39×4＝142.84(元/10 m²)

150 m² C20 细石混凝土找平层 60 mm 厚分项工程的直接工程费为:150×142.84/10＝2142.6(元)

(2) 材料、半成品的换算

当设计图纸分项工程中使用的材料与预算定额相应子目包含的工作内容不同时,可按换价不换量的原则对材料、半成品根据实际情况进行调整换算。其换算公式为:

换算后的基价＝原定额基价－应换出半成品数量×应换出半成品单价＋应换入半成品数量×应换入半成品单价 　　　　　　　　　　　　　　　　　　　　　　　　（2-40）

$$应换入半成品数量＝预算定额用量/预算定额厚度×设计厚度 \qquad (2-41)$$

一般情况下,定额消耗量不变,公式简化为:

换算后的基价＝原定额基价－应换出(入)半成品数量×(应换出半成品单价－应换入半成品单价) 　　　　　　　　　　　　　　　　　　　　　（2-42）

【例 2-11】　某省房屋建筑工程预算定额子目 A4-22 为现浇钢筋混凝土矩形连续梁,混凝土强度等级为 C20,石子最大粒径 40 mm,计量单位为 10 m³,原预算定额基价为 3 852.15 元,现浇混凝土的预算定额含量为 10.15 m³,请计算混凝土强度等级为 C30,石子最大粒径 40 mm,截面尺寸为 250 mm×600 mm 的现浇钢筋混凝土连续梁 105 m³ 的直接工程费。已知石子最大粒径 40 mm 的现浇混凝土 C20 的单价为 256.64 元,C30 的单价为 287.36 元。

【解】　该现浇钢筋混凝土连续梁截面尺寸为 250 mm×600 mm,为矩形连续梁,因此,该分项工程应该套 A4-22。该建设项目分项工程采用的是 C30 现浇混凝土,而该省预算定额 A4-22 中的混凝土强度等级是 C20 现浇混凝土。计算公式如下:

换算后的预算定额基价＝原预算定额基价＋预算定额混凝土含量×(C30 碎石混凝土单价－C20 碎石混凝土单价)＝3852.15＋10.15×(287.36－256.64)＝4163.96(元)

105 m³ 的现浇钢筋混凝土矩形连续梁分项工程的直接工程费＝4163.96/10×105＝43721.58(元)

(3) 利用系数进行换算

在预算定额中,由于施工条件和施工方法不同,某些项目可以乘以系数调整。调整系数分定额系数和工程量系数:定额系数指按照预算定额分部说明或预算定额附注中所规定的系数,对预算定额基价进行调整,一般应在预算定额基价中反映;工程量系数是指按照预算定额工程量计算规则中所规定的系数,对分项工程工程量进行调整,一般应在分项工程工程量中反映。

(4) 实际用量的调整换算

当设计图纸分项工程使用的材料材质、规格、型号与预算定额相应子目中的材料材质、规格、型号不同时,可在预算定额单位消耗量不变的情况下对换入的材料含量根据实际规格、型号进行调整换算,形成新的预算定额基价。例如砌筑工程中砖规格是按 240 mm×115 mm×53 mm 标准砖编制的,设计采用非标准砖或非常用规格砌块材料,与原预算定额不同时可以换算,但预算定额单位消耗量不变。

(5) 直接增减工料的换算

当设计图纸分项工程使用的人工或材料材质、规格、型号与预算定额相应子目中的人工或材料材质、规格、型号相同,仅数量不同时,可直接对预算定额中人工或材料消耗量做增减调整,形成新的预算定额基价。具体公式如下:

$$人工费＝(原人工费±人工增减量×工日单价)×工程量 \qquad (2-43)$$

$$材料费＝(原材料费＋换入材料数量×单价－换出材料数量×单价)×工程量 \qquad (2-44)$$

【例 2-12】　某省房屋建筑工程预算定额子目 A3-42 为 20 mm 厚防水砂浆墙基防潮层,1∶2 防水砂浆的预算定额含量为 0.21 m³/10 m²,1 m³ 1∶2 防水砂浆中水泥的预算定额含量为 635 kg,计量单位为 10 m²,原预算定额基价为 163.99 元,防水粉单价为 1.5 元/kg。请计算 1∶2 防水砂浆墙基防潮层(防水砂浆内掺防水粉的用量为水泥用量的 8%,减少水泥用量 5%)的预算定额基价。

【解】 根据题意,预算定额子目 A3-42 为 20 mm 厚防水砂浆墙基防潮层应调整防水粉的用量。

防水粉的用量＝预算定额防水砂浆含量×砂浆配合比中水泥用量×8%
　　　　　　＝0.21 m³/10 m²×635 kg/m³×8%
　　　　　　＝10.67 kg/10 m²
换算后预算定额基价＝原预算定额基价＋防水粉单价×(防水粉换入量－防水粉换出量)
　　　　　　　　　＝163.99＋1.5×(10.67－6.67)
　　　　　　　　　＝169.99(元/10 m²)

3) 预算定额子目的补充

当设计图纸分项工程要求的施工做法与预算定额相关子目所包含的工作内容完全不相同时,或由于设计图纸采用了新材料、新工艺方法,在预算定额中无此相关子目,属于预算定额的缺项时,可由合同双方编制临时性预算定额,报工程所在地工程造价管理部门审查批准,并按有关规定进行备案方可执行。当采用补充定额时,应在预算定额编号内填写一个"补"字,以示区别。

2.3.3 施工图预算的编制

1. 施工图预算

施工图预算又称建筑安装工程造价,是指由设计单位在施工图设计完成后,根据施工图设计图纸、现行预算定额、费用定额以及地区设备、材料、人工、施工机械台班等预算价格编制和确定的建筑安装工程造价的文件。

施工图预算包括单位工程预算、单项工程预算和建设项目总预算。编制施工图预算,首先根据施工图设计文件、预算定额、费用定额以及人工、材料、机械使用台班预算价格,以一定的方法编制单位工程预算,然后汇总所有单位工程预算成为单项工程预算,最后汇总所有单项工程预算成为建设项目总预算。

2. 施工图预算编制方法

施工图预算编制可以采用工料单价法和综合单价法。

1) 工料单价法的编制

工料单价法是指根据建筑安装工程施工图和预算定额,按分部分项工程顺序,先算出分项工程量,然后再乘以对应的定额基价,求出分项工程直接工程费,将分项工程直接工程费汇总为单位工程直接工程费,另加措施费、间接费、利润及税金构成建筑安装工程预算价格。

工料单价法的编制可分为预算单价法的编制(简称单价法)和实物法的编制两类。预算单价法采用预算定额中的人工、材料、机械使用台班价格进行计价;实物法采用当时当地人工、材料、机械使用台班的市场价格进行计价。

(1) 单价法

单价法是根据施工图纸计算出各分项工程的工程量,将各分项工程的工程量分别乘以地区统一预算定额中各分项工程的预算定额基价,汇总各分项工程直接工程费得到单位工程的直接工程费,措施费、间接费、利润和税金按地区统一费用定额规定的计费基数乘以相应的

费率计算,最后汇总即可得到单位工程的施工图预算(建筑安装工程造价)。其计算公式如下:

单位工程施工图预算直接工程费 $= \sum ($分项工程的工程量$\times$分项工程的预算定额基价$)$

$$(2\text{-}45)$$

措施费、间接费、利润和税金$=$规定的计费基数$\times$相应费率　　　(2-46)

含税建筑安装工程造价$=$直接工程费$+$措施费$+$间接费$+$利润$+$材差$+$税金 (2-47)

单价法编制施工图预算的流程如图 2-12 所示。

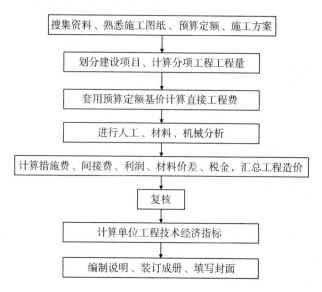

图 2-12　单价法编制施工图预算的流程

(2) 实物法

实物法是根据施工图纸计算出各分项工程的工程量,将各分项工程的工程量分别乘以地区统一预算定额中各分项工程一定计量单位的人工、材料、机械使用台班消耗数量,计算出各分项工程的人工、材料、机械使用台班消耗数量,分别乘以当时当地的市场价格,计算出各分项工程的人工费、材料费、机械使用台班费,最后相加得到单位工程的直接工程费。措施费、间接费、利润和税金按规定的计费基数乘以相应的费率计算,最后汇总即可得到单位工程的施工图预算(建筑安装工程造价)。其计算公式如下:

单位工程施工图预算直接工程费 $= \sum ($分项工程的工程量$\times$预算定额人工消耗数量$\times$当时当地人工工资单价$) + \sum ($分项工程的工程量$\times$预算定额材料消耗数量$\times$当时当地材料价格$) + \sum ($分项工程的工程量$\times$预算定额机械使用台班消耗数量$\times$当时当地机械使用台班单价$)$

$$(2\text{-}48)$$

措施费、间接费、利润和税金$=$规定的计费基数$\times$相应费率　　　(2-49)

含税建筑安装工程造价$=$直接工程费$+$措施费$+$间接费$+$利润$+$税金　　(2-50)

实物法编制施工图预算的流程如图 2-13 所示。

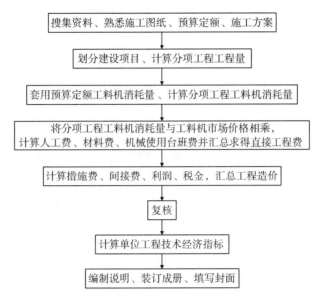

图 2-13 实物法编制施工图预算的流程

2) 综合单价法

综合单价,即分项工程全费用单价,也就是工程量清单的单价,是指综合了人工费、材料费、机械台班使用费,有关文件规定的调价、利润,以及采用固定价格的工程所测算的风险金等全部费用。这种方法与前述方法相比,主要区别在于间接费采用管理费率形式分摊到分项工程单价中,利润采用利润率形式分摊到分项工程单价中,从而组成分项工程全费用单价,某分项工程单价乘以工程量即为该分项工程的完全价格。

2.4 其他计价定额

2.4.1 概算定额

1. 概算定额

概算定额是以扩大分项工程和扩大结构构件为计算对象,完成一定计量单位合格扩大结构构件或扩大分项工程所需消耗的人工、材料和施工机械台班使用的数量及费用标准。概算定额是在预算定额的基础上,根据通用图纸等资料,以主要分部分项工程或结构构件为基础,经过适当综合扩大合并而成的一种定额。

概算定额是设计单位在初步设计阶段和扩大初步设计阶段确定工程造价、编制设计概算和主要材料需要量的依据,是进行设计方案比较的依据,是编制概算指标和投资估算指标的依据。

2. 概算定额的组成

概算定额由总说明、分部说明、概算定额表三部分组成。总说明主要包括编制的目的、依据、适用范围、应遵守的规定和建筑面积计算规则;分部说明规定了分部分项工程的工程量计算规则等内容；概算定额表形式与预算相似，但它比预算定额更为综合。

3. 概算定额的编制

1）概算定额编制的依据

（1）现行设计标准规范；

（2）现行建筑安装工程预算定额；

（3）国务院各有关部门和各省、自治区、直辖市批准颁布的标准设计图集和有代表性的设计图纸；

（4）现行概算定额和其他相关资料；

（5）编制期人工工资标准、材料预算价格和机械使用台班预算价格。

2）概算定额的编制步骤

概算定额的编制一般分为三个阶段：准备工作阶段、编制阶段、审查报批阶段。

（1）准备工作阶段

该阶段的主要工作是确定编制机械和人员组成，进行调查研究，了解现行概算定额的执行情况和存在的问题，明确编制定额的项目。在此基础上，制定概算定额的编制细则和概算定额项目划分。

（2）编制阶段

该阶段要测算概算定额水平，内容包括两个方面：新编概算定额与原概算定额的水平测算；概算定额与预算定额的水平测算。根据已制定的编制细则、定额项目划分和工程量计算规则进行调查研究。对收集到的设计图纸、资料进行细致的测算和分析，编制概算定额初稿，并将新编概算定额的分项定额总水平与原概算定额和预算定额的水平相比较，将差距控制在允许的幅度之内，以保证二者在水平上的一致性。如果新编概算定额与原概算定额和预算定额的水平差距较大，则需对概算定额水平进行必要的调整。

（3）审查报批阶段

在征求意见修改之后形成报批稿，经批准之后交付印刷。

3）概算定额的编制方法

（1）选定图纸确定有关比例

针对拟编概算定额的扩大分项工程或扩大结构构件，选定有代表性的图纸。因为概算定额必须具有较强的综合性，所以应合理确定所选各类图纸的比例。

（2）计算并综合取定工程量

根据所选图纸和既定各类图纸的比例，先分类计算分项工程的工程量，再以各类图纸中各分项工程的工程量乘以该类图纸所占的比例，加权综合取定整个概算定额扩大分项工程所包括的各分项工程的工程量。

（3）计算人工、材料、施工机械台班消耗量

根据预算定额所规定的各分项工程的实物消耗指标和综合取定的相应分项工程的工程量，通过编制工料机分析表，计算确定概算定额的主要工料机消耗量标准。

（4）编制概算定额项目表

根据以上有关数据计算概算基价，即根据预算定额规定的各分项工程预算单价、综合取定的相应分项工程的工程量，计算确定每个扩大分项工程或扩大结构构件的概算定额基价，并分别列出基价中的人工费、材料费、施工机械使用费，编制概算定额项目表。

4. 概算定额的应用

概算定额的应用与预算定额的应用有相似之处,主要表现为:符合概算定额规定的应用范围、工程内容、计量单位及综合程度应与概算定额一致,必要的调整和换算应严格按定额的文字说明和附录进行,避免重复计算和漏项等。

2.4.2 概算指标

1. 概算指标

概算指标是以整个建筑物为计算对象,完成一定计量单位合格建筑安装工程所需消耗的人工、材料、施工机械台班使用和资金的数量及费用标准。概算指标是编制投资估价和设计概算的依据,是建设单位编制基本建设计划和主要材料计划、申请投资贷款的依据,是设计单位就设计方案进行技术经济分析、衡量设计水平、考核投资效果的标准。

当初步设计不够及时,不能准确地计算工程量,但工程设计采用的技术比较成熟而又有类似工程概算指标可以利用时,可采用概算指标法编制概算。由于概算指标比概算定额更为扩大、综合,因此,这种方法计算快,但精度低。

2. 概算指标的组成

概算指标一般由文字说明、概算指标表两部分组成。文字说明有总说明和分册说明,一般包括概算指标的编制范围、编制依据、分册说明、指标包括的内容、使用方法、指标允许调整的范围及调整方法等。概算指标表分为建筑工程概算指标表和安装工程概算指标表两大类,包括示意图、工程特征、经济指标、每 100 m² 建筑面积各分部工程量指标、100 m² 建筑面积主要工料指标等。

3. 概算指标的表现形式

概算指标在具体内容的表示方法上,分综合指标和单项指标两种形式。

综合概算指标是指按照工业或民用建筑及其结构类型而制定的概算指标。综合概算指标的概括性较大,其准确性、针对性不如单项指标。对于房屋来讲,只包括单位工程的单方造价、单项工程造价和每 100 m² 土建工程的主要材料消耗量。

单项概算指标是指为某种建筑物或构筑物编制的概算指标。以现行的概预算定额和当时的材料价格为依据,并收集了当地的许多典型工程竣工结算资料,整理并编辑而成。其针对性较强,故指标中对工程结构形式要做详细介绍,只有建设项目的结构形式及工程内容与单项指标的工程概况相吻合,编制出的设计概算才比较准确。因此,概算指标以单项概算指标为主。

4. 概算指标的编制

1)概算指标的编制依据

(1)各类工程标准设计图纸和典型设计图纸;

(2)国家颁发的建筑标准、设计规范、施工规范等;

(3)各类工程造价资料;

(4)现行的概算定额和预算定额及补充定额;

(5)人工工资标准、材料预算价格、机械台班预算价格及其他价格资料。

2)概算指标的编制步骤

(1)首先成立编制小组,拟定工作方案,明确编制原则和方法,确定指标的内容及表现形式,确定基价所依据的人工工资单价、材料预算单价、机械使用台班单价。

（2）收集整理编制概算指标所必需的标准设计图纸、典型设计图纸、有代表性的工程设计图纸以及设计预算等资料，充分利用有使用价值积累的工程造价资料。

（3）按指标内容及表现形式的要求进行具体的计算分析，工程量尽可能利用经过审定的工程竣工结算工程量数据。按基价所依据的人工工资单价、材料预算单价、机械使用台班单价计算综合指标，并计算主要材料消耗量指标。

（4）最后进行核对审核、平衡分析、水平测算、审查定稿。

3）概算指标编制方法

（1）首先要根据选择好的标准设计图纸和典型设计图纸，计算出每一结构构件或分部工程的工程量。以 1000 m³ 建筑体积为计算单位，换算出某种类型建筑物所含的各结构构件和分部工程工程量指标。工程量指标是概算指标中的重要内容，详尽地说明了建筑物的结构特征，同时也规定了概算指标的适用范围。

（2）在计算工程量指标的基础上，确定人工、材料和机械的消耗量，具体方法是按照所选择的标准设计图纸和典型设计图纸、现行的概预算定额和各类价格资料，编制单位工程概算或预算，并将各种人工、机械和材料的消耗量汇总，计算出人工、材料和机械的总用量。

（3）最后再计算出每平方米建筑面积和每立方米建筑体积的单位造价，计算出该计量单位所需要的主要人工、材料和机械实物消耗量指标，将辅助人工、材料和机械的消耗量对应的费用综合为其他人工、其他材料和其他机械费用，用元表示。

4）对计算出的概算指标进行平衡比较、调整、水平测算对比以及试算修订，最后定稿报批。

5. 概算指标的应用

由于概算指标是一种综合性很强的指标，不可能与拟建工程的建筑和结构特征、自然条件、施工条件完全一致。因此，在选用概算指标时要尽量保证选用的概算指标与设计对象在各个方面保持一致或接近，不一致的地方要进行换算，以提高准确性。如果设计对象的建筑和结构特征与概算指标一致时，可以直接套用；如果设计对象的建筑和结构特征与概算指标的规定有少量部分不同时，可对概算指标的少量部分内容进行换算。换入换出的工料数量可通过换入换出分部分项工程或结构构件的工程量乘以相应概算指标中的工料消耗量得到。根据调整后的工料消耗量和地区人工工资单价、材料预算单价、机械使用台班单价，计算每 100 m² 的概算指标基价，再根据有关取费规定，计算每 100 m² 的概算指标工程造价。

概算指标主要适用于不同地区的同类工程编制设计概算。采用概算指标编制设计概算，工程量计算工作量相对较小，省略了定额套用和工料分析工作，因此编制设计概算速度较快，但准确性稍差。

2.4.3　设计概算编制

1. 设计概算

设计概算是指设计单位在初步设计或扩大初步设计阶段，根据设计图样及说明书、设备清单、概算定额或概算指标、各项费用取费标准等资料、类似工程预（决）算文件等资料，用科学的方法计算和确定建筑安装工程全部建设费用的经济文件。设计概算包括单位工程概算、单项工程综合概算、建设项目总概算及编制说明等。

2. 设计概算编制方法

设计概算编制的方法有概算定额法、概算指标法、类似工程预算法三种。

1) 概算定额法

概算定额法又叫扩大单价法或扩大结构定额法。采用此方法编制建筑工程概算比较准确,但计算较烦琐。因此必须在具备一定的设计基础知识、熟悉概算定额时才能弄清分部分项工程的扩大综合内容,正确计算扩大分部分项工程工程量。当初步设计达到一定深度、建筑结构比较明确时,可采用这种方法编制建筑工程设计概算。利用概算定额法编制设计概算的具体步骤如下:

(1) 按照概算定额分部分项工程顺序,列出各分项工程的名称,计算各分项工程工程量。

(2) 确定各分部分项工程的概算定额基价,概算定额基价的计算公式为:

概算定额基价 = 概算定额人工费 + 概算定额材料费 + 概算定额机械使用台班费 = $\sum$(概算定额中人工消耗量 × 人工工日单价) + $\sum$(概算定额中材料消耗量 × 材料预算单价) + $\sum$(概算定额中机械使用台班消耗量 × 机械使用台班单价) (2-51)

(3) 计算单位工程直接工程费、措施费和直接费。将已算出的各分部分项工程工程量分别乘以概算定额基价、单位人工、材料消耗量指标,即可得出各分项工程的直接工程费和人工、材料消耗量。然后,汇总各分项工程的直接工程费及人工、材料消耗量,即可得到该单位工程的直接工程费和工料总消耗量。最后,汇总措施费即可得到该单位工程的直接费。

(4) 根据直接费,结合其他各项取费标准,分别计算间接费、利润和税金。

(5) 计算单位工程设计概算工程造价。

2) 概算指标法

概算指标法是将拟建工程的建筑面积或体积乘以技术条件相同或基本相同的概算指标得出直接工程费,然后按规定计算出措施费、间接费、利润和税金等。当初步设计不够及时,不能准确地计算工程量,但工程设计采用的技术比较成熟而又有类似工程概算指标可以利用时,可采用概算指标法编制设计概算。概算指标法计算精度较低,但其编制速度快,对一般附属、辅助和服务工程等项目,投资比较小、比较简单的工程项目设计概算编制具有一定的实用价值。

(1) 拟建工程建筑和结构特征与概算指标包含的工作内容相同时,根据选用概算指标内容不同,可选用两种计算方法。

一种方法是以指标中所规定的建筑工程每平方米或立方米的直接工程费基价,乘以拟建单位工程建筑面积或体积,得出单位工程的直接工程费,再计算其他费用,即可求出单位工程设计概算工程造价。直接工程费计算公式为:

直接工程费 = 概算指标每平方米(立方米)直接工程费基价 × 拟建工程建筑面积(体积) (2-52)

另一种方法是以概算指标中规定的每 100 m² 建筑面积所消耗人工工日数、主要材料数量为依据,首先计算拟建工程人工、主要材料消耗量,再计算直接工程费,其计算公式如下:

100 m² 建筑面积的人工费 = 概算指标所含人工工日数 × 本地区人工工日单价 (2-53)

100 m² 建筑面积的主要材料费 = $\sum$(概算指标所含主要材料数量 × 地区材料预算单价) (2-54)

100 m² 建筑面积的其他材料费 = 主要材料费 × 其他材料费占主要材料费的百分比 (2-55)

100 m^2 建筑面积的机械使用费＝（人工费＋主要材料费＋其他材料费）×机械使用费所占百分比 (2-56)

1 m^2 建筑面积的直接工程费＝（人工费＋主要材料费＋其他材料费＋机械使用费）/100 (2-57)

根据直接工程费和其他各项取费标准,分别计算措施费、间接费、利润和税金,得到 1 m^2 建筑面积的设计概算工程造价,乘以拟建单位工程的建筑面积,即可得到单位工程设计概算工程造价。

(2) 拟建工程建筑和结构特征与概算指标包含的工作内容有局部差异时,需要进行调整。

一种方法是调整概算指标中的每平方米(每立方米)直接工程费基价。这种调整方法是对原概算指标中的直接工程费基价进行调整,扣除每平方米(每立方米)原概算指标中与拟建工程建筑和结构特征不同部分的直接工程费,增加每平方米(每立方米)拟建工程与概算指标结构不同部分的直接工程费,使其成为与拟建工程建筑和结构特征相同的概算指标直接工程费基价。直接工程费基价换算公式为:

结构变化修正概算指标(元/m²)＝原概算指标＋概算指标中换入结构的工程量×换入结构的直接工程费基价－概算指标中换出结构的工程量×换出结构的直接工程费基价 (2-58)

直接工程费＝修正后的概算指标×拟建工程建筑面积(或体积) (2-59)

求出直接工程费后,再按照规定的取费方法计算其他费用,最终得到单位工程设计概算工程造价。

另一种方法是调整概算指标中的工料机消耗数量。这种调整方法是扣除原概算指标中与拟建工程建筑和结构不同部分,增加拟建工程与概算指标建筑和结构不同部分,使其成为与拟建工程建筑和结构相同的每 100 m^2 建筑面积工料机消耗数量,其计算公式如下:

结构变化修正概算指标工料机消耗数量＝原概算指标工料机消耗数量＋换入分项工程或结构构件工程量相应定额工料机消耗数量－换出分项工程或结构构件工程量×相应定额工料机消耗数量 (2-60)

3) 类似工程预算法

类似工程预算法是利用技术条件与设计对象相类似的已完工程或在建工程的工程造价资料来编制拟建工程设计概算的方法。如果拟建工程与已完工程或在建工程类似,又没有合适的概算指标时,就可以用已完工程或在建工程的工程造价资料来编制拟建工程的设计概算。类似工程预算是参考类似工程的预算或结算资料,按照编制概算指标的方法,求出工程的概算指标,再按概算指标法编制拟建工程设计概算。利用类似工程预算编制设计概算时,应考虑拟建工程在建筑与结构、地区工资、材料价格、机械台班单价及其他费用上的差异,这些差异须进行修正。

拟建工程每平方米设计概算工程造价＝类似工程每平方米预算工程造价×综合调整系数 (2-61)

综合调整系数 $= K_1 \times a\% + K_2 \times b\% + K_3 \times c\% + K_4 \times d\% + K_5 \times e\%$ (2-62)

式中:$a\%$、$b\%$、$c\%$、$d\%$、$e\%$——类似工程预算人工费、材料费、机械费、措施费、间接费分别占预算工程造价的比重;

K_1、K_2、K_3、K_4、K_5——拟建工程地区与类似工程地区人工费、材料费、机械费、措施费、间接费价差系数。

【课后习题】

1. 劳动定额规定,砌砖工程的小组人数为 22 人,假设各种砖墙取定的比重为双面清水墙占 20%,单面清水墙占 20%,混水内墙占 60%。

(1) 劳动定额规定:一面内墙双面清水为 0.833 m^3/工日,单面清水为 0.862 m^3/工日,混水内墙为 1.03 m^3/工日,求该小组总产量。

(2) 假设一个工人小组配置了一台塔吊和一台砂浆搅拌机,砌砖消耗量定额项目的计量单位为 10 m^3,求机械台班使用量。

2. 建设工程定额如何分类?

3. 施工图预算编制可采用哪些方法?

3 工程招标投标阶段计价文件编制

【学习目标】
1. 了解建设工程工程量清单、工程量清单计价的概念。
2. 熟悉《建设工程工程量清单计价规范》(GB 50500—2013)基本内容。
3. 掌握建设工程工程量清单的编制方法。
4. 掌握建设工程工程量清单的计价方法。

【学习要求】
1. 熟悉建设工程工程量清单的计价方法。
2. 掌握建设工程工程量清单的编制。
3. 掌握建设工程工程量清单计价编制。

3.1 一般规定

3.1.1 建设工程计价方式

《建设工程工程量清单计价规范》(GB 50500—2013)适用于建设工程发承包及实施阶段的计价活动,包括工程量清单编制、招标控制价编制、投标报价编制、合同价款约定、工程计量、合同价款调整、合同价款期中支付、竣工结算与支付、合同解除的价款结算与支付、合同价款争议的解决、工程造价鉴定等活动。

建设工程包括房屋建筑与装饰工程、仿古建设工程、通用安装工程、市政工程、园林绿化工程、构筑物工程、城市轨道建设工程、爆破工程等。

工程量清单、招标控制价、投标报价均由分部分项工程费、措施项目费、其他项目费、规费和税金组成。

《建设工程工程量清单计价规范》(GB 50500—2013)规定:① 使用国有资金投资的建设工程发承包,必须采用工程量清单计价;② 非国有资金投资的建设工程,宜采用工程量清单计价;③ 不采用工程量清单计价的建设工程,应执行本规范除工程量清单等专门性规定外的其他规定;④ 工程量清单应采用综合单价计价;⑤ 措施项目中的安全文明施工费必须按国家或省级、行业建设主管部门的规定计算,不得作为竞争性费用;⑥ 规费和税金必须按国家或省级、行业建设主管部门的规定计算,不得作为竞争性费用;⑦ 建设工程发承包,必须在招标文件、合同中明确计价中的风险内容及其范围,不得采用无限风险、所有风险或类似语句规定计价中的风险内容及范围;⑧ 招标工程量清单必须作为招标文件的组成部分,其准确性和完整性应由招标人负责;⑨ 分部分项工程项目清单必须载明项目编码、项目名称、项目特征、计量单位和工程量;⑩ 分部分项工程项目清单必须根据相关工程现行国家计量规范规定的项目编码、项目名称、项目特征、计量单位和工程量计算规则进行编制;⑪ 措施项目清单必须根据相关工程现行国家计量规范的规定编制;⑫ 国有资金投资的建设工程招标,招标人必须编制招标控制价；⑬ 投标报价不得低于工程成本；⑭ 投标人必须按招标工程量清单填报价格，项目编码、项目名称、项目特征、计量单位、工程量必须与招标工程量清单一致；⑮ 工程量必须按照相关工程现行国家计量规范规定的工程量计算规则计算；⑯ 工程量必须以承包人完成合同工程应予计量的工程量确定；⑰ 工程完工后，发承包双方必须在合同约定时间内办理工程竣工结算。

《工程建设项目招标范围和规模标准规定》规定：国有资金投资的工程建设项目包括使用国有资金投资和国家融资投资的工程建设项目。

使用国有资金投资的项目包括：① 使用各级财政预算资金的项目；② 使用纳入财政管理的各种政府性专项建设资金的项目；③ 使用国有企事业单位自有资金，并且国有资产投资者实际拥有控制权的项目。

国家融资项目的范围包括：① 使用国家发行债券所筹资金的项目；② 使用国家对外借款或者担保所筹资金的项目；③ 使用国家政策性贷款的项目；④ 国家授权投资主体融资的项目；⑤ 国家特许的融资项目。

国有资金（含国家融资资金）为主的工程建设项目是指国有资金占投资总额50%以上，或虽不足50%但国有投资者实质上拥有控股权的工程建设项目。

3.1.2 工程材料和工程设备提供方式

工程材料和工程设备通常有三种提供方式：一是发包人自行采购供货；二是承包人采购供货；三是发包人与承包人联合采购供货。

1. 发包人提供的工程材料和工程设备

《建设工程工程量清单计价规范》（GB 50500—2013）规定：发包人提供的材料和工程设备（以下简称甲供材料）应在招标文件中按照本规范规定填写《发包人提供材料和工程设备一览表》，写明甲供材料的名称、规格、数量、单价、交货方式、交货地点等。承包人投标时，甲供材料单价应计入相应项目的综合单价中，签约后，发包人应按合同约定扣除甲供材料款，不予支付。

承包人应根据合同工程进度计划的安排，向发包人提交甲供材料交货的日期计划，发包人应按计划提供。承包人应根据合同工程进度计划的安排，向发包人提交甲供材料交货的日期计划。发包人应按计划提供。发承包双方对甲供材料的数量发生争议不能达成一致的，应按照相关工程的计价定额同类项目规定的材料消耗量计算。

2. 承包人提供的工程材料和工程设备

《建设工程工程量清单计价规范》（GB 50500—2013）规定：除合同约定的发包人提供的甲供材料外，合同工程所需的材料和工程设备应由承包人提供，承包人提供的材料和工程设备均应由承包人负责采购、运输和保管。承包人应按合同约定将采购材料和工程设备的供货人及品种、规格、数量和供货时间等提交发包人确认，并负责提供材料和工程设备的质量证明文件，满足合同约定的质量标准。

对承包人提供的材料和工程设备，经检测不符合合同约定的质量标准，发包人应立即要求承包人更换，由此增加的费用和（或）工期延误应由承包人承担。对发包人要求检测承包人已具有合格证明的材料、工程设备，但经检测证明该项材料、工程设备符合合同约定的质量标准，发包人应承担由此增加的费用和（或）工期延误，并向承包人支付合理利润。

3. 发包人与承包人联合提供的工程材料和工程设备

发包人与承包人联合采购的工程材料和工程设备是承包人投标报价范围内已经包括,但因技术标准规格无法确定而由发包人确定暂估价(即投标人没有竞争报价)的设备材料。以暂估价形式包括在总承包范围内的设备材料属于依法必须进行招标的项目范围,且达到国家规定规模标准的,应当依法进行招标。发包人与承包人联合采购的设备材料一般称为甲控材料,这种供货方式加大了发包人的采购控制权,也加大了发包人的责任和风险,设备材料价格的市场波动、规格匹配、质量控制、按计划供应以及与承包人的衔接等责任风险也随之由发包人承担,从而减轻了承包人相应的责任和风险。

3.1.3　建设工程计价风险

计价风险是指工程承发包双方在招投标活动、合同履约和施工过程中所面临的涉及工程计价方面的风险。在工程施工阶段,发承包双方都面临许多风险,但不是所有的风险以及无限度的风险都应由承包人承担,而是应按风险共担的原则,对风险进行合理分摊。这就要求在招标文件或合同中对发承包双方各自应承担的风险内容及其风险范围或幅度进行界定和明确,发包人不能要求承包人承担所有风险或无限度风险或类似语句规定计价中的风险内容及范围。

《建设工程工程量清单计价规范》(GB 50500—2013)对发承包双方各自承担的风险范围或幅度进行了界定和明确。

承包人应完全承担的风险是根据自身技术水平、管理、经营状况能够自主控制的技术风险和管理风险,如管理费和利润;应有限度承担的是市场价格波动导致的市场价格风险,如材料价格、施工机械使用台班费;不承担法律、法规、规章和政策变化的风险;不承担省级或行业建设主管部门发布的人工费调整、由政府定价或政府指导价管理的原材料等价格调整的风险;对于不可抗力引发的风险,承包人只承担自己的利润损失。

发包人应完全承担因国家法律、法规、规章和政策发生变化的风险;完全承担省级或行业建设主管部门发布的人工费调整,但承包人对人工费或人工单价的报价高于发布的除外;完全承担由政府定价或政府指导价管理的原材料等价格进行了调整的风险,因承包人原因导致工期延误的除外;应有限度承担的是由于市场物价波动影响合同价款的风险。

在当前的经济环境中,计价风险主要集中在建筑材料价格波动上,因此针对材料价格风险控制、分担、计算方法等方面的内容在合同中均需要有详细的、可操作性强的条文与之相对应,具体内容如下:

1. 合同中应明确材料风险承担或收益对等原则

因为材料价格有可能上涨,也有可能下跌,采用固定单价合同的工程,价格上涨时承包商承受风险压力,下跌时则由发包人承受风险压力,所以在合同中应明确风险承担的对等原则,即:当工程施工期间建筑材料价格上涨或下降幅度在合同约定范围以内的,其差价由承包人承担或受益,上涨或下降幅度超过合同约定范围的部分由发包人承担或受益。

2. 合同中应约定可以调整价格的建筑材料范围

在工程建设过程中部分地方材料,如砂石、砖块、砌块等受供货地点及运输成本影响较大,而钢材、水泥、木材、电线电缆、金属管材等除上述影响因素外,还受到国际原材料价格波动的影响,所以需要在合同中明确属于可以调整价格的建筑材料范围。

3. 合同中应明确材料价格风险控制和分担的幅度范围

合同中应明确材料价格风险控制和分担的幅度范围,也就是属于风险分担范围内的材料可以调整价格的界限值,而且需要明确弥补超出部分的差价还是弥补全部的差价。例如钢材的投标价格是 3 850 元,约定承包方承担风险范围值为±5%,实际价格为 4 300 元,则根据上述规定价差调整值应为 4 300−3 850×(1+5%)=257.5 元。此外,不同的材料品种价值不一样,其材料风险约定幅度范围可根据其材料价值分别设置并在施工合同中予以约定。

4. 合同中应明确材料价格调整时材料差价的取定原则

理论上应以工程所在地工程造价管理部门发布的材料指导价格为基准(缺指导价的材料以双方确认的市场信息价为准),差价为施工期同类材料加权平均指导价格与工程施工合同基准期(招标工程为递交投标文件截止日期前 28 天)当月材料指导价格的差额。其中,施工期材料加权平均指导价按下列公式计算:$\sum$(每月实际使用量×当月材料指导价)/同类材料总用量。针对企业自主报价的材料,应在工程施工合同中进一步明确约定材料价格调整的取定:调整后的材料价格是采用《工程造价信息》所发布的指导价格,还是采用业主认定的实际市场采购价格;材料调整基数是采用中标合同价中的材料价格,还是采用投标报价当期的指导价格。同时,还需明确材料价格浮动幅度范围的计算公式,即(施工期间指导价加权平均值−投标期指导价)/投标期指导价×100%,或者(施工期间双方认定材料市场价格加权平均值−投标价格)/投标价格×100%。若价格浮动范围值超过合同约定的风险浮动幅度范围时,则进一步明确价差计算公式,即施工期指导价加权平均值−投标当期指导价×(1+合同约定价格浮动幅度范围),或者施工期间双方认定材料市场价格加权平均值−投标价格×(1+合同约定价格浮动幅度范围)。

5. 合同中还应约定的其他细节因素

合同中还应约定其他细节因素,如材料价差是否参与下浮,是否计取相关管理费、措施费和规费等,避免固定单价合同在结算时因为计算口径不一致导致相关工程造价纠纷的产生。

3.1.4 工程造价计价程序

1. 工程造价计价程序

1) 收集资料

(1) 设计图纸,在计价前要完成设计交底和图纸会审工作;

(2) 现行计价依据、材料价格、人工工资标准、施工机械使用台班定额、有关的费用调整文件等;

(3) 招标文件、工程协议或合同;

(4) 施工组织设计(施工方案)或技术组织措施费等;

(5) 各种材料手册、常用计算公式和数据、概算指标等各种资料。

2) 熟悉图纸和现场

(1) 熟悉图纸;

(2) 熟悉施工组织设计有关内容;

(3) 施工现场踏勘;

3) 计算工程量

(1) 计算清单工程量;

　　（2）计算定额项目工程量。

　　4）工程量清单项目编制

　　（1）工程量清单包括分部分项工程及单价措施项目、总价措施项目、其他项目、规费项目、税金项目的名称与相应数量等的清单；

　　（2）由项目编码、项目名称及特征描述、计量单位、工程量五要素组成。

　　5）分部分项工程及单价措施项目工程量清单费用的计算

　　（1）分部分项工程量清单项目综合单价组价；

　　（2）分部分项工程及单价措施项目工程量乘以综合单价即可得到分部分项工程及单价措施项目工程量清单费用；

　　（3）一个工程量清单项目由一个或几个定额子目组成，将每个清单下的各定额子目的综合单价汇总累加，再除以该清单项目的工程量，即可求得该清单项目的综合单价。

　　6）总价措施项目、其他项目、规费、税金的计算

　　这几项费用根据费用定额计费程序、取费费率计算即可。

　　7）计算单位工程造价

　　按照单位工程造价计价程序，汇总上述分部分项工程费累计额、单价措施项目费累计额、总价措施项目费、其他项目费、规费和税金，获得单位工程的工程造价。

　　8）编制说明

　　编制说明包括编制依据、工程性质、内容范围、设计图纸号、所用计价依据、有关部门的调价文件号、套用单价或补充定额子目的情况及其他需要说明的问题。

　　9）汇总单项工程造价、工程项目总造价

　　将上述获得的所有单位工程造价进行汇总可获得单项工程造价，将所有单项工程造价汇总可获得工程项目总造价。

　　10）填写总价、封面、装订、签字盖章和编制日期等。

　　封面填写应写明工程名称、工程编号、工程量（建筑面积）、工程总造价、编制单位名称、法定代表人、编制人等人的资格及签字盖章。

　　2. 工程造价计价统一格式

　　1）单位工程计价程序

表 3-1　分部分项工程综合单价计算程序

序号	费用项目	计算方法	
		以人工费机械费之和为计费基数的工程	以人工费为计费基数的工程
1	人工费	$\sum$（人工费）	
2	材料费	$\sum$（材料费）	
3	机械费	$\sum$（机械费）	
4	企业管理费	（1+2+3）×费率	（1+3）×费率
5	利润	（1+2+3）×费率	（1+3）×费率
6	风险因素	按招标文件或约定	
7	综合单价	1+2+3+4+5+6	

表 3-2　单价措施项目综合单价计算程序

序号	费用项目	计算方法	
		以人工费机械费之和为计费基数的工程	以人工费为计费基数的工程
1	人工费	$\sum$（人工费）	
2	材料费	$\sum$（材料费）	
3	机械费	$\sum$（机械费）	
4	企业管理费	（1+2+3）×费率	（1+3）×费率
5	利润	（1+2+3）×费率	（1+3）×费率
6	风险因素	按招标文件或约定	
7	综合单价	1+2+3+4+5+6	

表 3-3　总价措施项目费计算程序

序号	费用项目		计算方法	
			以人工费机械费之和为计费基数的工程	以人工费为计费基数的工程
1	分部分项工程费		$\sum$（分部分项工程费）	
1.1	其中	人工费	$\sum$（人工费）	
1.2		机械费	$\sum$（机械费）	
2	单价措施项目费		$\sum$（单价措施项目费）	
2.1	其中	人工费	$\sum$（人工费）	
2.2		机械费	$\sum$（机械费）	
3	总价措施项目费		3.1+3.2	
3.1	安全文明施工费		（1+2）×费率	（1.1+1.2+2.1+2.2）×费率
3.2	其它组织措施费		（1+2）×费率	（1.1+1.2+2.1+2.2）×费率

表 3-4　其他项目费计算程序

序号	费用项目	计算方法	
		以人工费机械费之和为计费基数的工程	以人工费为计费基数的工程
1	暂列金额	按招标文件或约定	
2	暂估价	按招标文件或约定	
3	计日工	3.1+3.2+3.3	
3.1	人工费	$\sum$（人工综合单价×暂定数量）	
3.2	材料费	$\sum$（材料综合单价×暂定数量）	
3.3	机械费	$\sum$（机械台班综合单价×暂定数量）	

续表

序号	费用项目	计算方法	
		以人工费机械费之和为计费基数的工程	以人工费为计费基数的工程
4	总承包服务费	4.1+4.2+4.3	
4.1	总承包管理和协调	标的额×费率	
4.2	总承包管理、协调和配合服务	标的额×费率	
4.3	招标人自行供应材料	标的额×费率	
5	其他项目费	1+2+3+4	

表 3-5 单位工程造价计算程序

序号	费用项目		计算方法	
			以人工费机械费之和为计费基数的工程	以人工费为计费基数的工程
1	分部分项工程费		∑(分部分项工程费)	
1.1	其中	人工费	∑(人工费)	
1.2		机械费	∑(机械费)	
2	单价措施项目费		∑(单价措施项目费)	
2.1	其中	人工费	∑(人工费)	
2.2		机械费	∑(机械费)	
3	总价措施项目费		∑(总价措施项目费)	
4	其他项目费		∑(其他项目费)	
4.1	其中	人工费	∑(人工费)	
4.2		机械费	∑(机械费)	
5	规费		(1+2+3+4)×费率	
6	税金		(1+2+3+4+5)×税率	
7	含税工程造价		1+2+3+4+5+6	

2) 单项工程计价程序

表 3-6 单项工程计价程序

序号	单位工程名称	金额(元)	其中:(元)		
			暂估价	安全文明施工费	规费
1	单位工程1				
2	单位工程2				
	……				
	合计				

3）建设项目计价程序

表 3-7 建设项目计价程序

序号	单项工程名称	金额（元）	其中：（元）		
			暂估价	安全文明施工费	规费
1	单项工程 1				
2	单项工程 2				
	……				
	合计				

3.2 工程量清单编制

3.2.1 建设工程工程量清单基本概念

工程量清单是指载明建设工程分部分项工程项目、措施项目、其他项目的名称和相应数量及规费、税金项目等内容的明细清单。由招标人根据国家标准、招标文件、设计文件以及施工现场实际情况编制的，随招标文件发布，供投标报价的工程量清单称为招标工程量清单；而作为投标文件组成部分的，已标明价格并经承包人确认的工程量清单称为已标价工程量清单。采用工程量清单方式招标，招标工程量清单必须作为招标文件的组成部分，其准确性和完整性由招标人负责。工程量清单是工程量清单计价的基础，应作为编制招标控制价、投标报价、计算工程量、支付工程款、调整合同价款、办理竣工结算以及工程索赔等的依据之一。

分部分项工程项目是分部工程项目和分项工程项目的总称。分部工程项目是单项或单位工程的组成部分，是按不同结构、不同工种、不同材料和机械设备将单位工程划分为若干分部的工程项目，如房屋建筑与装饰工程分为土石方工程、桩基工程、砌筑工程、混凝土及钢筋混凝土工程、楼地面装饰工程、天棚工程等分部工程项目。分项工程项目是分部工程项目的组成部分，是按不同施工方法、材料、工序将分部工程项目划分为若干个分项的工程项目，如现浇混凝土基础分为带形基础、独立基础、满堂基础、桩承台基础、设备基础等分项工程项目。

措施项目是指为完成建设工程项目施工，发生于该工程施工准备和施工过程中技术、生活、安全、环境保护等方面的非工程实体项目费用，包括单价措施项目和总价措施项目。单价措施项目包括脚手架工程、垂直运输机械项目、混凝土、钢筋混凝土模板及支架工程、大型机械进出场及安拆项目、二次搬运项目、已完工程及设备保护项目、施工排水和降水工程等。总价措施项目包括安全文明施工项目、临时设施工程、检验试验配合项目、冬雨季施工措施项目、优质工程措施项目、提前竣工（赶工补偿）措施项目等。

其他项目是指工程量清单中除分部分项工程项目、措施项目所包含的内容以外，因招标人的特殊要求而发生的与拟建工程有关的其他费用项目。工程建设标准的高低、工程的复杂程度、工程的工期长短、工程的组成内容、发包人对工程管理的要求等都直接影响其他项目包含的具体内容。其他项目清单一般包括暂列金额、暂估价、计日工、总承包服务费，其中，暂估价包括材料暂估价、工程设备暂估价、专业工程暂估价。

规费是指按国家法律、法规规定,由省级政府和省级有关权力部门规定必须缴纳或计取的费用,包括社会保险费(养老保险费、失业保险费、医疗保险费、生育保险费以及工伤保险费等)、住房公积金、工程排污费以及其他应列而未列入的规费。

税金是指国家税法规定的应计入装配式建筑安装工程造价内的营业税、城市维护建设税、教育费附加以及地方教育附加。

3.2.2　建设工程工程量清单编制

建设工程工程量清单主要包括工程量清单说明和工程量清单表,工程量清单表以单位(项)工程为单位编制,由分部分项工程项目清单、措施项目清单、其他项目清单、规费和税金项目清单组成。

工程量清单说明包括工程概况、现场条件、编制工程量清单的依据和有关资料,以及对施工工艺、材料应用的特殊要求。

工程量清单表是工程量清单项目和工程数量的载体,合理的工程量清单项目设置和准确的工程数量是工程量清单计价的前提和基础。

1. 工程量清单编制依据

(1)《建设工程工程量清单计价规范》(GB 50500—2013)和相关工程的国家计量规范;

(2)国家或省级、行业建设主管部门颁发的计价定额和办法;

(3)建设工程设计文件及相关资料;

(4)与建设工程有关的标准、规范、技术资料;

(5)拟定的招标文件及其补充通知、答疑纪要;

(6)施工现场情况、地勘水文资料、工程特点及常规施工方案;

(7)其他相关资料。

2. 工程量清单编制

1)分部分项工程量清单编制

分部分项工程量清单是指构成拟建工程实体的全部分项工程实体项目名称和相应数量的明细清单。《建设工程工程量清单计价规范》(GB 50500—2013)规定:分部分项工程项目清单必须载明项目编码、项目名称、项目特征、计量单位和工程量。分部分项工程项目清单必须根据相关工程现行国家计量规范规定的项目编码、项目名称、项目特征、计量单位和工程量计算规则进行编制。分部分项工程量清单表详见表3-8。

表3-8　分部分项工程项目清单表

序号	项目编码	项目名称	项目特征	计量单位	工程量

(1)分部分项工程量清单项目编码是以五级编码十二位阿拉伯数字设置的项目代码,其中,前九位应按相关专业计量规范中附录的规定统一设置,后三位应根据拟建工程工程量清单项目名称和项目特征由工程量清单编制人自行编制。同一分部分项工程量清单项目编码不得有重码,一个分部分项工程量清单项目只能有一个编码,对应一个分部分项工程量清单项目的综合单价。项目编码结构及各级编码的含义见图3-1。

第一级表示专业工程代码(分二位),例如,建筑工程为01、装饰装修工程为02、安装工程

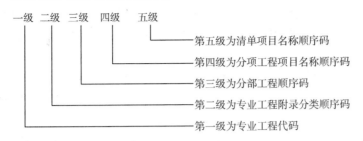

图 3-1 项目编码结构图

为 03、市政工程为 04、园林绿化工程为 05、矿山工程为 06。

第二级表示专业工程附录分类顺序码(分二位),例如,0101 为房屋建筑与装饰工程中的附录 A 土石方工程,0102 表示房屋建筑与装饰工程中的附录 B 地基处理与边坡支护工程,0301 表示安装工程中的附录 A 机械设备安装工程,0302 表示安装工程中的附录 B 热力设备安装工程,其中三、四位即为附录分类顺序码。

第三级表示分部工程顺序码(分二位),例如,010101 表示附录 A 土石方工程中的附录 A.1 土方工程,010501 表示附录 E 混凝土与钢筋混凝土工程中的 E.1 现浇混凝土基础,其中五、六位 01 即为分部工程顺序码。

第四级表示分项工程项目名称顺序码(分三位),例如,010101003 表示房屋建筑与装饰工程中的挖基础土方,010501002 表示房屋建筑与装饰工程中的现浇混凝土带形基础,其中七、八、九位即为分项工程项目名称顺序码。

第五级表示工程量清单项目名称顺序码(分三位),由工程量清单编制人自行编制,从 001 开始编码。例如,某建设工程工程量清单中含有三种类型的挖基础土方,此时工程量清单应分别列项编码,第一种类型的挖基础土方项目编码为 010101003001,第二种类型的挖基础土方项目编码为 010101003002,第三种类型的挖基础土方项目编码为 010101003003。其中,第一个 01 表示该清单项目的专业工程类别为房屋建筑与装饰工程;第二个 01 表示该清单项目的专业工程附录顺序码,即附录 A 土石方工程;第三个 01 表示该清单项目的分部工程为土方工程,003 表示该清单项目的分项工程为挖基础土方;最后三位 001(002、003)表示为开挖满堂基础土方、开挖基坑土方、开挖基槽土方而编制的清单项目顺序码。

(2)分部分项工程量清单项目名称应按建设工程工程量清单计价规范附录的项目名称和项目特征,结合拟建工程的实际情况进行确定。

分部分项工程量清单项目名称均以工程实体命名,不单独针对附属的次要部分列项。例如某房屋建筑工程,根据建筑设计图纸可知,外墙面采用 200 mm×50 mm 外墙面砖镶贴,底层做法为先刷一道掺水重 10% 的胶水泥素浆,紧跟分层分遍抹底层砂浆,采用 8 mm 厚 1∶3 水泥砂浆,待第一遍六至七成干时,可抹第二遍 8 mm 厚 1∶3 水泥砂浆,结合层为 4 mm 厚 1∶1 水泥砂浆加水重 20% 的胶,面层镶贴 200 mm×50 mm 面砖。在编制工程量清单时,分项工程清单项目名称应列为块料外墙面,底层 16 mm 厚 1∶3 水泥砂浆等不再列项,只需把底层、结合层等做法在项目特征中进行详细描述,以便投标单位进行工程量复核、工程量清单组价和定额子目套用时方便使用。

分部分项工程量清单项目名称的确定有两种方式:一是直接引用《房屋建筑与装饰工程量计算规范》的项目名称;二是以《房屋建筑与装饰工程量计算规范》(GB 50854—2013)附录中的项目名称为主体,考虑该项目的规格、型号、材质等特征要求,结合拟建工程的实际情况,对规范附录中的项目名称做适当的调整或进一步细化,使其工程量清单项目名称具体化,能够反映影响工程造价的主要因素。例如,某框架结构工程中,根据施工图纸可知,框架柱为 500 mm×500 mm C30 现浇混凝土矩形柱,在编制分部分项工程量清单项目名称时,可将《房屋建筑与装饰工程量计算规范》(GB 50854—2013)中编码为 010502001 的项目名称矩形柱,根据拟建工程的实际情况确定为 C30 现浇混凝土矩形柱 500 mm×500 mm。

(3)分部分项工程量清单项目特征是指按建设工程工程量清单计价规范附录中规定的项目特征,结合技术规范、标准图集、施工图纸、按照工程结构、使用材质及规格或安装位置等,予以详细而准确的表述和说明。分部分项工程量清单项目特征是对项目名称准确而又全面的描述,是确定一个清单项目综合单价不可缺少的重要依据,是区分清单项目的依据,是履行合同义务的基础。

分部分项工程量清单项目特征用来描述分部分项工程量清单项目名称,应结合拟建工程的实际要求,以能满足确定综合单价的需要为前提。通过分部分项工程量清单项目特征的描述,使分部分项工程量清单项目名称清晰化、具体化、详细化。分部分项工程量清单项目特征不能组合在同一个项目名称时应分别列项。分部分项工程量清单项目特征主要涉及项目材质、型号、规格、品牌等自身特征,项目具体工艺施工做法的工艺特征,以及项目施工方法产生的技术特征三方面。如块料楼地面工程项目特征,其自身特征为面层、结合层、找平层等各种材料种类、厚度、规格、配合比等;工艺特征为铺贴方式,采用干粉粘贴还是水泥砂浆粘贴;项目施工方法产生的技术特征为基层类型产生找平层厚度和水泥砂浆配合比差异。这三项特征对投标单位的投标报价会产生较大的影响。块料楼地面工程量清单表详见表 3-9。

表 3-9　块料楼地面工程量清单表

项目编码	项目名称	项目特征	计量单位	工程量计算规则	工作内容
011102003	块料楼地面	1. 找平层厚度、砂浆配合比 2. 结合层厚度、砂浆配合比 3. 面层材料品种、规格、颜色 4. 嵌缝材料种类 5. 防护材料种类 6. 酸洗、打蜡要求	m²	按设计图示尺寸以面积计算,门洞、空圈、暖气包槽、壁龛的开口部位并入相应的工程量内	1. 基层清理 2. 抹找平层 3. 面层铺设、磨边 4. 嵌缝 5. 刷防护材料 6. 酸洗、打蜡 7. 材料运输

① 涉及项目材质、型号、规格、品牌等自身特征必须描述。如门窗工程是铝合金、塑钢还是木质材料,门窗代号及洞口尺寸都必须描述;油漆工程,是调和漆还是硝基清漆,是一底两面还是一底三面;管道工程,是镀锌钢管、塑料管还是不锈钢管,管材的规格、型号均需进行描述。

② 涉及项目具体工艺施工做法的工艺特征必须描述。如现浇混凝土构件,混凝土强度等级是 C20 还是 C30,是自拌混凝土还是商品混凝土,商品混凝土是泵送还是非泵送,混凝土的

坍落度、石子粒径大小等都必须描述;花岗岩块料外墙面,是 50 mm 水泥砂浆粘贴花岗岩、50 mm 厚水泥砂浆挂贴花岗岩还是干挂花岗岩,干挂花岗岩是密封还是勾缝,花岗岩的规格、品牌均需进行描述。

③ 涉及施工方法产生的技术特征必须描述。如钢结构制作安装工程、钢构件施工现场运输距离,钢构件的单根重量、钢构件的安装高度、安装时采用的是履带式起重机还是塔式起重机;土方工程,是人工挖土还是机械挖土,是满堂开挖、基坑开挖还是基槽开挖,土壤类别是二类还是三类土,挖土的深度是 1.5 m,2 m 还是 3 m,挖土装车还是不装车均需进行描述。

对于无法准确描述的内容,如土壤类别、取弃土运距等,可由投标单位根据地质勘查资料和工程施工现场实际情况自主决定,在分部分项工程量清单项目特征中可不详细描述。

总之,分部分项工程量清单项目特征的描述应根据附录中有关项目特征的要求,结合施工操作规范、标准图集、施工图纸,对各分项工程施工方法、设计做法、使用材质及规格型号等,进行详细而准确的表述和说明。对于附录中未列或多余的项目特征,根据拟建工程的实际情况,应在分部分项工程量项目特征中做补充或删掉。

(4) 分部分项工程量清单计量单位按相关工程现行国家计量规范附录中规定的计量单位进行确定。针对一些分项工程项目,相关工程现行国家计量规范有两个以上计量单位,具体分项工程项目应根据相关工程现行国家计量规范规定和拟建工程项目的实际情况,选择最适宜表述项目特征并方便计量的其中一个计量单位。相关工程现行国家计量规范中没有具体选用规定时,清单编制人可以根据具体情况选择其中的一个,但是,同一建设工程的同一分项工程项目应采用同一个计量单位。

计量单位应采用基本单位,除各专业另有特殊规定另加说明外均应按以下单位计量:

① 以质量计算的项目——吨或千克(t 或 kg);

② 以体积计算的项目——立方米(m^3);

③ 以面积计算的项目——平方米(m^2);

④ 以长度计算的项目——米(m);

⑤ 以自然计量单位计算的项目——个、套、块、樘、组、台、根等;

⑥ 没有具体数量的项目——宗、项等。

每一分项工程项目汇总工程量的有效位数应遵守以下规定:

以"t"为计量单位的,应按四舍五入保留小数点后三位数字;以"m^3""m^2""m""kg"为计量单位的,应保留小数点后两位数字,第三位小数四舍五入;以"个""根""组""套""块""台""樘"等为计量单位的,应统一取整数。

(5) 分部分项工程量清单工程量是根据相关工程现行国家计量规范规定的工程量计算规则、经当地图纸审查中心审查通过的施工设计图纸及其说明、经单位技术负责人审核通过的施工组织设计或施工方案及其他有关技术经济文件进行计算得到。

目前,工程量计算规则按专业可划分为房屋建筑与装饰工程、仿古建筑工程、通用安装工程、市政工程、园林绿化工程、构筑物工程、矿山工程、城市轨道交通工程、爆破工程等九大类。工程量计算规则是指对分部分项工程量清单项目工程量的计算规定,除另有说明外,所有分部分项工程量清单项目的工程量应以实体工程量为准,并以完成后的净值计算。投标人投标报价时,应在单价中考虑施工中的各种损耗和需要增加的工程量,并在措施项目费清单中列入相应的措施费用。

采用现行国家计量规范规定的工程量清单计算规则,使得建设项目工程实体的工程量具有唯一性。统一的建设项目清单工程量为各潜在投标单位提供了一个公平竞争的机会,也便于招标单位针对各潜在投标单位的投标报价,在工程量相同的前提下进行综合单价的比较,从而确定合理低价中标单位。

(6)分部分项工程量清单补充项目是指编制工程量清单时,遇到相关专业工程现行国家计量规范附录中缺项,工程量清单编制人应做补充清单项目,并报当地工程造价管理机构备案,当地工程造价管理机构定期汇总后再报省级工程造价管理机构,省级工程造价管理机构汇总后报住房和城乡建设部相关职能部门。

补充清单项目的编码由相关专业工程量计算规范的专业代码0X(如房屋建筑与装饰工程代码01)与B和三位阿拉伯数字组成,0XB001起顺序编制(如房屋建筑与装饰工程补充清单项目编码应为01B001),同一建设工程的同一分项工程项目不得重码。

补充的工程量清单项目同样需附有补充项目的项目名称、项目特征、计量单位、工程量计算规则、工作内容。例如分部分项工程量清单补充项目长螺旋钻孔压灌桩见表3-10。

表 3-10   C. 2   灌注桩(编码:010302)

项目编码	项目名称	项目特征	计量单位	工程量计算规则	工程内容
01B001	长螺旋钻孔压灌桩	1. 地层情况 2. 单桩长度、根数 3. 桩截面 4. 混凝土种类、强度等级	m²	按设计桩的截面积乘以设计桩长(设计桩长＋设计超灌度)以立方米计算	1. 工作平台搭拆 2. 桩机竖拆、移位、检测 3. 灌注混凝土 4. 清理钻孔余土并运至现场指定地点

2)措施项目清单编制

措施项目清单指为完成建设工程项目施工,发生于该工程施工准备和施工过程中的技术、生活、安全、环境保护等方面的非工程实体项目清单。措施项目清单的编制应考虑影响工程施工的多种因素,除工程本身的技术措施外,还涉及水文、气象、环境、安全以及项目施工的实际情况。措施项目清单的编制应综合考虑施工现场情况,地勘水文资料,建设工程特点,施工组织设计(或施工方案),与建设工程有关的标准、规范、技术资料,拟定的招标文件,建设工程设计文件及相关资料等因素,以确定大型机械设备进出场及安拆、混凝土模板及支架、脚手架、施工排水、施工降水、垂直运输等措施项目,以及安全文明施工、临时设施、材料二次搬运、冬雨季施工、提前赶工等措施项目。

措施项目包括两类:一类单价措施项目,另一类是总价措施项目。单价措施项目是指措施项目清单中按分部分项工程工程量清单编制的方式列出项目编码、项目名称、项目特征、计量单位、工程量计算规则的项目。总价措施项目是指措施项目清单中采用总价项目的方式,以"项"为计量单位仅列出项目编码、项目名称,未列出项目特征和工程量计算规则的项目,但项目名称应能体现项目的工作内容和包含范围。各专业工程的措施项目可依据相关专业工程现行国家计量规范附录中规定的项目选择列项。对于房屋建筑与装饰工程专业措施项目、安全文明施工及其他措施项目应按单价措施项目和总价措施项目进行分类列表,详见表3-11,可依据批准的建筑工程施工组织设计(或施工方案)选择列项。

表 3-11 房屋建筑与装饰工程主要措施项目一览表

序号	项目编码	项目名称
一 单价措施项目		
1 通用项目		
1.1	011705	大型机械设备进出场及安拆费
1.2	011706	施工排水、降水费
1.3	011707004	二次搬运费
1.4	011707007	已完工程及设备保护费
1.5	011707002	夜间施工增加费
2 建筑装饰装修工程		
2.1	011701	脚手架工程费
2.2	011702	混凝土、钢筋混凝土模板及支架费
2.3	011703	垂直运输机械费
2.4	011708	混凝土运输及泵送费
2.5	桂 011704002	建筑物超高加压水泵费
二 总价措施项目		
1 通用项目		
1.1	011707001	安全文明施工费
1.2	桂 011801002001	检验试验配合费
1.3	011707005	冬雨季施工增加费
1.4	桂 011801004001	工程定位复测费
1.5	桂 011801005001	暗室施工增加费
1.6	桂 011801006001	交叉施工费
1.7	桂 011801007001	特殊保健费
1.8	桂 011801008001	优良工程增加费
1.9	桂 011801009001	提前竣工增加费

对于列出项目编码、项目名称、项目特征、计量单位、工程量计算规则的单价措施项目,编制措施项目工程量清单时,应执行相应专业工程现行国家工程量计算规范附录中规定的措施项目项目编码、项目名称、项目特征、计量单位、工程量计算规则,按照分部分项工程量清单编制方式进行编制。房屋建筑与装饰工程专业措施项目清单详见表 3-12。

表 3-12 房屋建筑与装饰工程专业措施项目清单

序号	项目编码	项目名称	项目特征	计量单位	工程量

对于以"项"为计量单位,仅能列出项目编码、项目名称,不能列出项目特征和工程量计算规则的总价措施项目,编制措施项目工程量清单时,应按相应专业工程现行国家工程量计算规范附录中规定的措施项目项目编码、项目名称进行编制。房屋建筑与装饰工程应按照《房屋建筑与装饰工程工程量计算规范》附录 S 中规定的措施项目项目编码、项目名称进行编制。房屋建筑与装饰工程安全文明施工及其他措施项目清单详见表 3-13。

表 3-13　房屋建筑与装饰工程安全文明施工及其他措施项目清单

序号	项目编码	项目名称

由于建设工程的特殊性,不同的建设项目需要设置的措施项目也不相同,2013 版相关专业现行国家工程量计算规范不可能将施工中可能出现的措施项目全部列出。在编制措施项目清单时,因建设工程施工实际情况不同,可能出现相关专业现行国家工程量计算规范附录中所列措施项目缺项,此时可根据建设工程的实际情况对措施项目清单做补充项目,措施项目清单补充项目编制的有关规定及编码的设置同分部分项工程量清单补充项目编制的规定。不能进行工程量计量的措施项目,需编制补充项目名称,但项目名称应能体现项目的工作内容和包含范围。补充项目应列在相应措施项目清单项目最后,并在序号栏中以"B"字示之。

3) 其他项目清单的编制

其他项目清单是指除分部分项工程量清单、措施项目清单所包含的内容以外,因项目实施过程中招标单位的特殊需要而发生的与拟建工程有关的其他费用项目的清单。

工程建设标准、工程的复杂程度、工程的工期、工程的组成内容、招标单位对工程特殊要求等都直接或间接影响其他项目清单的具体内容。其他项目清单具体内容包括暂列金额、暂估价(包括材料暂估单价、工程设备暂估单价、专业工程暂估价)、计日工(包括计日工人工、材料、机械)、总承包服务费四项内容。其他项目清单与计价汇总表见表 3-14。

表 3-14　其他项目清单与计价汇总表

序号	项目名称	金额(元)	备注
1	暂列金额		详见明细表
2	暂估价		
2.1	材料(工程设备)暂估价		若材料(工程设备)暂估单价计入清单项目综合单价,此处不汇总
2.2	专业工程暂估价		详见明细表
3	计日工		详见明细表
4	总承包服务费		详见明细表
	合计		—

(1) 暂列金额

暂列金额是在招投标阶段由招标单位在工程量清单中暂且列定并包括在合同价款中的一

项费用。用于工程合同签订时尚未明确或者不可预见的所需材料、工程设备、服务的采购,施工中可能发生的工程变更、合同约定调整因素出现时的合同价款调整,以及发生的索赔、现场签证等确认的费用。暂列金额虽列在合同价款中,但仍为招标单位所有,只有按照合同约定程序实际发生后,才能成为中标单位应得金额,纳入施工合同竣工结算价款中。扣除实际发生金额后的暂列金额余额仍属于招标单位所有。

暂列金额的设立是为了防止施工合同竣工结算价格出现超过已签约合同价的情况,能否防止施工合同竣工结算价格不超过已签约合同价完全取决于对暂列金额预测的准确性,以及建设工程施工过程是否出现事先未预测到的其他事件。所以,为确保建设工程施工组织、竣工验收、竣工结算等工作顺利进行,暂列金额的编制应针对施工过程中可能出现的各种不确定因素对工程造价的影响,在招标控制价中估算一项准确的暂列金额。

暂列金额可根据建设工程的复杂程度、设计深度、工程环境条件(包括地质、水文、气候条件等)进行估算,一般可按分部分项工程费和措施项目费合计金额的 10%～15% 作为编制依据。暂列金额表应由招标单位填写,一般只列暂定金额总额,投标单位应将上述暂列金额计入投标总价中,不得做任何调整。

(2) 暂估价

暂估价是在招投标阶段直至签订合同协议时,招标单位在工程量清单中提供的用于支付必然发生但暂时不能确定材料单价以及需另行发包的专业工程金额。暂估价类似于 FIDIC 合同条款中的 Prime Cost Items,在招标阶段已知肯定要发生,只是因为专业工程标准不明确或者需要由专业单位进行设计和施工,暂时无法计算其准确价格或金额。

为方便施工合同管理和工程造价计价,需要纳入工程量清单项目综合单价中的暂估价一般是指材料单价,以便于投标单位进行组价报价。对专业工程暂估价一般采用是综合暂估价,应包含除规费和税金以外的一切费用,即含人工费、材料费、机械费、管理费和利润。

暂估价包括材料暂估单价、工程设备暂估单价和专业工程暂估价。材料暂估单价、工程设备暂估单价应根据工程造价信息或参照市场价格进行确定,列出明细表;专业工程暂估价应分不同专业,按有关计价规定测算,列出明细表,并应包含除规费和税金以外的全部费用。

(3) 计日工

计日工是在施工过程中,承包单位完成发包单位提出的工程合同范围以外的现场零星项目或工作,按合同中约定的单价进行计价的一种方式,计日工中零星项目或工作一般是指合同约定之外的或者因变更而产生的、工程量清单中没有相应项目的额外工作,尤其是那些无法事先确定综合单价的额外工作。计日工的单价由投标单位通过投标报价确定,计日工的数量按完成发包单位签发的工程签证单中的计日工数量确定,计日工应列出项目名称、计量单位和暂估数量。计日工以完成零星项目或工作实际消耗的人工工日、材料数量、机械使用台班数量进行计量,并按照计日工表中填报的适用项目的单价进行工程造价计价。

编制工程量清单时,计日工表中的人工应按不同工种,材料和机械应按不同规格、型号进行分别列项。其中人工工日、材料、机械使用台班数量由招标人根据工程的复杂程度、工程设计质量的优劣及设计深度等因素,结合历年工程实践经验来测算一个比较接近实际的数量,作为暂定量写到计日工表中,纳入工程量清单表参与竞争,以便获得合理的计日工单价。

计日工编制时应在工程量清单表中列出项目名称、计量单位和暂估数量,以便投标单位自主报价,按暂定数量计算合价计入投标总价中。结算时,按发承包双方确认的实际数量计算合价。一般来说,计日工单价要高于分部分项工程量清单中相应的人工、材料、机械使用台班单价,这是因为计日工往往用于一些无法预见项目的额外工作,缺少一定的计划性,产生超出常规的额外投入,同时计日工给出的是一个暂定工程量,无法纳入有效的竞争。

(4)总承包服务费

总承包服务费是总承包单位为配合协调发包单位进行的专业工程发包,对发包单位自行采购的材料、工程设备等进行保管以及施工现场协调管理、竣工资料汇总整理等服务所需的费用。

总承包服务费是在建设工程的施工阶段实行施工总承包模式时,由发包单位支付给总承包单位的一项费用。承包单位自行进行的专业分包或劳务分包不在此列。总承包服务费编制时应在工程量清单表中列出服务项目名称及服务内容等,以便投标单位自主报价,计入其投标总价中。

由招标单位填写的其他项目清单中的项目名称、数量、金额,投标单位不得随意改动。投标单位必须对招标单位提出的项目与数量进行报价,如果不报价,招标单位有权认为投标人就未报价内容提供无偿服务。如果投标单位认为招标单位编制的其他项目清单列项不全时,可以根据建设工程实际情况自行增加列项,并确定增加项目的工程量及工程造价计价,计入其投标总价中。

4)规费、税金项目清单的编制

规费是指根据国家法律、法规规定,由省级政府或省级有关行政管理部门规定建筑安装施工企业必须缴纳的,应计入建筑安装工程造价的费用。

规费项目清单应按照《建设工程工程量清单计价规范》(GB 50500—2013)规定的内容列项,其内容包括社会保险费、住房公积金、工程排污费,其中社会保险费包括养老保险费、失业保险费、医疗保险费、生育保险费、工伤保险费。如果建设工程项目存在《建设工程工程量清单计价规范》(GB 50500—2013)未列的项目,应根据省级政府或省级有关行政管理部门的规定列项。

税金是指国家税法规定的应计入建筑安装工程造价内的营业税、城市维护建设税及教育费附加和地方教育附加。

税金项目清单应依据《建设工程工程量清单计价规范》(GB 50500—2013)规定的内容列项,其内容包括营业税、城市维护建设税及教育费附加和地方教育附加。如果建设工程项目存在《建设工程工程量清单计价规范》(GB 50500—2013)未列的项目,应根据国家税务部门的规定列项。当国家税法发生变化或地方政府及税务部门依据职权对税种进行调整时,应对税金项目清单进行相应调整。

5)工程量清单的格式与装订

工程量清单编制结束后,应依据《建设工程工程量清单计价规范》(GB 50500—2013)规定采用统一格式,并按如下顺序进行装订:

(1)封-1(招标工程量清单封面);

(2)扉-1(招标工程量清单扉页);

(3)表-01(总说明);

(4)表-08(分部分项工程和单价措施项目清单与计价表);

(5)表-11(总价措施项目清单与计价表);

（6）表-12（包括其他项目清单与计价汇总表、暂列金额明细表、材料（工程设备）暂估单价及调整表、专业工程暂估价及结算价表、计日工表、总承包服务费计价表）（不含表-12-6～表-12-8）；

（7）表-13（规费、税金项目计价表）；

（8）表-20（发包人提供材料和工程设备一览表）；

（9）表-21（承包人提供主要材料和工程设备一览表——适用于造价信息差额调整法）。

扉页应按规定的内容填写、签字、盖章，由造价员编制的工程量清单应有负责审核的造价工程师签字、盖章。受委托编制的工程量清单，应有造价工程师签字、盖章及工程造价咨询单位盖章。

总说明应包括以下内容：

（1）工程概况，包括建设规模、工程特征、计划工期、施工现场实际情况、自然地理条件、环境保护要求等；

（2）工程招标和专业工程发包范围；

（3）工程量清单编制依据；

（4）工程质量、材料、施工等的特殊要求；

（5）其他需要说明的问题。

3.3 招标控制价编制

3.3.1 招标控制价基本概念

招标控制价是指招标单位根据国家或省级、行业建设行政主管部门颁发的有关工程造价计价定额和办法，以及拟定的招标文件、招标工程量清单和设计施工图纸，结合建设工程实际情况编制的招标工程的最高投标限价。

1. 一般规定

1）全部使用国有资金投资或国有资金投资为主的大中型建设工程推行工程量清单招标，并编制招标控制价，投标报价不能高于招标控制价。一旦高于招标控制价，该投标文件为无效文件。

2）招标控制价应由具有编制能力的招标单位或受其委托具有相应资质等级的工程造价咨询单位编制和复核。

3）对投资额较大、工程相对复杂的项目宜同时委托两家工程造价咨询单位编制。由招标单位主持，两家工程造价咨询单位就工程项目总价、分项工程总价、单位工程总价、分部分项工程单价、措施项目列项与计价、其他项目列项与计价进行逐一核对，确保分部分项工程综合单价准确、合理，措施项目计价合理、内容齐全，以提高招标控制价的准确性、合理性。

4）工程造价咨询单位接受招标单位委托编制招标控制价，不得再就同一工程接受投标单位委托编制投标报价。

5）招标控制价应按照国家或省级、行业建设主管部门颁发的计价定额和计价办法，拟定的招标文件、招标工程量清单以及建设工程设计文件，施工现场情况，工程特点及常规施工方案等文件进行编制，不得上调或下浮。

6) 由招标单位或受其委托的工程造价咨询单位编制的招标控制价原则上不能超过批准的设计概算,当招标控制价超过批准的设计概算时,招标单位应按原审批流程将其报原设计概算审批部门审核。

7) 招标单位应在发布招标文件时公布招标控制价的整套文件,同时应将招标控制价及有关资料报送工程所在地工程造价管理机构备案。未按规定办理招标控制价备案的项目,不得公布其招标控制价。

8) 投标单位经复核认为招标单位公布的招标控制价未按照《建设工程工程量清单计价规范》(GB 50500—2013)的规定进行编制的,应在招标控制价公布后 5 天内向招投标监督机构和工程造价管理机构投诉。

9) 工程造价管理机构受理投诉后,应立即对招标控制价进行复查,组织投诉人、被投诉人或其委托的招标控制价编制单位等单位人员对投诉问题进行逐一核对。有关当事人应当予以配合,并应保证所提供资料的真实性。当招标控制价复查结论与原公布的招标控制价误差大于±3%时,应当责成招标单位改正。当重新公布招标控制价时,若重新公布之日起至原投标截止期不足 15 天的应延长投标截止期。

2. 招标控制价编制依据

招标控制价编制依据是指在编制招标控制价,进行工程量计量、价格确认、工程计价时确定有关参数、率值需要参考的基础资料,主要包括:

1) 现行国家标准《建设工程工程量清单计价规范》(GB 50500—2013)与相应专业的工程计量规范;

2) 国家或省级、行业建设主管部门颁发的计价定额和计价办法;

3) 建设工程设计文件及相关资料;

4) 拟定的招标文件及招标工程量清单;

5) 与建设项目相关的标准、规范、技术资料;

6) 施工现场情况、工程特点及常规施工方案;

7) 工程造价管理机构发布的工程造价信息,对于工程造价信息中没有的材料价格,可参照市场价;

8) 其他相关资料。

3.3.2　招标控制价编制

1. 招标控制价编制内容

招标控制价编制内容包括分部分项工程项目费和单价措施项目费、总价措施项目费、其他项目费、规费和税金。

1) 分部分项工程项目费和单价措施项目费编制

(1) 分部分项工程项目和单价措施项目应根据招标文件中分部分项工程工程量清单和措施项目清单中的项目特征描述、工程所在地区颁发的相应专业计价定额和人工、材料、机械台班价格信息等有关要求进行组价,确定综合单价,并编制分部分项工程量清单和单价措施项目清单综合单价分析表。

(2) 工程量应依据招标文件中提供的分部分项工程工程量清单和单价措施项目清单确定。

（3）综合单价的确定应按照招标控制价编制依据，招标文件提供了暂估单价的材料，应按暂估的单价计入综合单价。

（4）为了使招标控制价与投标文件所包含的内容一致，综合单价中应包括招标文件中要求投标单位所承担的风险内容及其范围产生的风险费用。

（5）对于技术难度较大和管理复杂的项目，在进行招标控制价编制时，可考虑一定的风险费用纳入综合单价中。

（6）对于材料、工程设备价格市场风险，应依据招标文件和工程所在地工程造价管理机构的有关规定，以及市场价格趋势考虑一定率值的风险费用纳入综合单价中。

2）总价措施项目费编制

（1）总价措施项目应根据招标文件、常规施工方案和建设工程的实际情况，按《建设工程工程量清单计价规范》（GB 50500—2013）和地区各专业工程消耗量定额的有关规定进行计价。

（2）总价措施项目费中的安全文明施工费应按照国家或省级、行业建设主管部门规定的标准进行计价，该部分不得作为竞争性费用。

（3）总价措施项目应按招标文件中提供的总价措施项目确定，总价措施项目属于不可精确计量的措施项目，计量单位为"项"，采用费率法按有关规定综合确定，采用费率法时需确定某项费用的计费基数及其费率，结果应包括除规费和税金以外的全部费用。

3）其他项目费编制

（1）暂列金额应按照招标文件工程量清单中其他项目费清单列出的暂列金额项目填写，具体金额可根据工程的复杂程度、设计深度、工程环境条件（包括地质、水文、气候条件等）进行估算，一般可以分部分项工程费的10%～15%为参考。

（2）暂估价中的材料、工程设备单价应按照工程造价管理机构发布的工程造价信息中的材料和工程设备单价计算；工程造价信息中未发布的材料和工程设备单价，其价格参照市场价格估算；暂估价中的专业工程暂估价应分不同专业，按有关计价规定估算。

（3）计日工应按照招标文件工程量清单中计日工列出的项目，根据建设工程实际情况和省级、行业建设主管部门或其授权的工程造价管理机构公布人工工日单价和施工机械使用台班单价进行计算；材料应按工程造价管理机构发布的工程造价信息中的材料单价计算，工程造价信息中未发布的材料单价，其价格应按市场调查确定的材料单价计算。

（4）总承包服务费应按照招标文件工程量清单中总承包服务费列出的内容和要求，结合省级、行业建设主管部门的规定计算。在计算时可参考以下标准：

① 招标单位仅要求总承包单位对分包的专业工程进行总承包管理和协调时，按分包的专业工程测算造价的1.5%计算。

② 招标单位要求总承包单位对分包的专业工程进行总承包管理和协调的同时，提供配合服务工作时，根据招标文件中列出的配合服务内容和提出的要求，按分包的专业工程测算造价的3%～5%计算。

③ 招标单位自行组织供应材料的，一般按招标单位供应材料价值的1%作为总承包单位的材料保管费进行计算。

4）规费和税金编制

规费和税金应按《建设工程工程量清单计价规范》（GB 50500—2013）、地区各专业工程消耗量定额和省级、行业建设主管部门有关工程造价文件的相关规定进行计算。

2. 招标控制价的计价

建设工程招标控制价由各单位工程费用组成,各单位工程费用由分部分项工程量清单费、措施项目清单费、其他项目清单费、规费和税金组成。

1) 分部分项工程量清单费和单价措施项目费计价

分部分项工程量清单费应由单位工程中招标清单工程量乘以其相应综合单价汇总而成。综合单价的组价依据提供的工程量清单和施工设计图纸,执行工程所在地区颁发的相应专业工程计价定额的规定,确定所组价的各定额子目项目名称,并计算出相应的工程量。然后,结合工程造价管理机构发布的工程造价计价文件或工程造价信息确定其人工工日、材料、机械使用台班单价。接下来,在综合考虑风险因素的基础上确定管理费率和利润率,按规定的计价程序计算出组价中定额子目项目合价,见公式(3-1)。最后,将工程量清单项目所组价中各定额子目项目合价相加除以分部分项工程量清单项目工程量,得到分部分项工程量清单项目综合单价,见公式(3-2)。对于未计价材料独立费(包括暂估单价的材料费),应计入分部分项工程量清单项目综合单价。

$$
\begin{aligned}
\text{定额子目项目合价} = {}& \text{定额子目项目工程量} \times \Big[\sum (\text{定额人工消耗量} \times \text{人工单价}) + \\
& \sum (\text{定额材料消耗量} \times \text{材料单价}) + \sum (\text{定额机械使用台班消耗量} \times \text{机械使用台班单价}) + \\
& \sum \text{价差} + \text{管理费} + \text{利润} \Big]
\end{aligned} \tag{3-1}
$$

$$
\text{分部分项工程量清单综合单价} = \frac{\sum (\text{定额子目项目合价}) + \text{未计价材料独立费}}{\text{分部分项工程量清单项目工程量}} \tag{3-2}
$$

单价措施项目费应由单位工程中招标清单工程量乘以其相应综合单价汇总而成。综合单价确定依据提供的工程量清单和施工设计图纸,执行工程所在地区颁发的相应专业工程计价定额的规定,套用相应定额子目项目,结合工程造价管理机构发布的工程造价计价文件或工程造价信息确定其人工工日、材料、机械使用台班单价,在综合考虑风险因素的基础上确定管理费率和利润率,按规定的计价程序进行工程造价计价。

招标控制价编制过程中,材料价格应采用工程造价管理机构发布的工程造价信息中的材料单价,工程造价信息中未发布的材料单价,其价格应采用市场调查确定的材料单价。对于未采用工程造价管理机构发布的工程造价信息中的材料单价,需在招标文件或释疑补充文件中说明招标控制价中哪些材料采用了与工程造价信息不一致的市场价格,以便投标单位在编制投标报价文件时综合这一因素进行报价。另外,招标单位在编制单价措施项目费和总价措施项目费,以及确定施工机械设备的选型之前应根据建设工程项目的具体特点和施工条件,编制常规施工组织设计或施工方案,经专家论证确认后,合理确定单价措施项目费、总价措施项目费以及施工机械设备选型。

2) 总价措施项目费计价

总价措施项目费的计算公式为:

$$
\text{以“项”计算的总价措施项目清单费} = \text{总价措施项目计费基数} \times \text{费率} \tag{3-3}
$$

$$
\text{总价措施项目计费基数} = \text{分部分项工程量清单费} + \text{单价措施项目费} \tag{3-4}
$$

3）其他项目清单费计价

其他项目清单费计价详见其他项目费编制内容,这里不再赘述。

4）规费

规费的计算公式为:

规费＝(分部分项工程量清单费＋单价措施项目费＋总价措施项目费＋其他项目清单费)×规费费率　　　　　　　　　　　　　　　　　　　　　　　　(3-5)

5）税金

税金的计算公式为:

税金＝(分部分项工程量清单费＋单价措施项目费＋总价措施项目费＋其他项目清单费＋规费)×综合税率　　　　　　　　　　　　　　　　　　　　　　(3-6)

3.4　投标报价编制

3.4.1　投标报价基本概念

投标报价是在建设工程招标投标过程中,由投标单位按照招标文件的各项要求,根据建设工程的具体特点,结合自身的施工技术、装备和管理水平,依据有关工程造价计价依据,对已标价工程量清单汇总后标明总价,自主做出的工程造价的报价。招标报价是投标单位希望就招投标项目和招标单位达成工程承包交易的期望价格,不能高于招标单位设定的招标控制价。投标单位计算投标报价的前提是预先确定施工方案和施工进度。此外,投标单位进行投标报价计算时,还必须与采用的施工承包合同计价形式相协调。科学规范地编制投标文件与正确合理的投标策略,可直接提高承揽工程项目的中标率。

1. 一般规定

1）投标报价由投标单位自主确定,但必须执行《建设工程工程量清单计价规范》(GB 50500—2013)的强制性规定。投标报价应由投标单位或受其委托具有相应资质的工程造价咨询单位编制。

2）投标报价不得低于工程成本,投标单位的投标报价高于招标控制价的应予废标。

3）投标单位的投标总价应当与组成工程量清单的分部分项工程费、措施项目费、其他项目费和规费、税金的合计金额相一致,即投标单位在投标报价时,不能进行投标总价优惠(或降价、让利),投标单位对招标单位的任何优惠(或降价、让利)均应反映在相应清单项目的综合单价中。

4）投标单位必须按招标工程量清单填报价格。项目编码、项目名称、项目特征、计量单位、工程量必须与招标工程量清单一致。投标单位不得对招标工程量清单项目进行增减调整。

5）综合单价中应包括招标文件中划分的应由投标单位承担的风险范围及其费用,招标文件中没有明确的,应提请招标单位明确。

6）招标工程量清单与计价表中列明的所有需要填写单价和合价的项目,投标单位均应填写且只允许有一个报价。未填写单价和合价的项目,可视为此项费用已包含在已标价工程量清单其他项目的单价和合价之中。当竣工结算时,此项目不得重新组价予以调整。

7) 投标单位要对拟建工程可能发生的措施项目和措施费用作通盘考虑,投标报价一经报出,即被认为是包括了所有应该发生的措施项目的全部费用。如果报出的工程量清单中没有列项,但施工中又必须发生的项目,招标单位有权认为其已经综合在分部分项工程量清单的综合单价中,将来措施项目发生时投标单位不得以任何借口提出索赔与调整。

2. 投标报价编制依据

投标报价应根据下列依据进行编制:

1) 现行国家标准《建设工程工程量清单计价规范》(GB 50500—2013)与相应专业工程计量规范;

2) 企业定额,国家或省级、行业建设主管部门颁发的计价定额和计价办法;

3) 招标文件、招标工程量清单及其补充通知、答疑纪要;

4) 建设工程设计文件及相关资料;

5) 施工现场情况、工程特点及投标时拟定的施工组织设计或施工方案;

6) 与建设项目相关的标准、规范等技术资料;

7) 市场价格信息或工程造价管理机构发布的工程造价信息;

8) 其他相关资料。

3.4.2 投标报价编制

1. 投标报价前期准备工作

在获得建设工程招标信息后,投标单位要研究决定是否参加投标。一旦决定参加投标,即进入前期准备工作:准备资料,准备资格预审材料并参加资格预审;资格预审通过,购买招标文件;组建投标报价小组;进入调查询价阶段和报价编制阶段。整个建设项目投标过程需遵循一定的工作流程,详见图 3-2。

投标单位取得招标文件后,为保证招标工程量清单报价的合理性,应对投标须知、合同条款、技术规范、图纸和工程量清单等重点内容进行认真研究分析,正确理解招标文件和合同条款的内容,特别要注意建设项目的资金来源、投标文件的评标方法、施工承包合同类型、工程款的支付方式等,这些直接决定了投标报价策略的选择。另外,招标单位在招标文件中一般会明确进行工程现场踏勘的时间和地点,投标单位为了准确确定拟建工程的施工措施项目费,需对拟建工程现场的自然条件、施工条件、周边环境、原材料、构件、半成品及商品砼的供应能力和价格、现场附近的生活设施、治安情况等进行调查分析,确保编制的施工组织设计和措施项目费计价更贴近项目的实际情况。

2. 调查询价与核实工程量

投标报价之前,投标人必须通过各种渠道,采用各种手段对工程所需各种材料、设备等的价格、质量、供应时间、供应数量等进行系统全面的调查,询价的内容主要包括:

1) 材料询价。材料询价的内容包括调查对比材料价格、供应数量、运输方式、保险、有效期、不同买卖条件下的支付方式等。

2) 施工机械设备询价。必须采购的机械设备可向供应厂商询价;对于租赁的机械设备,可向专门从事租赁业务的机构询价,并应详细了解其计价方法。

3) 劳务询价。劳务询价主要有两种情况:一是专门的劳务公司,相当于劳务分包,一般费用较高,但素质较可靠;另一种是劳务市场,这类劳动力虽然劳务价格低廉,但素质达不到要求

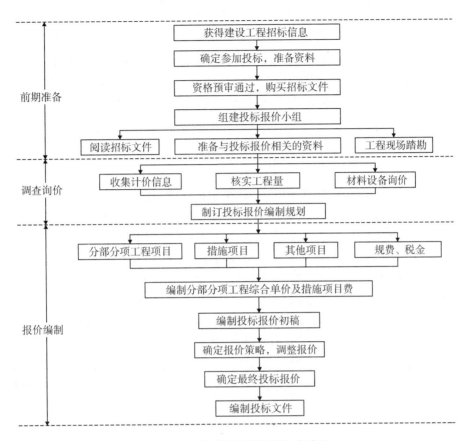

图 3-2　建设项目投标过程工作流程

或工效较低。投标报价时要权衡考虑。

4) 分包询价。总承包商在确定了分包工作内容后,就将分包专业的工程施工图纸和技术说明送交预先选定的分包单位,请分包单位在约定的时间内报价。

工程量清单作为招标文件的组成部分,是由招标单位提供的。投标单位通过复核工程量的准确程度,了解实际工程量与招标文件提供的工程量之间的差距,考虑相应的投标策略,决定报价尺度。复核工程量的目的不是修改工程量清单,即使有误,投标单位也不能修改工程量清单中的工程量,因为修改了清单就等于擅自修改了合同。对工程量清单存在的错误,可以向招标单位提出,由招标单位统一修改并把修改情况通知所有投标单位。针对工程量清单中工程量的遗漏或错误,也可选择不向招标单位提出修改意见的投标策略。投标人可以运用一些报价的技巧提高报价的质量,争取在中标后能获得更大的收益。

3. 投标报价编制

投标报价的编制应根据招标单位提供的工程量清单,编制分部分项工程和单价措施项目清单与计价表、总价措施项目清单与计价表、其他项目清单与计价汇总表、规费、税金项目清单与计价表,计算完毕后,汇总得到单位工程投标报价汇总表,各单位工程投标报价汇总表汇总得到单项工程投标报价总表,各单项工程投标报价汇总表汇总得到建设项目投标报价汇总表。在编制过程中,投标单位必须按招标工程量清单填报价格。项目编码、项目名称、项目特征、计量单位、工程量必须与招标工程量清单一致。投标单位不得对招标工程量清单项目进行增减调整。

1) 分部分项工程和单价措施项目清单与计价表编制

承包单位投标报价中的分部分项工程费和单价措施项目费应按招标文件中分部分项工程和单价措施项目清单与计价表的特征描述确定综合单价计价。因此,确定综合单价是分部分项工程和单价措施项目清单与计价表编制过程中最主要的内容。综合单价包括完成一定计量单位规定工程量清单项目所需的人工费、材料和工程设备费、施工机械使用台班费、企业管理费、利润,并考虑风险费用分摊。其计算公式如下:

综合单价＝人工费＋材料和工程设备费＋施工机械使用台班费＋企业管理费＋利润＋风险费用分摊 (3-7)

投标单位投标报价时应依据招标文件中清单项目的特征描述确定综合单价。在投标报价过程中,当出现招标工程量清单特征描述与设计图纸不一致时,投标单位应以招标工程量清单的项目特征描述为准,确定投标报价的综合单价。当施工中施工图纸或设计变更与招标工程量清单项目特征描述不一致时,发承包双方应按实际施工项目的项目特征,依据合同约定重新确定综合单价。对于招标文件中在其他项目清单中提供的暂估单价的材料和工程设备,应按其暂估的单价计入清单项目的综合单价中。

关于招标文件中要求投标单位承担的风险费用,投标单位应考虑将风险费用计入综合单价。在实际施工过程中,当出现的风险内容及其范围在招标文件规定的范围和幅度内时,综合单价不得变动,合同价款不做调整;当出现的风险内容及其范围超出招标文件规定的范围和幅度时,超出招标文件规定的内容及其范围的风险由招标单位承担。对于主要由市场价格波动导致的价格风险,如工程造价中的建筑材料、燃料等价格风险,一般采取的方式是承包人承担5％以内的材料、工程设备价格风险,10％以内的施工机械使用台班费风险。对于由省级、行业建设行政主管部门或其授权的工程造价管理机构发布的政策性调整导致工程人工费、规费、税金发生变化,以及由政府定价或政府指导价管理的原材料等价格发生变化,承包单位不应承担此类风险,应按照有关调整规定进行调整。对于由承包单位承担的自身技术水平、管理水平、经营状况的风险,承包单位应结合工程实际情况和企业自身状况合理确定,并自主报价。

综合单价的确定主要包括生产要素消耗量指标和生产要素单位价格两方面内容的确定,应根据企业实际消耗量水平,结合拟定工程施工方案实际需要消耗的各种人工、材料、机械使用台班的数量,以及各种人工、材料、机械使用台班的询价结果或市场行情单价进行综合确定。当工程所在地区颁发的相应专业工程计价定额的工程量计算规则与现行国家标准相应专业工程计量规范规定的清单工程量计算规则相一致时,可直接以工程量清单中的工程量作为工程内容的工程数量;当工程所在地区颁发的相应专业工程计价定额的工程量计算规则与现行国家标准相应专业工程计量规范规定的清单工程量计算规则不一致时,采用工程量清单单位含量计算人工费、材料费、施工机械使用台班费。需要计算每一计量单位的清单项目所分摊的工程内容的工程数量,即清单单位含量,其计算公式如下:

$$清单单位含量＝\frac{分部分项工程工作内容定额子目工程量}{分部分项工程工作内容清单项目工程量} \qquad (3-8)$$

完成每一计量单位的清单项目所需的生产要素(人工、材料、机械使用台班)用量按以式(3-9)计算:

每一计量单位清单项目生产要素用量＝该生产要素定额子目单位用量×相应定额子目清单单位含量 　　　　　　　　　　　(3-9)

结合各生产要素的单位价格,计算出每一计量单位分部分项工程清单项目人工费、材料费与施工机械使用台班费,其计算公式如下:

分部分项工程清单项目人工费 ＝ $\sum$ 完成每一计量单位清单项目人工工日的用量×人工工日单价 　　　　　　　　　　　(3-10)

分部分项工程清单项目材料费 ＝ $\sum$ 完成每一计量单位清单项目各种材料用量×各种材料单价 　　　　　　　　　　　(3-11)

分部分项工程清单项目机械使用台班费 ＝ $\sum$ (完成每一计量单位清单项目各机械使用台班数量 × 各机械使用台班单价) ＋ 仪器仪表使用费 　　　　　　　　　　　(3-12)

当招标单位提供的其他项目清单中列出了材料暂估价时,应根据招标单位提供的暂估价格计算材料费,并在分部分项工程量清单与计价表的综合单价中表现出来。综合单价中企业管理费和利润的计算以人工费、施工机械使用台班费之和或以人工费按照一定的费率取费计算。将上述五项费用汇总,并考虑合理的风险费用后,可得到清单项目综合单价。根据计算出的综合单价,可编制分部分项工程和单价措施项目清单与计价表。

2) 总价措施项目清单与计价表编制

总价措施项目清单与计价表应依据招标单位提供的总价措施项目清单和投标单位拟定的施工组织设计或施工方案进行编制。

总价措施项目费一般由投标单位自主确定,但安全文明施工费必须按照国家或省级、行业建设主管部门的规定计价,不得作为竞争性费用。对于总价措施项目清单中可调价清单项目,投标单位可根据招标文件中所列总价措施项目,结合企业自身特点和工程实际情况进行自主报价。

投标单位要对拟建工程可能发生的总价措施项目及其费用作通盘考虑,投标书一经提交,即被认为是包括了所有应该发生的总价措施项目的全部费用。如果投标报价总价措施项目清单中没有列项,而施工中又发生了该总价措施项目,招标单位有权认为该项费用已经综合在分部分项工程量清单的综合单价中,未来总价措施项目实际发生时投标单位不得以任何借口提出索赔与调整。

3) 其他项目清单与计价表编制

其他项目费主要由暂列金额、暂估价、计日工以及总承包服务费组成。暂列金额应按照招标单位提供的招标工程量清单其他项目清单中列出的金额填写,不得变动。暂估价不得变动和更改。暂估价中的材料、工程设备暂估价必须按照招标单位提供的暂估单价计入分部分项工程清单项目的综合单价中,不得做任何变动和更改;专业工程暂估价必须按照招标单位提供的招标工程量清单其他项目清单中列出的金额填写,不得做任何变动和更改。材料、工程设备暂估单价和专业工程暂估价均由招标单位提供,为暂估价格,在工程实施过程中,对于不同类型的材料、工程设备和专业工程可采用不同的工程造价计价方法。计日工应按照招标单位提供的招标工程量清单其他项目清单中列出的项目名称和估算的数量,自主确定各项综合单价并计算计日工金额。总承包服务费应根据招标单位在招标工程量清单中列出的分包专业工程内容和供应材料、设备情况,按照招标单位提出的协调、配合与服务要求和施工现场管理需要自主确定。

4）规费、税金项目清单与计价表编制

规费和税金应按国家或省级、行业建设主管部门的规定计算，不得作为竞争性费用。这是由于规费和税金的计取标准是依据有关法律、法规和政策制定的，具有强制性。因此，投标单位在投标报价时必须按照国家或省级、行业建设主管部门的有关规定计算规费和税金。

5）投标价汇总

投标单位的投标总价应当与组成工程量清单的分部分项工程费、措施项目费、其他项目费、规费、税金的合计金额相一致，即投标单位在进行工程量清单招标的投标报价时，不能进行投标总价优惠（或降价、让利），投标人对投标报价的任何优惠（或降价、让利）均应反映在相应清单项目的综合单价中。

【课后习题】

1. 分部分项工程量清单编制时要求的"四个统一"指什么？

2. 编制招标控制价应注意哪些问题？

4 BIM 基础知识

【学习目标】

1. 了解 BIM 基本概念及内涵，了解 BIM 应用软件的分类及招投标阶段 BIM 工具软件应用。

2. 熟悉 BIM 建模流程以及《建筑信息模型应用统一标准》主要条款。

3. 掌握常见的 BIM 工具软件，招投标阶段 BIM 应用。

【学习要求】

1. 理解 BIM 基本概念及内涵，BIM 应用软件的分类及招投标阶段 BIM 工具软件应用。

2. 熟悉 BIM 建模流程以及《建筑信息模型应用统一标准》主要条款。

3. 掌握常见的 BIM 工具软件，招投标阶段 BIM 应用。

4.1 BIM 概述

4.1.1 BIM 基本概念及内涵

BIM 是英文字母 Building Information Modeling 的简称，是指在建筑工程或建筑设施全生命周期内，对其物理和功能特性进行数字化表达，并依此进行设计、施工、运维的过程和结果的总称，简称建筑信息模型。BIM 将多维信息集成模型，可以使建设项目的所有参与单位，包括建设行政主管部门、建设单位、设计单位、施工单位、监理单位、工程造价咨询单位、运营维护物业管理单位、项目使用单位等，在项目从概念设计到完全拆除的整个生命周期内都能够在模型中添加信息并在信息中运行模型，从根本上改变工程技术人员依靠符号文字形式的图纸进行项目建设和运营管理的工作方式，实现在建设项目全生命周期内提高工作效率和工作质量，减少设计错误和控制施工风险的目标。

BIM 是一种技术、一种方法、一种过程，它既包括建筑物全生命周期的信息模型，同时又包括建筑工程管理行为的模型，将两者进行完美的结合来实现集成管理。BIM 以三维空间数字信息为基础，集成了建筑工程项目各构件相关信息为一体的建筑数据模型，也是对建设项目或建筑设施实体与功能特性的数字化表达，能够融入建筑项目生命期不同阶段的数据、过程和资源，也是对建设工程信息的完整描述，可为建设项目各参与方提供可计算、查询、组合拆分的实时工程数据。BIM 是建设项目的实时共享数据平台，可解决分布式、异构工程数据之间的关联性和全局信息共享问题，支持建设项目全生命周期中动态的建设工程信息创建、管理和共享。

美国国家 BIM 标准对 BIM 的定义由三部分组成：

（1）BIM 是一个设施（建设项目）物理和功能特性的数字表达；

（2）BIM 是一个共享的知识资源，可分享有关这个设施的信息，为该设施从建设到拆除的全生命周期中的所有决策提供可靠依据；

(3) 在项目的不同阶段,不同利益相关方通过在 BIM 中插入、提取、更新和修改信息,以支持和反映其各自职责的协同作业。

我国 BIM 标准对 BIM 的定义为:BIM 技术是一种应用于工程设计建造管理的数据化工具,通过参数模型整合各种项目的相关信息,在项目策划、运行和维护的全生命周期过程中进行共享和传递,使工程技术人员对各种建筑信息做出正确理解和高效应对,为设计团队以及包括建筑运营单位在内的各方建设主体提供协同工作的基础,在提高生产效率、节约成本和缩短工期方面发挥重要作用。

4.1.2　BIM 的发展历程及趋势

1. BIM 的发展历程

BIM 作为对包括工程建设行业在内的多个行业的工作流程、工作方法的一次重大思索和变革,以及可能引发整个 A/E/C(Architecture/Engineering/Construction)领域的第二次革命,其雏形最早可追溯到 20 世纪 70 年代。"BIM 之父"——佐治亚理工大学的 Chuck Eastman 教授在 1975 年提出了 BIM 理念,至今,BIM 技术的研究经历了三大阶段:萌芽阶段、产生阶段和发展阶段。BIM 理念的启蒙,受到了 1973 年全球石油危机的影响,美国全行业需要考虑提高行业效益的问题,1975 年"BIM 之父"Chuck Eastman 教授在其研究的课题"Building Description System"中提出"a computer-based description of a building",以便实现建筑工程的可视化和量化分析,提高工程建设效率。20 世纪 70 年代末至 80 年代初,英国也在进行类似 BIM 的研究与开发工作,当时,欧洲习惯把它称为"产品信息模型"(Product Information Model),而美国通常称之为"建筑产品模型"(Building Product Model)。1986 年,英国伦敦大学亚非学院经济学教授罗伯特·艾什(Robert Aish)发表了一篇论文,第一次使用了"Building Information Modeling"一词,他在论文中描述了现在的 BIM 论点和具备的相关技术,并在论文中应用了 RUCAPS 建筑模型系统,分析了一个案例来表达了他的 BIM 理念。

21 世纪前的 BIM 研究由于受到计算机硬件与软件水平的限制,BIM 仅能作为学术研究的对象,很难在建设工程的实际应用中发挥作用。21 世纪以后,计算机硬件与软件水平的迅速发展,以及对建筑全生命周期的深入理解,推动了 BIM 技术的不断发展。直到 2002 年,Autodesk 收购三维建模软件公司 Revit Technology,首次将 Building Information Modeling 的首字母连起来使用,成了今天众所周知的"BIM",BIM 技术开始在建筑行业广泛应用。

目前,美国大多建筑项目已经开始应用 BIM,BIM 的应用形式种类繁多,而且存在各种 BIM 协会,也出台了各种 BIM 标准。美国政府自 2003 年起,实行国家级 3D-4D-BIM 计划,自 2007 年起,美国政府发文规定所有国家重要项目需通过 BIM 进行空间规划。

与大多数国家不同,英国政府要求强制使用 BIM。2011 年 5 月,英国内阁办公室发布了政府建设战略文件,明确要求到 2016 年实现全面协同的 3D-BIM,并将所有建设工程文件信息化管理。政府要求强制使用 BIM 的文件得到了英国建筑业(Architecture,Engineer & Construction,AEC)BIM 标准委员会的大力支持,并相继制定了适应不同设计软件的 BIM 标准,这些标准的制定为英国的 AEC 企业从 CAD 过渡到 BIM 提供了切实可行的办法和措施。

BIM 这一术语一出现,新加坡当局就注意到信息技术对工程建设行业领域的重要作用。早在 1982 年,新加坡建筑管理署(Building and Construction Authority,BCA)就有了人工智能规划审批的想法。2000—2004 年,BCA 开发了用于建设规划的自动审批和在线提交系统

CORENET(Construction and Realestate NETwork)，是世界首创的自动化审批系统。2011年，BCA 制定了新加坡 BIM 发展路线规划，规划明确在 2015 年前将推动整个建筑业广泛使用 BIM 模型。

挪威、丹麦、瑞典和芬兰等北欧国家，是一些主要的建筑信息技术软件开发所在地，也是全球最先一批采用建筑信息模型进行建筑设计的国家，推动了建筑信息技术的开放性和共享性。北欧国家冬天漫长、天气寒冷，装配式建筑对这些国家尤为重要，这也促进了包含丰富数据建筑信息模型 BIM 的发展，如今基于 BIM 的装配式建筑工程应用在这些国家已基本普及。

2009 年是日本的 BIM 元年，大量的日本设计单位、施工企业开始应用 BIM。2010 年 3月，日本国土交通省选择一项政府建设项目作为试点，探索 BIM 在设计可视化、信息整合方面的功能和操作流程。而建筑施工企业已有 33％的企业已经应用 BIM 模型，在这些企业当中近 90％是在 2009 年之前开始实施的。2012 年 7 月，日本建筑学会颁布了日本 BIM 指南，从 BIM 团队建设、BIM 数据处理、BIM 设计流程、应用 BIM 进行预算、模拟等方面为日本的设计单位和施工企业应用 BIM 提供了指导。

韩国应用 BIM 十分超前，多个政府部门都致力制定 BIM 的标准。2010 年 4 月，韩国公共采购服务中心（Public Procurement Service，PPS）发布了 BIM 路线图，计划在 2016 年前全部公共工程应用 BIM 技术。2010 年 12 月，PPS 发布了《设施管理 BIM 应用指南》，针对初步设计、施工图设计、工程施工等阶段中的 BIM 应用进行指导，并于 2012 年 4 月对其进行了更新。同年，韩国国土交通海洋部发布了《建筑领域 BIM 应用指南》，该指南在公共项目中系统地实施 BIM，同时也为企业建立了实用的 BIM 实施标准。

中国香港地区的 BIM 发展主要依靠建筑行业自身的推动。2006 年，香港房屋署已率先试用建筑信息模型，自行订立了 BIM 标准、用户指南、组建资料库等设计指引和参考。2009年，香港地区成立了香港 BIM 学会，并正式颁布了 BIM 应用标准。2010 年，香港地区的 BIM技术应用已经完成了从概念到实用的转变，处于全面推广的初期阶段。为了成功地推行 BIM，2013 年，香港房屋署提出，2014—2015 年 BIM 技术将覆盖香港房屋署的所有项目。

中国台湾地区 BIM 发展主要依靠高校科研和地区管理部门的推动。2007 年台湾大学与 Autodesk 签订了产学合作协议，重点研究 BIM 及动态工程模型设计。2009 年，台湾大学土木工程系成立了工程信息仿真与管理研究中心，促进了 BIM 相关技术与应用的经验交流、成果分享、人才培训与产学研合作。公共建筑和公有建筑的拥有者为管理部门，工程发包监督均受到管理部门管辖，为了确保高校研究成果能得到应用和推广，对于新建的公共建筑和公有建筑，要求在设计阶段与施工阶段都以 BIM 完成。另外，管理部门也举办了一些关于 BIM 的座谈会和研讨会，共同推动 BIM 的发展。

中国大陆地区 BIM 发展与上述国家和地区相比相对滞后。2010 年，清华大学参考 NBIMS，结合调研提出了中国建筑信息模型标准框架（Chinese Building Information Modeling Standard，CBIMS），并且创造性地将该标准框架分为面向 IT 的技术标准与面向用户的实施标准。2011 年 5 月，住建部发布的《2011—2015 年建筑业信息化发展纲要》中，将 BIM、协同技术列为"十二五"中国建筑业重点推广技术。2012 年 1 月，住建部《关于印发 2012 年工程建设标准规范制订修订计划的通知》宣告了中国 BIM 标准制定工作的正式启动。2013 年 9 月，住建部发布《关于推进 BIM 技术在建筑领域内应用的指导意见》（征求意见稿），明确指出"2016年，所有政府投资的 2 万平方米以上的建筑的设计、施工必须使用 BIM 技术"。2014 年，住建部发布的《关于推进建筑业发展和改革的若干意见》，再次强调了 BIM 技术在工程设计、施工和运行维护等全过程应用的重要性。同年，政府正式公布《关于推进建筑业发展和改革的若干意见》，把 BIM 和工程造价大数据应用正式纳入重要发展项目。2016 年，住建部发布了"十三五"规划纲要——《2016—2020 年建筑业信息化发展纲要》，相比于"十二五"规划纲要，此次引入了"互联网＋"概念，将 BIM 技术与建筑业发展深度融合，以塑造建筑业新业态为指导思想，达到基于"互联网＋"的建筑业信息化水平升级。

2. BIM 的发展趋势

1）BIM 技术与绿色建筑设计深度融合

BIM 整合了建筑物全生命周期信息管理（Building Lifecycle Management，BLM），也是绿色建筑设计关注的对象；真实的 BIM 数据和丰富的构件信息给各种绿色分析软件以强大的数据支持，确保了结果的准确性；绿色建筑设计是一个跨学科、跨阶段的综合性设计过程，而 BIM 模型则顺应其需求，实现了单一数据平台上各个工种的协同设计和数据集成；BIM 技术提供了可视化的三维模型和精确的数据信息统计，将整个建筑的建造模型像真实建筑一样摆在人们面前，立体的三维感增加了人们的视觉碰撞和图像印象，而绿色建筑则是根据现代的环保理念提出的，主要是运用高科技设备，融入自然资源，实现人与自然的和谐共处；基于 BIM 技术的绿色建筑设计应用主要通过数字化的建筑信息模型、全方位的协同处理、环保设计标准的渗透三个方面来进行，实现绿色建筑的环保和节约资源的初始目标，对于整个绿色建筑的设计有很大的帮助作用。结合 BIM 进行绿色设计让绿色建筑事业进入一种新常态。

2）BIM 技术使建筑物全生命周期管理成为可能

由建设单位委托工程设计单位搭建 BIM 平台，并组织工程咨询单位、监理单位、设计单位、工程造价咨询单位、施工单位、材料或设备供应单位、物业管理单位，利用 BIM 技术对建筑工程进行工程建造的集成管理和全生命周期管理。BIM 系统是一种全新的信息化管理系统，而且随着项目实施进程的不断推进，其包含的信息内容将不断补充完善，目前正越来越多地应用于建筑行业中。BIM 要求参建各方在决策、设计、招标、施工、项目管理、项目运营等各个过程中将所有信息整合在统一的数据库中，通过数字信息仿真模拟建筑物所具有的真实信息，为建筑的全生命周期管理提供平台。在整个系统的运行过程中，要求工程建设参与各方多渠道和多方位地交流信息和沟通协调，并通过互联网上文件管理协同平台进行日常维护和管理，实现信息的共享、交流与互动。BIM 是一个全新的、规模庞大的、有组织的建筑信息化管理技术，将 BIM 技术应用于建筑物全生命周期管理将是未来建筑技术发展的大势所趋。

3）BIM 技术与物联网的集成可实现建筑全过程信息的集成与融合

BIM 技术通过虚拟仿真发挥上层信息集成、交互、展示和管理的作用，而物联网技术则承担底层实体环境现场信息感知、采集、传递、监控的功能。二者集成应用可以实现建筑全过程信息流闭环，实现虚拟信息化管理与实体环境硬件之间的有机融合。目前，BIM 在设计阶段和招投标阶段应用较多，并开始向建造和运维阶段延伸，物联网应用主要集中在建造和运维阶段，二者集成应用可提升施工现场安全管理能力，安排合理的施工进度，采取有效的成本控制，提高质量管理水平。临边洞口防护不到位、部分作业人员高处作业未系安全带等安全隐患在施工现场无处不在，基于 BIM 的物联网应用可实时发现这些安全隐患并报警提示。高空作业人员的安全帽、安全带、身份识别牌上安装的无线射频识别，可在 BIM 系统中实现精确定位，如果作业行为不符合相关规定,身份识别牌与 BIM 系统中相关定位会同时报警,管理人员可精准定位隐患位置,采取有效措施,防止安全事故发生。在建筑物运维阶段,二者集成应用可提高管道设备的日常维护维修效率,以及重要资产的监控水平,增强安全防护能力,并支持智能家居。

4)BIM 技术与数字加工集成可实现设备制造数字化加工

数字化加工是准确应用已经建立的数字模型,通过生产设备完成对产品的精确加工。BIM 与数字加工集成,也就是将 BIM 模型中的数据信息转换成数字化加工所需的数字模型,制造设备时可依据该数字模型进行数字化加工。目前,主要应用在预制混凝土板生产、管线预制加工和钢结构生产加工三个方面。基于 BIM 的工厂精密机械可自动完成建筑物构件的预制加工,不仅制造出的构件误差小,生产效率也可大幅提高。建筑工程中的门窗、整体卫浴、预制混凝土结构和钢结构等许多构件,均可通过 BIM 技术与数字加工集成进行异地加工,再运至施工现场进行装配,既缩短了施工工期,也保证了产品质量。未来,将以建筑产品三维模型为基础,进一步加入构件制造、构件物流、构件安装以及工期、成本等信息,拓展信息网络技术与 BIM 技术的融合,以可视化的方法完成 BIM 与数字加工的集成。

5)BIM 技术与智能型全站仪集成可实现实测数据与设计数据的对比

BIM 通过与智能型全站仪软件、硬件进行整合集成,可将 BIM 模型带到智能型全站仪的施工测绘现场,利用模型中的三维空间坐标数据来准确驱动智能型全站仪进行测量。通过二者集成,可将施工现场测绘所得的实测建造信息数据与 BIM 模型中的数据进行对比,核对施工现场实体环境与 BIM 模型之间的偏差,为机电安装、装饰装修、幕墙工程等专业的深化设计提供依据。同时,由于智能型全站仪具有高效精确的定位放样功能,结合 BIM 模型中轴网、控制点及标高控制线等数据,可高效快速地将 BIM 正向设计成果在施工现场进行标定,实现精确的施工放样,为建筑施工人员提供更加准确直观的施工指导。此外,由于智能型全站仪具有现场数据精确采集功能,在施工项目完成后,对施工现场实物进行数据实测,通过对实测数据与设计数据进行对比,来检查工程施工质量是否符合要求。与传统定位放样方法相比,基于BIM 与智能型全站仪集成的定位放样,其精度可控制在 3 mm 以内,而一般建筑工程施工要求的精度在 1~2 cm,远超传统定位放样方法的精度。此外,BIM 与智能型全站仪集成定位放样,测量操作人员明显减少,工作效率大大提高,一人一天可完成几百个点的精确定位,效率是传统定位放样方法的 6~7 倍。不久的将来,通过二者集成应用后,将与云计算技术进一步融合,使施工现场实测终端与云端的数据实现双向同步,添加项目质量管控相关信息,使质量控制和模型修正无缝衔接到原有工作流程,进一步拓展 BIM 的使用功能。

6)BIM 技术与 GIS 集成可提高长线工程和大规模区域工程的管理能力

BIM 通过数据集成、系统集成或应用集成来实现与 GIS 的集成,以发挥各自优势,拓展应用领域。目前,二者集成在城市规划设计、城市交通工程分析、城市微环境分析、市政管网工程管理、住宅小区规划设计等诸多领域有所应用,与各自单独应用相比,在建模准确性、分析精确性、决策可靠性、成本控制水平等方面都有明显提高。BIM 的应用对象往往是单个建筑物,集成 GIS 宏观尺度功能,可将 BIM 应用到公路工程、铁路工程、隧道工程、水电工程、港口工程等工程领域。BIM 与 GIS 集成后使用,可解决大规模公共设施的管理问题,提高其管理能力。当前,BIM 主要应用在工程设计阶段和工程施工阶段,通过二者集成可解决大型公共建筑、大型市政工程及大型基础设施的运维管理问题,还可以拓宽和优化各自的使用功能。如利用

BIM 模型优化 GIS 已有的功能,可以将 GIS 的导航功能由室外拓展到室内,使得基于 BIM 模型的 GIS 对室内信息的描述更加精细;借助于互联网和移动通信技术的 BIM 与 GIS 集成,将改变二者的应用模式,向着网络远程服务的方向发展;基于云计算的 BIM 与 GIS 集成,使得 BIM 和 GIS 数据存储方式发生改变,存储数据的量级也有了较大提升,其应用范围和使用效率也会发生根本性变化。

7) BIM 技术与虚拟仿真技术集成有利于建筑工程进度、质量、成本管控

基于 BIM 的虚拟仿真技术集成可提高模拟的真实性,一栋活生生的虚拟建筑物使人产生身临其境之感,并将相关信息整合到已建立的虚拟场景中,可以实时地、任意视角地查看各信息与模型的关系,指导并协调设计人员、施工人员、监理人员和工程造价人员开展相关工作。通过将 BIM 技术整合到工程项目建造过程模拟中,可有效进行建设项目进度计划、施工成本和工程质量的管控。在建设项目实际施工前,即可确定施工方案的可行性及合理性,减少或避免设计中存在的错误;又可分析施工工序的合理性,生成对应的采购计划和财务分析费用列表;还可以提前发现设计和施工中的问题,及时更新设计、预算、进度等属性,提高了进度计划和施工成本的准确性和真实性。将实际施工过程在计算机上进行三维仿真模拟,可提前发现并避免在实际施工中可能遇到的各种问题,如管道碰撞、构件安装等,以便选择最优施工方案并指导施工,从整体上提高建设项目施工效率,确保工程施工质量,消除安全隐患,并有助于降低施工成本与时间消耗。

8) BIM 技术应用于装配式建筑工程有利于提高生产效率,节约能源

BIM 技术不仅有利于我国建筑工业化,和绿色环保建筑的发展,而且能有效提高装配式建筑生产效率,保证建筑工程质量,并将建筑产品生产过程中的上下游企业联系起来,形成装配式建筑产业链,从而真正实现以信息化促进产业化。借助 BIM 技术三维模型的参数化设计,使得设计图纸生成或修改的效率有了明显提高,避免了传统建筑拆分设计中的图纸量大、修改工作困难等问题。钢筋的参数化设计提高了钢筋设计精确性,减少了施工过程中的钢筋碰撞问题,加大了钢筋施工过程中的可操作性。在 BIM 原 3D 基础上加上时间进度的 4D 施工仿真模拟可进行虚拟化工程施工,提高了施工现场管理水平,保证了工程施工质量,降低了施工工期,减少了图纸变更和施工现场的返工,节约了工程施工成本。因此,BIM 技术的使用能够为装配式建筑预制构件的生产、运输、安装提供有效帮助,使得装配式建筑工程精细化分工成为现实,进而推动现代建筑工业化的发展,促进建筑业发展模式的转型升级。信息模型使得更大、更复杂的装配式建筑预制构件成为可能。更低的劳动力成本,更安全的工作环境,更少的原材料浪费以及更有保障的工程施工质量,这些将不断推动 BIM 技术在装配式建筑工程中的应用。

4.1.3　BIM 技术特征

1. 可视化

1) 设计可视化

设计可视化是指在设计阶段建筑及构件以三维空间方式直观呈现出来。设计人员能够运用三维空间思考方式有效地完成建筑设计,同时也使建设单位真正摆脱了技术壁垒限制,随时可直接获取建设项目信息,大大缩小了建设单位与设计人员间的交流障碍。此外,BIM 还具有漫游功能,通过创建相机路径,并创建动画,可向建设单位进行模型展示。

2) 施工可视化

施工可视化是指利用 BIM 工具创建建筑设备模型、周转材料模型、临时设施模型等,或将复杂的构造节点全方位呈现,如复杂的钢筋节点、幕墙节点等,以模拟施工过程,确定施工方案,进行施工组织。通过创建各种模型或将复杂构造节点全方位展示,可以在电脑中进行模拟施工过程,使整个施工过程可视化。

3) 设备可操作性可视化

设备可操作性可视化是指利用 BIM 技术对建筑设备操作空间是否合理进行提前检验。通过制作工作模块和设置不同施工操作路线,可制作出各种设备的安装动画,通过不断调整优化,从中找出最优的设备安装位置和施工安装工序。与传统的施工方法相比,该方法直观、清晰。

4) 机电管线碰撞检查可视化

机电管线碰撞检查可视化是指将各专业工程模型组合为一个整体 BIM 模型,从而使机电管线与建筑物构件的碰撞点以三维立体方式直观显示出来。通过组合后的整体 BIM 模型,可以在模拟的三维空间中找出碰撞点,由各专业设计人员在 BIM 模型中调整并处理好碰撞点或不合理处后再导出 CAD 图纸进行施工。

2. 一体化

一体化指的是 BIM 技术可对建设项目从建筑设计到工程施工,再到项目的运维,最后到项目的拆除整个项目全生命周期的一体化管理。BIM 技术的核心是一个给三维空间模型定义的庞大的数据信息库,不仅包含了建筑设计信息,而且可以容纳从设计到建成使用,直至建设项目使用周期终结的全过程信息,包括项目设计范围、进度以及成本信息,这些信息完整可靠,在综合数字环境中可进行协调,并保持不断更新,使建筑设计人员、工程监理人员、施工人员、工程造价咨询人员以及建设单位管理人员可以清楚全面地了解整个建设项目。在建设项目建筑设计、工程施工和项目管理的过程中,这些信息能使建设项目各方面的质量明显提高,有效缩短设计与施工时间表,显著降低成本,受益大大增加,且使整个建设项目从上游到下游的各企业间工作不断协调完善,从而实现了建设项目全生命周期的信息化管理。

3. 参数化

参数化建模是指通过设定参数而不是具体数字来建立和分析信息模型,任意改变模型中的参数值便可建立和分析新的信息模型。BIM 的设计参数包括两个部分:参数化图元和参数化修改引擎。参数化图元是指 BIM 中的图元以建筑构件的形式出现,这些建筑构件之间的差异是通过参数调整来体现的,参数保存了图元作为数字化建筑构件的全部信息;参数化修改引擎是指用户通过参数修改技术对建筑设计或文档部分所做的任何改动,都可以在与其相关联的部分自动得到反映。有了参数化建模系统,设计人员根据工程关系、几何关系和建立的各种约束关系来设定可变参数,在可变参数的作用下,系统能够自动维护所有的不变参数,大大提高模型的生成和修改速度。

4. 仿真性

1) 建筑物性能分析仿真

建筑物性能分析仿真是指利用 BIM 技术所创建的虚拟建筑模型含有大量的建筑信息(几何信息、材料性能、构件属性等),运用相关性能分析软件对上述 BIM 模型进行能耗分析、结构分析、光照分析、设备分析、绿色分析,便可得到相应的分析结果。

2）施工过程仿真

施工过程仿真是指利用 BIM 技术所创建的虚拟建筑模型富含了工程信息的数据库,不仅可提供工程造价管理所需的工程量数据,而且可对项目的重点难点进行可建性模拟,按时间进度进行施工过程优化分析,并在虚拟三维环境下快速发现并及时排除施工中可能遇到的碰撞冲突,降低了因施工不协调造成的成本增长和工期延误,提高了施工效率和施工方案的安全性。

3）施工进度模拟

施工进度模拟是指将 BIM 技术与施工进度计划相结合,对虚拟建筑模型的建筑构件赋予时间信息,从而把空间信息与时间信息整合在一个可视的 4D 模型中,直观精确地反映整个施工过程。

4）运维仿真

运维仿真是指利用 BIM 模型,建筑物使用单位通过三维可视化模型不仅可直观地查询定位到每个租户的空间位置以及租户的信息,如租户名称、建筑面积、租约区间、租金情况、物业管理情况,实现租户各种信息的提醒功能,以及对租户信息数据的及时调整和更新;还可以搜索定位建筑物设备信息,利用 BIM 技术与设备信息集成,可直接在后台运用计算机对 BIM 模型中的设备进行操作,对发生故障的设备进行检修;另外还可以对每个租户的能源使用情况进行监控与管理,赋予每个能源使用记录表传感功能,对能源消耗情况自动进行统计分析,及时做好信息的收集处理,发现异常使用情况进行警告。

5. 协调性

协调性是指利用 BIM 模型建筑设计单位可在建筑物建造前期对各专业的碰撞问题进行协调,生成并提供需要协调的数据;施工单位可根据施工进度模拟结果,以及根据现场施工管理经验和知识对不合理地施工进度计划进行适时调整;工程造价咨询单位根据各设计阶段提供的准确工程量,结合工程造价计价文件,可计算出准确的估算、概算,对超越限额设计的设计文件进行调整优化;建筑物竣工验收合格交付使用后,赋予竣工模型运营维护信息,建筑物管理单位基于上述信息对建筑物的电梯、空调等设施设备,消防、照明、网络、给排水和燃气等系统工程,污水、雨水等地下管网工程,具有传感功能的电表、水表、煤气表、室内温湿度表等计量表数据的实时采集、传输、分析进行运维协调。

6. 优化性

优化性是指利用 BIM 模型提供的几何信息、物理信息、规则信息和建筑物变化后的实际信息,结合与其配套的各种优化工具,对复杂项目的建筑设计和施工方案从投资回报影响分析角度进行优化,可显著缩短工期,降低工程造价。

7. 可出图性

可出图性是指利用 BIM 技术不仅可将各专业工程模型组合为一个整体 BIM 模型,进行管线碰撞检测,输出综合管线图、综合结构留洞图、碰撞检查报告和建议改进方案;而且可通过 BIM 模型对建筑构件进行信息化表达,在 BIM 模型上直接生成构件加工图,传统图纸中的二维关系和复杂的空间剖面关系都可以清楚表达;还可将离散的二维图纸信息集中到一个三维模型中,直观地表达出建筑构件的空间关系,自动生成建筑构件下料单,借助大型建筑构件生产设备,能够实现预制建筑构件的自动化协同生产。

8. 信息完备性

信息完备性是指利用 BIM 技术不仅可对建筑工程进行 3D 几何信息及其拓扑关系描述,

还可对赋予BIM模型施工进度、建设成本、运维管理等信息的最终模型进行完整工程信息描述,如项目名称、结构类型、建筑材料、工程性能等设计信息,施工工序、施工进度、建设成本、工程质量以及人工、材料、机械生产要素等施工信息,结构安全性能、材料耐久性能、建筑防火等级等维护信息。

4.1.4 BIM的应用价值

1. BIM在勘察设计阶段的应用价值

在我国的建筑工程设计领域,BIM技术已获得比较广泛的应用。BIM在勘察设计阶段的主要应用价值如表4-1所示。

表4-1 BIM在勘察设计阶段的主要应用价值

BIM应用内容	勘察设计阶段BIM应用价值分析
设计方案比选	设计方案优化与比选,提出性能、品质最优的设计方案
各设计专业建模	建筑、结构、水、电、暖通等各专业协同建模 参数化建模技术可实现一处错误修改,相关联内容自动变更 进行碰撞检查,避免错、漏、碰、缺发生
能耗分析	通过IFC或gbxml格式输出能耗分析结果 对建筑能耗进行计算、评价,对不合理的能耗进行调整优化 将能耗优化和分析结果存储在BIM模型中
结构分析	通过IFC或Structure Model Center数据计算模型 开展抗震荷载、抗风荷载、耐火性能等结构性能设计 将结构分析计算结果存储在BIM模型中
光照分析	建筑日照性能分析 室内光源、室外采光、室外景观可视度分析 将光照分析计算结果存储在BIM模型中
设备分析	管道、通风、设备负荷等机电设计中的计算分析 冷负荷、热负荷计算分析 舒适度和气流组织模拟 将设备分析结果存储在BIM模型中
绿色评价	通过IFC或gbxml格式输出绿色评估模型 建筑绿色性能分析,其中包括规划设计方案分析与优化、节能设计与数据分析、建筑遮阳与太阳能利用、建筑采光与照明分析、建筑室内自然通风分析、建筑室外绿化环境分析、建筑声环境分析、建筑小区雨水采集和利用 将绿色分析结果存储在BIM模型中
工程量统计	BIM模型输出土建、设备工程量统计报表 输出的工程量与概预算专业软件集成计算 将概预算分析结果存储在BIM模型中
其他性能分析	建筑表面参数化设计 建筑幕墙参数化分格、优化设计
管线综合	各专业模型碰撞检测,提前发现错、漏、碰、缺等问题,减少施工中的返工和浪费
规范验证	BIM模型与设计规范、设计经验相结合,减少错误,提高设计质量和效率
设计文件编制	由BIM模型输出二维图纸、计算书、统计表,特别是节点详图,可以提高施工图的出图效率,减少二维施工图中的错误

2. BIM 在施工阶段的应用价值

在我国的建设工程施工领域,特别是大型复杂项目的施工中,BIM 技术已得到广泛的应用。BIM 对建设工程施工的主要应用价值如表 4-2 所示。

表 4-2　BIM 对建设工程施工的主要应用价值

BIM 应用内容	建设工程施工 BIM 应用价值分析
施工招投标的 BIM 应用	3D 建筑施工工况展示 4D 模拟施工建造
施工管理和工艺改进的 BIM 应用	设计图纸审查,施工图深化设计并生成施工深化图纸 4D 模拟施工建造,工程可建性模拟,对施工工序的模拟和分析 基于 BIM 的可视化技术讨论,实时沟通和简单协同 施工方案论证、优化、展示以及技术交底 工程量自动计算 基于 BIM 模型的错、漏、碰、缺检查,消除现场施工过程干扰或施工工艺冲突 施工场地科学布置和管理 有助于建筑预制构配件生产、加工及安装
建设项目与施工企业集成可提升 BIM 综合应用	4D 施工进度计划管理和监控 施工方案验证和优化 施工所需资源的管理和协调 施工预算和施工成本核算 质量、安全管理 绿色施工管理 总承包、分包管理协同工作平台
建设工程档案数字化和项目运维的 BIM 应用	施工资料数字化管理 建设工程数字化验收,交付和竣工资料数字化归档 项目运维服务的数字化管理

3. BIM 在运营维护阶段的应用价值

BIM 模型可以为建设单位提供建设项目中所有系统的信息资料,在施工阶段做出的所有修改或变更将全部同步更新到 BIM 模型中,形成最终的 BIM 竣工模型(As-built model),该竣工模型将作为房屋建筑和各种设备管理的数据库,为系统的维修维护提供依据。

此外,BIM 模型可为房屋管理单位同步提供有关建筑物的使用情况或性能、入住人员与容量、建筑已用时间、建筑财务方面的信息,以及上述数字的更新记录。BIM 模型还促进了该建筑物对商业场地条件的适应性,使得有关建筑物的使用情况信息、可出租面积、租赁收入或部门成本分配等重要财务数据更加易于管理和使用。通过 BIM 模型定期了解这些信息可以提高建筑物运营过程中的财务净收益。

将 BIM 模型与运营维护管理计划相结合,实现建筑物物业管理与设施设备实时监控相集成的智能化和可视化管理,一方面可以了解建筑物或设施设备的运行状况,另一方面可以对设施设备进行远程控制。同时,基于 BIM 在运营阶段可以进行能耗分析和节能控制。另外,结合建筑物运营阶段外部环境影响和自然灾害破坏,运用 BIM 模型对结构损伤、材料劣化以及灾害破坏进行分析,可以分析和预测建筑结构安全性、材料耐久性,从而制定建筑物的维修维护计划,及时组织维修维护,提高建筑物的使用年限。

4. BIM 在建设项目全生命周期的应用价值

在传统的国有资金投资项目或国有资金投资为主体的项目招投标模式下,设计单位将设计图纸交付建设单位,建设单位将设计图纸转交工程造价咨询单位,由工程造价咨询单位编制招标控制价后组织招标,再由建设单位将设计图纸转交给中标单位组织施工。这种图纸交付模式因跨阶段时的信息损失将带来大量的价值损失,导致出错、遗漏和失真,需要花费额外的精力来创建、补充、校正准确信息。而在 BIM 模型的协同作用下,利用三维可视化信息模型,建设项目参与各方可以共享数据信息资源,既避免了因信息损失产生的价值损失,又节约了建设项目的招投标时间。

美国 building SMART alliance (bSa)在 *BIM Project Execution Planning Guide Version 1.0* 中,根据当前美国工程建设领域的 BIM 使用情况总结了 BIM 的 20 多种主要应用。研究发现,BIM 应用贯穿了建筑的决策、设计、施工与运营四大阶段,其中,多种应用是跨阶段的,尤其是基于 BIM 的项目管理建模和成本预算建模都贯穿了建设项目的全生命周期。

4.2 BIM 模型与相关标准

4.2.1 BIM 建模流程

1. 建立坐标网格及楼层标高

建筑设计人员绘制建筑设计图、施工图时,坐标网格以及楼层标高是进行设计的基础工作,放样、柱位及墙位判断都须依据坐标网格,才能让现场施工人员找到现场基地上的正确位置。楼层标高是表达楼层高度的依据,同时也描述了梁位置、楼板位置以及墙高度,设计人员一般将楼板与梁设计在楼层标高的下方,而墙高度位于梁或楼板的下方。如果没有楼层标高,现场施工人员无法判断梁的位置、楼板位置以及墙的高度。因此,建模的第一步就是在图层上建立坐标网格和楼层标高。

2. 导入 CAD 文档

将 CAD 文件导入软件,可方便下一步建立柱、梁、板及墙时,可直接点选图层或按图绘制。导入 CAD 时应注意长度和标高的单位以及坐标网格是否与 CAD 图相符。

3. 建立柱、梁、板及墙等组件

将柱、梁、板及墙等构件依图层放置到模型上,依构件的不同类型选取属性相同的模型样式进行绘制工作。柱和梁应依其位置放置在坐标网格上,以便以后有梁、柱位置移动时一并修正。柱和梁构建结束后,即可绘制楼板、墙、楼梯、门、窗及栏杆等组件。

4. 彩现

彩现图为可视化沟通的重要工具,设计人员与建设单位讨论其设计时,利用三维模型可与建设单位讨论建物外型、空间效果以及设计人员的设计意图是否达到建设单位需求等。但是,构建三维模型时,为了降低计算机资源消耗,方便操作模型,常采用简易的示意方式,而不是将实际材质贴附在三维模型上。三维模型上可贴附材质,绘图模式时并未绘制并显示,而是利用其彩现,计算表面材质与光影变化,建设单位也能感知到建筑的外观效果。

5. 输出 CAD 图与明细表

目前在美国、英国、新加坡等 BIM 应用较早的国家,其建设管理部门已经接受设计人员提交三维建筑信息模型作为审图的依据,在国内设计人员提交给建设管理部门的审图资料仍是传统的 CAD 图纸,因此,建筑信息模型在建模最后须输出 CAD 图。三维建筑信息模型除输出 CAD 图纸外，也应输出数量计算表，以便设计人员进行计算。如果以后发生设计变更，数量明细表也能自动改变。

4.2.2　BIM 建模精度等级

BIM 模型的精细程度，英文称为 Level of Details，也叫 Level of Development，简称 LOD，是指对一个 BIM 模型构件单元从最低级概念化程度发展到最高级演示级精度的不同精度等级的描述。美国建筑师协会（AIA）为了规范使用 BIM 模型在项目各阶段进行工程设计的标准，在其 2008 年的文件 E202 中定义了 LOD 的概念，该定义可根据模型的具体用途进行进一步延伸。

1. LOD 定义

LOD 的定义可用于以下两方面：

1）模型阶段输出结果（Phase Outcomes）

随着设计的深化，不同的模型构件单元将以不同的速度从一个低级的 LOD 精度等级提升到一个相对高级的 LOD 精度等级。通常，在建筑工程设计中，大多数构件单元在施工图设计完成时基本达到 LOD 300 的等级，在施工图深化设计完成时基本达到 LOD 400 的等级。但是，少部分构件单元，如墙面粉刷层，即使施工图深化设计完成也不会超过 LOD 100 的等级，因为墙面粉刷层不需要建模，其工程造价及属性都附属于相应的墙体工程。

2）建模任务分配（Task Assignments）

一个 BIM 模型构件单元包含了大量的数据信息，这些信息需要 BIM 模型参与各方来提供。例如，一面三维的外墙体工程由工程设计人员创建，总承包单位需提供相应的工程造价信息，暖通空调设计人员需提供相应的 U 值和保温层信息，隔声设计人员要提供相应的隔声值信息等。为了解决不同专业设计人员输入多样信息的问题，美国建筑师协会文件委员会提出了模型构件单元作者（MCA）的概念，这些作者负责为三维构件单元创建本专业的信息，不需要创建其他非本专业的信息。

2. LOD 等级

从概念设计到竣工设计，LOD 被定义为 5 个等级，为了保证未来在已定义的 5 个等级之间可以插入等级，LOD 被定义为 100～500。具体等级如下：

1）LOD 100-Conceptual 概念化

该等级等同于概念设计，此阶段的模型通常为表现建筑物整体类型分析的建筑体量，具体分析包括：体积分析、建筑朝向分析、每平方米工程造价分析等，见图 4-1。

2）LOD 200-Approximate geometry 近似构件

该等级等同于建筑方案设计或扩大初步设计，此阶段的模型包含了普遍性系统所包含的大致数量、大小、形状、位置以及方向等信息。LOD 200 模型主要用于一般性表现目的及系统分析，见图 4-2。

3）LOD 300-Precise geometry 精确构件

该等级等同于施工图和深化施工图层次，此阶段模型应当包含建设单位在 BIM 模型统一标准里规定的建筑构件属性及相关参数等信息，该模型已经能够进行相对准确地成本估算和工程施工协调（包括构件碰撞检查、施工进度计划以及构件三维可视化）见图 4-3。

4）LOD 400-Fabrication 加工

该等级等同于建筑构件单元的翻模，此阶段的模型可以用于建筑构件单元的加工、安装，还可提供细部施工所需的信息,如委托专业的加工厂和制造商加工和制造建筑构件,见图4-4。

图 4-1 LOD 100

图 4-2 LOD 200

图 4-3 LOD 300

图 4-4 LOD 400

5) LOD 500-As-built 竣工

该等级等同于绘制竣工图,此阶段模型表现了项目竣工验收交付使用的情形。模型包含建设单位 BIM 模型提交说明里制定的完整的构件参数和属性信息,包括实际尺寸、数量、位置、方向等。模型可直接交给运维单位,作为中心数据库整合到建筑运营和维护系统中,见图4-5。

图 4-5 LOD 500

在 BIM 的实际应用中,要根据项目的不同阶段以及项目的具体目的来确定 LOD 的等级,再根据不同等级所要求的模型精度来确定实际的建模精度。

4.2.3　IFC 标准

1. IFC 标准的发展

建筑对象的工业基础类(Industry Foundation Class, IFS)数据模型标准是由国际协同联盟(International Alliance for Interoperability, IAI)于 1995 年提出,目的是为了促成建筑业中不同专业,以及同一专业中的不同软件可以共享同一数据源,从而达到数据的共享与交互。

1997 年 1 月发布的 IFC1.0,包括支持建筑设计、HVAC 工程设计、设备管理和成本预算的过程,这个信息模型只是将要定义的、完全共享的工程模型的一部分。

1997 年 12 月发布的 IFC1.5 没有扩大 IFC1.0 的领域范围,但是在 IFC1.0 版本实践经验的基础上,验证了 IFC 的技术框架,并且扩展了 IFC 对象模型的核心,为商业软件开发提供了一个稳定的平台。

1998 年 7 月发布的 IFC1.5.1 版本以 IFC1.5 模型为基础,修正了某些实现问题,验证了核心模型和资源。

1999 年 4 月发布的 IFC2.0 版本扩展了 IFC 模型的领域范围,并且极大提高了应用系统之间共享信息的能力。

2000 年 10 月发布的 IFC2×标示了一个 IFC 开发和应用的重要转变,其中引入了模块化开发的框架和平台。

2003 年 5 月发布的 IFC2×2,在领域范围上有很大的扩展,特别是增加了结构分析领域的信息描述。

2006 年 2 月发布的 IFC2×3 版本,包括了很多基于 2003 年发布的 IFC2×版本 2 附录 1 上的改进。IFC2×3 是按照 IFC 新原则颁布的第一个 IFC 版本,已经被广泛采用。

2. IFC 整体框架

IFC 标准是一个类似面向对象的建筑信息模型。IFC 模型包含了建筑物全生命周期内各方面的信息,所以包含的信息量非常大且涵盖范围广。为此,IFC 标准的编制人员采用一定的方法,设计了一个 IFC 整体框架。IFC 整体框架是分层和模块化的,分为四个层次,从下到上依次为资源层、核心层、共享层、领域层。

1)资源层(Resource Layer)

IFC 资源层是最基本层,该层的类可以被 IFC 模型结构的任意一层类引用,它和核心层一起在实体论水平上构成了产品模型的一般结构,虽然目前结构类的识别还不是基于实体论模型。它包含了一些独立于具体建筑的通用信息的实体(Entity),如材料、计量单位、尺寸、时间、价格等信息。这些实体可与其上层(核心层、共享层和领域层)的实体连接,用于定义上层实体的特性。

2)核心层(Core Layer)

核心层定义了一些适用于整个建筑行业的抽象概念。比如说,一个建筑项目的空间、场地、建筑物、建筑构件等都被定义为 Product 实体的子实体,而建筑项目的作业任务、工期、工序等则被定义为 Process 和 Control 的子实体。核心层分别由核心和核心扩展两部分组成。核心提供了 IFC 模型所要求的所有基本概念,它是一种为所有模型扩展提供平台的重要模型

(IAI 1997a:6),这些构造不是 AEC/FM 特有的。核心扩展层包含核心类的扩展类:IFC Product,IFC Process,IFC Document 和 IFC Modeling Aid。核心扩展是为建筑工业和设备制造工业领域在核心里定义的类的特例。

3) 共享层(Interoperability Layer)

共享层分类定义了适用于建筑项目各领域(如建筑设计、施工管理、设备管理等)的通用概念,以实现不同领域间的信息交换。比如说,在 Shared Building Elements Schema 中定义了梁、柱、门、墙等构成一个建筑结构的主要构件;在 Shared Services Element Schema 中定义了采暖、通风、空调、机电、管道、防火等领域的通用概念。该层包含了在许多建筑施工和设备管理应用软件之间使用和共享的实体类。

4) 领域层(Domain Layer)

领域层包含了为独立的专业领域的概念定义的实体,例如建筑、结构工程、设备管理等。它是 IFC 模型的最高级别层,分别定义了一个建筑项目不同领域(如建筑、结构、暖通、设备管理等)特有的概念和信息实体。

3. IFC 标准的数据定义

IFC 采用数据规范语言 EXPRESS 来描述产品数据,面向对象把数据组织成有等级关系的类。IFC 把 EXPRESS 语言中确定的概念模型用于产品数据纯正文编码交换文件结构的语法,这一文件语法适用于计算机系统之间产品数据的传输。任意 EXPRESS 语法都能反馈到交换文件结构的语法中。

EXPRESS 是一种概念模式语言,用来描述一定领域的类、与这些类有关的信息或属性和这些类的约束,也可用来定义类之间的关系和加在这些关系上的约束。EXPRESS 用";"结束每条语句,每条语句之间可以不空格和换行,这样可以提高数据文件的可读性。

EXPRESS 语言通过一系列的说明来描述类及其属性,这些说明主要包括类型说明(Type)、实体说明(Entity)、规则说明(Rule)、函数说明(Function)与过程说明(Procedure)。EXPRESS 语言中类的定义和对象描述主要靠实体说明来实现,在 IFC2×3 中定义了 653 个实体类型。一个实体说明定义了一种对象的数据类型和它的表示符号,是对实体类型中一种对象的共同特性的描述。对象的特性在实体定义中常常使用类的属性和规则来表达。实体的属性可以是 EXPRESS 中的简单数据类型(数字、字符串、变量等),更多的是其他实体对象。另外,EXPRESS 语言可描述实体之间的继承派生关系,可通过定义一个实体是另一个实体的子类(Subtype)或超类(Supertype),来创建实体之间的继承关系,子类可以继承超类的属性。在 EXPRESS 语言中可以拥有多重继承,一个子类实体可同时拥有多个超类,但是,在 IFC 标准中并不具有多重继承,所有的实体类型最多只有一个超类。

4. IFC 标准的实现方法

当软件开发者使用 IFC 标准时,需要对 IFC 标准有深刻的认识和理解。目前的 IFC 2×2 大约有 300 个类,而 IFC2×2_jinal 则更多,大约有 1500 个类。由于 IFC 模型比较复杂,从一个 IFC 文件大量的建筑设计数据中,读取专业软件需要的信息是相当困难的。一些公司提供了 IFC 通用平台,如日本 Secom Inc. 公司开发了 IFC server 工具包等。专业软件开发公司可以采用现有的 IFC 平台,方便快捷地实现基于 IFC 标准的信息交换与共享。

5. IFC 标准的应用

IFC 标准是面向对象的三维建筑产品数据标准,几年来,已在城市规划、建筑设计、工程施工、电子政务等领域获得广泛应用。新加坡政府的电子审图系统是典型的 IFC 标准在电子政务中的应用。在新加坡,所有的设计方案都要以电子方式递交政府审查,政府将规范的强制性要求编成检查条件,以电子方式自动进行规范检查,并标示出违反规范的地方和原因,不需人工干预即可自动完成任务。随着技术的进步,类似的电子政务项目会越来越多,IFC 标准也会扮演越来越重要的角色。

在中国,特别是大中型设计企业和施工企业,都拥有众多的工程类软件。在一个工程项目中,往往会应用多个软件,而来自不同开发商的软件之间的交互能力很差。这就需要人工输入数据,工作量是非常大的,而且很难保证准确性。另外,企业积累了大量的历史资料,这些历史资料同样来自不同的软件开发商。所以,采用统一 IFC 标准,可以解决建筑设计和施工管理过程中不同软件间的信息共享问题。

4.2.4　《建筑信息模型应用统一标准》(GB/T 51212—2016)主要条款

1. 本标准适用于建设工程全生命期内建筑信息模型的创建、使用和管理。

2. 建筑信息模型 building information modeling，building information model(BIM)是指在建设工程及设施全生命期内,对其物理和功能特性进行数字化表达,并依此设计、施工、运营的过程和结果的总称。简称模型。

3. 模型应用应能实现建设工程各相关方的协同工作、信息共享。

4. 模型应用宜贯穿建设工程全生命期,也可根据工程实际情况在某一阶段或环节内应用。

5. 模型中需要共享的数据应能在建设工程全生命期各个阶段、各项任务和各相关方之间交换和应用。

6. 通过不同途径获取的同一模型数据应具有唯一性。采用不同方式表达的模型数据应具有一致性。

7. 用于共享的模型元素应能在建设工程全生命期内被唯一识别。

8. 模型结构应具有开放性和可扩展性。

9. BIM 软件宜采用开放的模型结构,也可采用自定义的模型结构。BIM 软件创建的模型,其数据应能被完整提取和使用。

10. 模型应满足建设工程全生命期协同工作的需要,支持各个阶段、各项任务和各相关方获取、更新、管理信息。

11. 模型交付应包含模型所有权的状态,模型的创建者、审核者与更新者,模型创建、审核和更新的时间,以及所使用的软件及版本。

12. 建设工程各相关方之间模型数据互用协议应符合国家现行有关标准的规定;当无相关标准时,应商定模型数据互用协议,明确互用数据的内容、格式和验收条件。

13. 建设工程全生命期各个阶段、各项任务的建筑信息模型应用标准应明确模型数据交换内容与格式。

14. 数据交付与交换前,应进行正确性、协调性和一致性检查。

15. 模型数据应根据模型创建、使用和管理的需要进行分类和编码。分类和编码应满足数据互用的要求,并应符合建筑信息模型数据分类和编码标准的规定。

16. 建设工程全生命期内,应根据各个阶段、各项任务的需要创建、使用和管理模型,并应根据建设工程的实际条件,选择合适的模型应用方式。

17. 模型应用前,宜对建设工程各个阶段、各专业或任务的工作流程进行调整和优化。

18. 建设工程全生命期内,相关方应建立实现协同工作、数据共享的支撑环境和条件。

19. 模型的创建和使用应具有完善的数据存储与维护机制。

20. 模型交付应满足各相关方合约要求及国家现行有关标准的规定。

21. 各相关方应根据任务需求建立统一的模型创建流程、坐标系及度量单位、信息分类和命名等模型创建和管理规则。

22. 不同类型或内容的模型创建宜采用数据格式相同或兼容的软件。当采用数据格式不兼容的软件时,应能通过数据转换标准或工具实现数据互用。

23. 采用不同方式创建的模型之间应具有协调一致性。

24. 模型的创建和使用宜与完成相关专业工作或任务同步进行。

25. 对不同类型或内容的模型数据,宜进行统一管理和维护。

26. 模型创建和使用过程中,应确定相关方各参与人员的管理权限,并应针对更新进行版本控制。

4.3　BIM 应用软件

4.3.1　BIM 应用软件的形成与发展

随着计算机辅助建筑设计(Computer-Aided Architectural Design,CAAD)软件的发展相当成熟,人们对建筑设计提出了更高的要求,这就是三维建筑信息模型。1958 年,美国的埃勒贝建筑师联合事务所(Ellerbe Associates)装置了一台 Bendix G15 的电子计算机,开始将电子计算机运用于建筑设计。1963 年,美国麻省理工学院的博士研究生伊凡·萨瑟兰(Ivan Sutherland)发表了他的博士论文《Sketchpad:一个人机通信的图形系统》,并在计算机的图形终端上实现了用专用绘图板修改图形,并进行图形的缩放。这项工作被认为是计算机制图工作的先驱,为以后使用计算机进行辅助设计技术的发展创造了条件。

20 世纪 60 年代是设计软件应用在建筑设计领域的起步阶段。当时常用的 CAAD 系统主要是索德(Souder)和克拉克(Clark)研制的 Coplanner 系统,该系统可用于解决医院的交通问题,以改进医院的平面规划。当时的 CAAD 系统应用的计算机为大型计算机,体积庞大,图形显示装置为电脑显像管显示器,绘图和数据库管理的软件比较原始,使用功能较少,价格比较贵,使用者很少,建筑界大多采用画图板手工制图进行建筑设计。

随着 DEC 公司的 PDP 系列 16 位计算机出现,计算机的使用性能大幅度提高,其价格也明显降低,这极大地推动了计算机辅助建筑设计的发展。美国波士顿出现了第一个商业化的 CAAD 系统——ARK-2,该系统安装在 PDP15/20 计算机上,可以进行建筑方面的规划设计、平面图绘制、施工图设计、技术指标及设计说明的编制等。这时出现的 CAAD 系统以二维建筑制图专用型系统为主,同时还有一些通用性 CAAD 系统,例如 Computer Vision、CADAM 等被用于计算机辅助设计。

20 世纪 80 年代对信息技术发展影响最大的是微型计算机的出现,由于微型计算机的价格已经降到普通人群可以承受的程度,建筑设计人员将设计工作由大型计算机转移到微型计算机上。在这样的环境下,开发了一系列基于 16 位微型计算机的建筑设计软件系统,AutoCAD、MicroStation,ArchiCAD 等软件都是应用于 16 位微型计算机上具有代表性的建筑设计软件。

20 世纪 90 年代以来计算机技术快速发展,其显著的特征包括运行速度快、功能强大的CPU 芯片、高质量的液晶显示器、海量存储器、因特网、多媒体、面向对象技术等。先进的计算机技术能满足建筑业日益增长的发展需要,因而计算机技术在建筑业得到了广泛的应用,开始涌现出大量的建筑类软件。随着建设项目参与方对项目管理的要求不断提高,建筑三维信息模型已成为建筑行业发展的趋势,各种 BIM 应用软件应运而生。

4.3.2　BIM 应用软件的分类

BIM 应用软件是指支持 BIM 技术应用的软件,通常具备以下四个特征,即面向对象、基于三维立体模型、包含构件信息和支持开放式标准。

伊士曼(Eastman)等将 BIM 应用软件按其使用功能分为三类,即 BIM 环境软件、BIM 平台软件和 BIM 工具软件。按习惯将其分为 BIM 基础软件、BIM 工具软件和 BIM 平台软件三类。

BIM 基础软件是指建立能为多个 BIM 应用软件所使用的 BIM 数据软件,也是最基本的设计软件。例如,基于 BIM 技术的建筑设计软件可建立建筑设计 BIM 数据,且该数据能被基于 BIM 技术的能耗分析软件、日照分析软件等应用软件所使用。除此以外,基于 BIM 技术的结构设计软件及设备设计(MEP)软件也属于这一类。目前,实际的 BIM 模型设计中使用 BIM 基础软件的例子如美国 Autodesk 公司的 Revit 软件,其中包含了建筑设计软件、结构设计软件及 MEP 设计软件,以及匈牙利 Graphisoft 公司的 ArchiCAD 软件等。

BIM 工具软件是指利用 BIM 基础软件提供的相关 BIM 数据,开展各种工作的应用软件。例如,利用建筑设计软件的 BIM 数据进行能耗分析的软件、进行日照分析的软件、生成二维图纸的软件等。目前,实际 BIM 模型设计中使用 BIM 工具软件的例子,如美国 Autodesk 公司的Ecotect 软件,我国基于 BIM 技术的工程预算软件等。部分 BIM 基础软件除了具有建模的功能外,还具有其他一些应用功能,因此,本身也是 BIM 工具软件。例如,美国 Autodesk 公司的 Revit软件具有生成二维图纸等功能,所以,Revit 软件既是 BIM 基础软件,也是 BIM 工具软件。

BIM 平台软件是指能对各类 BIM 基础软件及 BIM 工具软件产生的 BIM 数据进行有效管理,提供建筑全生命周期 BIM 数据的信息共享的应用软件。该类软件一般为基于网络的应用软件,以工程项目各参与方专业人员之间通过网络进行信息共享。目前,实际 BIM 模型设计中使用 BIM 平台软件的例子如美国 Autodesk 公司 2012 年开发的 BIM 360 软件,该软件包含一系列基于云的服务,支持各种应用软件之间的工作协调和数据交换。匈牙利 Graphisoft公司的 Delta Server 软件同样提供了上述应用功能。

4.3.3　BIM 基础软件的特征及其选择

1. BIM 基础软件的特征

BIM 基础软件主要是指建筑建模工具软件,其主要目的是进行三维信息模型设计,所生成的模型是后续数据信息共享的基础。

在二维设计中,建筑的平面图、立面图、剖面图是分别进行独立设计的,相互之间可能存在不一致的情况。同时,其设计结果是由 CAD 中的线条组成,计算机无法做相应的处理。在三维设计中,三维信息模型只存在一份模型,平面图、立面图、剖面图都是三维信息模型的视图,平面图、立面图、剖面图不存在不一致情况,而且其三维建筑构件单元可通过三维数据交换标准被其他 BIM 应用软件共享。由此可见,BIM 基础软件具有以下特征:

(1) 基于三维信息模型技术,对三维实体进行模型创建和编辑。

(2) 提供常见建筑构件单元库。BIM 基础软件包含了梁、墙、板、柱、楼梯等建筑构件单元,用户可应用这些内置建筑构件单元库进行快速模型创建和编辑。

(3) 执行三维数据交换标准,其他 BIM 应用软件可共享,由 BIM 基础软件建立的三维信息模型可通过 IFC 等 BIM 标准输出。

2. BIM 概念设计软件和 BIM 核心建模软件

BIM 概念设计软件是指在设计初期,设计人员在充分理解建设单位设计任务书并分析了建设单位的具体要求和方案意图后,将建设单位设计任务书中包含数据的项目创建成三维几何模型的建筑方案,此方案用于建设单位和设计人员之间的沟通,以及方案研究论证。论证后的成果可以被 BIM 核心建模软件信息共享,再进行深化设计,并继续验证该建筑方案的可行性。目前,BIM 概念设计软件主要有 SketchUp Pro 和 Affinity 等。

BIM 核心建模软件,英文名称为 BIM Authoring Software,简称 BIM 建模软件,是 BIM 应用最基本的设计软件,是 BIM 应用时碰到的第一类 BIM 软件。BIM 核心建模软件公司主要有 Autodesk、Bentley、Graphisoft/Nemetschek AG 以及 Gehry Technology 公司等,各公司开发的 BIM 核心建模软件详见表 4-3。

表 4-3　BIM 核心建模软件表

公司	Autodesk	Bentley	Nemetschek /Graphisoft	Gehry Technology / Dassault
软件	Revit Architecture	Bentley Architecture	Archi CAD	Digital Project
	Revit Structural	Bentley Structural	Allplan	CATIA
	Revit MEP	Bentley Building Mechanical Systems	Vector Works	—

通常,对于一个建设项目的 BIM 核心建模软件的确定,可以参考以下方案:

(1) 民用建筑使用的 BIM 核心建模软件一般选用 Autodesk Revit;

(2) 工业厂房和基础设施使用的 BIM 核心建模软件一般选用 Bentley;

(3) 单专业建筑事务所使用的 BIM 核心建模软件常选用 ArchiCAD、Revit、Bentley;

(4) 对于外形完全异形、预算充裕的建设项目 BIM 核心建模软件可选 Digital Project。

3. BIM 建模软件的选择

BIM 建模软件是最基础、最核心的三维信息模型设计软件,是 BIM 实施中最重要的应用,所以,选择 BIM 建模软件是 BIM 实施的第一步重要工作。由于不同时期所需 BIM 建模软件的技术特点和自身功能以及需要提供的专业服务水平不同,选用 BIM 建模软件也有很大的差异,同时,BIM 建模软件购置又是一项投资金额大、技术性较强、主观难于决定的工作。所以,为了确保 BIM 建模软件的选择满足建设项目或使用单位的需要,选择 BIM 建模软件应有一定程序,并采取相应的方法。BIM 建模软件选择程序一般有初选、测试及评价、审核批准及正式引用等阶段。

1）初选

BIM 建模软件初选时,首先应了解软件使用单位的整体发展战略规划,以及使用单位内部专业设计人员接受该软件的意愿和难易程度;然后分析购买软件后对企业业务带来的收益;接着对购买软件所需的成本费用和投资回报率进行估算;最后,在上述调查分析的基础上,形成 BIM 建模软件的分析报告。

2）测试及评价

软件使用单位的信息管理部门组织并召集相关专业人员进行讨论研究,根据分析报告选定部分建模软件进行使用测试,测试的具体内容包括:由信息管理部门的专业人员负责建模软件的性能测试;由抽调的部分专业设计人员负责建模软件的功能测试。有条件的企业可选择部分建模软件,进行全面测试,保证测试内容的完整性和可靠性。在上述性能和功能测试的基础上,形成 BIM 建模软件的测试报告和软件备选方案。

在测试过程中,具体的评价指标包括:

（1）功能性,是否满足使用单位自身的业务需要,与现有其他软件的兼容情况;

（2）可靠性,软件系统的稳定性,在行业内该软件已经使用的情况;

（3）易接受性,软件在理解、学习、操作使用等方面的难易程度;

（4）使用效率,软件的利用使用效率情况;

（5）维护性,软件在维护、故障处理分析、配置变更等方面的难易程度;

（6）可扩展性,软件更新升级后是否适应使用单位的未来发展战略规划;

（7）售后服务能力,软件开发单位的售后服务质量、技术支持能力。

3）审核批准及正式应用

由使用单位的信息管理部门负责,将 BIM 建模软件的调查分析报告、性能和功能测试报告、软件备选方案,一起报给使用单位的决策部门审核批准,经批准后列入使用单位的应用工具库,进行全面的安装部署使用。有条件的使用单位,可根据自身业务需要及建设项目的具体特点,委托软件公司进行建模软件功能定制开发,从而提升建模软件的针对性和有效性。

4.3.4　常见的 BIM 工具软件

BIM 工具软件是 BIM 应用软件的重要组成部分,是利用 BIM 基础软件提供相关 BIM 数据,开展各种工作的应用软件。BIM 工具软件分类及常见 BIM 工具软件见表4-4。

表 4-4　BIM 工具软件分类及常见 BIM 工具软件

BIM 工具软件分类	常见 BIM 工具软件	功能
BIM 方案设计软件	Onuma Planning System、Affinity	把建设单位设计任务书中项目数据信息创建成三维几何模型的建筑方案
BIM 接口的三维几何模型软件	SketchUp、Rhino、FormZ	可将其成果可输入到 BIM 核心建模软件中
BIM 绿色分析软件	Echotect、IES、Green Building Studio、PKPM	利用 BIM 模型的信息对建设项目进行日照、风环境、热工、噪声等方面分析
BIM 机电分析软件	Designmaster、IES Virtual Environment、Trane Trace	—

BIM 工具软件分类	常见 BIM 工具软件	功能
BIM 结构分析软件	ETABS、STAAD、Robot、PKPM	结构分析软件和 BIM 核心建模软件两者之间可实现信息互换
RIM 可视化软件	3D Max、Artlantis、AccuRender、Lightscape	减少建模工作量，提高设计与实物的吻合度和可视化效果
二维绘图软件	AutoCAD、MicroStation	配合现阶段 BIM 软件直接输出的施工图不能满足建筑施工要求
BIM 发布审核软件	Autodesk Design Review、Adobe PDF、Adobe 3D PDF	BIM 成果发布成静态的、轻型的、不可编辑修改，供参与方进行审核或利用
BIM 模型检查软件	Solibri Model Checker	检查模型自身的质量和完整性，检查设计是否满足建设单位和规范要求
BIM 深化设计软件	Xsteel、Autodesk Navisworks、Bentley Projectwise Navigator、Solibri Model Checker	检查冲突与碰撞、模拟分析施工过程、评估施工是否可行、优化施工进度计划、三维漫游等
BIM 造价管理软件	Innovaya、Solibri、鲁班软件	利用 BIM 模型提供的信息进行工程量计算和工程造价分析
协同平台软件	Bentley Projectwise、FTP Sites	将项目全生命周期中的所有信息进行整合、协同管理，提升项目团队的工作效率及生产力
BIM 运营管理软件	ArchiBUS	提高工作场所空间利用率，建立空间使用标准和基准，建立和谐的使用单位内部关系，减少不必要的内部纷争

4.3.5 招投标阶段 BIM 工具软件应用

1. 算量软件

各专业工程的算量软件是招投标阶段使用的 BIM 工具软件之一，基于 BIM 技术的算量软件是中国规模化应用 BIM 应用软件较早的软件，也是相对成熟的 BIM 应用软件。

算量工作是进行工程造价编制最重要的基础工作，准确地统计工程量对工程建设的建设单位和承包单位均具有重大意义。在算量软件开发之前，工程造价人员按照地区工程量计算规则进行手工计算，依据设计图纸进行工程量统计计算，工作量较大。工程造价人员通常按照分区域、分楼层、分标段、分构件类型、分轴线号等顺序进行统计计算，但工程量统计汇总效率较低，容易因人为因素统计不慎发生错误。在算量软件开发之后，基于 BIM 技术的算量软件能够按照地区工程量清单计算规则、定额计算规则，利用三维信息模型技术进行工程量自动统计汇总及扣减计算，并自动生成工程量统计表，大大提高了工程造价人员的工作效率。

按照技术实现方式不同，基于 BIM 技术的算量软件分为基于独立图形平台的算量软件和基于 BIM 基础软件进行二次开发的算量软件两类。这两类软件的操作方法有明显的区别，但具有共同的特征：

1）基于三维信息模型进行工程量计算。在算量软件应用的前期，曾经出现基于平面及高度的 2.5 维工程量计算方式，目前已经逐步被三维信息模型技术所替代。然而，为了快速建立三维信息模型,并与工程造价人员原有习惯保持一致,多数算量软件仍以平面图为主要视图,进行三维信息模型的构建。使用三维信息模型的图形算法,同样可处理复杂的三维建筑构件单元的计算。

2)严格按工程量计算规则自动计算。其他的 BIM 应用软件,包括基于 BIM 技术的设计软件,都具备简单的汇总、统计功能,基于 BIM 技术的工程量计算软件与其他 BIM 工具软件的不同之处在于能否自动执行工程量计算规则。工程量计算规则即地区工程量清单、专业工程计价定额规范中规定的相应的工程量计算规则,如小于一定尺寸的墙洞口将不扣减墙体工程量,以及墙、梁、柱等各种不同构件之间的重叠部分的墙体工程量的扣减及归类,各地区可能采取不同的工程量计算规则。计算规则的执行是工程量计算工作中较为烦琐和复杂的工作,当前,专业工程工程量计算软件都能自动处理工程量计算规则,都内置了相应专业工程工程量计算规则库。通常,工程量计算软件还具有工程量计算结果的计算表达式反查、与模型对应确认等专业功能,让工程造价人员复核工程量计算规则的处理情况,这是 BIM 基础建模软件不具备的功能。

3)执行三维模型数据交换标准。工程量计算软件以前只作为一个独立的应用软件,包含建立三维信息模型、进行工程量计算统计、输出相应的工程量统计报表等应用。随着 BIM 技术的广泛应用,工程量计算软件可导入上游的 BIM 设计软件,建立三维信息模型,再将三维信息模型及工程量信息导入施工阶段的 BIM 应用软件,进行信息共享,减少重复工作,从而完成三维模型数据交换功能。

以某软件为例,工程量计算软件主要功能如下:

(1)设置工程基本信息及工程量计算规则。工程量计算规则设置分梁、墙、板、柱等建筑构件进行设置。工程量计算软件都内置了各地区的工程量清单及专业工程计价定额工程量计算规则库,工程造价人员可以直接选择地区进行工程量计算规则设置。

(2)建立三维信息模型。建立三维模型包括手工输入设计图纸相关信息建模、CAD 设计图纸信息识别建模、BIM 设计模型导入数据交换建模等多种建模方式。

(3)进行工程量计算统计及输出报表。工程量计算软件已经实现了自动工程量计算统计,并设置了报表模板,工程造价人员根据需要选择报表输出。

目前,国内 BIM 工程量计算软件主要包括广联达、鲁班、神机妙算、清华斯维尔等软件,如表 4-5 所示。

表 4-5　国内常用 BIM 工程量计算软件表

序号	名称	说明	软件产品
1	土建工程量计算软件	计算统计建设工程项目的基础、柱、梁、板混凝土、模板、砌体、门窗的建筑及结构部分的工程量	广联达土建算量 GCL、鲁班土建算量 Luban AR、斯维尔三维算量 THS-3DA、神机妙算算量、筑业四维算量等
2	钢筋工程量计算软件	钢筋工程量计算较特殊,其工程量一般单独统计。国内的钢筋工程量计算软件都能按平法表达建立钢筋三维信息模型	广联达钢筋算量 GGJ、鲁班钢筋算量 Luban ST、斯维尔三维算量 THS-3DA、筑业四维算量、神机妙算算量钢筋模块等
3	安装工程量计算软件	计算统计建设工程项目的机电安装工程量	广联达安装算量 GQI、鲁班安装算量 Luban MEP、斯维尔安装算量 THS-3DM、神机妙算算量安装版等

序号	名称	说明	软件产品
4	精装工程量计算软件	计算统计建设工程项目室内装修,包括墙面、地面、天花等装饰工程的工程量	广联达精装算量GDQ、筑业四维算量等
5	钢结构工程量计算软件	计算统计钢结构工程部分的工程量	鲁班钢结构算量YC、广联达钢结构算量、京蓝钢结构算量等

2. 计价软件

通常,国内工程造价类软件主要分为计价软件和工程量计算软件两类,其中计价软件主要有广联达、鲁班、斯维尔、神机妙算和品茗等软件,由于计价软件需要遵循各地区专业工程计价定额及计价规范,很少有国外计价软件进入国内参与竞争。国内工程量计算软件大多基于自主开发平台,如广联达算量、斯维尔算量,少量基于 AutoCAD 平台,如鲁班算量、神机妙算算量。这些工程量计算软件均基于三维信息模型技术,可自动处理工程量计算规则,与三维设计软件数据接口方面均处于起步阶段,离其完全实现三维模型数据交换还需要很长一段时间。

4.3.6　招投标阶段 BIM 应用

1. 使用 BIM 技术参与工程招投标活动前工程招投标过程普遍存在的问题

1) 建设工程项目招投标普遍时间紧、任务重,造成招标文件中工程量清单的编制质量很难得到保障。另外,施工工程款的中间支付很难控制,施工结算常以合同中固定单价、工程量按实结算为准,直接导致了施工过程中设计变更和工程签证较多,工程结算价款普遍超合同金额。想要有效地控制施工过程中设计变更多、工程签证多、施工索赔多、工程结算价款超施工图预算等问题,关键是从源头上控制,减少设计变更,提高招标工程量清单的准确性和完整性,通过招标合理签订工程合同价款。

2) 由于工程招投标书编制时间较短,要求投标单位高效、准确地复核招标清单工程量,综合运用投标报价技巧,依靠手工计算二维 CAD 图纸工程量,很难在规定时间内保证这些工作的完成质量。当前,建筑造型越来越复杂,人工计算二维 CAD 图纸工程量的难度变大,高效、准确地编制招标工程量清单已成为招投标阶段工作的重点和难点。充分利用计算机信息技术代替人工计算工作已迫在眉睫,该方法既提高了工作效率,又保证了计算结果的准确性。

2. BIM 在招投标过程中的应用

随着 BIM 技术在招投标过程中的推广与应用,招投标工作的精细化程度和管理水平有了明显提高。在建设工程招投标过程中,招标单位根据 BIM 模型可以准确地编制招标工程量清单,保证了工程量清单项目完整、清单工程量准确,有效地避免了清单项目漏项和清单工程量错算等情况,减少了施工过程中因工程量问题而引起的不必要纠纷。投标单位根据 BIM 模型就准确的清单工程量信息共享,并与招标文件工程量清单进行比较,制定出相应的投标策略。

1) BIM 在招标工程量清单及招标控制价编制中的应用

在建设工程招标工作中,全面准确地编制招标工程量清单和招标控制价是招标工作的核心任务。招标清单工程量计算是招标工作中耗费时间和精力较多的一项工作,BIM 模型是一个包含丰富工程信息的数据库,可以准确地提供工程量计算所需要的物理和空间信息。通过这些数据信息,计算机可以快速进行各建筑构件工程量的计算统计,从而减少了根据设计图纸手工计算清单工程量的烦琐工作，以及人为因素带来的潜在错误，在工作效率和计算结果的准确性上有了质的提高。

2）BIM 在投标书编制过程中的应用

基于 BIM 模型对施工方案进行仿真模拟，论证施工组织设计方案的可行性，尤其对施工中的重要环节进行可视化模拟分析，按时间进度对施工安装方案进行仿真模拟和优化。对一些重要的施工环节、采用新施工工艺的关键部位、施工现场平面布置等施工组织措施进行仿真模拟和分析，以提高施工方案和进度计划的可行性。在投标过程中，通过对招标项目施工方案的仿真模拟，让招标单位对整个招标项目的施工过程有一个形象、直观的感性认识，从而提高招标单位对投标单位技术力量和经济实力的认可度。

在 BIM 模型中赋予施工进度计划数据信息，形成基于 BIM 的 4D 进度计划模型。将三维空间信息与时间信息整合在一个可视的模型中，可以直观准确地反映整个建设项目的施工过程和虚拟形象进度。在建设项目的投标过程中，通过展示 4D BIM 模型，投标单位将获得一定的竞争优势，4D BIM 模型可以让招标单位直观地了解投标单位对投标项目主要的施工方法是否得当、施工安排是否均衡、总体进度计划是否合理等，从而对投标单位的施工经验和综合实力做出正确评估。

利用 BIM 模型可快速地进行施工进度仿真模拟和资源优化，按进度计划分阶段进行工程造价核算和编制资金使用计划。通过施工进度计划与 BIM 模型的关联，以及工程造价计价数据与施工进度计划关联，可实现不同维度（空间、时间、流水段）的工程造价管理与成本分析。借助对 BIM 模型的流水段划分，可以自动关联并快速计算出不同流水段的资源需用量计划，这些数据有助于投标单位编制合理的施工方案，合理的施工方案更容易让招标单位接受认可。

综上所述，利用 BIM 模型提高了建设项目招投标工作的效率，保证了招投标工作的质量，确保了招标工程量清单项目的全面和精确，促进了投标报价的科学性和合理性，加强了招投标管理的精细化水平，减少了整个招投标过程的风险，保障了招投标市场规范化、标准化和市场化的运行。

5 建筑面积计算

【学习目标】
1. 掌握建筑面积的概念、作用、术语。
2. 掌握建筑面积的计算规则,能准确计算不同建筑不同部位的建筑面积。

【学习要求】
1. 掌握建筑面积的概念、作用、术语等基础知识点。
2. 掌握建筑面积的计算规则,结合案例能准确计算建筑工程不同部位的建筑面积。

5.1 概述

建筑面积是指根据国家有关规范计算的建筑物各层水平面积之和,即房屋建筑外墙勒脚以上外围水平面测定的各层平面面积之和,是以平方米反映房屋建筑建设规模大小的经济指标和实物量指标。每层建筑面积按房屋建筑外墙勒脚以上外围水平截面进行计算,包括使用面积、辅助面积和结构面积三项。

20 世纪 70 年代,国家行政管理部门制定了全国统一的《建筑面积计算规则》,执行期间根据反馈情况进行了多次修改。1982 年,国家经委印发了修订后的《建筑面积计算规则》;1995 年国家建设部颁布了《全国统一建筑工程基础定额》(土建工程 GJD 101-95),含建筑面积计算规则的内容;2005 年,国家建设部以国家标准的形式正式颁布了《建筑工程建筑面积计算规范》(GB/T 50353—2005);2013 年,国家住房和城乡建设部和国家质量监督检验检疫总局以国家标准的形式联合发布了《建筑工程建筑面积计算规范》(GB/T 50353—2013),自2014 年 7 月 1 日起实施,原《建筑工程建筑面积计算规范》(GB/T 50353—2005)同时废止。

《建筑工程建筑面积计算规范》(GB/T 50353—2013,以下简称规范)主要技术内容由总则、术语、计算建筑面积的规定三部分组成,最后附本规范用词说明和条文说明。

该规范修订的主要技术内容是:(1) 增加了建筑物架空层的建筑面积计算规定,取消了深基础架空层;(2) 取消了有永久性顶盖的建筑面积计算规定,增加了无围护结构有围护设施的建筑面积计算规定;(3) 修订了落地橱窗、门斗、挑廊、檐廊的建筑面积计算规定;(4) 增加了凸(飘)窗的建筑面积计算要求;(5) 修订了围护结构不垂直于水平面而超出底板外沿的建筑物的建筑面积计算规定;(6) 删除了原室外楼梯强调的有永久性顶盖的建筑面积计算要求;(7) 修订了阳台的建筑面积计算规定;(8) 修订了有外保温层的建筑面积计算规定;(9) 修订了设备层、管道层的建筑面积计算规定;(10) 增加了门廊的建筑面积计算规定;(11) 增加了有顶盖的采光井的建筑面积计算规定。

5.2　总则及术语

5.2.1　总则

1. 为规范工业与民用建筑工程建设全过程的建筑面积计算,统一计算方法,制定本规范。

2. 本规范适用于新建、扩建、改建的工业与民用建筑工程建设全过程的建筑面积计算。

3. 建筑工程的建筑面积计算,除应符合本规范外,尚应符合国家现行有关标准的规定。

5.2.2　术语

1. 建筑面积:建筑物(包括墙体)所形成的楼地面面积,建筑面积包括附属于建筑物的室外阳台、雨篷、檐廊、室外走廊、室外楼梯等的面积。

2. 自然层:按楼地面结构分层的楼层。

3. 结构层高:楼面或地面结构层上表面至上部结构层上表面之间的垂直距离。

4. 围护结构:围合建筑空间的墙体、门、窗。

5. 建筑空间:以建筑界面限定的、供人们生活和活动的场所,具备可出入、可利用条件(设计中可能标明了使用用途,也可能没有标明使用用途或使用用途不明确)的围合空间,均属于建筑空间。

6. 结构净高:楼面或地面结构层上表面至上部结构层下表面之间的垂直距离。

7. 围护设施:为保障安全而设置的栏杆、栏板等围挡。

8. 地下室:室内地平面低于室外地平面的高度超过室内净高的 1/2 的房间。

9. 半地下室:室内地平面低于室外地平面的高度超过室内净高的 1/3,且不超过 1/2 的房间。

10. 架空层:仅有结构支撑而无外围护结构的开敞空间层。

11. 走廊:建筑物中的水平交通空间。

12. 架空走廊:专门设置在建筑物的二层或二层以上,作为不同建筑物之间水平交通的空间。

13. 结构层:整体结构体系中承重的楼层板,包括板、梁等构件。结构层承受整个楼层的全部荷载,并对楼层的隔声、防火等起主要作用。

14. 落地橱窗:突出外墙面且根基落地的橱窗,也就是指商业建筑临街面设置的下槛落地,可落在室外地坪,也可落在室内首层地板,用来展览各种样品的玻璃窗。

15. 凸窗(飘窗):凸出建筑物外墙面的窗户,凸窗(飘育)既作为窗,就有别于楼(地)板的延伸,不能把楼(地)板延伸出去的窗称为凸窗(飘窗)。凸窗(飘窗)的窗台应只是墙面的一部分且距(楼)地面应有一定高度。

16. 檐廊:建筑物挑檐下的水平交通空间,也就是附属于建筑物底层外墙,有屋檐作为顶盖,其下部一般有柱或栏杆、栏板等的水平交通空间。

17. 挑廊:挑出建筑物外墙的水平交通空间。

18. 门斗:建筑物入口处两道门之间的空间。

19. 雨篷:建筑出入口上方为遮挡雨水而设置的部件,也就是指建筑物出入口上方、凸出墙面、为遮挡雨水而单独设立的建筑部件。雨篷划分为有柱雨篷(包括独立柱雨篷、多柱雨篷、柱墙混合支撑雨篷、墙支撑雨篷)和无柱雨篷(悬挑雨篷)。如凸出建筑物,且不单独设立顶盖,利用上层结构板(如楼板、阳台底板)进行遮挡,则不视为雨篷,不计算建筑面积。对于无柱雨篷,如顶盖高度达到或超过两个楼层时,也不视为雨篷,不计算建筑面积。

20. 门廊:建筑物入口前有顶棚的半围合空间,也就是在建筑物出入口,无门,三面或二面有墙,上部有板(或借用上部楼板)围护的部位。

21. 楼梯:由连续行走的梯级、休息平台和维护安全的栏杆(或栏板)、扶手以及相应的支托结构组成的作为楼层之间垂直交通使用的建筑部件。

22. 阳台:附设于建筑物外墙,设有栏杆或栏板,可供人活动的室外空间。

23. 主体结构:接受、承担和传递建设工程所有上部荷载,维持上部结构整体性、稳定性和安全性的有机联系的构造。

24. 变形缝:防止建筑物在某些因素作用下引起开裂甚至破坏而预留的构造缝,也就是指在建筑物因温差、不均匀沉降以及地震而可能引起结构破坏变形的敏感部位或其他必要的部位,预先设缝将建筑物断开,令断开后建筑物的各部分成为独立的单元,或者是划分为简单、规则的段,并令各段之间的缝达到一定的宽度,以能够适应变形的需要。根据外界破坏因素的不同,变形缝一般分为伸缩缝、沉降缝、抗震缝三种。

25. 骑楼:建筑底层沿街面后退且留出公共人行空间的建筑物,也就是指沿街二层以上用承重柱支撑骑跨在公共人行空间之上,其底层沿街面后退的建筑物。

26. 过街楼:跨越道路上空并与两边建筑相连接的建筑物,也就是指当有道路在建筑群穿过时为保证建筑物之间的功能联系,设置跨越道路上空使两边建筑相连接的建筑物。

27. 建筑物通道:为穿过建筑物而设置的空间。

28. 露台:设置在屋面、首层地面或雨篷上的供人室外活动的有围护设施的平台。露台应满足四个条件:一是位置,设置在屋面、地面或雨篷顶,二是可出入,三是有围护设施,四是无盖。这四个条件须同时满足。如果设置在首层并有围护设施的平台,且其上层为同体量阳台,则该平台应视为阳台,按阳台的规则计算建筑面积。

29. 勒脚:在房屋外墙接近地面部位设置的饰面保护构造。

30. 台阶:联系室内外地坪或同楼层不同标高而设置的阶梯形踏步,也就是指建筑物出入口不同标高地面或同楼层不同标高处设置的供人行走的阶梯式连接构件。室外台阶还包括与建筑物出入口连接处的平台。

5.3 建筑面积计算规范

5.3.1 计算建筑面积的规定

1. 建筑物的建筑面积应按自然层外墙结构外围水平面积之和计算。结构层高在 2.20 m 及以上的,应计算全面积;结构层高在 2.20 m 以下的,应计算 1/2 计算建筑面积。

2. 建筑物内设有局部楼层时,对于局部楼层的二层及以上楼层,有围护结构的应按其围护结构外围水平面积计算,无围护结构的应按其结构底板水平面积计算。结构层高在 2.20 m 及以上的,应计算全面积;结构层高在 2.20 m 以下的,应计算 1/2 面积。

3. 对于形成建筑空间的坡屋顶,结构净高在 2.10 m 及以上的部位应计算全面积;结构净高在 1.20 m 及以上至 2.10 m 以下的部位应计算 1/2 面积;结构净高在 1.20 m 以下的部位不应计算建筑面积。

4. 对于场馆看台下的建筑空间,结构净高在 2.10 m 及以上的部位应计算全面积;结构净高在 1.20 m 及以上至 2.10 m 以下的部位应计算 1/2 面积;结构净高在 1.20 m 以下的部位不应计算建筑面积。室内单独设置的有围护设施的悬挑看台,应按看台结构底板水平投影面积计算建筑面积。有顶盖无围护结构的场馆看台应按其顶盖水平投影面积的 1/2 计算面积。

5. 地下室、半地下室应按其结构外围水平面积计算。结构层高在 2.20 m 及以上的应计算全面积;结构层高在 2.20 m 以下的,应计算 1/2 面积。

6. 出入口外墙外侧坡道有顶盖的部位,应按其外墙结构外围水平面积的 1/2 计算面积。

7. 建筑物架空层及坡地建筑物吊脚架空层,应按其顶板水平投影计算建筑面积。结构层高在 2.20 m 及以上的,应计算全面积;结构层高在 2.20 m 以下的,应计算 1/2 面积。

8. 建筑物的门厅、大厅应按一层计算建筑面积,门厅、大厅内设置的走廊应按走廊结构底板水平投影面积计算建筑面积。结构层高在 2.20 m 及以上的,应计算全面积;结构层高在 2.20 m 以下的,应计算 1/2 面积。

9. 对于建筑物间的架空走廊,有顶盖和围护设施的,应按其围护结构外围水平面积计算全面积;无围护结构、有围护设施的,应按其结构底板水平投影面积计算 1/2 面积。

10. 对于立体书库、立体仓库、立体车库,有围护结构的,应按其围护结构外围水平面积计算建筑面积;无围护结构、有围护设施的,应按其结构底板水平投影面积计算建筑面积。无结构层的应按一层计算,有结构层的应按其结构层面积分别计算。结构层高在 2.20 m 及以上的,应计算全面积;结构层高在 2.20 m 以下的,应计算 1/2 面积。

11. 有围护结构的舞台灯光控制室,应按其围护结构外围水平面积计算。结构层高在 2.20 m 及以上的,应计算全面积;结构层高在 2.20 m 以下的,应计算 1/2 面积。

12. 附属在建筑物外墙的落地橱窗,应按其围护结构外围水平面积计算。结构层高在 2.20 m 及以上的,应计算全面积;结构层高在 2.20 m 以下的,应计算 1/2 面积。

13. 窗台与室内楼地面高差在 0.45 m 以下且结构净高在 2.10 m 及以上的凸(飘)窗,应按其围护结构外围水平面积计算 1/2 面积。

14. 有围护设施的室外走廊(挑廊),应按其结构底板水平投影面积计算 1/2 面积;有围护设施(或柱)的檐廊,应按其围护设施(或柱)外围水平面积计算 1/2 面积。

15. 门斗应按其围护结构外围水平面积计算建筑面积,且结构层高在 2.20 m 及以上的,应计算全面积;结构层高在 2.20 m 以下的,应计算 1/2 面积。

16. 门廊应按其顶板水平投影面积的 1/2 计算建筑面积;有柱雨篷应按其结构板水平投影面积的 1/2 计算建筑面积;无柱雨篷的结构外边线至外墙结构外边线的宽度在 2.10 m 及以上的,应按雨篷结构板的水平投影面积的 1/2 计算建筑面积。

17. 设在建筑物顶部的、有围护结构的楼梯间、水箱间、电梯机房等,结构层高在 2.20 m 及以上的应计算全面积;结构层高在 2.20 m 以下的,应计算 1/2 面积。

18. 围护结构不垂直于水平面的楼层,应按其底板面的外墙外围水平面积计算。结构净高在 2.10 m 及以上的部位,应计算全面积;结构净高在 1.20 m 及以上至 2.10 m 以下的部位,应计算 1/2 面积;结构净高在 1.20 m 以下的部位,不应计算建筑面积。

19. 建筑物的室内楼梯、电梯井、提物井、管道井、通风排气竖井、烟道,应并入建筑物的自然层计算建筑面积。有顶盖的采光井应按一层计算面积,且结构净高在 2.10 m 及以上的,应计算全面积;结构净高在 2.10 m 以下的,应计算 1/2 面积。

20. 室外楼梯应并入所依附建筑物自然层,并应按其水平投影面积的 1/2 计算建筑面积。

21. 在主体结构内的阳台,应按其结构外围水平面积计算全面积;在主体结构外的阳台,应按其结构底板水平投影面积计算 1/2 面积。

22. 有顶盖无围护结构的车棚、货棚、站台、加油站、收费站等,应按其顶盖水平投影面积的 1/2 计算建筑面积。

23. 以幕墙作为围护结构的建筑物,应按幕墙外边线计算建筑面积。

24. 建筑物的外墙外保温层,应按其保温材料的水平截面积计算,并计入自然层建筑面积。

25. 与室内相通的变形缝,应按其自然层合并在建筑物建筑面积内计算。对于高低联跨的建筑物,当高低跨内部连通时,其变形缝应计算在低跨面积内。

26. 对于建筑物内的设备层、管道层、避难层等有结构层的楼层,结构层高在 2.20 m 及以上的,应计算全面积;结构层高在 2.20 m 以下的,应计算 1/2 面积。

5.3.2　不计算建筑面积的规定

1. 与建筑物内不相连通的建筑部件。指依附于建筑物外墙外不与户室开门连通的,起装饰作用的敞开式挑台(廊)、平台,以及不与阳台相通的空调室外机搁板(箱)等设备平台部件。

2. 骑楼、过街楼底层的开放公共空间和建筑物通道,骑楼见图 5-1,过街楼见图 5-2。

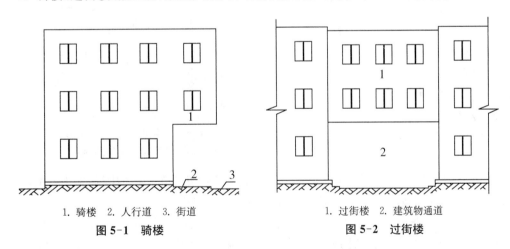

1. 骑楼　2. 人行道　3. 街道　　　　　　　　　　1. 过街楼　2. 建筑物通道
图 5-1　骑楼　　　　　　　　　　　　　　　　　图 5-2　过街楼

3. 舞台及后台悬挂幕布和布景的天桥、挑台等。指影剧院的舞台及为舞台服务的可供上人维修、悬挂幕布、布置灯光及布景等搭设的天桥和挑台等构件设施。

4. 露台、露天游泳池、花架、屋顶的水箱及装饰性结构构件。

5. 建筑物内的操作平台、上料平台、安装箱和罐体的平台。建筑物内不构成结构层的操作平台、上料平台(工业厂房、搅拌站和料仓等建筑中的设备操作控制平台、上料平台等),其主要作用为室内构筑物或设备服务的独立上人设施,因此不计算建筑面积。

6. 勒脚、附墙柱、垛、台阶、墙面抹灰、装饰面、镶贴块料面层、装饰性幕墙,主体结构外的空调室外机搁板(箱)、构件、配件,挑出宽度在 2.10 m 以下的无柱雨棚和顶盖高度达到或超过两个楼层的无柱雨篷。附墙柱是指非结构性装饰柱。

7. 窗台与室内地面高差在 0.45 m 以下且结构净高在 2.10 m 以下的凸(飘)窗,窗台与室内地面高差在 0.45 m 及以上的凸(飘)窗。

8. 室外爬梯、室外专用消防钢楼梯。室外钢楼梯需要区分具体用途,如专用于消防的楼梯,则不计算建筑面积,如果是建筑物唯一通道,兼用于消防,则需要按计算建筑面积规定第 20 条计算建筑面积。

9. 无围护结构的观光电梯。

10. 建筑物以外的地下人防通道,独立的烟囱、烟道、地沟、油(水)罐、气柜、水塔、贮油(水)池、贮仓、栈桥等构筑物。

5.3.3　建筑面积条文说明

1. 建筑面积计算,在主体结构内形成的建筑空间,满足计算面积结构层高要求的均应按本条规定计算建筑面积。主体结构外的室外阳台、雨篷、檐廊、室外走廊、室外楼梯等按相应条款计算建筑面积。当外墙结构本身在一个层高范围内不等厚时,以楼地面结构标高处的外围水平面积计算。

2. 建筑物内的局部楼层见图 5-3。

第 3 条:场馆看台下的建筑空间因其上部结构多为斜板,所以采用净高的尺寸划定建筑面积的计算范围和对应规则。室内单独设置的有围护设施的悬挑看台,因其看台上部设有顶盖且可供人使用,所以按看台板的结构底板水平投影计算建筑面积。"有顶盖无围护结构的场馆看台"所称的"场馆"为专业术语,指各种"场"类建筑,如:体育场、足球场、网球场、带看台的风雨操场等。

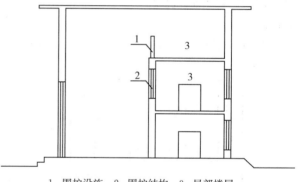

1. 围护设施　2. 围护结构　3. 局部楼层

图 5-3　建筑物内的局部楼层

第 4 条:地下室作为设备、管道层按本章 5.3.1 第 26 条执行;地下室的各种竖向井道按本章 5.3.1 第 19 条执行;地下室的围护结构不垂直于水平面的按本章 5.3.1 第 18 条规定执行。

第 5 条:出入口坡道分有顶盖出入口坡道和无顶盖出入口坡道,出入口坡道顶盖的挑出长度,为顶盖结构外边线至外墙结构外边线的长度;顶盖以设计图纸为准,对后增加及建设单位自行增加的顶盖等,不计算建筑面积。顶盖不分材料种类(如钢筋混凝土顶盖、彩钢板顶盖、阳光板顶盖等)。地下室出入口见图 5-4。

第 6 条:本条既适用于建筑物吊脚架空层、深基础架空层建筑面积的计算,也适用于目前部分住宅、学校教学楼等工程在底层架空或在二楼或以上某个甚至多个楼层架空,作为公共活动、停车、绿化等空间的建筑面积的计算。架空层中有围护结构的建筑空间按相关规定计算。建筑物吊脚架空层见图 5-5。

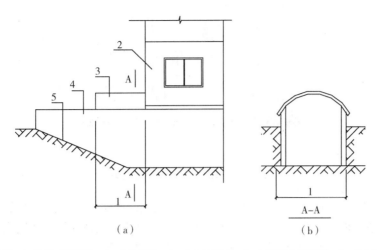

（a）　　　　　　　（b）

1. 计算1/2投影面积部位　2. 主体建筑　3. 出入口顶盖　4. 封闭出入口侧墙　5. 出入口坡道

图 5-4　地下室出入口

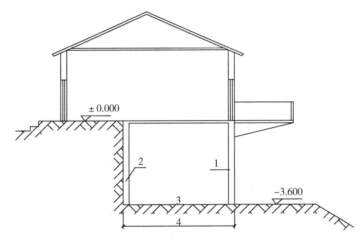

1. 柱　2. 墙　3. 吊脚架空层　4. 计算建筑面积部位

图 5-5　建筑物吊脚架空层

第 7 条：无围护结构的架空走廊见图 5-6。有围护结构的架空走廊见图 5-7。

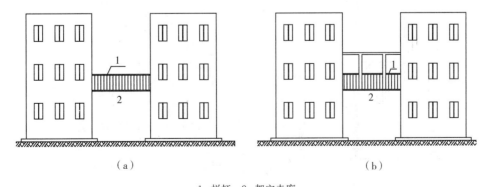

（a）　　　　　　　　　　　　　　（b）

1. 栏杆　2. 架空走廊

图 5-6　无围护结构的架空走廊

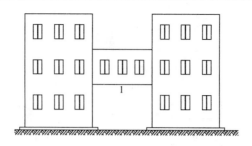

1. 架空走廊

图 5-7　有围护结构的架空走廊

第 8 条:本条主要规定了图书馆中的立体书库、仓储中心的立体仓库、大型停车场的立体车库等建筑的建筑面积计算规定。起局部分隔、存储等作用的书架层、货架层或可升降的立体钢结构停车层均不属于结构层,故该部分分层不计算建筑面积。

第 9 条:檐廊见图 5-8。

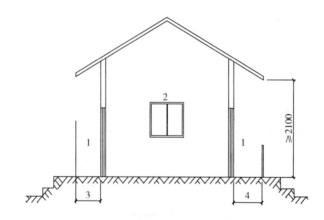

1. 檐廊　2. 室内　3. 不计算建筑面积部位　4. 计算 1/2 建筑面积部位

图 5-8　檐廊

第 10 条:门斗见图 5-9。

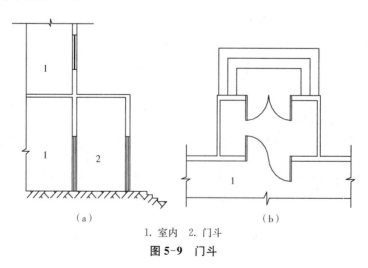

(a)　　　　　　　　　　　(b)

1. 室内　2. 门斗

图 5-9　门斗

第 11 条：雨篷分为有柱雨篷和无柱雨篷。有柱雨篷，没有出挑宽度的限制，也不受跨越层数的限制，均计算建筑面积。无柱雨篷，其结构板不能跨层，并受出挑宽度的限制，设计出挑宽度大于或等于 2.10 m 时才计算建筑面积。出挑宽度，系指雨篷结构外边线至外墙结构外边线的宽度，弧形或异形时，取最大宽度。

第 12 条：本规范的 2005 版条文中仅对围护结构向外倾斜的情况进行了规定，本次修订后条文对于向内、向外倾斜均适用。在划分高度上，本条使用的是"结构净高"，与其他正常平楼层按层高划分不同，但与斜屋面的划分原则一致。由于目前很多建筑设计追求新、奇、特，造型越来越复杂，很多时候根本无法明确区分什么是围护结构、什么是屋顶，因此对于斜围护结构与斜屋顶采用相同的计算规则，即只要外壳倾斜，就按结构净高划段，分别计算建筑面积。斜围护结构见图 5-10。

第 13 条：建筑物的楼梯间层数按建筑物的层数计算。有顶盖的采光井包括建筑物中的采光井和地下室采光井。地下室采光井见图 5-11。

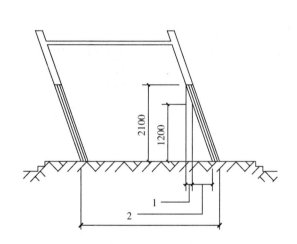

1. 计算 1/2 建筑面积部位　2. 不计算建筑面积部位

图 5-10　斜围护结构

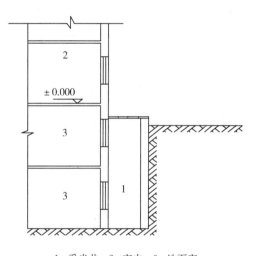

1. 采光井　2. 室内　3. 地下室

图 5-11　地下室采光井

第 14 条：室外楼梯作为连接该建筑物层与层之间交通不可缺少的基本部件，无论从其功能，还是工程计价的要求来说，均需计算建筑面积。层数为室外楼梯所依附的楼层数，即梯段部分投影到建筑物范围的层数。利用室外楼梯下部的建筑空间不得重复计算建筑面积；利用地势砌筑的为室外踏步，不计算建筑面积。

第 15 条：建筑物的阳台，不论其形式如何，均以建筑物主体结构为界分别计算建筑面积。

第 16 条：幕墙以其在建筑物中所起的作用和功能来区分，直接作为外墙起围护作用的幕墙，按其外边线计算建筑面积；设置在建筑物墙体外起装饰作用的幕墙，不计算建筑面积。

第 17 条：为贯彻国家节能要求，鼓励建筑外墙采取保温措施，本规范将保温材料的厚度计入建筑面积，但计算方法较 2005 年规范有一定变化。建筑物外墙外侧有保温隔热层的，保温隔热层以保温材料的净厚度乘以外墙结构外边线长度按建筑物的自然层计算建筑面积，其外墙外边线长度不扣除门窗和建筑物外已计算建筑面积构件（如阳台、室外走廊、门斗、落地橱窗等部件）所占长度。当建筑物外已计算建筑面积的构件（如阳台、室外走廊、门斗、落地橱窗等部件）有保温隔热层时，其保温隔热层也不再计算建筑面积。外墙是斜面者按楼面楼板处的外墙外边线长度乘以保温材料的净厚度计算。外墙外保温以沿高度方向满铺为准,某层外墙外保温铺设高度未达到全部高度时(不包括阳台、室外走廊、门斗、落地橱窗、雨篷、飘窗等),不计算建筑面积。保温隔热层的建筑面积是以保温隔热材料的厚度来计算的,不包含抹灰层、防潮层、保护层(墙)的厚度。建筑外墙外保温见图5-12。

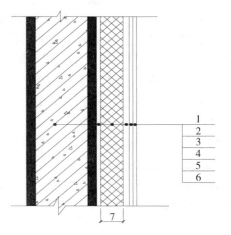

第18条:本规范所指的与室内相通的变形缝,是指暴露在建筑物内,在建筑物内可以看得见的变形缝。

第19条:设备层、管道层虽然其具体功能与普通层不同,但在结构上及施工消耗上并无本质区别,且本规范定义自然层为“按楼地面结构分层的楼层”,因此设备、管道楼层归为自然层,其计算规

1. 墙体 2. 黏结胶浆 3. 保温材料 4. 标准网
5. 加强网 6. 抹面胶浆 7. 计算建筑面积部位

图5-12 建筑外墙外保温

则与普通楼层相同。在吊顶空间内设置管道的,则吊顶空间部分不能被视为设备层、管道层。

5.3.4 建筑面积计算实例

【实例1】 某局部楼层的坡屋顶建筑物,如图5-13所示,其中楼梯下方空间不具备使用功能,请计算建筑物的建筑面积。

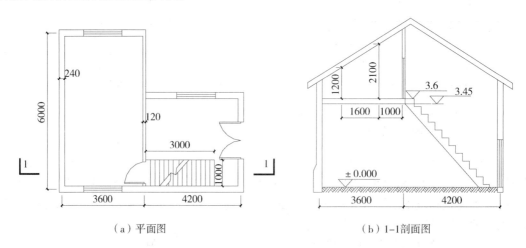

（a）平面图   （b）1-1剖面图

图5-13 局部楼层的坡屋顶建筑物

【解】 (1)因为一层最低标高为3.45 m,所以计全面积。

$S_1 = (3.6+0.12)\times(6+0.24)+(4.2+0.12)\times(3.6+0.24) = 39.802(\text{m}^2)$

(2)二楼屋顶为坡屋顶,高度小于1.2 m的地方不计面积,高度在1.2 m和2.1 m之间的计1/2面积,高度大于2.1 m的计全面积。

$S_2 = 1.6\times(6+0.24)+1\times(6+0.24)+(4.2-1-1.6)\times(3.6-1-0.12)+1.6\times$
$(3.6-1-0.12)\times0.5 = 22.176(\text{m}^2)$

(3)建筑物总面积:$S_总 = S_1 + S_2 = 61.978(\text{m}^2)$

【实例2】 请计算图 5-14 所示地下室的建筑面积。

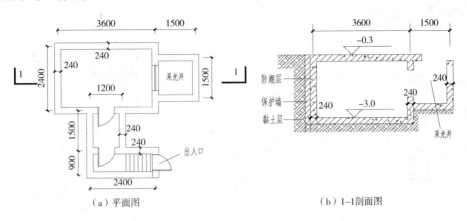

（a）平面图   （b）1-1剖面图

图 5-14　地下室建筑物

【解】 地下室层高为 2.7 m，大于 2.2 m，应计全面积。出入口外墙外侧坡道有顶盖部位，应按其外墙结构外围水平面积的 1/2 计算。地下室采光井不计算面积。

$$S=(3.6+0.24)\times(2.4+0.24)+[(1.5-0.24)\times(1.5+0.24)+(2.7+0.24)\times(0.9+0.24)]\times0.5=12.910(m^2)$$

【实例3】 请计算图 5-15 所示三层建筑物的建筑面积。其中，一层设有门厅并带回廊，建筑物外墙轴线尺寸为 20 700 mm×10 200 mm，墙厚均为 240 mm。

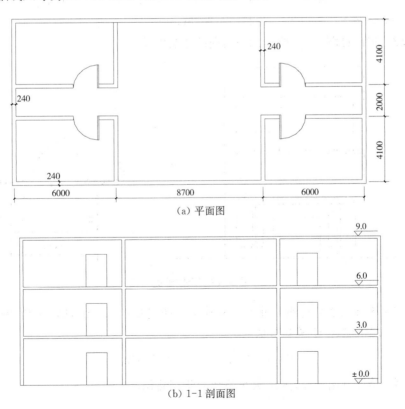

（a）平面图

（b）1-1 剖面图

图 5-15　回廊示意图

【解】　$S=(6+6+8.7+0.24)\times(4.1+2+4.1+0.24)\times3=655.841(\text{m}^2)$

【实例4】　请计算图 5-16 所示立体仓库。

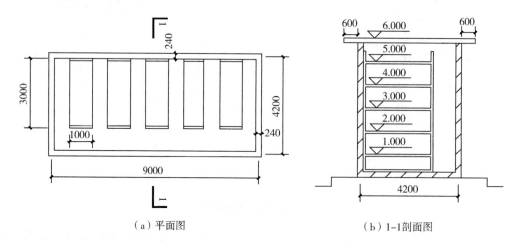

（a）平面图　　　　　　　　　　　（b）1-1剖面图

图 5-16　立体仓库

【解】　（1）因为货台的层高为 1.2 m，小于 2.2 m，所以计算 1/2 计算面积。

$$S_{货台}=3\times1\times5\times6\times0.5=45(\text{m}^2)$$

（2）除货台外其他建筑面积计全面积。

$$S_{其他}=(9+0.24)\times(4.2+0.24)-3\times1\times5=26.026(\text{m}^2)$$

（3）$S_{总}=S_{货台}+S_{其他}=45+26.026=71.026(\text{m}^2)$

【实例5】　请计算图 5-17 所示无柱雨篷的建筑面积。

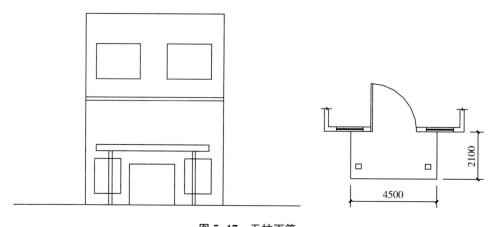

图 5-17　无柱雨篷

【解】　（1）无柱雨篷外边线至外墙结构外边线的宽度在 2.1 m 及以上的，应按雨篷结构板的水平投影面积的 1/2 计算全面积。

$$S=4.5\times2.1\times0.5=4.725(\text{m}^2)$$

【实例6】　请计算图 5-18 所示火车站台的建筑面积。

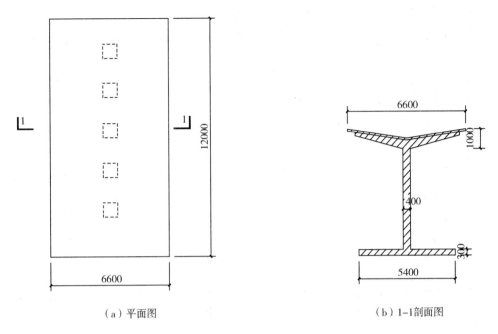

（a）平面图　　　　　　　　　　　（b）1-1剖面图

图 5-18　单排柱站台

【解】　有顶盖的无围护结构应按其顶盖水平投影面积的 1/2 计算建筑面积。

$$S = 12 \times 6.6 \times 0.5 = 39.6 (m^2)$$

【实例 7】　请计算图 5-19 所示高低联跨度建筑物的建筑面积。

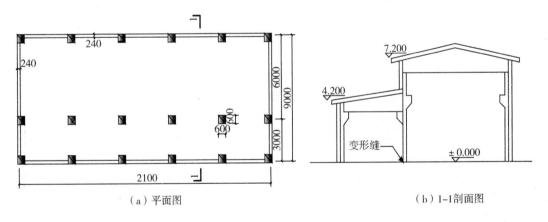

（a）平面图　　　　　　　　　　　（b）1-1剖面图

图 5-19　高低联跨度建筑物

【解】　$S_1 = (21 + 0.24) \times (6 + 0.12 + 0.3) = 136.361 (m^2)$

$S_2 = (21 + 0.24) \times (3 + 0.12 - 0.3) = 59.897 (m^2)$

$S_{总} = 136.361 + 59.897 = 196.258 (m^2)$

【课后习题】

1. 单层建筑物的建筑面积应按什么计算？单层建筑物高度在 2.2 m 及以上面积应怎么计算？层高不足 2.2 m 应怎么计算？

2. 多层建筑坡屋顶内和场馆看台下的建筑面积如何计算？

3. 某单层厂房尺寸信息如图所示,求其建筑面积。

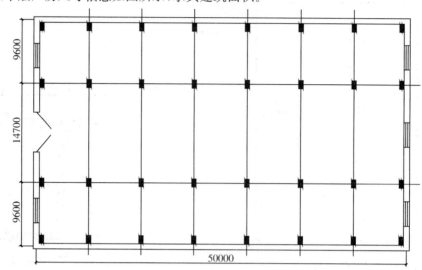

4. 某居民建筑住宅楼单元标准层平面图如下图所示,设该住宅楼层高均为 3 m,共有 5 层。求该住宅楼单元的建筑面积。

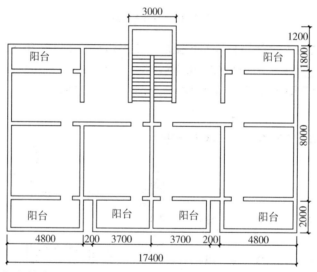

5. 某居民建筑住宅楼如下图所示,雨篷投影面积为 3900 mm×1500 mm,求该住宅楼的建筑面积。

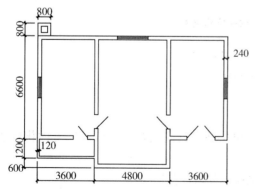
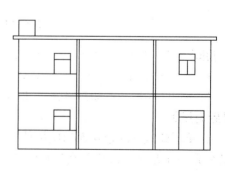

6 建筑工程工程量计算

【学习目标】

1. 了解工程量的基本概念及建筑工程工程量的计算方法。
2. 掌握建筑工程各分部分项工程量计算规则。
3. 掌握建筑工程分部分项工程编制,以及清单工程量和消耗量定额工程量的计算。
4. 能独立计算建筑工程清单工程量,具有建筑工程计量计价能力。

【学习要求】

1. 理解工程量的基本概念,分部分项工程编制的基本步骤。
2. 掌握土石方工程、桩基工程、砌筑工程、混凝土及钢筋混凝土工程、屋面防水工程、保温隔热工程工程量的计算。
3. 结合案例掌握建筑工程各分部分项工程清单及消耗量定额工程量的计算。

6.1 工程量计算概述

6.1.1 工程量计算业务操作流程

工程量计算具体业务操作流程主要包括以下五个步骤。

1. 工程识图

在拿到施工设计图纸时,首先要阅读图纸目录,然后对照图纸目录检查图纸内容是否齐全,在图纸内容齐全的前提下,认真研读轴网、层高和总层数等工程数据信息,熟悉每张设计图纸中具体二维工程信息内容,为下一步三维建筑信息模型构建做好基础工作。

2. 构建模型

打开电脑桌面上的图形算量软件新建工程项目,首先,选择《房屋建筑与装饰工程工程量计算规范》(GB 50854—2013)和地区专业工程消耗量定额工程量计算规则,确定本工程项目采用的工程量计算规则;然后进行楼层管理设置和轴网建立;接着,按照房屋的建造过程,由基础工程到一层建筑、结构及装饰,二层建筑、结构及装饰,直到屋面工程,将设计图纸中具体二维工程信息内容输入电脑中,输入工程信息之前,需对每个建筑构件定义构件名称和构件做法,这里的构件做法指对该建筑构件进行定额的套用。

3. 钢筋工程模型构建

将上述三维信息模型的结构部分导入钢筋算量软件中,同样按照钢筋工程施工过程,由基础工程到一层结构、二层结构,直到屋面结构将设计图纸中的钢筋信息输入电脑中,构造钢筋按结构施工说明进行设置。

4. 汇总计算

把所有设计图纸中具体二维工程信息内容及建筑构件做法都输入以后,即可进行汇总计算,计算中可以选择计算范围,即楼层的选择,楼层选择后,直接点击确定即可。汇总计算图标在工具栏和菜单栏中都有,可直接点击。汇总计算完成后,可选择工程量计算报表打印,输出工程量计算汇总表。

5. 工程量核对

查看报表的目的主要是对子目汇总的查看及工程量计算式的查看,也可以通过设置工程量计算式的范围,查看每个建筑构件的工程量计算式。在三维信息模型中也有对应的使用功能,直接在信息模型中点击任一建筑构件,就可在图形下面的对话框中显示其工程量计算式和对应的工程量,工程量计算检查无误后,做好工程信息的保存工作,以便以后导入到计价软件中进行定额套价计算。

6.1.2　工程量

工程量是根据设计的施工图纸,按清单分项或定额分项,并按照《房屋建筑与装饰工程工程量计算规范》(GB 50854—2013)或地区专业工程消耗量定额工程量计算规则进行计算,以物理计量单位表示的一定计量单位的清单分项工程或定额分项工程的实物数量,其计量单位一般为分项工程的长度、面积、体积和重量等。

1. 清单工程量

《房屋建筑与装饰工程工程量计算规范》(GB 50854—2013)规定:清单项目是分项工程综合实体,其工作内容除了主项工程工作内容外还包括若干附项工程工作内容,清单工程量的计算规则只针对主项工程。

清单工程量是根据设计的施工图纸及《房屋建筑与装饰工程工程量计算规范》(GB 50854—2013)计算规则,以物理计量单位表示的某一清单主项工程的工程量,并以完成后的净值计算,虽然该清单工程量仅为清单主项工程的工程量,但清单项目特征反映了综合实体的全部工程内容。因此,承包商在根据工程量清单进行投标报价时,应在综合单价中考虑主项工程的工程量和附项工程的工程量。

2. 计价工程量

计价工程量是根据设计的施工图纸、施工方案及地区专业工程消耗量定额工程量计算规则,以物理计量单位表示的某一定额分项工程的实体工程量,其工作内容仅包括定额分项工程工作内容。

清单工程量作为各承包商报价的统一计算口径,但不能作为承包商进行投标报价的工作量。因为清单工程量虽然只是清单主项工程的实体工程量,但其项目特征却要求承包商完成清单分项工程综合实体的全部工程内容。所以,承包商在根据清单工程量和清单项目特征进行投标报价时,应根据拟建工程施工图纸、施工组织设计、使用定额对应的工程量计算规则,分别计算出用以满足清单项目工程量组价的主项工程和附项工程需完成的工程量,这就是计价工程量。

6.1.3　工程量清单计算的依据和原则

1. 工程量计算的依据

1) 经审定的设计图纸及设计说明。设计图纸反映建设工程的构造和各部位尺寸,是计算工程量的基本依据。在进行图形算量前,必须全面、细致地熟悉和核对设计图纸和设计说明等资料,检查图纸是否齐全、正确。经过审图机构加盖出图专用章的设计图纸才能作为计算工程量的依据。

2)《房屋建筑与装饰工程工程量计算规范》(GB 50854—2013)和地区各专业工程消耗量定额。《房屋建筑与装饰工程工程量计算规范》(GB 50854—2013)及各省、自治区、直辖市颁发的地区各专业工程消耗量定额中比较详细地规定了各个清单分项工程和定额分项工程工程量计算规则。采用图形算量软件时,在新建工程项目后,需根据建设工程所在地选择工程适用的相应工程量计算规则。

3)单位技术负责人审定的施工方案和施工现场情况。工程量需依据施工方案确定施工方法和技术措施进行计算。例如,土方工程工程量的计算,设计图纸没有土方开挖工程,未标明施工场地室外自然标高和土壤的类别,以及土方开挖是采取放坡还是采用挡土板的方式进行。这些工作内容需依据施工方案和技术措施计算工程量。工程量依据施工现场情况进行计算。例如,余土外运工程量,一般在设计图纸上没有反映此工作内容,应根据施工现场情况进行计算确定。

2. 采用图形算量软件计算工程量应遵循的原则

1)三维算量模型的所有数据必须和二维设计图纸相一致。

2)计算口径(建筑构件做法对应定额子目的套用)必须与《房屋建筑与装饰工程工程量计算规范》(GB 50854—2013)和地区各专业工程消耗量定额相一致。

3)工程量计算规则必须与《房屋建筑与装饰工程工程量计算规范》(GB 50854—2013)和地区各专业工程消耗量定额相一致。

4)工程量计量单位必须与《房屋建筑与装饰工程工程量计算规范》(GB 50854—2013)和地区各专业工程消耗量定额相一致。

5)工程量的数字计算的精度要求:立方米(m^3)、平方米(m^2)及米(m),取两位小数,第三位四舍五入;吨(t)以下取三位小数;件(台或套)等取整数。

为了清晰地阐明装配式建筑与装饰装修工程分项工程项目清单工程量和分项工程项目计价工程量计算规则的区别,从本章开始房屋建筑与装饰工程工程量计算规范和地区专业工程消耗量定额执行《房屋建筑与装饰工程工程量计算规范》(GB 50854—2013)、《构筑物工程工程量计算规范》(GB 50860—2013)、《爆破工程工程量计算规范》(GB 50862—2013),以及《〈建筑工程工程量计算规范〉广西壮族自治区实施细则》《广西壮族自治区建筑装饰装修工程消耗量定额》(2013版,上、下册)、《广西壮族自治区建筑装饰装修工程人工材料配合比机械台班基期价》(2013版)、《广西壮族自治区建筑装饰装修工程费用定额》(2013版)、《广西壮族自治区装配式建筑工程消耗量定额》(2017版)。

6.2　土石方工程

6.2.1　土(石)方工程基础知识

1. 土方工程土壤及岩石类别的划分,应依据工程勘测资料与地区专业工程消耗量定额土壤及岩石分类表(详见表6-1和表6-2)对照后确定。干、湿土的划分以地质勘察资料为准,含水率≥25%为湿土;或以地下常水位为准,常水位以上为干土,以下为湿土;如采用降水措施的,应以降水后的水位为地下常水位,降水措施费用应另行计算。

表 6-1　土壤分类表

土壤分类	土壤名称	开挖方法
一、二类土	粉土、砂土(粉砂、细砂、中砂、粗砂、砾砂)、粉质黏土、弱中盐渍土、软土(淤泥质土、泥炭、泥炭质土)、软塑红黏土、冲填土	用锹、少许用镐、条锄开挖。机械能全部直接铲挖满载者
三类土	黏土、碎石(圆砾、角砾)混合土、可塑红黏土、硬塑红黏土、强盐渍土、素填土、压实填土	主要用镐、条锄,少许用锹开挖。机械需部分刨松方能铲挖满载者或可直接铲挖但不能满载者
四类土	碎石土(卵石、碎石、漂石、块石)、坚硬红黏土、超盐渍土、杂填土	全部用镐,条锄挖掘,少许用撬棍挖掘。机械须普遍刨松方能铲挖满载者

表 6-2　岩石分类表

岩石分类		代表性岩石	开挖方法
极软岩		1. 全风化的各种岩石 2. 各种半成岩	部分用手凿工具、部分用爆破法开挖
软质岩	软岩	1. 强风化的坚硬岩或较硬岩 2. 中等风化-强风化的较软岩 3. 未风化-微风化的页岩、泥岩、泥质砂岩等	用风镐和爆破法开挖
	较软岩	1. 中等风化-强风化的坚硬岩或较硬岩 2. 未风化-微风化的凝灰岩、千枚岩、泥灰岩、砂质泥岩等	用爆破法开挖
硬质岩	较硬岩	1. 微风化的坚硬岩 2. 未风化-微风化的大理岩、板岩、石灰岩、白云岩、钙质砂岩等	用爆破法开挖
	坚硬岩	1. 未风化-微风化的花岗岩、闪长岩、辉绿岩、玄武岩、安山岩、片麻岩、石英岩、石英砂岩、硅质砾岩、硅质石灰岩等	用爆破法开挖

2. 挖土深度以设计室外地坪标高为计算起点,施工方法包括人工挖土方和机械挖土方两种。

3. 土石方工程包括土方工程和石方工程两大类,其分项工程项目有:平整场地、挖一般土方、挖沟槽土方、挖基坑土方、挖一般石方、挖沟槽石方、挖基坑石方、回填土、余方弃置,详见图 6-1。

4. 平整场地是指建筑场地厚度在 ±300 mm 以内的挖、填、运、找平。挖、填土方厚度超过 ±300 mm 时,按挖一般土方另行计算,套用挖填土方工程相应的工程量清单编码和消耗量定额子目。但是,道路、围墙、花池、化粪池、各种检查井、管沟等不得计算场地平整。

5. 土方开挖时,为了防止土方坍塌,在土体边壁应采取稳定加固措施,常用方法是放坡和支撑。在场地比较开阔的情况下,开挖土方可优先采用放坡方式,以保持边坡的稳定。放坡的坡度以放坡宽度 B 与挖土深度 H 之比表示,即 $K=B/H$,式中 K 为放坡系数,如图 6-2 所示。坡度通常用 $1:K$ 表示,显然 $1:K=H:B$。放坡系数大小由土方开挖深度、土壤类别以及施工方法(人工或机械)决定。土壤类别越高,放坡起点越深,K 值越小(即坡度越陡)。机械挖

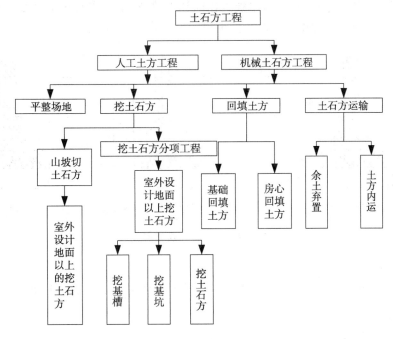

图 6-1 土石方工程具体分项工程项目

土时,在坑上作业,为保证人、机的安全,故 K 值较大。当开挖深度小于放坡起点深度时,不需要放坡,可以垂直开挖。

6. 在需要放坡的土方开挖工程中,由于边壁周围受道路或建筑物等限制而不能放坡时,为了防止垂直开挖的土体边壁坍塌,应采用支护结构对土体边壁进行支撑。支护结构有挡土板和支护桩两种形式,其中挡土板支护结构为常用形式,如图 6-3 所示。挡土板支护结构由挡土板、楞木和横撑组成。挡土板按材料分为木制和钢制两种,按支撑面分为单面支撑和双面支撑,按布局是否连续分为断续式和连续式。

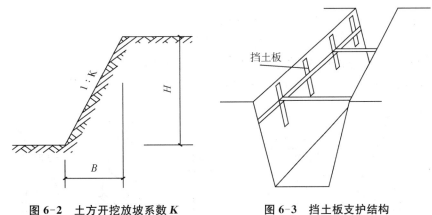

图 6-2 土方开挖放坡系数 K 图 6-3 挡土板支护结构

7. 工作面是指工人施工操作或支模板所需要增加的开挖断面宽度,与基础材料和施工工序有关。

8. 开挖断面宽度是由基础(垫层)底设计宽度、开挖方式、基础材料及做法所决定的。开挖断面通常有留工作面和放坡,不留单独工作面和不放坡,留工作面和不放坡三种形式,如图6-4所示。土方开挖工程常见的开挖断面上口宽度计算公式如下:

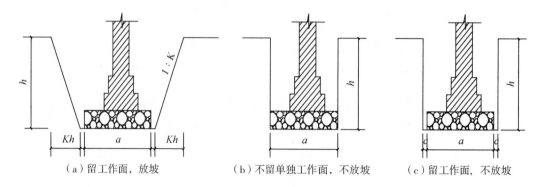

（a）留工作面,放坡   （b）不留单独工作面,不放坡   （c）留工作面,不放坡

图 6-4   土方开挖断面形式

1）放坡、留工作面

设坡度为 $1:K$,工作面每边宽 c,基础垫层宽 a,深度为 h,则土方开挖断面上口宽度: $B=a+2c+2Kh$。

2）支设挡土板、留工作面

支设挡土板每侧宽按 100 mm 计算,工作面每边宽 c,基础垫层宽 a,则土方开挖断面上口宽度 B:

（1）双面支设挡土板开挖断面宽 $B=a+2c+200$;

（2）单面支设挡土板开挖断面宽 $B=a+2c+100$。

3）不放坡、不支设挡土板、留工作面

当基础垫层支模板浇筑时,必须留工作面,则土方开挖断面上口宽度: $B=a+2c$。

4）不放坡、不支设挡土板、不留单独的工作面

当基础垫层混凝土原槽浇筑时,可以利用垫层顶面宽作为工作面,则土方开挖断面上口宽度: $B=a$。

9. 土方工程分项工程项目工程量计算方法

场地平整工程量按设计图示尺寸以建筑物首层建筑面积计算。

1）挖地槽按其开挖断面不同的土方开挖工程量计算公式。

（1）留工作面,不放坡,不支挡土板(见图6-5): $V=(B+2C)\times H\times L$。

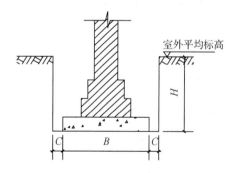

图 6-5   留工作面,不放坡,不支挡土板

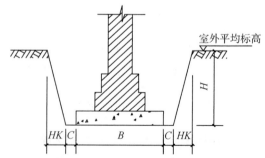

图 6-6   留工作面,由垫层下表面起放坡

（2）留工作面，由垫层下表面起放坡（如图 6-6）：$V=(B+2C+KH)\times H\times L$。

（3）不留单独工作面，由垫层上表面起放坡（如图 6-7）：$V=[BH_1+(B+KH_2)\times H_2]\times L$。

（4）留工作面，两侧边壁支设挡土板（如图 6-8）：$V=(B+2C+0.2)\times H\times L$。

（5）留工作面，一侧边壁支设挡土板，一侧放坡（如图 6-9）：$V=(B+2C+0.1+1/2KH)\times H\times L$。

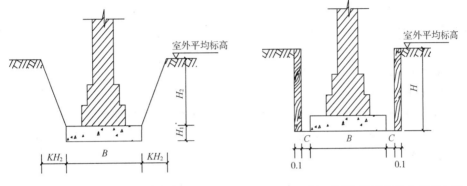

图6-7　不留单独工作面，由垫层上表面起放坡　　　图6-8　留工作面，两侧边壁支设挡土板

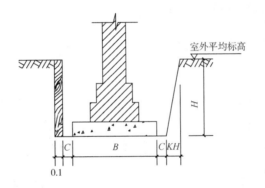

图 6-9　留工作面，一侧边壁支设挡土板，一侧放坡

　2）独立基础、设备基础等挖地坑土方工程工程量计算公式

　　按其开挖断面和基底形状不同，其土方开挖工程量计算公式也不同。当基底为圆形时，设基坑下口半径为 R_1，基坑上口半径为 R_2。当基底为矩（方）形时，其地坑放坡透视图见图 6-10。

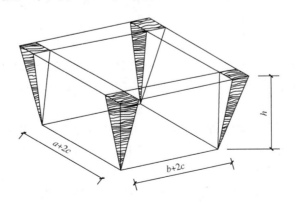

图 6-10　基底为矩（方）形的地坑放坡透视图

（1）不留单独工作面、不放坡、不支设挡土板

矩（方）形：$V = a \times b \times H$；

圆形：$V = \pi R_1^2 \times H$。

（2）留工作面、放坡

矩（方）形：$V = (a + 2c + KH) \times (b + 2c + KH) \times H + K^2 H^3 / 3$；

圆形：$V = \pi H (R_1^2 + R_2^2 + R_1 R_2) / 3$。

（3）留工作面、支挡土板

矩（方）形：$V = (a + 2C + 0.2) \times (b + 2c + 0.2) \times H$；

圆形：$V = \pi H (R_1 + 0.1)^2$。

3）回填土工程量计算

（1）基础回填土可以利用已经算好的基础工程量来计算基础回填土，如图 6-11 所示。其工程量计算公式为：基础回填土体积＝基槽或基坑挖土体积－室外设计地坪以下被埋设的基础、垫层、柱及基础梁的体积。

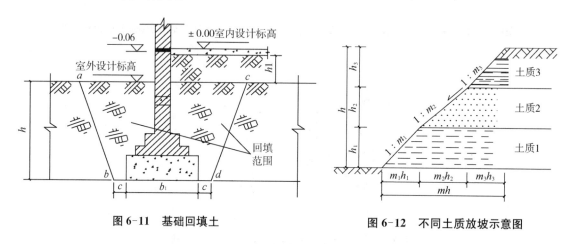

图 6-11　基础回填土　　　　　　　　　图 6-12　不同土质放坡示意图

（2）室内（房心）回填土是指为形成室内外高差，而在室外设计地面以上、地面垫层以下，房心的部位回填的土方。工程量计算公式为：室内（房心）回填土体积＝室内主墙之间的净面积×回填土厚度 h。

（3）当沟槽或基坑中土质类别不同，且深度大于 1.5 m 时，应根据不同土质类别的放坡系数、土质厚度求得综合放坡系数，然后再求土方工程量，如图 6-12 所示。综合放坡系数计算公式为：$m = (m_1 h_1 + m_2 h_2 + \cdots + m_n h_n) / (h_1 + h_2 + \cdots + h_n)$。

10. 石方爆破是指利用化学物品（炸药）爆炸时所产生的大量热能和高压气体，破坏其周围岩石，然后通过清理石渣，达到设计要求的断面形状。爆破工序有打眼、装药、堵塞与起爆。其中，打眼分为人工打眼和机械打眼两种。人打眼的工具主要是钢钎、冲钎、铁锤和构勺；机械打眼的机具主要是手持式区动凿岩机（手风钻）、风镐（铲）和空压机及风管等。爆破材料包括炸药、雷管、导火索、导爆索（管）等。在建筑工程中，爆破的基本方法有炮眼法、药壶法、深孔法、小洞室法、二次爆破、定向爆破、边线爆破、微差爆破等，最常用的是炮眼爆破法。

11. 土（石）方施工机械包括推土机、单斗挖掘机、装载机及碾压机械四种。其中，单斗挖掘机按工作装置可分为正铲、反铲、拉铲和抓铲等。施工机械的选择，应根据工程量规模、工程

对象、工程地质、施工场地等条件综合考虑。

12. 填土压实方法有碾压法、夯实法及振动压实法。其中,碾压法碾压机械有平碾(压路机)、羊足碾和气胎碾;夯实法分人工夯实和机械夯实两种,人工夯实所用的工具有木夯,石夯等,常用的夯实机械有夯锤、内燃夯土机和蛙式打夯机等。平整场地等大面积填土多采用碾压法,小面积的填土工程多用夯实法,而振动压实法主要用于振实填料为爆破石碴、碎石类土、杂填土和粉土等非黏性土,效果较好。

6.2.2 土(石)方工程清单工程量计算规则

1. 平整场地工程量按设计图示尺寸以建筑物首层建筑面积计算。平整场地是指建筑场地厚度在±300 mm以内的挖、填、运、找平,如±300 mm以内全部是挖方或填方和挖、填土方厚度超过±300 mm时,按挖一般土方和填方项目编码列项。

2. 土方体积,均以挖掘前的天然密实体积为准计算。如需折算时,可按表6-3所列系数换算。

表6-3 土方体积折算表

天然密实体积	虚方体积	夯实后体积	松填体积
0.77	1.00	0.67	0.83
1.00	1.30	0.87	1.08
1.15	1.50	1.00	1.25
0.92	1.20	0.80	1.00

3. 沟槽、基坑、一般土方的划分为:底宽≤7 m且>3倍底宽为沟槽;底长≤3倍底宽且底面积≤150 m² 为基坑;超出上述范围则为一般土方。

4. 挖沟槽、基坑、土方工程需放坡时,按施工组织设计规定计算,如无施工组织设计规定时,可按表6-4放坡系数计算。

表6-4 挖沟槽、基坑、土方工程放坡系数表

土壤类别	深度超过(m)	人工挖土	机械挖土		
			在坑内作业	在坑上作业	顺沟槽在坑上作业
一、二类土	1.20	1:0.50	1:0.33	1:0.75	1:0.50
三类土	1.50	1:0.33	1:0.25	1:0.67	1:0.33
四类土	2.00	1:0.25	1:0.10	1:0.33	1:0.25

注:1. 沟槽、基坑中土壤类别不同时,分别按其放坡起点、放坡系数、依不同土壤厚度加权平均计算。

2. 计算放坡时,在交接处的重复工程量不予扣除,原槽、坑作基础垫层时,放坡自垫层上表面开始计算。垫层需留工作面时,放坡自垫层下表面开始计算。

5. 基础施工所需工作面,按施工组织设计规定计算(实际施工不留工作面者,不得计算);如无施工组织设计规定时,按表6-5规定计算。

6. 挖一般土方工程量按设计图示尺寸以体积计算,因工作面和放坡增加的工程量并入挖一般土方工程量计算。该项目适用于超过±300 mm的竖向布置的挖土或山坡切土,是指设计标高以上的挖土,并包括指定范围内的土方运输。桩间挖土方清单工程量应扣除单根横截面面积0.5 m²以上的桩或未回填桩孔所占的体积。

表 6-5　基础施工所需工作面宽度计算表

基础材料	每边各增加工作面宽度(mm)
砖基础	200
浆砌毛石、条石基础	150
混凝土基础垫层支模板	300
混凝土基础支模板	300
基础垂直面做防水层	1 000(防水层面)

7. 挖沟槽土方工程量按设计图示尺寸以体积计算,因工作面(或支挡土板)和放坡增加的工程量并入挖沟槽土方工程量计算。挖沟槽长度,外墙按图示中心长度计算;内墙按地槽槽底长度计算,内外突出部分(垛、附墙烟囱等)体积并入沟槽土方工程量计算。

8. 挖基坑土方工程量按设计图示尺寸以体积计算,因工作面(或支挡土板)和放坡增加的工作量并入挖基坑土方工程量计算。该项目适用于≤150 m² 基坑土方开挖,并包括指定范围内的土方运输。

9. 挖淤泥、流砂工程量按设计图示位置、界限以体积计算。如设计未明确,在编制工程量清单时,其工程量可为暂定量,结算时应根据实际情况由发包人与承包人双方现场签证确认工程量。

10. 管沟土方工程量按设计图示管底垫层面积乘以挖土深度计算;无管底垫层按管外径加工作面的水平投影面积乘以挖土深度计算。不扣除各类井的长度,井的土方并入。因工作面(或支设挡土板)和放坡增加的工程量并入管沟土方。挖沟平均深度,当有管沟设计时,以沟垫层底表面标高至交付施工场地标高计算;无管沟设计时,直埋管深度应按管底外表面标高至交付施工场地标高的平均高度计算。该项目适用于管道及连接井(检查井)开挖、回填等。管道沟槽底宽度,设计有规定的,按设计规定尺寸计算,设计无规定的,可按表 6-6 规定宽度计算。

表 6-6　管道沟槽施工每侧所需工作面宽度计算表

管沟材料	管道结构宽(mm)			
	≤500	≤1 000	≤2 500	>2 500
混凝土及钢筋混凝土管道(mm)	400	500	600	700
其他材质管道(mm)	300	400	500	600

注:1. 按上表计算管道沟槽土方工程量时,各种井类及管道接口等处需加宽增加的土方量不另行计算,底面积大于20 m² 的井类,其增加工程量并入管沟土方内计算。

　　2. 管道结构宽:有管座的按基础外缘,无管座的按管道外径。

11. 石方体积,均以挖掘前的天然密实体积为准计算。如需折算时,可按表 6-7 所列系数换算。

表 6-7　石方体积折算表

石方类别	天然密实体积	虚方体积	松填体积	码方
石方	1.00	1.54	1.31	
块方	1.00	1.75	1.43	1.67
砂夹石	1.00	1.07	0.94	

12. 石方工程的沟槽、基坑与平基的划分按土方工程的划分规定执行。

13. 挖一般石方工程量按设计图示尺寸以体积计算。该项目适用于人工凿平基、履带式液压破碎机破碎平基岩等,并包括指定范围内的石方运输。

14. 挖沟槽石方工程量按设计图示尺寸以体积计算。该项目适用于人工凿沟槽(基坑)、履带式液压破碎机破碎沟槽(坑)岩等,并包括指定范围内的石方运输。

15. 挖基坑石方工程量按设计图示尺寸以体积计算。该项目适用于人工凿沟槽(基坑)、履带式液压破碎机破碎沟槽(坑)岩等,并包括指定范围内的石方运输。

16. 挖管沟石方工程量按设计图示尺寸以体积计算。该项目适用于管道、电缆沟等,并包括指定范围内的石方运输。《广西壮族自治区建筑装饰装修工程消耗量定额》(2013 版)中无挖管沟石方对应子目,可套相应的人工凿沟槽(基坑)、履带式液压破碎机破碎沟槽(坑)岩子目。

17. 回填土工程量按设计图示尺寸以体积计算。场地回填以回填面积乘以平均回填厚度计算;室内回填按主墙(厚度在 120 mm 以上的墙)之间的净面积乘以回填厚度计算,不扣除间隔墙;基础回填按挖方工程量减去自然地坪以下埋设垫层、基础、柱、基础梁及构筑物体积计算。该项目适用于场地回填、室内回填和基础回填。

18. 余方弃置工程量按挖方总体积扣减回填方总体积后的土方体积计算。该项目适用于场地、室内和基础回填后剩余的余方,并包括指定范围内的运输。

19. 支挡土板工程量按槽、坑垂直支撑面积计算。基础钎插工程量按钎插以孔数计算。

6.2.3 《广西壮族自治区建筑装饰装修工程消耗量定额》(2013 版)土(石)方工程计价说明

1. 土方工程

1) 人工挖土方定额除挖淤泥、流砂为湿土外,均按干土编制,如挖湿土时,人工费乘以系数 1.18。

2) 定额未包括地下水位以下施工的排水费用,发生时应另行计算。挖土方时如有地表水需要排除,亦应另行计算。

3) 人工挖土方深度以 1.5 m 为准,如超过 1.5 m 者,需用人工将土运至地面时,应按相应定额子目人工费乘以表 6-8 所列系数(不扣除 1.5 m 以内的深度和工程量)。

表 6-8 人工挖土方深度超过 1.5 m 人工费增加系数表

深度	2 m 以内	4 m 以内	6 m 以内	8 m 以内	10 m 以内
系数	1.08	1.24	1.36	1.50	1.54

注:如从坑内用机械向外提土者,按机械提土定额执行。实际使用机械不同时,不得换算。

4) 在有挡土板支撑下挖土方时,按实挖体积,人工费乘以系数 1.2。

5) 桩间净距小于 4 倍桩径(或桩边长)的,人工挖桩间土方(包括土方、沟槽、基坑)按相应子目的人工费乘以系数 1.25,机械挖桩间土方按相应子目的机械乘以系数 1.1。计算工程量时,应扣除单根横截面面积 0.5 m² 以上的桩(或未回填桩孔)所占的体积。

6) 机械挖(填)土方,单位工程量小于 2 000 m³ 时,定额乘以系数 1.1,即人工×1.1,挖掘机×(1+0.1+0.2),其余机械×1.1。

7) 机械挖土人工辅助开挖,按施工组织设计的规定分别计算机械、人工挖土工程量;如施工组织设计无规定时,按表6-9规定确定机械和人工挖土比例。

表6-9　机械挖土人工辅助开挖机械和人工挖土比例系数表

	地下室	基槽(坑)	地面以上土方	其他
机械挖土方	0.96	0.90	1.00	0.94
人工挖土方	0.04	0.10	0.00	0.06

注:人工挖土部分按相应定额子目人工费乘以系数1.5,如需用机械装运时,按机械装(挖)运一、二类土定额计算。

8) 机械挖土定额中土壤含水率是按天然含水率为准制定的:含水率大于25%时,定额人工、机械乘以系数1.15;含水率大于40%时,另行计算。

9) 挖掘机在垫板上作业时,人工费、机械乘以系数1.25,定额内不包括垫板铺设所需的工料、机械消耗。

10) 挖掘机挖沟槽、基坑土方,执行挖掘机挖土方相应子目,挖掘机台班量乘以系数1.2。

11) 挖淤泥、流砂工程量,按挖土方工程量计算规则计算;未考虑涌砂、涌泥,发生时按实计算。

12) 机械土方定额是按三类土编制的,如实际土壤类别不同时,定额中的推土机、挖掘机台班量乘以表6-10中系数。

表6-10　根据土壤类别对推土机、挖掘机台班量调整系数表

项目	一、二类土壤	四类土壤
推土机推土方	0.84	1.14
挖掘机挖土方	0.84	1.14

2. 石方工程

1) 机械挖(运)极软岩,套机械挖(运)三类土子目计算,定额中的推土机、挖掘机台班量乘以系数2,汽车台班量乘以系数1.38。

2) 石方爆破定额(除控制爆破外)是按炮眼法松动爆破编制的,不分明炮、闷炮,如实际采用闷炮爆破的,其覆盖材料应另行计算。

3) 石方爆破定额是按电雷管导电起爆编制的,如采用火雷管爆破时,雷管应换算,数量不变。扣除定额中的胶质导线,换为导火索,导火索的长度按每个雷管2.12 m计算。

4) 定额中的爆破子目是按炮孔中无地下渗水、积水编制的,炮孔中若出现地下渗水、积水时,处理渗水或积水发生的费用另行计算。定额内(除石方控制爆破子目外)未计爆破时所需覆盖的安全网、草袋、架设安全屏障等设施,发生时另行计算。

3. 土方回填工程

填土碾压填料按压实后体积计算。填土碾压每层填土(松散)厚度:羊足碾和内燃压路机不大于300 mm;振动压路机不大于500 mm。

4. 土(石)方运输工程

1) 推土机推土、推石碴上坡,如果坡度大于5%时,其运距按坡度区段斜长乘以表6-11所列系数计算。

2) 推土机推土土层厚度小于 300 mm 时,推土机台班用量乘以系数 1.25。

表 6-11　坡度大于 5%推土机推土、石碴上坡坡度区段斜长增加系数表

坡度(%)	5~10	15 以内	20 以内	25 以内
系数	1.75	2.0	2.25	2.5

3) 推土机推未经压实的积土时,按相应定额子目乘以系数 0.73。

4) 机械上下行驶坡道的土方,可按施工组织设计合并在土方工程量内计算。

5) 淤泥、流砂即挖即运时,按相应定额子目乘以系数 1.3。对没有即时运走的,经晾晒后的淤泥、流砂,按运一般土方子目计算。

6) 机械运极软岩按机械运三类土计算,定额中的机械台班量乘以系数 1.38。

7) 土(石)方运输未考虑弃土场所收取的渣土消纳费,若发生时按实办理签证计算。

6.2.4　土(石)方工程计价工程量计算规则

1. 平整场地工程量按设计图示尺寸以建筑物首层建筑面积计算。平整场地是指建筑场地厚度在±300 mm 以内的挖、填、运、找平,如±300 mm 以内全部是挖方或填方,应套相应挖填及运土子目;挖、填土方厚度超过±300 mm 时,按场地土方平衡竖向布置另行计算,套相应挖填土方子目。对于按竖向布置进行大型挖土或回填土,不得再计算平整场地的工程量。

2. 土方体积,均以挖掘前的天然密实体积为准计算。如需折算时,可按表 6-7 所列系数换算。挖土方平均厚度应按自然地面测量标高至设计地坪标高间的平均厚度确定。基础土方开挖深度应按基础垫层底表面至交付使用施工场地标高确定,无交付使用施工场地标高时,应按自然地面标高确定。

3. 挖沟槽、基坑、土方划分:图示沟槽底宽在 7 m 以内,且沟槽长大于槽宽 3 倍以上的,按挖沟槽土方计算;图示基坑面积在 150 m² 以内的,按挖基坑土方计算;图示沟槽底宽 7 m 以上,坑底面积在 150 m² 以上的,按挖土方计算。

4. 挖沟槽、基坑需支设挡土板时,其宽度按图示沟槽、基坑底宽,单侧加 100 mm,双侧加 200 mm 计算;挖沟槽、基坑、土方工程需放坡时,按施工组织设计规定计算,如无施工组织设计规定时,可按表 6-4 放坡系数计算。

5. 基础施工所需工作面,按施工组织设计规定计算(实际施工不留工作面者,不得计算);如无施工组织设计规定时,按表 6-5 规定计算。

6. 挖沟槽长度,外墙按图示中心线长度计算;内墙按地槽槽底净长度计算,内外突出部分(垛、附墙烟囱等)体积并入沟槽土方工程量内计算。

7. 挖管道沟槽长度按图示中心线长度计算,沟底宽度,设计有规定的,按设计规定尺寸计算,设计无规定的,可按表 6-6 规定宽度计算。

8. 基础土方大开挖后再挖地槽、地坑,其深度应以大开挖后土面至槽、坑底标高计算;其土方如需外运时,按相应定额规定计算。

9. 石方体积,均以挖掘前的天然密实体积为准计算。如需折算时,可按表 6-11 所列系数换算。

10. 石方工程的沟槽、基坑与平基的划分按土方工程的划分规定执行。

11. 岩石开凿及爆破工程量,区别石质按下列规定计算。人工凿岩石,按图示尺寸以立方

米计算。爆破岩石,按图示尺寸以立方米计算,其中人工打眼爆破和机械打眼爆破其沟槽、基坑深度、宽度超挖量为:较软岩、较硬岩各 200 mm,坚硬岩为 150 mm。超挖部分岩石并入岩石挖方量之内计算。石方超挖量与工作面宽度不得重复计算。

12. 回填土区分夯填、松填,按图示回填体积并依据下列规定,以立方米计算。

1) 场地回填土:回填面积乘以平均回填厚度计算。

2) 室内回填:按主墙(厚度在 120 mm 以上的墙)之间的净面积乘以回填土厚度计算,不扣除间隔墙。

3) 基础回填:按挖方工程量减去自然地坪以下埋设的垫层、基础、柱、基础梁及其他构筑物体积。

4) 余土外运或取土回填工程量可按下式计算:

余土外运或取土回填体积＝挖土总体积－回填土总体积

式中,计算结果为正时为余土外运体积,为负时为取土回填体积。

5) 沟槽、基坑回填砂、石、三合土工程量按图示尺寸以立方米计算,扣除管道、垫层、基础、柱、基础梁及其他构筑物等所占体积。

6) 建筑场地原土碾压以平方米计算,填土碾压按图示填土厚度以立方米计算。

13. 土石方运输工程量按不同的运输方法和距离分别以天然密实体积计算。如实际运输疏松的土石方时,应按本章节第一条的规定换算成天然密实体积计算。土石方运距确定:推土机推土运距按挖方区重心至回填区重心之间的直线距离计算;自卸汽车运土运距按挖方区重心至填方区(或堆放地点)重心的最短距离计算,采用加盖自卸汽车运土时,增加加盖摊销费 5 元/100 m³。

14. 挡土板面积,按槽、坑垂直支撑面积计算,支设挡土板后,不得再计算放坡。基础钎插按钎插孔数计算。

6.2.5　土方工程计算实例

【实例 1】　根据课本第十章实训图纸内容、13 版清单规范的规定,练习计算首层 PZCD-1、JKHT-2 的工程量。

表 6-12

编码	项目名称/构件名称/位置/工程量明细		单位	工程量
010101001001	平整场地		m²	458.1
首层	PZCD-1	458.1(面积)	m²	458.1

表 6-13

编码	项目名称/构件名称/位置/工程量明细		单位	工程量
010103001001	回填方		m³	70.153 7
基础层	JKHT-2	[8.06(底面积)＋14.937 6(顶面积)＋11.237 2(中截面面积)×4]×1.55(挖土深度)/6－0.236 7(扣梁)－0.047 6(扣连梁)－0.28(扣柱)－1.275 4(扣房心回填)－2.4(扣独基)	m³	13.313 1

续表

编码		项目名称/构件名称/位置/工程量明细	单位	工程量
基础层	JKHT-2	[8.06(底面积)+(14.937 6)(顶面积)+(11.237 2)(中截面面积)×4]×1.55(挖土深度)/6−0.191 2(扣基坑灰土回填)−0.235 5(扣梁)−0.047 6(扣连梁)−0.28(扣柱)−1.195 3(扣房心回填)−2.506(扣独基)	m³	13.097 3
		[8.06(底面积)+(14.937 6)(顶面积)+(11.237 2)(中截面面积)×4]×1.55(挖土深度)/6−3.663 5(扣基坑灰土回填)−0.193 9(扣梁)−0.010 9(扣连梁)−0.28(扣柱)−0.875 2(扣房心回填)−2.277 5(扣独基)	m³	10.251 9
		[8.06(底面积)+(14.937 6)(顶面积)+(11.237 2)(中截面面积)×4]×1.55(挖土深度)/6−3.659 3(扣基坑灰土回填)−0.194 3(扣梁)−0.010 9(扣连梁)−0.28(扣柱)−0.87 9(扣房心回填)−2.277 5(扣独基)	m³	10.251 9
		[8.06(底面积)+(14.937 6)(顶面积)+(11.237 2)(中截面面积)×4]×1.55(挖土深度)/6−3.659 3(扣基坑灰土回填)−0.194 3(扣梁)−0.010 9(扣连梁)−0.28(扣柱)−0.879(扣房心回填)−2.277 5(扣独基)	m³	10.251 9
		[8.06(底面积)+(14.937 6)(顶面积)+(11.237 2)(中截面面积)×4]×1.55(挖土深度)/6−0.184 9(扣基坑灰土回填)−0.235 9(扣梁)−0.047 6(扣连梁)−0.28(扣柱)−1.201 1(扣房心回填)−2.4(扣独基)	m³	13.203 4

【实例 2】 已知某基坑开挖深度 $H=9$ m,其中表层土为一、二类土,厚 $h_1=2$ m,中层土为三类土,厚度 $h_2=4$ m;下层土为四类土,厚 $h_3=3$ m,采用正铲挖土机在坑底开挖。请确定其放坡系数。

【解】 表层一、二类土机械挖土在坑内作业的放坡系数 $K_1=0.33$,中层三类土机械挖土在坑内作业的放坡系数 $K_2=0.25$,下层四类土机械挖土在坑内作业的放坡系数 $K_3=0.10$。

$$K=(h_1 \times K_1 + h_2 \times K_2 + h_3 \times K_3)/H=(2 \times 0.33 + 4 \times 0.25 + 3 \times 0.1)/9=0.218$$

【实例 3】 请分别计算图 6-13 中平整场地的清单工程量和计价工程量。

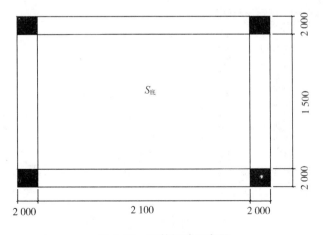

图 6-13 平整场地示意图

【解】　平整场地清单工程量＝21×15＝315(m²)

平整场地的计价工程量＝21×15＋2×2×(21＋15)＋16＝475(m²)

【实例4】　已知某混凝土独立基础的垫层长度为 2 400 mm,宽度为 1 500 mm,设计室外地坪标高为－0.3 m,垫层底部标高为－1.5 m,两边需留工作面,如图 6-14 所示,坑内土质为三类土。请分别计算人工挖土方的清单工程量和主项的计价工程量。

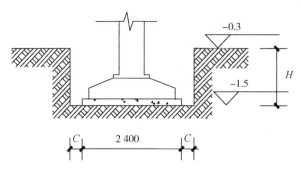

图 6-14　混凝土独立基础示意图

【解】　(1)计算清单工程量

基础类别为混凝土独立基础,所以两边各增加工作面宽度 C＝0.3 m。

土方工程量:V_1＝坑底面积×基坑深度＝(2.4＋0.3×2)×(1.5＋0.3×2)×(1.5－0.3)＝7.56(m³)

(2)计算定额工程量

人工挖土深度 H＝1.2 m,三类土的放坡起点深度为 1.35 m。因为挖土深度 1.2 m 小于放坡起点深度 1.5 m,所以应垂直开挖。基础类别为混凝土独立基础,所以两边各增加工作面宽度 C＝0.3 m。

人工挖地坑定额工程量 V_2＝(2.4＋0.3×2)×(1.5＋0.3×2)×(1.5－0.3)＝7.56(m³)

【实例5】　某建筑物的基础如图 6-15 所示,基础垫层的宽度均为 1.5 m,工作面宽度为 0.3 m,沟槽深度为 2.6 m,土壤类别为三类土,采用人工挖土。请分别计算人工挖沟槽的清单工程量和定额工程量。

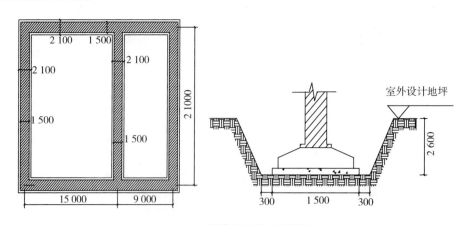

图 6-15　地槽开挖放坡示意图

【解】　(1) 计算清单工程量

人工挖土深度为 2.6 m,大于三类土的放坡起点深度 1.35 m,所以应当放坡。

人工挖土三类土的放坡系数 $K=0.33$

沟槽长度$=(15+9+21)\times2+21-1.5-0.3\times2=108.9(\text{m})$

沟槽断面面积$=(B+2C+KH)\times H=(1.5+0.3\times2+2.6\times0.33)\times2.6=7.691(\text{m}^2)$

清单工程量$=$沟槽长度$\times$沟槽断面面积$=108.9\times7.691=837.550(\text{m}^2)$

(2) 计算定额工程量

沟槽长度$=(15+9+21)\times2+(21-1.5-0.3\times2)=108.9(\text{m})$

沟槽断面面积$=(B+2C+KH)\times H=(1.5+0.3\times2+2.6\times0.33)\times2.6=7.691(\text{m}^2)$

定额工程量$=$沟槽长度$\times$沟槽断面面积$=108.9\times7.691=837.550(\text{m}^2)$

【课后习题】

1. 平整场地范围的计算规则是什么?

2. 某建筑工程如下图所示,房心采用机械夯填,求其回填土的工程量。

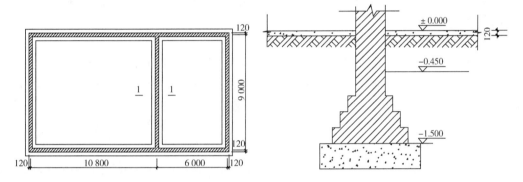

3. 某工程基础平面图及详图如下图所示,设计室外地坪-0.450 m,土壤类别为三类土。求人工开挖土方的工程量。

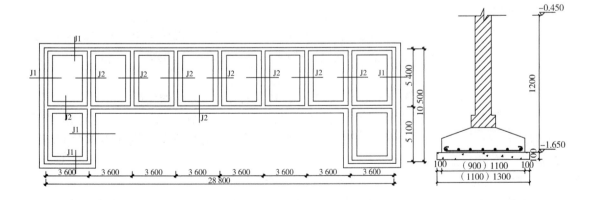

6.3 桩与地基基础工程

6.3.1 桩与地基基础工程基础知识

为了使建筑物下面的土层在墙、柱传来的荷载作用下,不致产生压碎、失稳以及过大的或过于不均匀的沉降,一般都将墙、柱与土层接触的部分适当扩大,扩大的部分叫作建筑物的基础,承受基础传来荷载的土层叫作建筑物的地基。

1. 地基加固

因为天然地基软弱无法满足地基强度、变形等要求,那么就要事先对地基进行处理,利用换填、夯实、挤压、排水、胶结、加筋和热学等方法改良地基的工程特性,从而达到地基加固的目的。

常用的地基加固方法有换土垫层法、地基的表面压实法、地基的深层加固法。其中地基的表面压实法包括人工夯实法、重锤夯实法、机械碾压法;地基的深层加固法包括砂桩挤密法和强夯法两种。

1) 换土垫层法

将基础下一定范围的软土层挖去,取而代之以人工填筑的低压缩性材料,分层夯实,作为地基的持力层。通过垫层的应力扩散作用,减少垫层下天然土层所承受的压力,从而也减少基础的沉降量。垫层材料有灰土(3∶7 和 2∶8)、三合土(石灰、砂、碎砖或石)、级配砂石、混凝土等。

2) 地基的表面压实法

(1) 人工夯实法是指在槽底进行人工夯实,此法压实的深度小,只能用于改善持力层的表面、加固表层局部软弱的地方,但可整平槽底,便于夯填垫层、砌筑基础,还可消除因开挖扰动土质而引起的沉降。

(2) 重锤夯实法是指用 2～3 t 的重锤以 2.5～4.5 m 的落距夯实土层,重锤表面夯实的加固深度一般为 1.2～2.0 m。

(3) 机械碾压法是指采用压路机、推土机、羊足碾或其他压实机械来压实松散的地基土。由于此法可大面积以机械碾压,施工速度快,一般常用以处理表层土加固。

3) 地基的深度加固法

(1) 砂桩挤密法是指用砂来挤密原来的土层,其砂桩实际不起桩的作用。

(2) 强夯法是指一般采用 8～30 t 重锤,使它从 6～30 m 的高度下落,对土壤进行夯实,其影响深度可达 6～10 m,它可使土壤承载力提高 2～5 倍,缺点是振动大,邻近有建筑物时不宜采用。

2. 地基土的容许承载力

指在保证地基稳定的条件下,房屋或构筑物的沉降量不超过容许限度的地基承载能力。当基础短边宽度小于或等于 3 m、埋置深度为 0.5～1.5 m 时,地基土的容许承载力(R),根据土的物理力学指标确定,由地质勘查部门提供;当基础短边宽度大于 3 m 或埋置深度大于 1.5 m 时,地基土的容许承载力 R 应按规定进行修正,一般来说,修正后的容许承载能力有所提高。

3. 沉降缝

变形缝的一种,它的作用在于将建筑物分成若干个长度比较小、刚度较好的自成沉降体系的单元,这样就能增加建筑物调整地基不均匀下沉的能力。

4. 基础类型

按材料及基础的受力特点分,有刚性基础和柔性基础。刚性基础包括砖基础、灰土基础、三合土基础、毛石基础、混凝土基础、毛石混凝土基础、砂垫层砖(石)基础;柔性基础指钢筋混凝土基础。按构造形式分,有带形基础、独立基础、桩基础等。按基础的构造形式分类,有条形基础、独立基础、筏式基础、桩基础。

1) 条形基础

条形基础是指基础长度远大于其宽度的一种基础形式,按上部结构的形式,可分为墙下条形基础和柱下条形基础。

(1) 墙下条形基础。条形基础是承重墙基础的主要形式,常用砖、毛石、三合土、混凝土、钢筋混凝土建造,墙下钢筋混凝土条形基础一般有无肋式和有肋式两种。

(2) 柱下条形基础。当建筑物为骨架承重结构或内骨架承重结构,在荷载较大,地基为软弱土时,常用钢筋混凝土条形基础。

2) 独立基础

独立基础有柱下独立基础和墙下独立基础两种。

(1) 柱下独立基础。当建筑物为骨架承重结构或内骨架承重结构,承重柱下扩大形成独立基础,常用断面形式有阶梯形、锥形、杯形等。

(2) 墙下独立基础。当建筑物为墙承重结构,地基上层为软土时,可在墙下设基础梁承托墙身,基础梁支承在独立基础上。独立基础穿过软土层,把荷载传给下层坚实土。墙下的基础梁可用钢筋混凝土梁、钢筋砖梁及砖拱。

3) 筏式基础

筏式基础由整片的钢筋混凝土板承受整个建筑的荷载,并把荷载传给地基。筏式基础按结构形式又分为板式和梁板式两类。当钢筋混凝土筏式基础埋深较大,并设有地下室时,为了增加建筑物的刚度,可将地下室的底板、顶板和墙浇灌成盒状的整体,叫箱形基础。箱形基础可用于荷载很大的高层建筑。

4) 桩基础

当建筑物荷载较大,地基的弱土层厚度在 5 m 以上,将基础埋在软弱土层内不能满足强度和变形的限制,对软弱土层进行人工处理困难或不经济时,常采用桩基础。

桩按支承方式分为端承桩和摩擦桩两类。端承桩适用于表层软弱土层不太厚,而下部为坚硬土层的地基情况。端承桩的上部荷载主要由桩端阻力来平衡,桩侧摩擦力较小。摩擦桩适用于软弱土层较厚,而坚硬土层距地表很深的地基情况。摩擦桩的上部荷载主要由桩侧摩擦力平衡,桩端阻力较小。

桩按制作方法不同分为预制桩和灌注桩两大类。预制桩根据沉入土中的方法,可分打入桩、水冲沉桩、振动沉桩和静力压桩等;灌注桩按成孔方法不同,有钻孔灌注桩、挖孔灌注桩、冲孔灌注桩、打管成孔灌注桩及爆扩成孔灌注桩等。

(1) 预制钢筋混凝土桩

预制钢筋混凝土桩根据断面形状可分为实心方桩和预应力空心管桩。

预制钢筋混凝土方桩按沉桩方式不同分为锤击桩和静压桩。桩断面有 250 mm×250 mm、300 mm×300 mm、350 mm×350 mm、400 mm×400 mm、450 mm×450 mm 和 500 mm×500 mm 六种，其中除 250 mm×250 mm 外，其余五种断面可用于静压桩。按桩的接长方式分为整根桩和分接桩。整根桩是指没有接头的桩，一般不超过 30 m；分接桩是指有接头的桩，通常是一至二个接头，每段桩长度不大于 18 m。预制桩钢筋为Ⅰ、Ⅱ级钢筋，混凝土为 C30～C60。

预应力管桩在我国多数采用室内离心成型，高压蒸汽养护生产。规格有 400 mm、500 mm 两种，管壁厚度分别为 90 mm、100 mm，每节（段）标准长度有 8 m、10 m，也可按设计需要确定。混凝土强度等级可达 C60 以上，接头采用焊接或钢制法兰螺栓连接。

预制钢筋混凝土桩施工过程包括预制、起吊、运输、堆放和沉桩等。

锤击沉柱是利用桩锤下落产生的冲击能量将桩打入土中，是预制钢筋混凝土桩施工中最常用的方法。其特点是施工进度快、机械化程度高、适应范围广，但施工噪声污染和振动较大，在市区和夜间施工有所限制。

静力压桩是指在软土地基中，用静力（或液压）压桩机无振动地将桩压入土中。此法因避免了噪音和振动公害，已在城市软土地基的桩基施工中广泛采用。静力压桩机由压拔装置、行走机构及起吊装置组成。

接桩通常是由 2～3 段连接成一根整工程桩。桩段的接头方式有焊接、法兰接和硫磺胶泥接头等几种，常用的是电焊法和硫磺胶泥锚接法两种。

电焊接头就是用角钢或钢板将上、下两节桩头的预埋钢帽对齐固定后用电焊焊牢。电焊接头定额分为包角钢和包钢板两种形式。

硫磺胶泥接头，又叫锚接法接头。其特点是节约钢材，操作简便，节省时间，提高工效。接头构造为上节桩伸出 4 根锚筋（主筋），下节桩预留 4 个锚筋孔（为 2.5 倍锚筋直径）。接桩时将溶化至 140～145 ℃的硫磺胶泥浇注在下节桩的锚孔内，然后将上节桩的锚筋对准并压入锚孔中，待冷却至 60 ℃后，继续沉桩。硫磺胶泥是一种热塑冷硬性胶结材料，其重量配合比为硫磺∶水泥∶砂料∶聚硫橡胶＝44∶11∶44∶1。

因为桩架操作平台一般高于自然地面（设计室外地面）0.5 m 左右，所以沉桩时桩顶的极限位置是平台高度。为了将预制桩沉入平台以下直至埋入自然地面以下一定深度的标高，必须用一节短桩压在桩顶上将其送入所需的深度后，再把短桩拔出来。这一过程就叫送桩，短桩叫送桩器或冲桩，用木头或钢板制成。

（2）灌注混凝土桩

灌注混凝土桩的施工过程是首先成孔，然后吊安钢筋笼、浇灌混凝土。灌注混凝土桩按成孔工艺的不同，可以分成打孔灌注混凝土桩、钻（冲）孔灌注混凝土桩、振动沉管灌注混凝土桩、夯扩灌注桩等多种类型。

① 打孔灌注混凝土桩

打孔就是通过桩锤锤击钢管，使之沉入土中而成孔的意思。打孔灌注混凝土桩也叫锤击沉管灌注桩。打孔灌注混凝土桩是利用锤击式打桩机，将带有活瓣式桩靴的钢管，或先埋置预制钢筋混凝土桩尖，在桩尖顶端套上钢管，用锤击将钢管打入土中，然后从钢管内灌入材料捣实，灌一段拔一段钢管，直至完成。

施工工序包括安放混凝土桩尖，将钢管吊放在桩尖上并校正垂直度，锤击钢管至设计要求贯入度或标高,测量孔深,安放钢筋笼,浇注混凝土,边锤边拔出钢管,使钢管不断振动,从而密实混凝土。

在施工中,沉管灌注桩一次浇灌混凝土成桩,称为单打灌注桩。当单打桩不能满足设计要求时,可以通过复打扩大桩身直径,以提高单桩承载力。通常采用一次复打,其施工工序是在单打浇灌混凝土时,应灌满至自然地面。拔出钢管,及时清洁钢管内壁,在原桩位上第二次安放桩尖,然后重复单打的过程。应注意的是,两次沉管时轴线必须重合,而且复打必须在单打的混凝土初凝之前全部完成。

② 振动沉管灌注混凝土桩

振动沉管灌注混凝土桩是利用振动桩锤(又称微振器)将钢管沉入土中,然后灌注混凝土而成,其施工工序与打孔灌注混凝土桩相同,仅沉钢管的方式不同,前者用振动桩锤锤击钢管,后者直接用桩锤锤击钢管。与打孔灌注桩比较,振动沉管桩更适合于稍密及中密的砂土地基施工。

③ 钻(冲)孔灌注混凝土桩

钻(冲)孔灌注混凝土桩是用螺旋钻孔机按设计要求钻成桩孔,成孔后提出钻杆再灌注混凝土材料。钻(冲)孔灌注桩一般要经历以下施工工序:埋设护筒、制备泥浆、成孔、清孔、制安钢筋笼、浇注混凝土等。

潜水钻机钻孔灌注桩是一种适用地下水位较高的钻孔灌注桩。一般先在桩位处埋设钢板护,然后用能防水的潜水钻机带动钻头钻孔,成孔后用清孔器清孔,最后用混凝土导管伸入孔中灌注混凝土。

④ 夯扩灌注桩

夯扩桩是在锤击沉管桩的机械设备与施工方法的基础上加以改进,增加一根内夯管,通过锤击内管,将外管中混凝土强行夯入土中,形成一扩大桩头,以提高承载力。夯扩桩施工工艺包括三部分:止淤成孔、夯扩桩头、制作桩身。此外,夯扩桩的钢筋笼制安吊放同打孔灌注桩和钻(冲)孔灌注桩,混凝土要求先干后稀,夯扩头的混凝土坍落度为 40~60 mm,桩身部分的混凝土坍落度为 100~140 mm。

(3) 人工挖孔桩

人工挖孔桩是指采用人工挖掘方法进行成孔,然后安放钢筋笼,浇筑混凝土而成的桩。人工挖孔桩具有设备简单、无泥浆、噪音和振动,土层地质情况清楚,施工质量直观可靠,单桩承载力大等优点。人工挖孔桩的直径除应满足设计承载力要求外,还应考虑施工操作要求,桩径一般为 800~1 200 mm,桩底一般都可扩大到桩径的 1.5 倍,桩长为 20 m 左右。

为防止桩孔土壁坍塌和确保施工人员安全,挖孔桩应设支护(护壁),人工挖孔桩的护壁形式有混凝土护壁和红砖护壁两种,如图 6-16 和图 6-17 所示。其中,混凝土护壁的形式有锯齿形和平直形,分段现浇混凝土护壁的厚度按其受力状态进行计算确定,通常厚度为 100~150 mm,或加配适量钢筋(φ6~φ8),混凝土强度等级为 C25 或 C30。护壁施工采取一节(圈)弧形木模拼装而成,周转使用。每节高度根据土质和施工要求,一般为 09~1.0 m。当人工挖孔桩直径较小且地质条件较好时,可采用红砖护壁进行支护。为了便于砌筑,砖砌护壁经常采用锯齿形断面,每一齿(节)高度 0.9~1.0 m,厚度由设计确定,分为 1/4 砖和 1/2 砖厚两种。砌筑采用水泥砂浆 M5。人工挖孔桩施工工序为挖孔、吊放钢筋笼、浇桩芯混凝土。

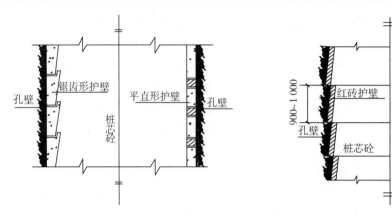

图 6-16　混凝土护壁构造　　　　　图 6-17　砖砌护壁构造

（4）其他类型桩

① 打孔灌注砂、石桩

打孔灌注砂、石桩简称砂、石桩。砂、石桩是对于松散地基，通过挤压、振动等作用，使之达到密实，降低孔隙比，减少建筑物沉降，提高抗震能力。对于软黏土地基，通过置换和排水作用，加速土体固结，形成置换桩与固结黏土的复合地基。这种方法经济、简单，应用较为广泛。

② 灰土挤密桩

灰土挤密桩是利用锤击将钢管沉入土中，再将钢管拔出成孔，向孔中分层回填 2∶8 或 3∶7 灰土夯实成桩，与挤密后的桩间土共同组成复合地基。灰土挤密桩可消除地基土的湿陷性，提高承载力。可节省土方开挖和回填工程量，处理深度可达 12～15 m。该法处理地基方便、简单、工效高，适应于加固地下水位以上各种软弱地基。

③ 粉喷桩（深层搅拌桩）

粉喷桩系采用粉喷桩机成孔，用压缩空气将粉体（水泥或石灰）或水泥浆输送到钻头，旋转喷射到被切削的地基土中，使之充分搅拌混合，固化为水泥（石灰）土桩体，形成良好的复合地基。适合于软土地基、路基的加固处理，以及边坡和地下工程支护、防渗墙等工程应用。粉喷桩使用的水泥为 42.5 MPa 普通水泥，石灰则用磨细的生石灰，要求质地纯净。单位桩长的喷粉量一般为 45～50 kg/m，水泥土的凝期为 3 个月。为保证质量，桩上部 1.5～2.5 m 范围可复喷一次，即复钻到 1.5～2.5 m 后，再提升复喷至距地面 0.5 m 处为止。

④ 高压旋喷水泥桩

高压旋喷水泥桩是指钻机钻到设计深度后，通过高压泵把水泥浆从钻杆端头的特殊喷嘴水平喷入土中。喷嘴在喷射浆液时，一面缓慢旋转，一边徐徐提升，借高压水平射流不断切削土层，并与水泥浆充分搅拌混合，在有效射程半径范围内，形成一个由圆盘状混合物连续堆积成的圆柱状水泥土固结体，就叫作旋喷水泥桩。桩的抗压强度可达 0.5～8 MPa，从而使地基得到加固。适用于砂土、黏性土、湿陷性黄土及人工填土等地基加固处理。旋喷工艺分为单管法、二重管法、三重管法三种旋喷方法。

⑤ 钢板桩

钢板桩是指用钢板做成的特制桩，多用来筑围堰时拦土使用。

（5）打试验桩

打试验桩是指为了解桩的贯入深度、持力层的强度、桩的承载力和施工中可能遇到的问题和反常情况,此外打试验桩还为了做桩的静荷载试验。试验桩只是起检验作用,其功能不同于实际工作桩的功能。

(6)复打桩

复打桩是指发生在灌注混凝土桩(打孔)时,为增加灌注单桩的承载能力,采用扩大灌注单桩截面的方法,在第一次灌注混凝土桩的混凝土初凝前,再在同一桩点上打第二次灌注混凝土桩,第二次(或第三次)灌注桩称复打桩。

5. 地下连续墙。

地下连续墙是以专门的挖槽设备,沿着深基或地下构筑物周边,采用泥浆护壁,按设计的宽度、长度和深度开挖沟槽,待槽段形成后,在槽内设置钢筋笼,采用导管法浇筑混凝土,浇筑成一个单元槽段和混凝土墙体,如图 6-18 所示。依次继续挖槽、浇筑施工,并以某种接头方式将单元墙体系逐个地连接成一道连续的地下钢筋混凝土墙,以作为防渗、挡土、承重的地下墙体结构。

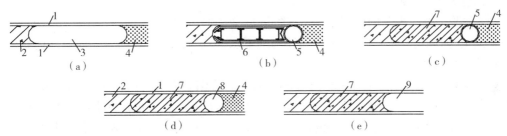

(a) 开挖单元槽 (b) 吊安钢筋笼、接头管 (c) 浇筑砼 (d) 拔出接头管 (e) 开挖新单元槽

1. 导墙 2. 已浇筑单元槽 3. 开挖槽段 4. 未开挖槽段 5. 钢筋笼接头管

6. 钢筋笼 7. 正浇筑槽段 8. 接头管拔出后孔洞 9. 新开挖单元槽

图 6-18 地下连续墙施工示意图

1)地下连续墙的分类

地下连续墙可按以下几种方式分类:按槽孔的形式可以分为壁板式和桩排式两种;按开挖方式及开挖机械可以分为抓斗冲击式、旋转式和旋转冲击式;按施工方法的不同可以分为现浇、预制和二者组合成墙等;按功能及用途分为承重基础或地下构筑物的结构墙、挡土墙、防渗水墙、阻滑墙、隔震墙等;按墙体材料不同分为钢筋混凝土、素混凝土、黏土、自凝泥浆混合墙体材料等。

2)地下连续墙的工艺流程

地下连续墙的工艺流程可分为配制泥浆护壁法和自成泥浆护壁法,但两者工艺流程有所不同,分别如图 6-19、图 6-20 所示。

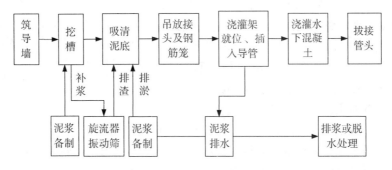

图 6-19 地下连续墙配制泥浆护壁法施工工艺流程

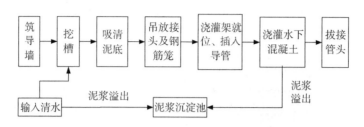

图 6-20　地下连续墙自成泥浆护壁法施工工艺流程

3）施工工序

（1）修筑导墙。在挖槽之前，需沿地下连续墙纵向轴线位置开挖导沟，修筑导墙。导墙材料一般为混凝土、钢筋混凝土（现浇或预制），有时候也用钢结构导墙。导墙厚度一般为 10～20 cm，深度为 100～200 cm。

（2）泥浆护壁。泥浆的作用是固壁、携砂、冷却和润滑，其中以固壁为主。泥浆的主要成分是膨润土、掺和物和水。施工中，泥浆要与地下水、砂和混凝土接触，并一同返回泥浆池，经过处理后再继续使用。

（3）深槽挖掘。首先进行单元槽段划分，然后按单元槽段逐个进行深槽挖掘，单元槽段的长度也是每次浇筑混凝土单元槽段的长度。一般单元槽段长度取 5～8 m，也有超过 10 m 的情况。

（4）混凝土浇筑。地下连续墙的混凝土用导管法进行浇筑，在充满泥浆的深槽内进行混凝土浇筑工作。浇筑时混凝土经导管由重力作用从导管下口压出。随着浇筑的不断进行，混凝土面逐渐上升，将槽内泥浆向上挤压，随时用泥浆泵抽至沉淀池。

（5）地下连续墙的施工接头。指浇筑地下连续墙时连接两相邻单元墙段的接头，接头管接头是当前应用最多的一种。施工时，一个单元槽段挖好后，在槽段的端部放入接头管，然后吊放钢筋笼，浇筑混凝土，待混凝土初凝后，先将接头管旋转然后拔出，使单元槽段的端部形成半圆形，继续施工时就形成两相邻单元槽段的接头。

6. 土层锚杆支护

土层锚杆支护主要包括两大部分，即拉结锚杆和边坡护面，如图 6-21 所示。土层锚杆种类很多，主要有钢筋锚杆、钢绞线锚杆和钢管锚杆。钢筋锚杆常采用 φ25 mm 螺纹钢筋，钢绞线锚杆采用 7φ5.5 mm 钢丝，钢管锚杆为焊接钢管中 φ50×3.5 mm，锚固端钻有 φ2.5 灌浆孔。锚杆长度根据设计而定，一般要求穿透主动土压力区，并伸入稳定地层中足够的有效锚固长度，长度一般都在 10 m 以上，有的达 30 m 甚至更长。护面挂钢筋中 φ4～φ6@250～300 mm，加强筋中 φ20 螺纹筋@2 000 mm，与锚杆端头焊牢。喷射 40～60 mm 厚 C15 细石混凝土。

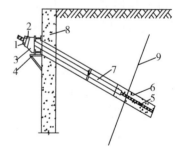

1. 锚具　2. 承压板　3. 台座
4. 承托架　5. 钢拉杆　6. 锚固体　7. 套管
8. 边坡护面　9. 主动滑动面线图

图 6-21　土层锚杆支护示意图

土层锚杆支护施工工序：钻锚杆孔→安锚杆→挂钢筋网→焊锚头→锚孔压力灌浆→护面喷细石混凝土。通常锚杆钻机成孔，孔径为 φ110～180 mm。当采用钢管锚杆时，用顶进机将钢管直接顶进土层中，然后向钢管内压浆。

7. 土钉支护

土钉支护是一种新型的挡土支护技术,土钉支护可以先锚后喷,如图 6-22 所示,也可以先喷后锚,如图 6-23 所示。土钉支护的施工工序:按设计要求开挖工作面,修理边坡;喷射第一层混凝土;安设土钉,包括钻孔、插筋、注浆、垫板等,或用专门设备将土钉钢筋打入土体;绑扎钢筋网、留搭接筋、喷射第二层混凝土、安装土钉锚头;开挖第二层土方,按此循环,直到坑底标高。土钉支护适用于水位低的地区,或能保证降水到基坑面以下;土层为黏土、砂土和粉土;基坑深度不宜大于 12 m。

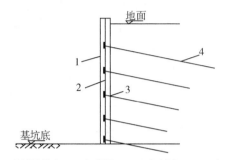

1. 喷射混凝土 2. 钢筋网 3. 土钉锚头 4. 土钉
图 6-22 先锚后喷土钉支护

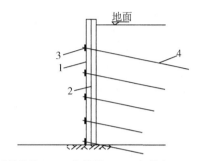

1. 喷射混凝土 2. 钢筋网 3. 土钉锚头 4. 土钉
图 6-23 先喷后锚土钉支护

6.3.2 桩与地基基础工程清单工程量计算规则

1. 换填垫层工程量按设计图示尺寸以体积计算。铺设土工合成材料工程量按设计图示尺寸以面积计算。顶压地基工程量按设计图示尺寸处理范围以面积计算。强夯地基工程量按设计图示尺寸处理范围以面积计算。振冲密实(不填料)工程量按设计桩截面乘以桩长以体积计算。

2. 振冲桩(填料)工程量按设计桩截面乘以桩长以体积计算。

3. 砂石桩工程量按设计桩截面乘以桩长(包括桩尖)以体积计算。

4. 夯实水泥土桩和石灰桩工程量按设计图示尺寸以桩长(包括桩尖)计算。

5. 柱锤冲扩桩工程量按设计图示尺寸以桩长计算。

6. 褥垫层工程量按设计图示尺寸以体积计算。

7. 水泥粉煤灰碎石桩工程量按设计桩截面乘以设计桩长(包括设计桩长和设计超灌长度两部分)以体积计算。

8. 深层搅拌水泥桩工程量按设计桩截面乘以设计桩长以体积计算。

9. 高压旋喷水泥桩工程量以桩长度计算。高压喷射注浆适用于单管法、双重管法、三重管法的高压旋喷水泥桩。

10. 灰土挤密桩工程量按设计桩截面乘以设计桩长以体积计算。

11. 压力灌注微型桩工程量按主杆桩体长度以米计算。

12. 高压定喷防渗墙工程量按设计图示尺寸以面积计算。

13. 试验桩应按相应的“预制钢筋混凝土柱”项目编码单独列项。试验桩与打桩之间间歇时间,机械在现场的停滞应包括在打试桩报价内。

14. 打钢筋混凝土预制板桩是指留滞原位(即不拔出)的板桩。板桩应在工程量清单中描述其单桩垂直投影面积。

15. 送桩应按相应项目编码列项。送桩项目适用于预制钢筋混凝土方桩、管桩、板桩的送桩。管桩以米计算,其余预制桩定额是按桩体积以立方米计算。

16. 接桩项目按相应项目编码列项。接桩项目适用于预制钢筋混凝土方柱和板桩的接桩。电焊接桩按设计接头,以个数计算,硫磺胶泥接桩按接桩断面以面积计算。接桩应在工程量清单中描述接头材料。静压管桩的接桩工作已包含在《广西壮族自治区建筑装饰装修工程消耗量定额》(2013 版)的管桩子目中,不另列项计算。

17. 成孔灌注桩机械成孔项目适用于各种机械成孔灌注桩,如钻(冲)孔灌注桩、旋挖桩等。人工挖孔桩属人工成孔桩。土方、泥浆外运不包括在成孔灌注桩机械成孔报价内,按相应项目编码列项。泥浆池、泥浆沟槽的砌筑、拆除已包含在《广西壮族自治区建筑装饰装修工程消耗量定额》(2013 版)的成孔桩子目中,不另列项计算。

18. 人工挖孔桩成孔项目适用于人工挖孔的成孔桩。人工挖孔时采用的护壁(如砖砌护壁、预制钢筋混凝土护壁、现浇钢筋混凝土护壁、钢模周转护壁、竹笼护壁等),应包括在报价内。人工挖孔桩挖土应包含在人工挖孔桩报价内。

19. 成孔灌注桩桩芯混凝土适用于各种成孔方式(如钻(冲)孔灌注桩、旋挖桩、人工挖孔桩等)的混凝土灌注桩。

20. 长螺旋钻孔压灌桩适用于长螺旋钻孔压灌混凝土桩。当成孔需穿过≥3.0 m 卵石层时,应包括在报价内。余土外运不包括在长螺旋钻孔压灌桩报价内,按相应项目编码列项。

21. 桩的钢筋(如灌注桩的钢筋笼、地下连续墙的钢筋网及预制桩钢筋等)应按混凝土及钢筋混凝土相关项目编码列项。

22. 地下连续墙工程量按设计图示墙中心线长度乘以厚度乘以槽深以体积计算。

23. 预制钢筋混凝土桩板工程量按设计图示尺寸以桩长(包括桩尖)计算。

24. 型钢桩和钢板桩工程量按设计图示尺寸以质量计算。

25. 锚杆(锚索)工程量按设计图示尺寸以钻孔深度计算。

26. 土钉工程量按设计图示尺寸以钻孔深度计算。

27. 喷射混凝土、水泥砂浆工程量按设计图示尺寸以面积计算。

28. 钢筋混凝土支撑工程量按设计图示尺寸以体积计算。

29. 钢支撑工程量按设计图示尺寸以质量计算,不扣除孔眼、焊条、铆钉、螺栓的不另增加。

30. 圆木桩工程量按设计桩长和梢径根据材积计算。

31. 凿桩头工程量可按设计图示尺寸或施工规范规定应凿除的部分,以体积计算;凿除人工挖孔桩护壁、水泥粉煤灰桩(CFG)工程量按需凿除的实体体积计算。凿桩头工程量也可以以个计量;机械切割预制管桩,按桩头数量计算。

32. 打预制钢筋混凝土方桩工程量按设计桩长(包括桩尖,即不扣除桩尖虚体积)乘以桩截面以体积计算。

33. 打预制钢筋混凝土管桩工程量按设计桩长(包括桩尖,即不扣除桩尖虚体积)乘以桩截面以体积计算。管桩的空心体积应扣除。

34. 打预制钢筋混凝土板桩和压预制钢筋混凝土方桩工程量按设计桩长(包括桩尖,即不扣除桩尖虚体积)乘以桩截面以体积计算。

35. 压预制钢筋混凝土管桩工程量按设计长度计算。

36. 预制混凝土管桩填桩芯工程量按设计灌注长度乘以桩芯截面面积以体积计算。

37. 螺旋钻机钻取土工程量按钻孔入土深度以米计算。

38. 送桩工程量管桩按送桩长度计算,其余桩按截面面积乘以送桩长度(打桩架底至桩顶高度或自桩顶面至自然地平面另外加 0.5 m)以体积计算。

39. 接桩工程量计算,电焊接桩按设计接头,以个按设计数量计算;硫磺胶泥按桩断面以平方米计算。

40. 预制钢筋混凝土方桩、预制钢筋混凝土管桩项目以成品桩编制,应包括成品桩购置费,如果采用现场预制,应包括现场预制桩的所有费用。

41. 打试验桩和打斜桩应按相应项目单独列项,并应在项目特征中注明试验桩或斜桩(斜率)。

42. 静压预制钢筋混凝土管桩接桩应在清单综合单价中考虑,不另列项计算。

43. 成孔灌注桩机械成孔工程量按成孔长度乘以设计桩截面积以体积计算。

44. 人工挖孔桩成孔工程量按设计桩截面积(桩径包括桩芯直径和护壁厚度)乘以挖孔深度加上桩的扩大头体积以体积计算。

45. 成孔灌注桩桩芯混凝土工程量按设计桩芯的截面积乘以桩芯的深度(包括设计桩长和设计超灌长度)以体积计算。人工挖孔桩加上桩的扩大头的体积。

46. 成孔灌注桩入岩增加费工程量按入岩部分以体积计算。

47. 长螺旋钻孔压灌注桩工程量按设计桩的截面积乘以设计桩长(包括设计桩长和设计超灌长度)以体积计算。

48. 泥浆运输工程量按钻(冲)孔成孔体积计算。

6.3.3 《广西壮族自治区建筑装饰装修工程消耗量定额》(2013 版)桩与地基基础工程计价说明

1. 人工挖孔桩,不分土壤类别、不分机械类别和性能均执行本定额。本定额分成孔和桩芯混凝土两部分,成孔定额子目包括挖孔和护壁混凝土浇捣等。

2. 定额预制桩子目(除静压预制管桩外),均未包括接桩,如需接桩,除按相应打(压)桩定额子目计算外,按设计要求另行计算接桩子目,其机械可按相应打桩机械调整,台班含量不变。

3. 打预制钢筋混凝土桩,起吊、运送、就位是按操作周边 15 m 以内的距离确定的,超过 15 m 以外另按相应运输定额子目计算。

4. 现浇混凝土浇捣是按商品混凝土编制的,采用泵送时套用定额相应子目,采用非泵送时,每立方米混凝土增加人工费 21 元。

5. 定额钻(冲)孔灌注桩按转盘式钻孔桩和旋挖桩编制,冲孔桩套转盘式钻孔桩相应定额子目。

6. 定额钻(冲)孔灌注桩分成孔、入岩、灌注分别按不同的桩径编制。

7. 编制定额已综合考虑了穿越砂(粘)土层、碎(卵)石层的因素,如设计要求进入岩石层时,套用相应定额计算入岩增加费。

8. 钻(冲)孔灌注桩定额已经包含了钢护套筒埋设,如实际施工钢护套筒埋设深度与定额不同时不得换算。

9. 钻(冲)孔灌注桩的土方场外运输按成孔体积和实际运距分别套用土(石)方工程相应

定额子目计算。

10. 钻(冲)孔灌注桩如先用沉淀池沉淀泥浆后再运渣的,沉淀后的渣土及拆除的沉淀池外运套相应定额或按现场签证计算。

11. 打永久性钢板桩的损耗量:槽钢按 6%,拉森钢板桩按 1%。打临时性钢板桩,若为租赁使用的则按实际租赁价值计算(包括租赁、运输、截割、调直、防腐及损耗);若为施工单位的钢板桩,则每打拔一次按钢板桩价值的 7% 计取折旧,即按定额套打桩、拔桩项目后再加上钢板桩的折旧费用。

12. 单位工程打(压、灌)桩工程量在表 6-14 规定的数量以内时,其人工、机械按相应定额子目乘以系数 1.25 计算。

表 6-14　单位工程打、压(灌)桩工程量

项目	单位工程工程量	项目	单位工程工程量
钢筋混凝土方桩	150 m³	打孔灌注砂石桩	60 m³
钢筋混凝土管桩	50 m³	钻(冲)孔灌注混凝土桩	100 m³
钢筋混凝土板桩	50 m³	灰土挤密桩	100 m³
钢板桩	50 t	打孔灌注混凝土桩	60 m³

13. 打试验桩按相应定额子目的人工、机械乘以系数 2 计算。

14. 打桩、压桩、打孔等挤土桩,桩间净距小于 4 倍桩径(或桩边长)的,按相应定额子目中的人工、机械乘以系数 1.13。

15. 定额以打垂直桩为准,如打斜桩,斜度 1∶6 以内者,若按相应子目人工、机械乘以系数 1.25,如斜度大于 1∶6 者,按相应定额子目人工、机械乘以系数 1.43。

16. 定额以平地(坡度小于 15°)打桩为准,如在堤坡上(坡度大于 15°)打桩时,按相应定额子目人工、机械乘以系数 1.15。如在基坑内(基坑深度大于 1.5 m)打桩或在地坪上打坑槽内(坑槽深度大于 1 m)桩时,按相应定额子目人工、机械乘以系数 1.11。

17. 定额各种灌注的材料用量中,均已包括表 6-15 规定的充盈系数和材料损耗。灌注混凝土桩的充盈系数按整个项目的桩(正常桩、无溶洞等)总体积计算。实际充盈系数与定额规定不同时,按下式换算:

$$换算后的充盈系数＝\frac{实际灌注混凝土(或砂、石)量}{按设计图计算混凝土(或砂、石)量} \tag{6-1}$$

表 6-15　充盈系数和材料损耗

项目名称	充盈系数	损耗率%	项目名称	充盈系数	损耗率%
打孔灌注混凝土桩	1.25	1.5	打孔灌注砂桩	1.30	3
钻孔、旋挖灌注混凝土桩	1.30	1.5	打孔灌注砂石桩	1.30	3
长螺旋钻孔压灌桩	1.20	1.5	地下连续墙	1.20	1.5
水泥粉煤灰碎石桩(CFG 桩)	1.20	1.5			

其中灌注砂石桩除上述充盈系数和损耗率外,还包括级配密实系数 1.334。

18. 在桩间补桩或强夯后的地基打桩时,按相应定额子目人工、机械乘以系数 1.15。

19. 送桩(除圆木桩外)套用相应打桩定额子目,扣除子目中桩的用量,人工、机械乘以系数1.25,其余不变。桩基础中,对于打桩桩间净距小于4倍桩径,且需送桩的,则该桩需同时考虑间距和送桩两个系数,按人工×(1+0.13+0.25),机械×(1+0.13+0.25)。

20. 金属周转材料中包括桩帽、送桩器、桩帽盖、活瓣桩尖、钢管、料斗等属于周转性使用的材料。

21. 预制钢筋混凝土管桩的空心部分如设计要求灌注填充材料时,应套用相应定额另行计算。

22. 入岩增加费按以下规定计算:极软岩不作入岩,硬质岩按入岩计算,软质岩按相应入岩子目乘以系数0.5。

23. 凿人工挖孔桩护壁按凿灌注桩定额乘以系数0.5;凿水泥粉煤灰桩(CFC)按凿灌注桩定额乘以系数0.3。

24. 锚杆、土钉在高于地面1.2 m处作业,需搭设脚手架的,按定额脚手架工程相应定额子目计算,如需搭设操作平台,按实际搭设长度乘以2 m宽,套满堂脚手架计算。

25. 预制桩桩长除合同另有约定外,预算按设计长度计算,结算按实际入土桩长度计算,超出地面的桩头长度不得计算,但可计算超出地面的桩头材料费。

6.3.4　桩与地基基础工程计价工程量计算规则

1. 打预制钢筋混凝土桩(含管桩)的工程量,按设计桩长(包括桩尖,即不扣除桩尖虚体积)乘以桩截面面积以立方米计算。管桩的空心体积应扣除。

2. 静压方桩工程量按设计桩长(包括桩尖,即不扣除桩尖虚体积)乘以桩截面面积以立方米计算。

3. 静压管桩工程量按设计长度以米计算;管桩的空心部分灌注混凝土,工程量按设计灌注长度乘以桩芯截面面积以立方米计算;预制钢筋混凝土管桩如需设置钢桩尖时,钢桩尖制作、安装按实际重量套用一般铁件定额子目计算。

4. 螺旋钻机钻孔取土按钻孔入土深度以米计算。

5. 接桩工程量计算,电焊接桩按设计接头,以个计算;硫磺胶泥按桩断面以平方米计算。

6. 送桩工程量计算,管桩按送桩长度以米计算,其余桩按桩截面面积乘以送桩长度(即打桩架底至桩顶高度或自桩顶面至自然地平面另加0.5 m)以立方米计算。

7. 混凝土桩、砂桩、碎石桩的体积,按下列公式计算。

混凝土桩、砂桩、碎石桩的体积=[设计桩长(包括桩尖,即不扣除桩尖虚体积)+设计超灌长度]×设计桩截面面积

$$(6-2)$$

8. 扩大(复打)桩的体积按单桩体积乘以次数计算。

9. 打孔时,先埋入预制混凝土桩尖,再灌注混凝土者,桩尖的制作和运输按消耗量定额混凝土及钢筋混凝土工程相应定额子目以立方米计算,灌注桩体积按下列公式计算。

灌注桩体积=[设计长度(自桩尖顶面至桩顶面高度)+设计超灌长度]×设计桩截面面积

$$(6-3)$$

10. 钻(冲)孔灌注桩和旋挖桩分成孔、灌芯、入岩工程量计算。钻(冲)孔灌注桩、旋挖桩成孔工程量按成孔长度乘以设计桩截面面积以立方米计算,成孔长度为打桩前的自然地坪标高

至设计桩底的长度；灌注混凝土工程量按桩长乘以设计桩截面积计算，桩长包括设计桩长和设计超灌长度两部分，如设计图纸未注明超灌长度，则超灌长度按 500 mm 计算；钻(冲)孔灌注桩、旋挖桩入岩工程量按入岩部分的体积计算；泥浆运输工程量按钻(冲)孔成孔体积以立方米计算。

11. 长螺旋钻孔压灌桩和水泥粉煤灰碎石桩按桩长乘以设计桩截面以立方米计算，桩长包括设计桩长和设计超灌长两部分，如设计图纸未注明超灌长度，则超灌长度按 500 mm 计算。

12. 人工挖孔桩成孔按设计桩截面积(桩径为桩芯直径另加护壁厚度)乘以挖孔深度加上桩的扩大头体积以立方米计算。灌注桩芯混凝土按设计桩芯的截面积乘以桩芯的深度(桩长包括设计桩长和设计超灌长度两部分)加上桩的扩大头增加的体积以立方米计算。人工挖孔桩入岩工程量按入岩部分的体积计算。

13. 灰土挤密桩、深层搅拌桩按设计截面面积乘以设计长度按立方米计算。

14. 高压旋喷水泥桩按水泥桩体长度以米计算。

15. 打拔钢板桩按钢板桩重量以吨计算。

16. 打圆木桩的材积按设计桩长和梢径根据材积表计算。

17. 压力灌浆微型桩依据设计区分不同直径按主杆桩体长度以米计算。

18. 地下连续墙按设计图示墙中心线长度乘以厚度乘以槽深以立方米计算；锁口管接头工程量，按设计图示以段计算；工字形钢板接头工程量，按设计图示尺寸乘以理论质量以质量计算。

19. 地基强夯按设计图示强夯面积区分夯击能量、夯击遍数，以平方米计算。

20. 锚杆钻孔灌浆、砂浆土钉按入土(岩)深度以米计算。锚筋按定额混凝土及钢筋混凝土工程相应定额子目计算。

21. 喷射混凝土护坡按护坡面积以平方米计算。

22. 高压定喷防渗墙按设计图示尺寸以平方米计算。

23. 凿(截)桩头的工程量的计算：桩头钢筋截断按钢筋根数计算；凿桩头按设计图示尺寸或施工规范规定应凿除的部分，以立方米计算；凿除人工挖孔桩护壁、水泥粉煤灰桩(CFG)工程量按需凿除的实体体积计算；机械切割预制管桩，按桩头个数计算。

24. 深层搅拌水泥桩水泥的掺量按 12% 编制，定额中水泥掺量的基数是按加固土容重 2U/m³ 编制，实际水泥用量与定额不同时，可按相应定额子目调整，增加百分比按四舍五入取整计算。

25. 安拆导向夹具定额子目配套打预制板桩和钢板桩的定额子目使用。

26. 长螺旋钻孔压灌桩当成孔需穿过 3 m 的卵石层时，机械乘以 1.25 系数。

27. 泥浆运输的工程量非实际量，而是桩的钻孔工程量，定额按 1 m³ 的钻孔体积折算为 4.5 m³ 的泥浆编制。

6.3.5　桩与地基基础工程计算实例

【实例 1】　根据本书第 10 章实训图纸内容、2013 版清单规范的规定，练习计算基础层 BPB02 的工程量。

表 6-16

编码	项目名称/构件名称/位置/工程量明细		单位	工程量
010501003001	独立基础		m^3	17.76
基础层	BPB02	1.85(长度)×1.6(宽度)×0.5(高度)	m^3	1.48
		1.85(长度)×1.6(宽度)×0.5(高度)	m^3	1.48
		1.85(长度)×1.6(宽度)×0.5(高度)	m^3	1.48
		1.85(长度)×1.6(宽度)×0.5(高度)	m^3	1.48
		1.85(长度)×1.6(宽度)×0.5(高度)	m^3	1.48
		1.85(长度)×1.6(宽度)×0.5(高度)	m^3	1.48
		1.85(长度)×1.6(宽度)×0.5(高度)	m^3	1.48
		1.85(长度)×1.6(宽度)×0.5(高度)	m^3	1.48
		1.85(长度)×1.6(宽度)×0.5(高度)	m^3	1.48
		1.85(长度)×1.6(宽度)×0.5(高度)	m^3	1.48
		1.85(长度)×1.6(宽度)×0.5(高度)	m^3	1.48
		1.85(长度)×1.6(宽度)×0.5(高度)	m^3	1.48

【实例 2】 某工程需要打设 450 mm×450 mm×27 000 mm 的预制钢筋混凝土方桩,共计 260 根。预制桩的每节长度为 9 m,送桩长度为 5 m,桩的接头采用焊接接头。请求出预制方桩的清单工程量和定额工程量,以及送桩和接桩的定额工程量。

【解】 计算清单工程量:$V = 0.45 \times 0.45 \times 27 \times 260 = 1\,421.55(m^3)$

计算定额工程量:预制桩的定额工程量 $= 0.45 \times 0.45 \times 27 \times 260 = 1\,421.55(m^3)$

预制方桩的接桩工程量 $= (27 \div 9 - 1) \times 260 = 520(\text{个})$

预制方桩的送桩工程量 $= (0.45 \times 0.45) \times (5 + 0.5) \times 260 = 289.575(m^3)$

【实例 3】 某工程需搭设 95 根沉管混凝土灌注桩,钢管内径为 350 mm,管壁厚度为 25 mm,设计桩身长度为 8 000 mm,桩尖长 500 mm,设计超灌长度为 0.5 m,请分别计算沉管混凝土灌注桩的清单工程量和计价工程量。

【解】 计算清单工程量:$V_1 = \pi \times (0.35 \div 2 + 0.025)^2 \times (8 + 0.5 + 0.5) \times 95 = 107.388(m^3)$

计算定额工程量:$V_2 = \pi \times (0.35 \div 2 + 0.025)^2 \times (8 + 0.5 + 0.5) \times 95 = 107.388(m^3)$

【实例 4】 如图 6-24 所示,请计算砖基础的清单工程量和定额工程量。

【解】 计算定额工程量:外墙中心线长度 $L_{中} = [(2.4 + 4.8 + 0.25 \times 2 - 0.37) + (2.4 + 2.7 + 1.5 + 0.25 \times 2 - 0.37)] \times 2 = 28.12(m)$

内墙净长度 $L_{内} = (6.6 - 0.24) + (7.2 - 0.24 \times 2) + (4.8 - 0.24) + (2.4 - 0.24) = 19.8(m)$

外墙砖基础的深度 $H_1 = 1.7 - 0.2 = 1.5(m)$

内墙砖基础的深度 $H_2 = 1.2 - 0.2 = 1(m)$

外墙砖基础的断面面积:$S_{外} = (1.5 + 0.518) \times 0.365 = 0.737(m^2)$

内墙砖基础的断面面积:$S_{内} = (1 + 0.394) \times 0.24 = 0.335(m^2)$

外墙砖基础定额工程量:$V_{外} = S_{外} \times L_{中} = 0.737 \times 28.12 = 20.724(m^3)$

内墙砖基础定额工程量：$V_内＝S_内×L_内＝0.335×19.8＝6.633(m^3)$

计算清单工程量：外墙中心线长度 $L_中＝[(2.4＋4.8＋0.25×2－0.37)＋(2.4＋2.7＋1.5＋0.25×2－0.37)]×2＝28.12(m)$

内墙净长度 $L_内＝(6.6－0.24)＋(7.2－0.24×2)＋(4.8－0.24)＋(2.4－0.24)＝19.8(m)$

外墙砖基础的深度 $H_1＝1.7－0.2＝1.5(m)$

内墙砖基础的深度 $H_2＝1.2－0.2＝1(m)$

外墙砖基础的断面面积：$S_外＝(1.5＋0.518)×0.365＝0.737(m^2)$

内墙砖基础的断面面积：$S_内＝(1＋0.394)×0.24＝0.335(m^2)$

外墙砖基础定额工程量：$V_外＝S_外×L_中＝0.737×28.12＝20.724(m^3)$

内墙砖基础定额工程量：$V_内＝S_内×L_内＝0.335×19.8＝6.633(m^3)$

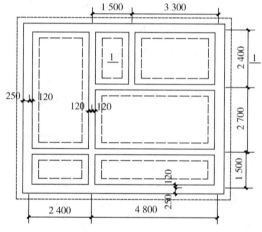

（a）基础平面图

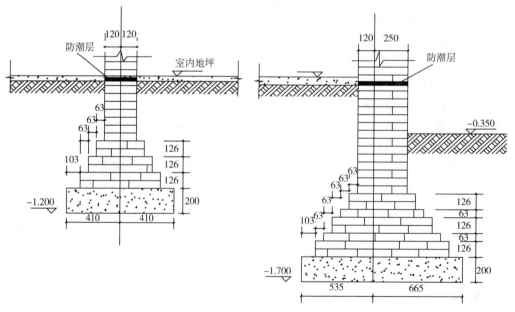

（b）1-1剖面图

图 6-24　砖基础

【实例 5】 某现浇钢筋混凝土房屋的有梁式(带肋)带形基础平面图及剖面图如 6-25 所示,基础混凝土等级为 C25,垫层混凝土强度等级为 C15,请计算该带形基础混凝土的工程量。

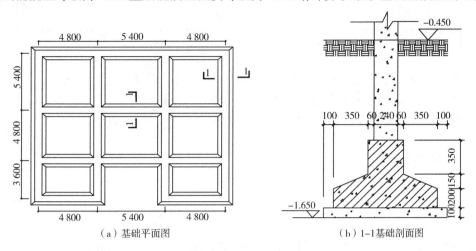

（a）基础平面图   （b）1-1基础剖面图

图 6-25　带形基础

【解】 有梁式(带肋)混凝土带形基础的断面面积:

$S_{基础} = Bh_3 + bh_1 + (B+b)/2 \times h_2 = (0.35 + 0.06 + 0.24 + 0.06 + 0.35) \times 0.2 + (0.24 + 0.06 \times 2) \times 0.35 + (1.06 + 0.24 + 0.06 \times 2)/2 \times 0.15 = 0.445(m^2)$

外墙中心线长度 $L_{中} = (4.8 \times 2 + 5.4 + 5.4 + 4.8 + 3.6) \times 2 + 3.6 \times 2 = 64.8(m)$

内墙基间净长度 $L_{内} = (4.8 + 5.4 + 4.8 - 0.53 \times 2) + (5.4 - 0.53 \times 2) \times 2 + (4.8 - 0.53 \times 2) \times 4 = 37.58(m)$

基础长度 $L = L_{中} + L_{内} = 64.8 + 37.58 = 102.38(m)$

T 形搭接部分体积 $V_{搭接} = [bh_1 + (B+2b)h_2/6] \times (B-b)/2 = [0.36 \times 0.35 + (1.06 + 0.36 \times 2) \times 0.15/6] \times (1.06 - 0.36)/2 = 0.06(m^3)$

T 形接头的个数 $n = 14$

$S_{基础} \times L = 0.445 \times 102.38 = 45.559(m^3)$

$V_{有梁式基础} = S_{基础} \times L + nV_{搭接} = 45.559 + 14 \times 0.06 = 46.399(m^3)$

【实例 6】 请分别计算例 5 内、外墙下混凝土垫层的工程量。

【解】 垫层的断面面积 $S_{垫} = 0.1 \times (1.06 + 0.1 \times 2) = 0.126(m^2)$

外墙基础垫层中心线长度 $L_{中} = (4.8 \times 2 + 5.4 + 5.4 + 4.8 + 3.6) \times 2 + 3.6 \times 2 = 64.8(m)$

内墙基础垫层间的净长度 $L_{内} = (4.8 + 5.4 + 4.8 - 0.63 \times 2) + (5.4 - 0.63 \times 2) \times 2 + (4.8 - 0.63 \times 2) \times 4 = 36.18(m)$

外墙基础垫层的工程量 $V_{外} = S_{垫} \times L_{中} = 0.126 \times 64.8 = 8.165(m^3)$

内墙基础垫层的工程量 $V_{内} = S_{垫} \times L_{中} = 0.126 \times 36.18 = 4.559(m^3)$

【课后习题】

1. 独立基础的定义是什么?通常在什么情况下设置独立基础?

2. 请按照下图所示计算钢筋混凝土预制桩的制作、运输、打桩、送桩工程量。已知:根数 260 根,采用现场制作,制作场地中心距建筑物打桩中心 1 000 m,自然地平高 −0.15 m,桩顶设计标高 −1.35 m。

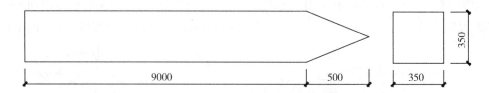

3. 某工程采用长螺旋钻机打长螺旋钻孔压灌桩,现场灌注 C30 混凝土桩 165 根,设计桩长 15 m,桩径 450 mm,设计超灌长度 500 mm,现场拌制普通混凝土。求压灌桩工程量。

4. 独立砖柱基础工程量该如何计算?

6.4　砌筑工程

6.4.1　砌筑工程基本知识

1. 砌筑工程系指各种散体块料(如砖、石块、砌块等)组合堆砌,并用胶结材料(砂浆)连结而成的整体,它被广泛用作建筑物和构筑物的基础、墙、柱等承重和围护构件。墙体按其所起作用可分为承重墙和非承重墙。墙体除承受自重外,还承受梁板或屋架传来的荷重的,叫承重墙;只承受自重的叫非承重墙,如围护墙、隔墙、框架间墙等。墙体按是否需要外侧抹灰可分为混水墙和清水墙。墙面抹灰的称混水墙;清水墙不抹灰,但需勾缝,要求墙面平直和灰缝均匀,故砌筑要求较混水墙严格,如用与墙同一种砂浆勾缝者称原浆勾缝。墙体按其所在建筑平面位置可分为外墙和内墙。外墙中在窗户之间的墙常称窗间墙。墙体按其所用材料和构造方法可分为普通砖墙、空斗墙、石墙、板筑墙、轻质墙、框架间墙、结构墙、大小型砌块、大型板材墙等。墙体按其外形可分直形墙和圆弧形墙。圆弧形墙系满足某些特殊要求,将墙砌成圆弧形,因此其工料消耗较直形墙多。

2. 砌筑用砖按制作工艺不同可分为烧结砖和非烧结砖两类;按制作材料不同可分为黏土砖和非黏土类砖(灰砂砖、粉煤灰砖、陶粒砖、玻璃砖等)两类;按砖的结构可分为普通砖(实心砖)、多孔砖(孔洞率≥15%)和空心砖(孔洞率≥35%)等。常用的烧结普通砖其尺寸为 240 mm×115 mm×53 mm,按其抗压强度分为 MU30、MU25、MU20、MU15 和 MU10 等五个强度等级。烧结多孔砖有 190 mm×190 mm×90 mm(M 型)和 240 mm×115 mm×90 mm(P 型)两种规格,孔洞率在 15% 以上。根据抗压强度、抗折荷重,烧结多孔砖分为 30、25、20、15、10、7.5 六个强度等级。烧结空心砖有 290 mm×190 mm×90 mm 和 240 mm×180 mm×115 mm两种规格,孔洞率在 35% 以上。根据砖的表观密度不同,分为 800、900、1 100 kg/m³ 三个密度等级。烧结空心砖自重较小,强度较低,多用于非承重墙,如多层建筑内隔墙或构架结构的填充墙等。

3. 砌筑用砌块按形状可分为实心砌块和空心砌块两类;按制作原料可分为加气混凝土砌块、混凝土小型空心砌块、粉煤灰砌块、泡沫混凝土砌块、膨胀珍珠岩砌块、混凝土炉渣实心砌块等;按规格可分为小型砌块、中型砌块和大型砌块。常用的普通混凝土小型空心砌块分为单排孔砌块和多排孔砌块两种,主体规格尺寸为 390 mm×190 mm×190 mm,各方向尺寸还有规定的辅助规格尺寸。按砌块的抗压强度分为 MU3.5、MU5、MU7.5、MU10、MU15、MU20 等六个强度等级,MU7.5 以上的为承重砌块,MU5 以下的为非承重砌块。普通混凝土小型空心砌块多用于低层和中层建筑的内墙和外墙,也可用作填充墙、花园圆墙等。蒸压加气混凝土砌块按其抗压强度分为 A1.0、A2.0、A2.5、A3.5、A5.0、A7.5、A10.0 等七个强度级别,按其表观密度分为 B03、B04、B05、B06、B07、B08 等六个级别。加气混凝土砌块可以设计建造三层以下的全加气混凝土建筑,主要可用作框架结构、现浇混凝土结构建筑的外墙填充、内墙隔断,也可用于具有抗震圈梁构造柱的多层建筑的外墙或保温隔热复合墙体。

4. 砌筑砂浆按所用胶凝材料不同可分为水泥砂浆、石灰砂浆和混合砂浆(水泥石灰砂浆、水泥黏土砂浆、石灰黏土砂浆等);按其强度等级可分为 M20、M15、M10、M7.5、M5 六个等级,工程中根据不同的结构强度要求进行选择。

5. 砖基础是采用烧结普通砖和水泥砂浆砌筑而成的砌体基础。砖基础由墙基和大放脚两部分组成,墙基与墙身同厚,大放脚即墙基下面的扩大部分,在大放脚下面为基础垫层,垫层一般为灰土、碎砖三合土或混凝土等。在墙基顶面应设防潮层,地下水较深或无地下水时,防潮层一般为 20 mm 厚1∶2.5 防水砂浆,位置在底层室内地面以下一皮砖处;地下水位较浅时,防潮层一般用 60 mm 厚配筋混凝土带,宽度与墙身同宽。为增加基础及上部结构刚度,砌体结构中防潮层与地圈梁合二为一,地圈梁高度为 180∼300 mm。大放脚有等高式和间隔式两种形式,等高式大放脚是每砌两皮砖,两边各收到 1/4 砖长(60 mm);间隔式大放脚是每砌两皮砖及一皮砖,轮流两边各收进 1/4 砖长(60 mm),最下面应为两皮砖,如图 6-26 所示。

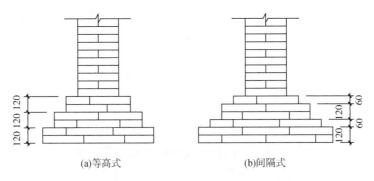

(a)等高式　　　　　　(b)间隔式

图 6-26 砖基础大放脚形式

6. 毛石基础是用形状不规整的毛石和水泥砂浆砌筑而成的基础。每台不可能一皮找平,至少需砌二皮毛石才能找平,因此每台高度不小于 400 mm。每台宽因考虑毛石的搭接,应不大于 200 mm。当毛石基础宽度不大于 700 mm 时,应做成矩形断面,如图 6-27 所示。

7. 砖墙的厚度与砖的标准尺寸和各种砌式直接相关,同时在工程实际中存在着构造尺寸、标志尺寸和不同的称谓,砖墙厚度可分为半砖墙、一砖墙、一砖半墙,工程预算一般以设计尺寸为工程量计算的依据。设置钢筋混凝土构造柱的砌体,应按先砌墙后浇柱的施工程序进行。构造柱与墙体的连接处应砌成马牙槎,从每层柱脚

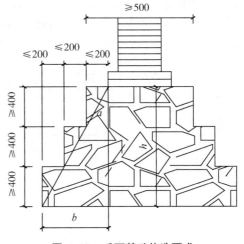

图 6-27 毛石基础构造要求

开始,先退后进,每一马牙槎沿高度方向的尺寸不宜超过 300 mm。沿墙高度每 500 mm 设 2φ6 拉结钢筋,每边伸入墙内不宜小于 1 m。预留伸出的拉结钢筋,不得在施工中反复弯折,如有歪斜、弯曲,在浇筑混凝土之前,应校正到准确位置并绑扎牢固,如图 6-28 所示。砌块墙按实际所用的砌体材料和设计尺寸来决定砌块墙的墙厚。石墙根据石块的加工程度不同可分为毛石墙和块料石墙两种。毛石是指无规则的乱毛石,块料石是指已加工好的有面、有线的商品方整石(已包括打荒、剁斧等)。

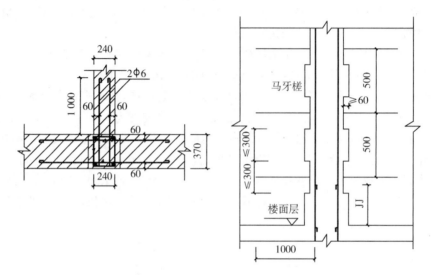

图 6-28　构造柱与墙体的连接

8. 砖过梁是门窗洞口上方的横梁,其作用是承受洞口上部墙体自重和梁、板传来的荷载,并将其传递给洞口两边的窗间墙。常用的砖过梁有砖拱过梁和钢筋砖过梁。砖拱过梁包括砖平拱过梁和砖弧供过梁。砖平拱是用砖立砌或侧砌成对称于中心的倒梯形,适用于宽度不大于 1.2 m 的门窗洞口,厚度等于墙厚,高度不小于 240 mm。砖弧拱用砖立砌成圆弧形,适用于宽度不大于 2 m 的门窗洞口。砖拱的竖向灰缝下宽不小于 5 mm,上宽不大于 25 mm,如图 6-29 所示。钢筋砖过梁是指在洞口处支设模板,在模板上抹 1∶3 水泥砂浆 30 厚,然后摆设 φ6～φ8 筋 3 根,钢筋末端伸入墙内不小于 250 mm 并设弯钩,钢筋上方砌砖 4～6 皮,且高度范围砂浆等级不低于 M5,待砂浆凝固后,拆除模板即可。钢筋砖过梁适用不大于 2 m 洞口,如图 6-30 所示。

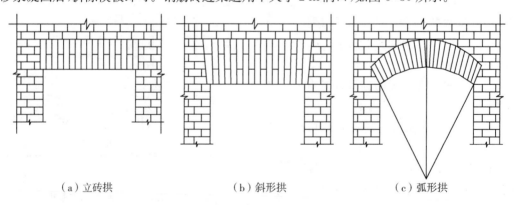

（a）立砖拱　　　　　　　　（b）斜形拱　　　　　　　　（c）弧形拱

图 6-29　砖拱过梁

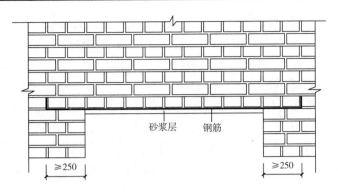

图 6-30 钢筋砖过梁

9. 零星砌体是指与墙体相关的零星细部构造,有窗台虎头砖、门窗套、腰线、挑檐等。

10. 明沟又称阳沟,位于外墙四周,将通过水落管流下的屋面雨水等有组织地导向地下排水集井(又称集水口),而流入下水道,起到保护墙基的作用。明沟材料一般用混凝土现浇,外抹水泥砂浆;或用砖砌,水泥砂浆抹面,如图 6-31 所示。

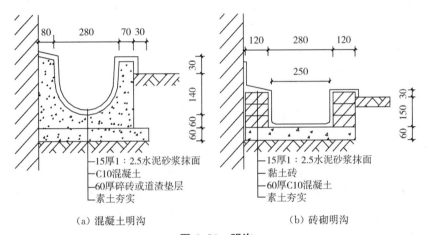

（a）混凝土明沟　　　　　　　（b）砖砌明沟

图 6-31 明沟

11. 散水是为保护墙基不受雨水的侵蚀,常在外墙四周将地面做成向外倾斜的坡面,以便将屋面雨水排至远处,这一坡面称散水或护坡,如图 6-32 所示。散水坡度约 5%,宽一般为 600~1 000 mm。当屋面排水方式为自由落水时,要求其宽度较屋顶出檐多 200 mm。

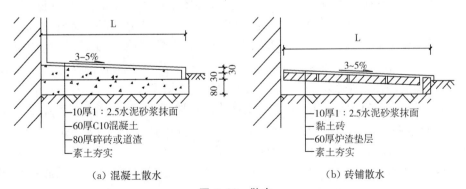

（a）混凝土散水　　　　　　　（b）砖铺散水

图 6-32 散水

12. 清水墙是指砖(石)墙表面不做抹灰,只对灰缝进行勾抹,既美化了墙面,又增加了灰缝的密实度,有利于防水和保温。勾缝形式有平缝、凹缝、凸缝之分。

13. 排除炉灶烟气,常在墙内或附墙砌筑烟道,其净断面积不应小于 135 mm×135 mm,燃烧烟煤的烟道常做成 260 mm×135 mm 或 260 mm×180 mm。目前多采用子母烟道,子母烟道是每个炉灶的烟气通过子烟道排入母烟道内,母烟道的截面砌成 260 mm×260 mm。在烟道底部应设除灰门,用于清理烟道时出灰,平时应密闭。

14. 为不断补充房间里的新鲜空气,排出二氧化碳含量高的空气,要进行换气或通风。一般房屋可用窗通风,但寒冷地区,夏季可用窗通风,在冬季不能开窗,为通风换气就要设置通风道。尤其学校的教室、厕所,住宅的厨房、卫生间等房间,均应设置通风道。通风道常设在内墙中,每个通风道的净断面积为 135 mm×135 mm。多层建筑中,可以采用子母通风道,母风道断面尺寸为 260 mm×135 mm。砖砌烟道和通风道施工时比较麻烦,且极易堵塞。为了施工方便,可采用预制钢筋混凝土构件子母烟道及子母通风道。构件断面尺寸为 370 mm×250 mm,长 2 800 mm,用于住宅刚好每层一件。

15. 烟囱一般做成圆柱形,砖砌烟囱由基础、筒身、内衬及隔热层、烟道附属设施(如爬梯)等组成。烟道是连接炉体与烟筒的过烟通道,它以炉体外第一道闸门至烟囱筒身外皮为烟道范围。烟道由拱顶,砖侧墙和基础热层组成。烟囱多数是在高温条件下工作的,为了降低筒壁内外温度差,保护筒身、烟道,一般在其内都应设置内衬和隔热层。内衬材料常用普通黏土砖、耐火砖、耐酸砖。隔热材料用高炉煤渣、矿渣棉、膨胀蛭石等。黏土砖和耐火砖通常用混合砂浆 M5.0 和 M7.5 砌筑。耐酸砖则使用耐酸沥青石英粉砂浆砌筑。

16. 砖水塔包括砖基础、砖塔身(支筒)、砖水箱等三部分。

6.4.2　砌筑工程清单工程量计算规则

1. 砖基础工程量按设计图示尺寸以体积计算,包括附墙垛基础宽出部分体积,扣除地梁(圈梁)、构造柱所占体积,不扣除基础大放脚 T 形接头处的重叠部分及嵌入基础内的钢筋、铁件、管道、基础砂浆防潮层和单个面积≤0.3 m² 的孔洞所占体积,靠墙暖气沟的挑檐不增加。基础长度:外墙按外墙中心线,内墙按内墙基净长计算。基础与墙(柱)身使用同一种材料时,以设计室内地面为界(有地下室者,以地下室室内设计地面为界),以下为基础,以上为墙(柱)身。基础与墙身使用不同材料时,位于设计室内地面高度≤±300 mm 时,以不同材料为分界线,高度>±300 mm 时,以设计室内地面为分界线。

2. 实心砖墙、多孔砖墙和空心砖墙工程量按设计图示尺寸以体积计算,扣除门窗、洞口、嵌入墙内的钢筋混凝土柱、梁、圈梁、挑梁、过梁及凹进墙内的壁龛、管槽、暖气槽、消火栓箱所占体积,不扣除梁头、板头、檩头、垫木、木楞头、沿缘木、木砖、门窗走头、砖墙内加固钢筋、木筋、铁件、钢管及单个面积≤0.3 m² 的孔洞所占的体积。凸出墙面的腰线、挑檐、压顶、窗台线、虎头砖、门窗套的体积亦不增加。凸出墙面的砖垛并入墙体体积内计算。墙长度计算,外墙按中心线、内墙按净长计算。对于外墙高度计算,斜(坡)屋面无檐口天棚者算至屋面板底;有屋架且室内外均有天棚者算至屋架下弦底另加 200 mm;无天棚者算至屋架下弦底另加 300 mm;出檐宽度超过 600 mm 时按实砌高度计算;有钢筋混凝土楼板隔层者算至板顶;平屋顶算至钢筋混凝土板底。对于内墙高度计算,位于屋架下弦者,算至屋架下弦底;无屋架者算至天棚底另加 100 mm;有钢筋混凝土楼板隔层者算至楼板顶;有框架梁时算至梁底。对于女儿墙高度计算,从屋面板上表面算至女儿墙顶面(如有混凝土压顶时算至压顶下表面)。对于内、外山墙高度计算,按其平均高度计算。框架间墙工程量计算,不分内外墙按墙体净尺寸以体积计算。对于围墙高度计算,高度算至压顶上表面(如有混凝土压顶时算至压顶下表面),围墙柱并入围墙体积内。女儿墙的砖压顶、围墙的砖压顶突出墙面部分不计算体积,压顶顶面凹进墙面的部分也不扣除(包括一般围墙的抽屉檐、棱角檐、仿瓦砖檐等)。砖围墙以设计室外地坪为界,以下为基础,以上为墙身。

3. 实心砖柱和多孔砖柱工程量按设计图示尺寸以体积计算,扣除混凝土及钢筋混凝土梁垫、梁头、板头所占体积,砖柱大放脚体积并入砖柱工程量内计算。

4. 砖砌检查井、砖砌化粪池工程量以座计算,应包括挖土、运输、回填、井池底板、池壁、井池盖板、池内隔断、隔墙、隔栅小梁、隔板、滤板、抹灰、抹防潮层、井盖等全部工程。《砖砌化粪池 02S701》定额子目工作内容已包括混凝土模板安拆、脚手架安拆,其余砖砌的"井或池"在施工中需要搭脚手架、使用混凝土模板的应按单价措施项目相关项目编码列项。井、池爬梯、铁件按相关项目编码列项。构件内的钢筋按混凝土及钢筋混凝土工程相关项目编码列项。

5. 附墙烟囱通风道、垃圾道应按设计图示尺寸以体积(扣除孔洞所占体积)计算,并入所依附的墙体体积内。当设计规定孔洞内需抹灰时,应按零星抹灰项目编码列项。

6. 零星砌砖工程量以立方米计量时,按设计图示尺寸截面积乘以长度计算;以平方米计量时,按设计图示尺寸水平投影面积计算。故在编制该项目的清单时,应将零星砌砖的项目具体化,台阶工程量按水平投影面积计算(不包括梯带和台阶挡墙)。其他工程量按体积计算。零星砌砖项目适用于台阶、台阶挡墙、梯带、锅台、炉灶、蹲台、池槽、池槽腿、小便槽、花台、花池、砖胎模、楼梯栏板、阳台栏板、地垄墙及支撑地楞的砖墙的砖墩、小于等于 0.3 m² 的孔洞填塞等,不包括屋面隔热板下的砖墩,屋面隔热板的砖墩应包含在保温隔热屋面项目内。框架外表面的镶贴砖部分按零星砌砖项目编码列项。

7. 砌体内加筋、墙体拉结筋、砖过梁的钢筋的制作、安装,应按混凝土及钢筋混凝土工程相关项目编码列项。砌体垂直灰缝宽>30 mm 时,采用 C20 细石混凝土灌实。灌注的混凝土应按混凝土及钢筋混凝土工程相关项目编码列项。

8. 砖散水、地坪工程量按图示尺寸以面积计算。

9. 砖地沟、明沟工程量以米计量,按设计图示尺寸以中心线长度计算。

10. 砖烟囱、砖烟道基础和筒壁工程量按设计图示尺寸以体积计算,不扣除构件内钢筋、预埋铁件及单个面积≤0.3 m² 的孔洞所占体积,钢筋混凝土烟囱基础包括底板及筒座,筒座以上为筒壁,烟囱隔热层和烟囱内衬工程量按设计图示尺寸以体积计算。烟囱爬梯按相关项目编码列项。

11. 砌块墙工程量按设计图示尺寸以体积计算,扣除门窗、洞口、嵌入墙内的钢筋混凝土柱、梁、圈梁、挑梁、过梁及凹进墙内的壁龛、管槽、暖气槽、消火栓箱所占体积,不扣除梁头、板头、檩头、垫木、木楞头、沿缘木、木砖、门窗走头、砖墙内加固钢筋、木筋、铁件、钢管及单个面积≤0.3 m² 的孔洞所占的体积。凸出墙腰线、挑檐、压顶、窗台线、虎头砖、门窗套的体积亦不增加。凸出墙面的砖垛并入墙体体积内计算。外墙长度按中心线,内墙按净长计算。对于外墙高度计算,斜(坡)屋面无檐口天棚者算至屋面板底;有屋架且室内外均有天棚者算至屋架下弦底另加 200 mm;无天棚者算至屋架下弦底另加 300 mm,出檐宽度超过 600 mm 时按实砌高度计算;有钢筋混凝土楼板隔层者算至板顶。平屋顶算至钢筋混凝土板底。对于内墙高度计算,位于屋架下弦者,算至屋架下弦底;无屋架者算至天棚底另加 100 mm;有钢筋混凝土楼板隔层者算至楼板顶;有框架梁时算至梁底。对于女儿墙高度计算,从屋面板上表面算至女儿墙顶面(如有混凝土压顶时算至压顶下表面)。对于内、外山墙高度计算,按其平均高度计算。框架间墙工程量不分内外墙按墙体净尺寸以体积计算。对于围墙高度计算,高度算至压顶上表面(如有混凝土压顶时算至压顶下表面),围墙柱并入围墙体积内。砌体内填充料按填充空隙体积计算(除小型空心砌块墙外)。

12. 石基础、石墙的划分:基础应以设计室外地坪为界。石墙内外地坪标高不同时,应以较低地坪标高为界,以下为基础;内外标高之差为挡土墙时,挡土墙以上为墙身。

13. 石基础工程量按设计图示尺寸以体积计算。包括附墙垛基础宽出部分体积,不扣除基础砂浆防潮层及单个面积≤0.3 m² 的孔洞所占体积,靠墙暖气沟的挑檐不增加体积。对于基础长度计算,外墙按中心线,内墙按内墙基净长计算。

14. 石墙工程量按设计图示尺寸以体积计算,扣除门窗、洞口、嵌入墙内的钢筋混凝土柱、梁、圈梁、挑梁、过梁及凹进墙内的壁龛、管槽、暖气槽、消火栓箱所占体积,不扣除梁头、板头、檩头、垫木、木楞头、沿缘木、木砖、门窗走头、砖墙内加固钢筋、木筋、铁件、钢管及单个面积≤0.3 m² 的孔洞所占的体积。凸出墙腰线、挑檐、压顶、窗台线、虎头砖、门窗套的体积亦不增加。凸出墙面的砖垛并入墙体体积内计算。对于墙长度计算,外墙按中心线,内墙按净长计算。

对于外墙高度计算,斜(坡)屋面无檐口天棚者算至屋面板底;有屋架且室内外均有天棚者算至屋架下弦底另加 200 mm;无天棚者算至屋架下弦底另加 300 mm,出檐宽度超过 600 mm 时按实砌高度计算;有钢筋混凝土楼板隔层者算至板顶。平屋顶算至钢筋混凝土板底。对于内墙高度计算,位于屋架下弦者,算至屋架下弦底;无屋架者算至天棚底另加 100 mm;有钢筋混凝土楼板隔层者算至楼板顶;有框架梁时算至梁底。对于女儿墙高度,从屋面板上表面算至女儿墙顶面(如有混凝土压顶时算至压顶下表面)。对于内、外山墙高度计算,按其平均高度计算。框架间墙工程量不分内外墙按墙体净尺寸以体积计算。对于围墙高度计算,高度算至压顶上表面(如有混凝土压顶时算至压顶下表面),围墙柱并入围墙柱体积内。

15. 石挡土墙和石柱工程量按设计图示尺寸以体积计算,但石柱工程量应扣除混凝土梁头、板头和梁垫所占体积。

16. 石栏杆(板)工程量按设计图示中心线长度以延长米计算(不扣除弯头所占长度)。

17. 石护坡工程量按设计图示尺寸以体积计算。

18. 石台阶工程量按设计图示尺寸以体积计算,包括石梯带(垂带),不包括石梯膀,石梯膀应按石挡墙项目编码列项。石梯带是指在石梯的两侧(或一侧)与石梯斜度完全一致的石梯封头的条石。石梯膀,即石梯的两侧面形成的两直角三角形(古建筑中称"象眼")。石梯膀的工程量计算以石梯带下边线为斜边,与地坪相交的直线为一直角边,石梯与平台相交的垂线为另一直角边,形成一个三角形,三角形面积乘以砌石的宽度为石梯膀的工程量。

19. 砖(石)地沟、明沟清单工程量按设计图示以中心线长度计算。

20. 砖基础垫层工程量按设计图示尺寸以体积计算,扣除突出地面的构筑物、设备、基础、室内管道、地沟等所占体积,不扣除间壁墙和单个面积≤0.3 m² 的柱、垛、附墙烟囱及孔洞所占体积。

6.4.3　《广西壮族自治区建筑装饰装修工程消耗量定额》(2013 版)砌筑工程计价说明

1. 定额砌砖、砌块子目按不同规格编制,材料种类不同时可以换算,人工、机械不变。

2. 砌体定额子目中砌筑砂浆标号为 M5.0,设计要求不同时可以换算。

3. 砌体定额子目中均已包括了原浆缝的工、料,加浆勾缝时,另按墙、柱面工程相应定额子目计算,原装勾缝的工、料不予扣除。

4. 砖砌女儿墙、栏板(除楼梯栏板、阳台栏板外)、围墙按相应的墙体定额子目执行。

5. 砌体内的钢筋按混凝土及钢筋混凝土工程中砌体加固钢筋相应规格的定额子目计算。

6. 圆形烟囱基础按基础定额执行,人工乘以系数 1.2。

7. 砖砌挡土墙,墙厚在 2 砖以内的,按砖墙定额执行;墙厚在 2 砖以上的,按砖基础定额执行。

8. 砖砌体及砌块砌体不分内、外墙,均按材料种类、规格及砌体厚度执行相应定额子目。

9. 砖墙、砖柱按混水砖墙、砖柱定额子目编制,单面清水墙、清水柱套用混水砖墙、砖柱定额子目,人工乘以 1.1 系数。

10. 砌筑圆形(包括弧形)砖墙及砌块墙,半径≤10 m 者,套用弧形墙定额子目,无弧形墙定额子目的,套用直形墙定额子目,人工乘以系数 1.1,其余不变;半径>10 m 者,套用直形墙定额子目。

11. 砌块砌体与不同材质构件接缝处需加强铁丝网、网格布的,按墙、柱面工程相应定额子目计算。

12. 砌块砌体定额子目按水泥石灰砂浆编制,如设计使用其他砂浆或黏结剂的,按设计要求进行换算。

13. 蒸压加气混凝土砌块墙未包括墙底部实心砖(或混凝土)坎台,其底部实心砖(或混凝土)坎台应另套相应砖墙(或混凝土构件)定额子目计算。

14. 小型空心砌块墙已包括芯柱等填灌细石混凝土。其余空心砌块墙需填灌混凝土者,套用空心砌块墙填充混凝土定额子目计算。

15. 台阶挡墙、梯带、厕所蹲台、池槽、池槽腿、砖胎膜、花台、花池、楼梯栏板、阳台栏板、地垄墙及支撑地楞的砖墩,0.3 m² 以内的空洞填塞、小便槽、灯箱、垃圾箱、房上烟囱及毛石墙的门窗立边、窗台虎头砖按零星砌体计算。

16. 毛石护坡高度超过 4 m 时,定额人工乘以 1.15。砌筑半径≤10 m 的圆弧形石砌体基础、墙(含砖石混合物体),按定额子目人工乘以系数 1.1。石栏板子目不包括扶手及弯头制作安装,扶手及弯头分别立项计算。

17. 定额垫层均不包括基层下原土打夯。如需打夯者,按土(石)方工程相应定额子目计算。混凝土垫层按混凝土及钢筋混凝土工程相应定额子目计算。

6.4.4　砌筑工程计价工程量计算规则

1. 墙体按设计图示尺寸以体积计算。扣除门窗、洞口(包括过人洞、空圈)、嵌入墙内的钢筋混凝土柱、梁、圈梁、挑梁、过梁及凹进墙内的壁龛、管槽、暖气槽、消火栓箱所占体积。不扣除梁头、板头、檩头、垫木、木楞头、沿椽木、木砖、门窗走头、砖墙内加固钢筋、木筋、铁件、钢管及单个面积 0.3 m² 以下的孔洞所占的体积。凸出墙面的腰线、挑檐、压顶、窗台线、虎头砖、门窗套、山墙泛水、烟囱根的体积亦不增加。凸出墙面的砖垛并入墙体体积内计算。

2. 附墙烟囱、通风道、垃圾道按其外形体积(扣除孔洞所占的体积),并入所依附的墙体积内计算。

3. 砖柱(砌块柱、石柱,包括柱基、柱身)分方、圆柱按图示尺寸以立方米计算,扣除混凝土及钢筋混凝土梁垫、梁头、板头所占体积。

4. 女儿墙、栏板砌体按图示尺寸以立方米计算。

5. 围墙砌体按图示尺寸以立方米计算,围墙砖垛及砖压顶并入墙体体积内计算。

6. 标准砖规格为 240 mm×115 mm×53 mm,多孔砖规格为 240 mm×115 mm×90 mm、240 mm×180 mm×90 mm,其砌体计算厚度,均按表 6-17 计算。

表 6-17　标准砖、多孔砖砌体计算厚度表　　　　　　　　单位:mm

砖数(厚度)	1/4	1/2	3/4	1	1.5	2	2.5	3
标准砖厚度	53	115	180	240	365	490	615	740
多孔砖厚度	90	115	215	240	365	490	615	740

7. 基础与墙(柱)身的划分:基础与墙(柱)身使用同一种材料时,以设计室内地面为界(有地下室者,以地下室室内设计地面为界),以下为基础,以上为墙(柱)身;基础与墙(柱)身使用不同材料时,位于设计室内地面±300 mm 以内时,以不同材料为分界线,超过±300 mm 时,以设计室内地面为分界线。砖石围墙,以设计室外地坪为界线,以下为基础,以上为墙身。独立柱大放脚体积应并入砖柱工程量内计算。

8. 基础长度计算:外墙墙基按外墙中心线长度计算,内墙墙基按内墙基净长计算,见图6-33。砖石基础按设计图示尺寸以体积计算。扣除地梁(圈梁)、构造柱所占体积、不扣除基础大放脚 T 形接头处的重叠部分,以及嵌入基础内的钢筋、铁件、管道、基础砂浆防潮层和单个面积 0.3 m² 以内的孔洞所占体积。附墙垛基础宽出部分体积并入其所依附的基础工程量内。

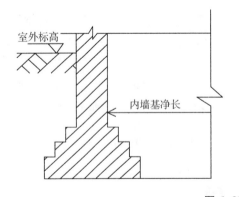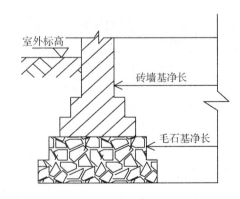

图 6-33　基础长度

9. 砌体墙墙身长度计算:外墙按外墙中心线长度,内墙按内墙净长线长度计算。墙身高度按图示尺寸计算。如设计图纸无规定时,可按下列规定计算:

1) 外墙高度计算:斜(坡)屋面无檐口天棚者算至屋面板底,如图 6-34 所示;有屋架且室内外均有天棚者算至屋架下弦底另加 200 mm,如图 6-35 所示;无天棚者算至屋架下弦另加 300 mm,如图 6-36 所示;出檐宽度超过 600 mm 时按实砌高度计算;有钢筋混凝土楼板隔层者算至楼板顶;平屋面算至钢筋混凝土板底。

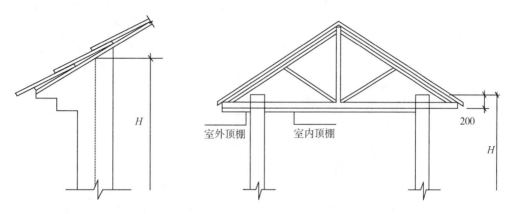

图 6-34　坡屋面无檐口天棚者　　　　图 6-35　坡屋顶有屋架且室内外均有天棚者

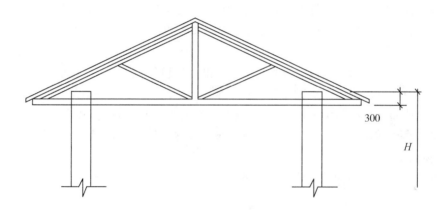

图 6-36　坡屋顶有屋架且室内外无天棚者

2) 内墙高度计算:位于屋架下弦者,算至屋架下弦底;无屋架者算至天棚底另加 100 mm,如图 6-37 所示;有钢筋混凝土楼板隔层者算至楼板顶,如图 6-38 所示;有框架梁时算至梁底。

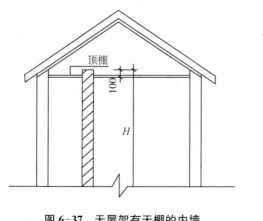

图 6-37　无屋架有天棚的内墙

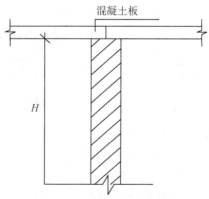

图 6-38　混凝土楼板隔层下的内墙

3）女儿墙高度计算：从屋面板上表面算至女儿墙顶面（如有混凝土压顶时算至压顶下表面），如图 6-39 所示。

4）山墙高度计算：按其平均高度计算，如图 6-40 所示。

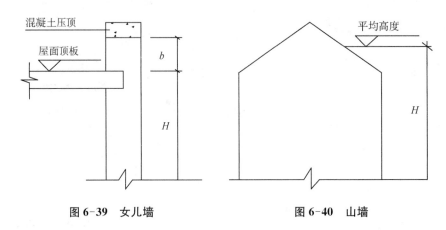

图 6-39 女儿墙   图 6-40 山墙

5）围墙高度计算：其高度算至压顶上表面（如有混凝土压顶时算至压顶下表面）。

10. 钢筋混凝土框架间墙，按框架间的净空面积乘以墙厚计算，框架外表镶贴砖部分，按零星砌体列项计算。

11. 多孔砖墙按图示尺寸以立方米计算，不扣除砖孔的体积。

12. 砌体内填充料按填充空隙体积以立方米计算。

13. 台阶挡墙、梯带、厕所蹲台、池槽、池槽腿、砖胎膜、花台、花池、楼梯栏板、阳台栏板、地垄墙及支撑地楞的砖墩、0.3 m² 以内的空洞填塞、小便槽、灯箱、垃圾箱、房上烟囱及毛石墙的门窗立边、窗台虎头砖等属于零星砌体按实砌体积，以立方米计算。

14. 砖砌台阶（不包括梯带）按水平投影面积以平方米计算。

15. 砖散水、地坪按设计图示尺寸以面积计算。

16. 砖砌明沟按其中心线长度以延长米计算。砖砌、石砌体地沟则不分墙基、墙身，合并以立方米计算。

17. 垫层按设计图示面积乘以设计厚度以立方米计算，应扣除凸出地面的构筑物、设备基础、室内管道、地沟等所占体积，不扣除间壁墙和单个 0.3 m² 以内的柱、垛、附墙烟囱及孔洞所占体积。

18. 砖砌烟囱应按设计室外地坪为界，以下为基础，以上为筒身。筒身工程量，圆形、方形均按设计图示筒壁平均中心线周长乘以壁厚乘以高度以体积计算，扣除筒身各种孔洞、钢筋混凝土圈梁、过梁等体积。其筒壁周长不同时可按下式分段计算。

$$V = \sum H \times C \times \pi D \tag{6-4}$$

式中：V——筒身体积；

H——每段筒身垂直高度；

C——每段筒壁厚度；

D——每段筒壁中心线的平均直径。

19. 烟道与炉体的划分以第一道闸门为界，炉体内的烟道部分列入炉体工程量计算。烟道、烟囱内衬按不同内衬材料并扣除孔洞后,以图示实砌体积计算。烟囱内壁表面隔热层,按筒身内壁并扣除各种孔洞后的面积以平方米计算。填料按烟囱内衬与筒身之间的中心线平均周长乘以图示宽度和筒高,并扣除各种孔洞所占体积(但不扣除连接横砖及防沉带的体积)后以立方米计算。

20. 水塔基础与塔身划分,以砖砌体的扩大部分顶面为界,以上为塔身,以下为基础,分别套相应基础砌体定额。塔身以图示实砌体积计算,并扣除门窗洞口和混凝土构件所占的体积,砖平拱及砖出檐等并入塔身体积内计算,套水塔砌筑定额。砖水池内外壁,不分壁厚,均以图示实砌体积计算,套相应的砖墙定额。

21. 井盖按设计图示数量以套计算。

22. 砖砌非标准检查井和化粪池不分壁厚均以立方米计算,洞口上的砖平拱等并入砌体体积内计算。

23. 砖砌标准化粪池按设计数量以座计算。

24. 小型空心砌块墙经过测算,已包括了芯柱等填灌混凝土的人、材、机,不需要另行立项计算。但其他种类的空心砌块墙填灌混凝土仍按填充空隙体积计算工程量,套用空心砌块墙填充混凝土定额子目计算。

25. 大理石栏板(直、弧形)设计与定额消耗量不同时,可以调整大理石栏板消耗量,其余工料不变。大理石栏板施工损耗率为2%。

26. 砖砌标准化粪池按座计算,定额内已包括了挖、填、运土、砌砖、安拆模板、钢筋制安、混凝土浇捣、抹灰、脚手架等工作内容,地下水排除等特殊情况,发生时另立项目计算。

6.4.5 砌筑工程计算实例

【实例1】 根据本书第10章实训图纸内容、2013版清单规范的规定,练习计算首层坡道砖(外墙)的工程量。

表 6-18

编码	项目名称/构件名称/位置/工程量明细		单位	工程量
010401004001	多孔砖墙		m³	4.899
首层	坡道砖(外墙)	5.4(长度)×0.63(墙高)×0.24(墙厚)	m³	0.816 5
		5.4(长度)×0.63(墙高)×0.24(墙厚)	m³	0.816 5
		5.4(长度)×0.63(墙高)×0.24(墙厚)	m³	0.816 5
		5.4(长度)×0.63(墙高)×0.24(墙厚)	m³	0.816 5
		5.4(长度)×0.63(墙高)×0.24(墙厚)	m³	0.816 5
		5.4(长度)×0.63(墙高)×0.24(墙厚)	m³	0.816 5

【实例2】 某单层建筑物平面图如图6-41所示。内墙为一砖墙,外墙为一砖半墙,板顶标高为3.3 m,板厚0.12 m。门窗尺寸与数量统计如表6-19所示。请根据图纸分别计算砖内、外墙的计价工程量和清单工程量。

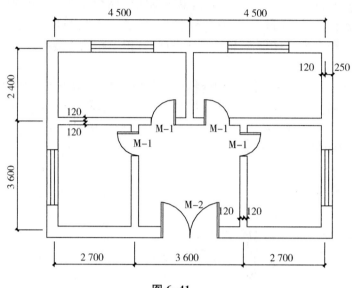

图 6-41

表 6-19

类别	代号	宽/m×高/m=面积/m²	数量	面积/m²
门	M-1	$0.9×2.1=1.89$	4	7.56
	M-2	$2.1×2.4=5.04$	1	5.04
合计		12.6		
窗	C-1	$1.5×1.5=2.25$	4	9
总计		21.6		

【解】 计算清单工程量：

外墙中心长度 $L_中=[(3.6+2.4-0.24+0.37)+(4.5×2-0.24+0.37)]×2=30.52(m)$

外墙高度：$H_外=3.3 m$

应扣外墙上门窗洞的面积 $S_{外门窗}=9+5.04=14.04(m^2)$

外墙的清单工程量：$V_{外墙}=(L_中×H_外-S_{外门窗})×外墙厚=(30.52×3.3-14.04)×0.365=31.637(m^3)$

内墙净长度 $L_内=(4.5×2-0.24)+(2.4-0.24)+(3.6-0.24)×2=17.64(m)$

内墙净高 $H_内=3.3-0.12=3.18(m)$

应扣内墙上门窗洞的面积 $S_{内门窗}=7.56 m^2$

内墙的清单工程量：$V_{内墙}=(L_内×H_内-S_{内门窗})×内墙厚=(17.64×3.18-7.56)×0.24=11.648(m^3)$

计算定额工程量：

外墙中心长度 $L_中=[(3.6+2.4-0.24+0.37)+(4.5×2-0.24+0.37)]×2=30.52(m)$

外墙高度：$H_外=3.3 m$

应扣外墙上门窗洞的面积 $S_{外门窗}=9+5.04=14.04(m^2)$

外墙的清单工程量：$V_{外墙}=(L_{中}×H_{外}-S_{外门窗})×外墙厚=(30.52×3.3-14.04)×$

$0.365=31.637(m^3)$

内墙净长度 $L_{内}=(4.5×2-0.24)+(2.4-0.24)+(3.6-0.24)×2=17.64(m)$

内墙净高 $H_{内}=3.3-0.12=3.18(m)$

应扣内墙上门窗洞的面积 $S_{内门窗}=7.56\ m^2$

内墙的清单工程量：$V_{内墙}=(L_{内}×H_{内}-S_{内门窗})×内墙厚=(17.64×3.18-7.56)×$

$0.24=11.648(m^3)$

【课后习题】

1. 墙体的分类有哪些?

2. 如下图所示：三层建筑物，多孔砖基础采用 M5 水泥砂浆砌筑，多孔砖墙体采用 M5 水泥石灰砂浆砌筑混水砖墙，多孔砖规格为 240 mm×115 mm×90 mm。各层均设有圈梁，梁高为 180 mm，梁宽同墙厚；采用钢筋砖过梁，高 120 mm，宽同墙厚；C-1：1 600×1 800；M-1：1 500×2 500，M-2：900×2 500；板厚 130 mm；女儿墙设置钢筋混凝土压顶，高 200 mm，宽同墙厚。求砖基础和墙体工程量。

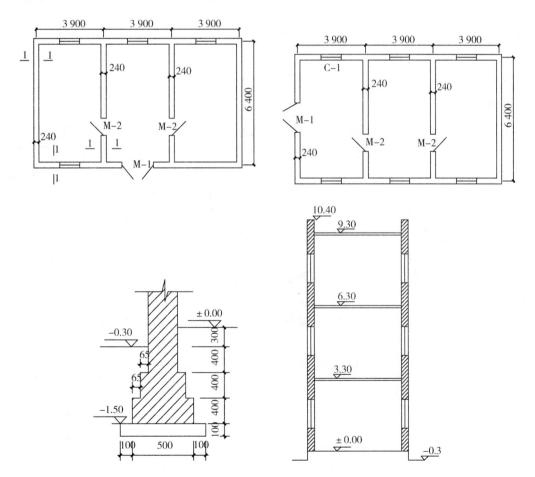

3. 某单层建筑物如下图所示，墙身采用 M2.5 混合砂浆砌筑标砖粘土墙，内外墙厚均为 370 mm，混水砖墙。GZ，370 mm×370 mm，从基础到顶板，女儿墙处 GZ，240 mm×240 mm

到压顶顶面,梁高 500 mm,门窗洞口上全部采用砖平旋过梁。M1:1 800 mm×2 500 mm,M2:1 200 mm×2 500 mm,C1:1 500 mm×1 600 mm。计算砖平旋过梁砖墙的工程量。

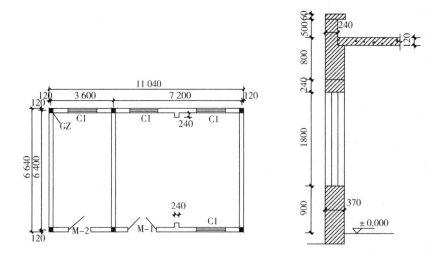

6.5　混凝土及钢筋混凝土工程

6.5.1　混凝土及钢筋混凝土工程基础知识

1. 钢筋工程

1) 混凝土结构应用的普通钢筋可分为两类:热轧钢筋和冷加工钢筋(冷轧带肋钢筋、冷轧扭钢筋、冷拔螺旋钢筋)。预应力混凝土结构宜采用预应力钢绞线、钢丝和预应力螺纹钢筋。热轧钢筋是经热轧成型并自然冷却的成品钢筋,分为热轧光圆钢筋和热轧带肋钢筋两种。热轧光圆钢筋为 HPB300,公称直径 d 为 6～22 mm。热轧带肋钢筋分为 HRB335、HRBF335、HRB400、HRBF400、HRB500、HRBF500,d 为 6～50 mm。HRB 表示普通热轧带肋钢筋,HRBF 表示细晶粒热轧带肋钢筋。冷轧带肋钢筋是热轧圆盘条经冷轧或冷拔减径后在其表面冷轧成三面或二面有肋的钢筋。冷轧扭钢筋是低碳钢钢筋(含碳量低于 0.25%)经冷轧扭工艺制成,其表面呈连续螺旋形。冷拔螺旋钢筋是热轧圆盘条经冷拔后在表面形成连续螺旋槽的钢筋。

2) 为使混凝土中的钢筋不致锈蚀,最外层钢筋外边缘至混凝土表面间,需有一定厚度的混凝土保护。混凝土钢筋保护层的最小厚度应符合表 6-20 的规定。

表 6-20　混凝土保护层的最小厚度　　　　　　　　单位:mm

环境类别		板、墙	梁、柱
一		15	20
二	a	20	25
	b	25	35
三	a	30	40
	b	40	50

注:1. 表中混凝土保护层厚度适用于设计使用年限为 50 年的混凝土结构。

2. 构件中受力钢筋的保护厚度不应小于钢筋的公称直径。

3. 设计使用年限为 100 年的混凝土结构:一类环境中,最外层钢筋的保护层厚度不应小于表中数值的 1.4 倍,二 a、二 b、三 a、三 b 类环境中,应采取专门的有效措施。

4. 混凝土强度等级不大于 C25 时,表中保护层厚度数值应增加 5。

5. 基础底面钢筋保护层厚度,有混凝土垫层时应从垫层顶面算起,且不应小于 40 mm。

3) 钢筋基本锚固长度应按下列公式计算:

普通钢筋
$$l_{ab} = \alpha \frac{f_y}{f_t} d \tag{6-5}$$

预应力钢筋
$$l_{ab} = \alpha \frac{f_{py}}{f_t} d \tag{6-6}$$

式中:l_{ab}——受拉钢筋的基本锚固长度;

f_y、f_{py}——普通钢筋、预应力钢筋的抗拉强度设计值;

f_t——混凝土轴心抗拉强度设计值,当混凝土强度等级高于 C60 时,按 C60 取值;

α——锚固钢筋的外形系数,按表 6-21 取用。

表 6-21　钢筋的外形系数

钢筋类型	光面钢筋	带肋钢筋	螺旋肋钢丝	三股钢绞线	七股钢绞线
α	0.16	0.14	0.13	0.16	0.17

注:光面钢筋末端应做 180°弯钩,弯后平直段长度不应小于 3d,但作受压钢筋时可不做弯钩。

当计算中充分利用钢筋的抗拉强度时,受拉钢筋的基本锚固长度按公式(6-5)和公式(6-6)计算,受拉钢筋的锚固长度应根据锚固条件按下列公式计算:

$$l_a = \zeta_a l_{ab} \tag{6-7}$$

式中:l_a——受拉钢筋的锚固长度;

ζ_a——锚固长度修正系数。对普通钢筋按以下规定取用:当多于一项时,可按连乘计算,但不应小于 0.6;对预应力筋,可取 1.0。当带肋钢筋的公称直径大于 25 mm 时取 1.10;环氧树脂涂层带肋钢筋取 1.25;施工过程中易受扰动的钢筋取 1.10;当纵向受力钢筋的实际配筋面积大于其设计计算面积时,修正系数取设计计算面积与实际配筋面积的比值,但对有抗震设防要求及直接承受动力荷载的结构构件,不应考虑此项修正;锚固钢筋的保护层厚度为 3d 时修正系数可取 0.8,保护层厚度为 5d 时修正系数可取 0.7,中间按内插值,此处 d 为锚固钢筋的直径。

4) 当纵向受拉普通钢筋末端采用弯钩或机械锚固措施时,包括弯钩或锚固端头在内的锚固长度(投影长度)可取基本锚固长度 l_{ab} 的 60%。弯钩和机械锚固的形式(图 6-42)和技术要求应符合表 6-22 的规定。

表 6-22　钢筋弯钩和机械锚固的形式和技术要求

锚固形式	技术要求
90°弯钩	末端 90°弯钩,弯钩内径 4d,弯后直段长度 12d
135°弯钩	末端 135°弯钩,弯钩内径 4d,弯后直段长度 5d

锚固形式	技术要求
一侧贴焊锚筋	末端一侧贴焊长 $5d$ 同直径钢筋
两侧贴焊锚筋	末端两侧贴焊长 $3d$ 同直径钢筋
焊端锚板	末端与厚度 d 的锚板穿孔塞焊
螺栓锚头	末端旋入螺栓锚头

注:1. 焊缝和螺纹长度应满足承载力要求;
　　2. 螺栓锚头和焊接锚板的承压净筋不应小于锚固钢筋截面面积的 4 倍;
　　3. 螺栓锚头的规格应符合相关标准;
　　4. 螺栓锚头和焊接锚板的钢筋净间距不宜小于 $4d$,否则应考虑群锚效应的不利影响;
　　5. 截面角部的弯钩和一侧贴焊钢筋的布筋方向宜向截面内侧偏置。

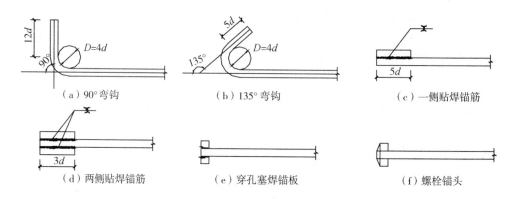

图 6-42　弯钩和机械锚固的形式

5)混凝土结构中的纵向受压钢筋,当计算中充分利用钢筋的抗区强度时,锚固长度应不小于相应受拉锚固长度的 70%。受压钢筋不应采用末端弯钩和一侧贴焊锚筋的锚固措施。受压钢筋锚固长度范围内的构造钢筋应符合钢筋锚固长度的计算要求。

6)承受动力荷载的预制构件,应将纵向受力普通钢筋末端焊接在钢板或角钢上,钢板或角钢应可靠地锚固在混凝土中。钢板或角钢的尺寸应按计算确定,其厚度不宜小于 10 mm。其他构件中受力普通钢筋的末端也可通过焊接钢板或型钢实现锚固。

7)钢筋连接可采用绑扎搭接、机械连接或焊接。机械连接接头及焊接接头的类型及质量应符合国家现行有关标准的规定。混凝土结构中受力钢筋的连接接头宜设置在受力较小处。在同一根受力钢筋上宜少设接头。在结构的重要构件和关键传力部位,纵向受力钢筋不宜设置连接接头。轴心受拉及小偏心受拉杆件的纵向受力钢筋不得采用绑扎搭接;其他构件中的钢筋采用绑扎搭接时,受拉钢筋直径不宜大于 25 mm,受压钢筋直径不宜大于 28 mm。

8)构件纵向受拉钢筋绑扎搭接接头的搭接长度

(1)纵向受拉钢筋绑扎搭接接头的搭接长度,根据位于同连接区段内的钢筋搭接接头面积百分率按下列公式计算,且不应小于 300 mm。

$$l_1 = \zeta_1 l_a \tag{6-8}$$

式中:l_a——纵向受拉钢筋的锚固长度;

　　ζ_1——纵向受拉钢筋搭接长度修正系数,按表 6-23 取用。

表 6-23　纵向受拉钢筋搭接长度修正系数表

纵向钢筋搭接接头面积百分率(%)	≤25	50	100
ζ_l	1.2	1.4	1.6

构件中的纵向受压钢筋,当采用搭接连接时,其受压搭接长度不应小于纵向受拉钢筋搭接长度的 70%,且不应小于 200 mm。

(2) 在梁、柱类构件的纵向受力钢筋搭接长度范围内,应按设计要求配置箍筋。当设计无具体要求时,应符合下列规定:

① 箍筋直径不应小于搭接钢筋较大直径的 0.25 倍;

② 受拉搭接区段的箍筋间距不应大于搭接钢筋较小直径的 5 倍,且不应大于 100 mm;

③ 受压搭接区段的箍筋间距不应大于搭接钢筋较小直径的 10 倍,且不应大于 200 mm;

④ 当柱中纵向受力钢筋直径大于 25 mm 时,应在搭接接头两个端面外 100 mm 范围内各设置两个箍筋,其间距宜为 50 mm。

(3) 纵向受拉钢筋的抗震搭接长度 l_{lE},应根据位于同一连接区段内的钢筋搭接接头面积百分率按下式计算:

$$l_{lE} = \zeta_l l_a \tag{6-9}$$

混凝土构件位于同一连接区段内的纵向受力钢筋搭接接头面积百分率不应大于 50%。

(4) 同一构件中相邻纵向受力钢筋的绑扎搭接接头宜互相错开,如图 6-43 所示。钢筋绑扎搭接接头连接区段的长度为 1.3 倍搭接长度,凡搭接接头中点位于该连接区段长度内的搭接接头均属于同一连接区段。同一连接区段内纵向受力钢筋搭接接头面积百分率为该区段内有搭接接头的纵向受力钢筋与全部纵向受力钢筋截面面积的比值。当直径不同的钢筋搭接时,按直径较小的钢筋计算。

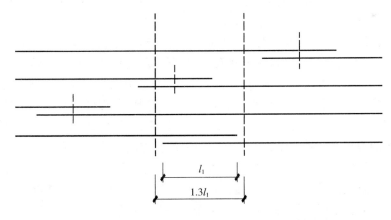

图 6-43　同一构件中相邻纵向受力钢筋的绑扎搭接接头

注:图中所示同一连接区段内的搭接接头钢筋为两根,当钢筋直径相同时,钢筋搭接接头面积百分率为 50%。

位于同一连接区段内受拉钢筋搭接接头面积百分率应符合设计要求,当设计无具体要求时,应符合下列规定:

① 对梁、板类及墙类构件,不宜大于 25%;

② 对柱类构件,不宜大于 50%;

③ 当工程中确有必要增大接头面积百分率时,对梁类构件不大于 50%,对其他构件,可根据实际情况放宽。

(5) 并筋采用绑扎搭接连接时,应按每根单筋错开搭接的方式连接。接头面积百分率应按同一连接区段内所有的单根钢筋计算。并筋中钢筋的搭接长度应按单筋分别计算。构件中的钢筋可采用并筋的配置形式。直径 28 mm 及以下的钢筋并筋数量不应超过 3 根;直径 32 mm 的钢筋并筋数量宜为 2 根;直径 36 mm 及以上的钢筋不应采用并筋。并筋中的搭接长度应按单根分别计算。

9) 钢筋机械连接是指通过连接件的机械咬合作用或钢筋端面的承压作用,将一根钢筋中的力传递至另一根钢筋的连接方法。钢筋机械连接包括套筒挤压连接和螺纹套管连接。钢筋套筒挤压连接是指将需要连接的两根变形钢筋插入特制钢套筒内,利用液压驱动的挤压机沿径向或轴向压缩套筒,使钢套筒产生塑性变形,靠变形后的钢套筒内壁紧紧咬住变形钢筋来实现钢筋的连接。这种方法适用于竖向、横向及其他方向的较大直径变形钢筋的连接。钢筋螺纹套管连接分为锥螺纹套管连接和直螺纹套管连接两种。锥形螺纹套管连接是指将用于这种连接的钢套管内壁用专用机床加工有锥螺纹,钢筋的对接端头亦在套丝机上加工有与套管匹配的锥螺纹。连接时,经对螺纹检查无油污和损伤后,先用手旋入钢筋,然后用扭矩扳手紧固至规定的扭矩即完成连接。纵向受力钢筋的机械接头应相互错开。钢筋机械连接区段的长度为 35d,且不小于 500 mm,d 为连接钢筋的较小直径,凡接头中点位于该连接区段长度内的焊接接头均属于同一连接区段。位于同一连接区段内的纵向受拉钢筋接头面积百分率不宜大于 50%;但对板、墙、柱及预制构件的拼接处,可根据实际情况放宽。纵向受压钢筋的接头百分率可不受限制。直接承受动力荷载结构构件中的机城连接接头除应满足设计要求的抗疲劳性能外,位于同一连接区段内的纵向受力钢筋接头面积百分率不应大于 50%。机械连接套筒的保护层厚度宜满足有关钢筋最小保护层厚度的规定。机械连接套筒的横向净间距不宜小于 25 mm;套筒处箍筋的间距应满足构造要求。

10) 常用钢筋焊接方法有闪光对焊、电弧焊、电阻点焊、电渣压力焊、埋弧压力焊、气压焊等。闪光对焊是利用对焊机使两段钢筋接触,通过低电压的强电流把电能转化为热能,待钢筋被加热到一定温度后,施加轴向压力挤压(称为顶段)便形成对焊接头。电弧焊是利用弧焊机使焊条与焊件之间产生高温电弧,使焊条和高温电弧范围内的焊件金属熔化,熔化的金属凝固后便形成焊缝和焊接接头。电弧焊广泛应用于钢筋接头、钢筋骨架焊接、装配式结构接头的焊接、钢筋与钢板的焊接及各种钢结构的焊接。钢筋电弧焊的接头形式有搭接焊接头、帮条焊接头、剖口焊接头、熔槽帮条焊接头等,如图 6-44 所示。电阻点焊是指当钢筋交叉点焊时,接触点只有一个,且接触电阻较大,在接触的瞬间,电流产生的全部热量都集中在一点上,因而使金属受热而熔化,同时在电极加压下使焊点金属得到焊合。电阻点焊主要用于小直径钢筋的交叉连接,如钢筋骨架焊接、钢筋网中交叉钢筋的焊接。电渣压力焊是利用电流通过电渣池产生的电阻热将钢筋端部熔化,然后施加压力使钢筋焊接为一体。电渣压力焊适用于现浇钢筋混凝土结构中直径 14~40 mm 的竖向或斜向钢筋的焊接接头。气压焊是采用一定比例的氧气和乙炔的混合气体燃烧的高温火焰为热源,对需要焊接的两根钢筋端部接缝处进行加热烘烤,使其达到热塑状态,同时对钢筋施加 30~40 N/mm² 的轴向压力,使钢筋顶锻在一起。气压焊不仅适用于竖向钢筋的连接,也适用于各种方位布置的钢筋连接。当不同直径钢筋焊接时,两钢筋直径差不得大于 7 mm。纵向受力钢筋的焊接接头应相互错开。钢筋焊接接头连接区段的长度为 $35d$ 且不小于 500 mm,d 为连接钢筋的较小直径,凡接头中点位于该连接区段长度内的焊接接头均属于同一连接区段。纵向受拉钢筋接头面积百分率不宜大于 50%;但对预制构件的拼接处,可根据实际情况放宽。纵向受压钢筋的接头百分率可不受限制。当直接承受吊车荷载的钢筋混凝土吊车梁、屋面梁及屋架下弦的纵向受拉钢筋必须采用焊接接头时,同一连接区段内纵向受拉钢筋焊接接头面积百分率不应大于 25%,焊接接头连接区段的长度应取为 $45d$,d 为纵向受力钢筋的较大直径。

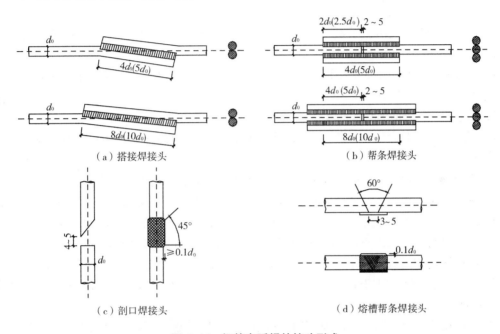

(a) 搭接焊接头　　　　　　　　　　　(b) 帮条焊接头

(c) 剖口焊接头　　　　　　　　　　　(d) 熔槽帮条焊接头

图 6-44　钢筋电弧焊的接头形式

11) 钢筋连接适用的部位见表 6-24。

表 6-24　钢筋连接适用部位表

连接方式	使用部位
机械连接或焊接	框支梁 框支柱 一级抗震等级的框架梁 一、二级抗震等级的框支柱及剪力墙的边缘构件 三级抗震等级的框架柱底部及剪力墙底部构造加强部位的边缘构件
绑扎搭接	二、三、四级抗震等级的框架梁 三级抗震等级的框架柱除底部以外的其他部位 四级抗震等级的框架柱 三级抗震等级剪力墙非底部构造加强部位的边缘构件及四级剪力墙的边缘构件

注:1. 表中采用绑扎搭接的部位也可以采用机械连接或焊接。
　　2. 剪力墙底部构造加强部位为底部加强部位及相邻上一层。

12) 为增加钢筋与混凝土间的黏结力,通常把受力钢筋的两端做成弯钩。

（1）钢筋弯折的弯弧内直径应符合下列规定：

① 光圆钢筋，不应小于钢筋直径的 2.5 倍；

② 335 MPa 级、400 MPa 级带肋钢筋，不应小于钢筋直径的 4 倍；

③ 500 MPa 级带肋钢筋，当直径为 28 mm 以下时不应小于钢筋直径的 6 倍，直径为 28 mm 以上时不应小于钢筋直径的 7 倍；

④ 位于框架结构的顶层端节点处的梁上部纵向钢筋和柱外侧纵向钢筋，在节点角部弯折处，当钢筋直径为 28 mm 以下时不宜小于钢筋直径的 12 倍，当钢筋直径为 28 mm 及以上时不宜小于钢筋直径的 16 倍；

⑤ 箍筋弯折处的弯弧内直径不应小于纵向受力钢筋直径；箍筋弯折处纵向受力钢筋为搭接钢筋或并筋时，应按钢筋实际排布情况确定箍筋弯弧内直径。

（2）纵向受力钢筋的弯折后平直段长度应符合设计要求及现行国家标准《混凝土结构设计规范》(GB 50010—2010，2015 版)的有关规定。光圆钢筋末端作 180°弯钩时，弯钩的弯折后平直段长度不应小于钢筋直径的 3 倍。

（3）除焊接封闭箍筋外，箍筋、拉筋的末端应按设计要求做弯钩。当设计无具体要求时，应符合下列规定：

① 箍筋、拉筋弯钩的弯弧内直径应满足受力钢筋的弯钩和弯折的有关规定；

② 对一般结构构件，箍筋弯钩的弯折角度不应小于 90°，弯折后平直部分长度不应小于箍筋直径的 5 倍；对有抗震设防及设计有专门要求的结构构件，箍筋弯钩的弯折角度不小于 135°，弯折后平直部分长度不应小于箍筋直径的 10 倍和 75 mm 的较大值；

③ 圆形箍筋的搭接长度不应小于其受拉锚固长度，两端均作不小于 135°的弯钩，弯折后平直部分长度对一般结构构件不应小于箍筋直径的 5 倍，对有抗震设防要求的结构构件不应小于箍筋直径的 10 倍和 75 mm 的较大值。

④ 拉筋用作梁、柱复合箍筋中单肢箍筋梁腰筋间拉结筋时，两端弯钩的弯折角度均不应小于 135°，弯折后平直部分长度应符合本条第 2 款对箍筋的有关规定；拉筋用作剪力墙、楼板等构件中拉结筋时，两端弯钩可采用一端 135°，另一端 90°，弯折后平直段长度不应小于拉筋直径的 5 倍。

（4）焊接封闭箍筋宜采用闪光对焊，也可采用气压焊或单面搭接焊，并宜采用专用设备进行焊接。焊接封闭箍筋下料和端头加工应按不同焊接工艺确定。多边形焊接封闭箍筋的焊点设置应符合下列规定：

① 每个箍筋的焊点数量应为 1 个，焊点宜位于多边形箍筋中的某边中部，且距箍筋弯折处的位置不宜小于 100 mm；

② 矩形柱箍筋焊点宜设在柱短边，等边多边形柱箍筋焊点可设在任一边，不等边多边形柱箍筋应加工成焊点位于不同边上的两种类型；

③ 梁箍筋焊点应设置在顶边或底边。

箍筋的弯钩对一般结构，不应小于 90°，见图 6-45(a)；对于有抗震要求的结构采用末端 135°带有平直部分的圆钩，如图 6-45(b)所示。

（5）钢筋中间部位弯曲量度差按下列公式计算。如图 6-46 所示，若钢筋直径为 d，当 $\alpha \leqslant 90°$时，则弯曲

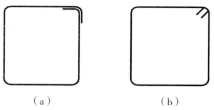

图 6-45　箍筋的弯钩

处钢筋外包尺寸为：

$$A'B' + B'C' = 2A'B' = 2(0.5D + d)\tan\frac{\alpha}{2} \tag{6-10}$$

弯曲处钢筋轴线长 ABC 为：

$$ABC = (D + d)\frac{\alpha\pi}{360°} \tag{6-11}$$

则量度差为：

$$2A'B' - ABC = 2(0.5D + d)\tan\frac{\alpha}{2} - (D + d)\frac{\alpha\pi}{360°} \tag{6-12}$$

当 $\alpha > 90°$ 时，量度差为：

$$2(0.5D + d) - \frac{\alpha\pi}{360°}(D + d) \tag{6-13}$$

由式(6-12)和式(6-13)可计算出不同的弯折角度时的量度差。

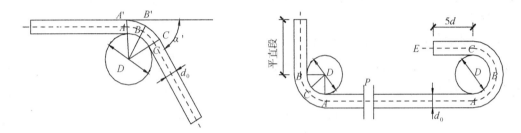

图 6-46　钢筋弯钩及弯曲后尺寸图

(6) 钢筋末端弯钩(曲)增长值

钢筋末端弯钩(曲)有 180°、135°及 90°三种(图 6-46)，其末端弯钩(曲)增长值可按下列三式分别计算：

钢筋末端弯钩增长值 $=1/2\pi(D + d) - (0.5D + d) +$ 平直长度(弯钩为 180°) $\tag{6-14}$

钢筋末端弯钩增长值 $=3/8\pi(D + d) - (0.5D + d) +$ 平直长度(弯钩为 135°) $\tag{6-15}$

钢筋末端弯钩增长值 $=1/4\pi(D + d) - (0.5D + d) +$ 平直长度(弯钩为 90°) $\tag{6-16}$

13) 钢筋的工程量是以其重量(公斤或吨)表示的，按照施工图纸和有关规定算出钢筋的长度，乘以相应规格钢筋的单位重量，就是所要求计算的钢筋用量。

钢筋单位重量的计算方法是先算出不同直径钢筋的截面积(单位用 m^2)，再乘以钢筋的容重(7 850 kg/m^3)即可。例如：$\phi8$ 圆钢的单位重量是：$\pi/4 \times 0.008 \times 0.008 \times 1.0 \times 7\,850 = 0.395$ (kg/m)

钢筋的理论重量，按表 6-25 计算。

表 6-25　钢筋理论重量表　　　　　　　　单位:kg/m

直径(mm)	2.5	3.0	4.0	5.0	6.0	6.5	8.0	10.0	12.0	14.0
每米重量	0.039	0.055	0.099	0.154	0.222	0.260	0.395	0.617	0.888	1.210
直径(mm)	16.0	18.0	20.0	22.0	25.0	28.0	30.0	32.0	36.0	40.0
每米重量	1.580	2.000	2.470	2.980	3.850	4.830	5.550	6.310	7.990	9.870

14)钢筋按在结构中的作用分为受压钢筋、受拉钢筋、架立钢筋、分布钢筋、箍筋等。受力钢筋又叫主筋,配置在受弯、受拉、偏心受压构件的受拉区以承受压力。架立钢筋,用来固定箍筋以形成钢筋骨架,一般配置在梁上部。箍筋,一方面起架立作用,另一方面还起着抵抗剪力的作用,垂直于主筋设置。一般的梁都由受力筋、架立筋和箍筋组成钢筋骨架。分布筋在板中垂直于受力筋,以固定受力钢筋位置并传递内力,它能将构件所受的外力分布于较广的范围,以改善受力情况。附加钢筋,因构件几何形状或受力情况变化而增加的附加筋。

(1)钢筋工程量的基本计算方法为:

$$钢筋工程量=钢筋计算长度×钢筋单位重量 \qquad (6-17)$$

钢筋工程量计算主要是计算不同规格的钢筋长度,应根据构件配筋图,按不同构件先绘出不同几何形状和规格的单根钢筋简图,并按有关规定算出其长度后乘以根数,从而求得各种不同规格的钢筋总长度,再分别乘以相应的钢筋单位长度重量,进行汇总,即为该构件的钢筋净用量。计算钢筋长度时,应根据所算钢筋的类别,结合混凝土保护层、钢筋弯曲、弯钩、接头等一系列规定进行计算。

(2)一般直钢筋长度的计算公式如下:

$$直钢筋的计算长度=构件长度-保护层厚度+弯钩增加长度 \qquad (6-18)$$

规范规定,板中受力钢筋一般距墙边或梁边50 mm开始配置,因此板筋根数计算公式如下:

$$板筋根数=(L_净-100)/间距+1 \qquad (6-19)$$

其中,$L_净$为板的净跨长,板筋根数计算结果有小数时,四舍五入取整。

(3)弯起钢筋长度计算:弯起钢筋长度是将弯起钢筋投影成为水平直筋,再增加弯起部分斜长与水平长相比的增加值。

$$弯起钢筋的计算长度=构件长度-保护层厚度+斜段增加长度+弯钩增加长度 \qquad (6-20)$$

常用弯起钢筋的弯起角度有30°、45°、60°三种,弯起钢筋净高 h 计算公式如下:

$$弯起钢筋净高 h=构件断面高-两端保护层厚 \qquad (6-21)$$

根据弯起角度和弯起钢筋净高 h 可计算弯起钢筋斜段增加长度 Δl:

$$弯起钢筋斜段增加长度 \Delta l=弯起钢筋斜边长度-弯起钢筋投影长度 \qquad (6-22)$$

(4)箍筋计算:对一般结构构件,箍筋弯钩的弯折角度不应小于90°,弯折后平直部分长度 e 不应小于箍筋直径的5倍;对有抗震设防设计有专门要求的结构构件,箍筋弯钩的弯折角度不小于135°,弯折后平直部分长度 e 不应小于箍筋直径的10倍和75 mm的较大值。取其弯弧内直径 $D=4d$。

① 弯曲扣减值计算

弯起90°扣减值根据式(6-12)计算:

$$
\begin{aligned}
弯曲扣减值 &= 2×(0.5D+d)\tan\frac{\alpha}{2}-(D+d)\frac{\alpha\pi}{360°}\\
&= 2×(0.5×4d+d)\tan45°-\frac{1}{4}\pi(4d+d)\\
&= 6d-1.25\pi d=2.08d \qquad (6-23)
\end{aligned}
$$

② 弯钩增加值计算

弯起 135°增加值根据式(6-15)计算：

$$弯钩增加值 = \frac{3}{8}\pi(D+d) - (0.5D+d) + e$$

$$= 0.375\pi(4d+d) - (0.5 \times 4d+d) + e$$

$$= 2.89d + e \tag{6-24}$$

当 $e=5d$ 时，弯钩增加值 $=2.89d+5d=7.89d$ (6-25)

当 $e=10d$ 时，弯钩增加值 $=2.89d+10d=12.89d$ (6-26)

③ 箍筋长度计算

构件截面长为 a，截面宽为 b，钢筋保护层厚度为 c，箍筋长度计算：

箍筋外皮周长 $C=(a+b-4c) \times 2$

箍筋长度 L = 箍筋外皮周长 + 箍筋外皮调整值

$$= 箍筋外皮周长 - 弯曲扣减值 + 弯钩增加值 \tag{6-27}$$

当 $e=5d$ 时，箍筋长度 $L=C-2.08d \times 3+7.89d \times 2=(a+b-4c) \times 2+9.54d$ (6-28)

当 $e=10d$ 时，箍筋长度 $L=C-2.08d \times 3+12.89d \times 2=(a+b-4c) \times 2+19.54d$

(6-29)

④ 箍筋个数计算

箍筋个数可分为以下两种情况计算：

一般简支梁，箍筋可布至梁端，但应扣减梁端保护层，其计算方法为：

$$支数 = (L-2c)/间距+1 \tag{6-30}$$

式中：L——梁构件长度，计量单位为 m；

　　　c——梁端保护层厚度，计量单位为 m。

柱、与柱整浇的梁，箍筋可布至支座边缘 50 mm 处，计算方法为：

$$支数 = (L-2 \times 0.05)/间距+1 \tag{6-31}$$

其中，L 为柱高、梁的净跨长，计算结果有小数时，四舍五入取整。在加密区的根数按设计另行增加。

(5) 螺旋箍筋是连续不断的，对于圆柱高或圆桩长为 L，螺旋箍筋螺距为 h，混凝土保护层厚度为 c，混凝土圆桩(柱)直径为 D，螺旋箍筋钢筋直径为 d，其长度计算可按下式一次计算出螺旋箍筋总长度。即：

$$螺旋箍筋总长度 = \frac{L-2 \times 0.05}{h} \times \sqrt{[\pi \times (D-2c+d)]^2 + h^2} \tag{6-32}$$

2. 现浇混凝土工程

1) 混凝土是以胶凝材料水泥、水、细骨料、粗骨料，需要时掺入外加剂和矿物混合料，按适当比例配合，经过均匀拌制，密实成型及养护硬化而成的人造材料。按照施工方法不同，可分为现场搅拌混凝土、商品混凝土、泵送商品混凝土等；按配筋情况可分为素混凝土(无筋)、钢筋混凝土、预应力钢筋混凝土等。混凝土的强度主要包括抗压、抗拉、抗剪等，一般所讲的混凝土强度是指其抗压强度,常用的混凝土强度等级有 C15、C20、C25、C30、C35、C40、C45、C50、C55、C60、C65、C70、C75、C80 等。

2) 后浇带是在浇筑钢筋混凝土结构施工过程中,为克服由于温度、收缩不均可能产生有害裂缝而设置的临时施工缝隙。填充后浇带混凝土可采用微膨胀或无收缩水泥,也可采用普通水泥加入相应的外加剂拌制,但必须要求填筑混凝土的强度等级比原结构混凝土强度等级提高一级。

3) 混凝土及钢筋混凝土基础具有承载能力大、耐水性能好等优点。按照构造类型可分为带形基础、独立基础、杯形基础、满堂基础、桩承台、设备基础等。带形基础又称条形基础,其外形呈长条状,断面形式一般有梯形、阶梯形,常用于墙下基础。杯形基础主要用于排架、框架的预制柱下,柱子插入杯口底,杯口底需坐浆、灌缝。当带形基础和独立基础不能满足设计强度要求时,往往采取大面积的基础联体,这种基础称为满堂基础,满堂基础分为有梁式和无梁式两种。桩承台是桩基础的一个重要组成部分,它和桩顶端浇捣成一个整体,以承受整个建筑物的荷载,并通过桩传至地基。桩承台有带形桩承台和独立桩承台两种,独立桩承台一般代替柱下基础使用,带形桩承台代替条形基础作为墙下基础使用。设备基础是一种特殊的基础形式,为安装设备而设,其组成有混凝土沟、孔、槽及地脚螺栓等。

4) 柱是房屋建筑的主要承重构件之一,作为建筑物的支撑骨架,将整个建筑物的荷载竖向传递到基础和地基上。在消耗量定额中,根据现浇柱断面的形状,可分为矩形柱、圆形柱、异形柱等。构造柱一般设置在混合结构的墙体转角处或内外墙交接处,并和墙体构成一个整体,以加强墙体的抗震能力。

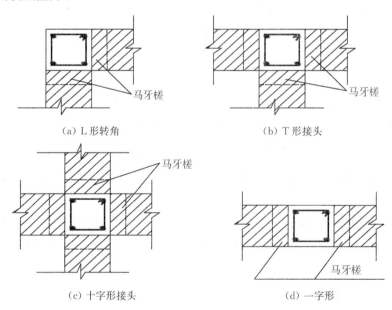

(a) L 形转角   (b) T 形接头

(c) 十字形接头   (d) 一字形

图 6-47　构造柱的四种断面形式

常用构造柱的断面形式一般有四种,即 L 形、T 形、十字形和一字形,如图 6-47 所示。构造柱计算要包括马牙槎混凝土的工程量。一般马牙槎咬接高度 300 mm,纵向间距 300 mm,马牙宽为 60 mm,如图 6-48 所示。为简化计算,马牙槎咬接宽度按全高的平均宽度 60 mm×1/2 =30 mm 计算。若构造柱截面两个方向的尺寸记为 a 和 b,则构造柱截面面积可按下式计算:

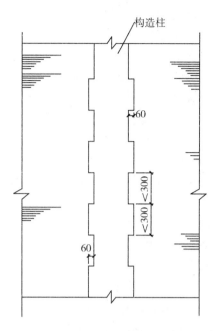

图 6-48　构造柱马牙槎立面图

$$S = ab + 0.03an_1 + 0.03bn_2 = ab + 0.03(an_1 + bn_2) \quad (6-33)$$

式中:S——构造柱计算截面面积;

n_1、n_2——分别为 a、b 方向的咬接边数,其数值为 0、1、2。

按上式计算后,4 种形式的构造柱计算截面面积列在表 6-26 中,供计算时参考。则构造柱工程量计算公式为:

$$V = 计算截面面积 \times 柱全高(H) \quad (6-34)$$

表 6-26　构造柱计算截面面积

构造柱形式	咬接边数		柱截面面积(m²)	计算截面面积(m²)
	n_1	n_2		
一字形	0	2		0.072
T 形	1	2	0.24×0.24	0.079
L 形	1	1		0.072
十字形	2	2		0.086

5) 梁是房屋建筑的承重构件之一,它承受建筑结构作用在梁跨上面的荷载,并与柱、板一起承受建筑物荷载。钢筋混凝土梁按照断面形状可以分为矩形梁和异形梁,异形梁断面形状有 L 字形、T 字形、十字形、工字形等;按结构部位可划分为基础梁、圈梁、过梁、单梁、连续梁等。单梁是指跨越两个支座的柱间或墙间的简支梁。连续梁是指连续跨越三个或三个以上支座的柱间或墙间梁。过梁是门窗等洞口上设置的横梁,承受洞口上部墙体与其他物件传来的荷载,并将荷载传至窗间墙。圈梁又称腰箍,是沿外墙、内纵墙和主要横墙设置的处于同一水平面内的连续封闭梁,它可以提高建筑物的空间刚度和整体性,增加墙

体稳定,减少由于地基不均匀沉降而引起的墙体开裂,并防止较大振动荷载对建筑物的不良影响。

6) 钢筋混凝楼板是房屋的水平承重构件,并将荷载传递到梁、柱、墙及基础上,按结构形式分为有梁板、无梁板、平板等。有梁板是指梁(主、次梁)与板构成一体的板;无梁板是指不带梁,直接用柱(柱帽)支承的板;平板是指无梁,直接由墙支承的板。

7) 钢筋混凝土墙为建筑物的竖向承重构件,并将荷载传递给基础,同时兼具封闭与隔断作用。其类型一般混凝土墙、电梯井壁、挡土墙和地下室墙、大钢模板墙,有抗震要求时,又从一般钢筋混凝土墙中分出剪力墙,剪力墙与一般墙的主要区别是增加了抗震钢筋。大钢模板墙也是一般钢筋混凝土墙的一种特殊类型,由于它在混凝土支模中使用了整块的定型化钢模板,常以开间、进深为模数,用于住宅的承重构件。

8) 楼梯是两层以上的建筑物必须有的垂直交通,在设有电梯、自动扶梯的建筑中也必须设置楼梯。在设计中要求楼梯要坚固、耐久、安全、防火;做到上下通行方便,便于搬运家具物品,有足够的通行宽度和疏散能力;此外,楼梯还应满足一定的美观要求。楼梯的组成一般分为三部分,即楼梯段、休息平台和楼梯栏杆扶手。

现浇式钢筋混凝土楼梯的结构形式有板式楼梯和梁板式楼梯两种。板式楼梯是将楼梯段作为一块板,承受楼梯段的全部荷载。楼梯段与平台相连,在平台端口设置平台梁以支承上下楼梯段及平台板,平台梁支承在墙上,适用于较小、较短的楼梯段。当楼梯的荷载较大时,楼梯段由板与梁组成,板承受荷载并传给梁,再由梁把荷载传给平台梁,楼梯段梁的间距即为板的跨度。梁板式楼梯与板式楼梯相比,板的跨度小,故在板厚相同的情况下,可以承受较大的荷载。靠墙的楼梯段一般只在一侧设梁,而将板的另一端支承在楼梯间的墙上。楼梯段的梁通常露在板的下面。为了使楼梯段底面平齐和避免洗刷楼梯时污水下流,可以把梁反倒上面,梁反倒上面可以与栏板合一,形成栏板式边梁。

楼梯栏杆构造做法有实心栏板、空花格栏杆和组合式三种。实心栏板可用透明的钢化玻璃或有机玻璃镶嵌于栏杆立柱之间,也可用预制或现浇钢筋混凝土以及钢丝网水泥、砖砌等。空花格栏杆一般采用圆钢、扁钢、方钢、钢管等材料做成,它们的组合大都用电焊或螺栓连接。栏杆立柱与梯段的连接一般是焊接在预埋于梯段中的铁件上,或用水泥砂浆埋入混凝土构件的预留孔内。为了增加梯段净宽和美观,并加强栏杆抵抗水平力的能力,栏杆与扶手的立柱也可以从侧面连接。组合式栏杆是由部分空花格栏杆和部分实心栏板组合的一种形式。

楼梯扶手可用硬木、钢管、水磨石、大理石、塑料、铝合金等制成。靠墙需做扶手时,常用铁脚使扶手与墙联系起来。

楼梯踏面防滑措施有设防滑凹槽、防滑条、防滑包口及铺地毯等做法。

9) 阳台是供楼房各层接触室外的平台,可以在上面休息,眺望或从事家务操作。按阳台与外墙的相对位置,可以分为挑阳台和凹阳台两大类。挑阳台挑出墙外,而凹阳台则由外墙凹入形成,也有半凹半挑的形式。

10) 雨篷是建筑入口处遮雨、保护门免受雨淋的构件,常与挑阳台一样做成悬挑构件。悬挑长度一般为 $1 \sim 1.5$ m 左右。为防止倾覆,常将雨篷板与入口门过梁浇筑在一起。雨篷荷载较阳台小,故一般截面高度较小(外缘可为 50 mm),为了排水和立面处理,往往将雨篷外沿向上卷起或用砖砌出一定高度。排水口设在两侧,雨篷上面应向排水口做出坡度。

11) 台阶的主要作用是解决室内外高差,台阶的形式可结合立面设计统一考虑。室内外台阶踏步宽不宜小于 0.30 m,踏步高度不宜大于 0.15 m,室内台阶踏步级数不应小于 2 级。人流密集的场所台阶高度超过 1 m 时,宜有护栏设施。

12) 坡道设置既要便于车辆使用,又要便于行人,坡道的坡度范围应在 1∶6~1∶12 左右,室内坡道不宜大于 1∶8,室外坡道不宜大于 1∶10,供轮椅使用的坡道不应大于 1∶12。室内坡道水平投影长度超过 15 m 时,宜设休息平台,平台宽度应根据轮椅或病床等尺寸所需缓冲空间而定。供轮椅使用的坡道两侧应设高度为 0.65 m 的扶手。坡道应作防滑地面,一般做法有设防滑条或设防滑锯齿。

3. 预制钢筋混凝土构件

预制钢筋混凝土构件也称装配式钢筋混凝土构件,在民用和工业建筑中广泛应用,构件种类繁多。按制作的场地来分有现场制作的构件和加工厂内制作的构件两种。现场制作的构件包括体量较大的矩形柱、工字柱、双脚柱、吊车梁、T 形梁、桁架、屋架、薄腹梁、装配式的屋面构件(如天窗、天窗端壁、天窗上下档、支撑、支架等)。加工厂内制作的构件包括空心板、槽型屋面板、大型屋面板、间壁、隔断、窗台板、踏步板、L 踏步板、平台板、漏花、池槽等。

钢筋混凝土预制构件都有制作、安装、场内或场外运输三道工序,只有就位安装的大型构件,如大跨度屋架、工字柱、矩形柱、桁架等利用塔吊起重机直接吊装,不需运输。因此,编制预算时,需要熟悉具体施工工序,才能准确套用定额子目,反映客观的工程造价。

4. 预应力混凝土工程

预应力钢筋混凝土即在混凝土的受拉区内,用预先加力的方法,将钢筋拉长到一定数值,并锚固在混凝土上然后放松张拉力,此时钢筋立即产生弹性回缩,由于钢筋已被锚固住,故将回缩力传给混凝土,从而使混凝土受到压力而压紧,这种压力通常称为预应力。当这种构件在荷载作用下产生拉应力时,首先要抵消这种预应加力,然后构件才承受拉应力,这就提高了整个构件的强度,并推迟了混凝土裂缝的出现。

预应力混凝土与普通钢筋混凝土相比,在制作预应力混凝土构件时增加了张拉工作,相应增加张拉机具、锚固装置,生产工艺也较为复杂。

1) 在预应方混凝土中普遍采用高强度钢材。生产高强度钢材的方法是加入合金元素,亦可以在钢材轧制后通过冷却的方法及热处理的方法取得。提高预应力钢筋抗拉强度的一般方法是冷拔,冷拔过程会使晶体重新排列,从而提高抵抗变形的能力。高强钢筋通过系列拉模,每拔一次强度就增加一些,但延性有所下降。预应力高强钢筋主要有钢丝、钢绞线和粗钢筋三种。后张法广泛采用钢丝束和钢绞线,钢丝束是用平行的钢丝组成束,钢绞线是在工厂将钢丝扭结在一起。钢绞线成本虽高于同样强度的钢丝束,但它有较好的黏结性,特别适合于先张法。高强度粗钢筋也可用于后张法。目前,国内主要使用的预应力钢材种类有甲级冷拔低碳钢丝、高强钢丝(碳素钢丝)、钢绞线、冷拉 Ⅱ~Ⅳ 级钢筋、热处理钢筋及精轧螺纹钢筋等。

2) 先张法是采用先张拉钢筋,后浇捣混凝土的方法。具体做法是在浇灌混凝土以前,用机械或电热张力筋,这时钢筋要回缩,而混凝土已与钢筋黏结在起,阻止钢筋的回缩,于是钢筋的回缩力把混凝土压紧,便给混凝土强加了压力。先张法生产装置主要由台座、横梁、台面、夹具、预应力筋、构件等组成,如图 6-49 所示。

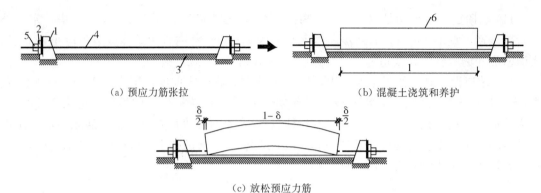

(a) 预应力筋张拉　　　　　　　　　　　(b) 混凝土浇筑和养护

(c) 放松预应力筋

1. 台座　2. 横梁　3. 台面　4. 预应力筋　5. 夹具　6. 构件

图 6-49　先张法生产示意图

3) 后张法是采用先灌筑混凝土后张拉钢筋的方法。具体做法是在灌筑混凝土时,在设计规定的位置上预留穿预应力钢筋的孔道,待混凝土达到设计规定的强度后,将预应力筋穿入孔道,进行张拉,并用锚具将预应力筋锚固在构件上,最后进行孔道灌浆。后张法生产装置主要由混凝土构件、预留孔道、预应力筋、千斤顶、锚具等组成,如图 6-50 所示。

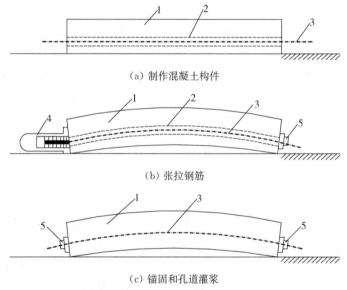

(a) 制作混凝土构件

(b) 张拉钢筋

(c) 锚固和孔道灌浆

1. 混凝土构件　2. 预留孔道　3. 预应力筋　4. 千斤顶　5. 锚具

图 6-50　后张法生产示意图

4) 后张无黏结预应力是在预应力筋表面刷涂并包塑料布(管),同普通钢筋一样先铺设在支好的模板内,待混凝土达到强度后用特制的锚具和张拉机具进行张拉和锚固。这种工艺的优点是不需要预留孔道和灌浆,施工简单,张拉时摩阻力较小,预应力筋易弯成曲线形状,适用于曲线配筋的结构。无黏结预应力筋主要有两种,原则上可通用,一般一端张拉采用钢丝束,两端张拉宜用钢绞线,当长度大于 24 m 时,应采用两端张拉。无黏结预应力筋表面涂料应具有较好的防腐、防锈、黏附、润滑、氧化安定性和低温性能等,常用的有防腐油脂和防腐沥青。塑料包裹层应具有足够的韧性、抗磨性和防水性,在使用温度(−20~70 ℃)范围内,不脆化,化学稳定性好,对周围材料无侵蚀作用。常用包裹物有聚乙烯、聚丙烯等。

6.5.2 混凝土及钢筋混凝土工程清单工程量计算规则

1. 垫层、带形基础、独立基础、满堂基础、桩承台基础工程量按设计图示尺寸以体积计算,不扣除嵌入垫层、带形基础、承台的桩头所占体积。地下室底板中的桩承台、电梯井坑、明沟等与底板一起浇捣者,其工程量应合并到地下室底板工程量。

2. 设备基础工程量按设计图示尺寸以体积计算,不扣除嵌入设备基础的桩头所占体积。螺丝套和螺栓孔灌浆包括在报价内。

3. 矩形柱、构造柱工程量按设计图示断面面积乘以柱高以体积计算。柱高:有梁板的柱高应按柱基或楼板上表面至上一层楼板上表面之间的高度计算;无梁板的柱高应按柱基或楼板上表面至柱帽下表面之间的高度计算;框架柱的柱高应自柱基上表面至柱顶高度计算;构造柱按全高计算,与砖墙嵌接部分的体积并入柱身体积内计算;依附柱上的牛腿和升板的柱帽,并入柱身体积内计算。

4. 钢管顶升混凝土工程量按设计图示实体体积以立方米计算。

5. 基础梁、矩形梁、异形梁、圈梁、过梁、弧形、拱形梁工程量按设计图示断面面积乘以梁长以体积计算。梁长:梁与柱连接时,梁长算至柱侧面;主梁与次梁连接时,次梁长算至主梁侧面。伸入砌体内的梁头、梁垫并入梁体积内计算;伸入混凝土墙内的梁部分体积并入墙计算。挑檐、天沟与梁连接时,以梁外边线为分界线。悬臂梁、挑梁嵌入墙内部分按圈梁计算。圈梁通过门窗洞口时,门窗洞口宽加 500 mm 的长度作过梁计算,其余作圈梁计算。卫生间四周坑采用素混凝土时,按圈梁项目列项。

6. 直形墙、弧形墙、挡土墙工程量计算,外墙按图示中心线长度,内墙按图示净长乘以墙高及墙厚以体积计算,应扣除门窗洞口及单个面积>0.3 m² 的孔洞体积,附墙柱、暗柱、暗梁及墙面突出部分并入墙体积内计算。墙高按基础顶面(或楼板上表面)算至上一层楼板上表面。混凝土墙与钢筋混凝土矩形柱、T 形柱、L 形柱以矩形柱、T 形柱、L 形柱长边(h)与短边(b)之比 $r(r=h/b)$ 为基准进行划分,当 $r \leqslant 4$ 时按柱计算;当 $r > 4$ 时按墙计算。直形墙、弧形墙工程量清单项目同样适用于建筑物内的电梯井壁(电梯井为独立的构筑物除外)。

7. 有梁板、无梁板、平板、拱板、薄壳板、栏板工程量按设计图示尺寸以体积计算,不扣除单个面积 $\leqslant 0.3$ m² 的柱、垛以及孔洞所占体积。压型钢板混凝土楼板扣除构件内压型钢板所占体积,有梁板(包括主、次梁与板)按梁、板体积之和计算,无梁板按板和柱帽体积之和计算,各类板伸入砖墙内的板头并入板体积内,薄壳板的肋、基梁并入薄壳体积内计算。不同形式的楼板相连时,以墙中心线或梁边为分界,分别计算工程量。板与混凝土墙、柱相接部分按柱或墙计算。薄壳板由平层和拱层两部分组成,平层拱层合并计算,其中的预制支架按预制构件相应项目计算。栏板高度小于 1 200 mm 时,按栏板计算,高度大于 1 200 mm 时,按墙计算。

8. 天沟(檐沟)、挑檐板、雨篷、悬挑板、阳台板工程量按设计图示尺寸以体积计算。现浇挑檐、天沟板、雨篷、阳台与板(包括屋面板、楼板)连接时,以外墙外边线为分界线;与圈梁(包括其他梁)连接时,以梁外边线为分界线,外边线以外为挑檐、天沟、雨篷或阳台;现浇混凝土阳台、雨篷与屋面板或楼板相连时,应并入屋面板或楼板计算,不相连时,按悬挑板定额子目计价。悬挑板是指单独现浇的混凝土阳台、雨篷及类似相同的板,包括伸出墙外的牛腿、挑梁,按图示尺寸以体积计算,其嵌入墙内的梁,分别按过梁或圈梁计算。挑檐和雨篷的区分为:悬挑伸出墙外 500 mm 以内为挑檐,伸出墙外 500 mm 以上为雨篷。有主次梁结构的大雨篷,应按有梁板计算。板边反檐:高度超出板面 600 mm 以内的反檐并入板内计算;高度在 600 mm 至 1 200 mm 的按栏板计算,高度超过 1 200 mm 以上的按墙计算。凸出墙面的钢筋混凝土窗套,窗上下挑出的板按悬挑板计算,窗左右侧挑出的板按栏板计算。

9. 空心板工程量按设计图示尺寸以体积计算,扣除内模所占体积。混凝板采用浇筑复合高强薄型空心管(盒)时,其工程量应扣除内模所占体积,复合高强薄型空心管(盒)应包括在报价内。采用轻质材料浇筑在梁板内,轻质材料应包括在报价内。其他板工程量按设计图示尺寸以体积计算。

10. 直形楼梯、弧形楼梯工程量按设计图示尺寸以水平投影面积计算,不扣除宽度 ≤500 mm 的楼梯井,伸入墙内部分不计算。整体楼梯(包括直形楼梯、弧形楼梯)水平投影面积包括休息平台、平台梁、斜梁和楼梯的连接梁。当整体楼梯与现浇楼板无梯梁连接时,以楼梯的最后一个踏步边缘加 300 mm 为界。单跑楼梯的工程量计算与直形楼梯、弧形楼梯的工程量计算相同,单跑楼梯如无中间休息平台时,应在工程量清单中进行描述。架空式混凝土台阶,按现浇楼梯项目编码列项。架空式混凝土台阶水平投影面积包括休息平台、梁、斜梁及板的连接梁,当台阶与现浇楼板无梁连接时,以台阶的最后一个踏步边缘加下一级踏步的宽度为界,伸入墙内的体积不重复计算。楼梯基础、用以支撑楼梯的柱、墙及楼梯与地面相连的踏步,应另列项计算。

11. 散水、坡道工程量按设计图示尺寸以面积计算,不扣除单个≤0.3 m² 的孔洞所占面积。混凝土台阶、混凝土扶手、混凝土压顶、混凝土化粪池、混凝土检查井、混凝土其他构件工程量按设计图示尺寸以体积计算。现浇混凝土小型池槽、垫块、门框等清单项目未列出项目编码的小型构件,应按其他构件项目编码列项。其他构件以 m³ 为计量单位。

12. 地坪工程量按设计图示尺寸以面积计算,应扣除凸出地面的构筑物、设备基础、室内管道、地沟等所占面积,不扣除单个≤0.3 m² 的孔洞所占面积。地坪适用于建筑物四周的混凝土地面。地坪表面处理(切缝、刻纹、拉毛)、变形缝等应包括在报价内。

13. 电缆沟、地沟工程量按设计图示尺寸以体积计算。

14. 明沟工程量按设计图示中心线长度计算。混凝土明沟与散水的分界为明沟净空加两边壁厚的部分为明沟,以外部分为散水。

15. 标准化粪池工程量按设计图示数量以座计算。标准化粪池是按国家标准图集《钢筋混凝土化粪池 03S702》编制的,计量单位为座,包括挖土、填土、余土外运、安拆模板、浇捣混凝土、搭拆脚手架、抹防水砂浆层等。

16. 后浇带工程量按设计图示尺寸以体积计算。后浇带类型包括地下室底板后浇带、梁和板后浇带、墙后浇带。

17. 垃圾道、通风道、烟道、其他预制钢筋混凝土构件工程量按设计图示尺寸以体积计算。不扣除单个面积<300 mm×300 mm 的孔洞所占体积,扣除烟道、垃圾道、通风道的孔洞所占体积。预制钢筋混凝土小型构件池槽、压质、扶手、垫块、隔热板、花格等按其他构件项目编码列项。构件运输、安装应包括在报价内。

18. 预制桩制作工程量按桩全长(包括桩尖,不扣除桩尖虚体积)乘以桩断面(空心桩应扣除孔洞体积)以立方米计算。构件运输、安装应包括在报价内。

19. 桩尖工程量,混凝土桩尖按虚体积(不扣除桩尖虚体积部分)计算。钢桩尖按重量计算。构件运输、安装应包括在报价内。

20. 防火组合变压型排气道工程量按设计图示尺寸以长度计算。防火组合变压型排气道按不同截面作补充清单项目分别编码列项。防火止回阀、无动力风帽应包括在报价内。

21. 现浇或预制混凝土和钢筋混凝土构件,不扣除构件内钢筋螺栓、预埋件、张拉孔道所占体积,应扣除劲性骨架的型钢所占体积。

22. 采用现场搅拌混凝土时,需要计算混凝土拌制费用,将现浇混凝土浇捣定额子目中商品混凝土配合比换算为对应的现场搅拌混凝土配合比,但采用非泵送混凝土时,每立方米混凝土人工费增加 21 元。现浇混凝土浇捣定额子目是按商品混凝土编制的,采用泵送时套用定额相应子目计算泵送费用。混凝土的泵送及运输列入单价措施项目。

23. 现浇构件钢筋、预制构件钢筋、钢筋网片、钢筋笼、先张法预应力钢筋工程量按设计图示钢筋长度乘以单位理论质量计算。清单项目的工程量应以实体工程量为准,并以完成后的净值计算,故钢筋清单工程量不含损耗。施工中的各种损耗和需要增加的工程量,应在工程量清单计价时考虑在综合单价中。现浇构件中固定位置的支撑钢筋、双层钢筋用的撑脚并入相应钢筋工程量计算。

24. 后张法预应力钢筋、预应力钢丝、预应力钢绞线工程量按设计图示钢筋(丝束、绞线)长度乘以单位理论质量计算。低合金钢筋两端采用螺杆锚具时,预应力钢筋按预留孔道长度减 0.35 m,螺杆另行计算;低合金钢筋一端采用镦头插片,另一端采用螺杆锚具时,预应力钢筋长度按预留孔道长度计算,螺杆另行计算;低合金钢筋一端采用镦头插片,另一端采用帮条锚具时,预应力钢筋长度按预留孔长度增加 0.15 m;两端均采用帮条锚具时预应力钢筋长度共增加 0.3 m 计算;低合金钢筋采用后张混凝土自锚时,预应力钢筋长度增加 0.35 m 计算;低合金钢筋或钢绞线采用 JM 型、XM 型、QM 型锚具,孔道长度≤20 m 时,预应力钢筋长度增加 1 m 计算,孔道长度>20 m 时,预应力钢筋长度增加 1.8 m 计算。碳素钢丝采用锥形锚具,孔道长度≤20 m 时,预应力钢丝束长度按孔道长度增加 1 m 计算,孔道长>20 m 时,预应力钢丝束长度按孔道长度增加 1.8 m 计算;碳素钢丝两端采用镦粗头时,预应力钢丝长度增加 0.35 m 计算。

25. 声测管工程量按设计图示尺寸以质量计算。

26. 砌体加固筋工程量按设计图示钢筋长度乘以单位理论质量计算。

27. 植筋工程量按种植钢筋数量计算。

28. 楼地面、屋面、墙面、护坡钢筋网片工程量按钢筋设计图示尺寸以面积计算。

29. 螺栓、铁件工程量按设计图示尺寸以质量计算。

30. 机械连接、电渣压力焊接工程量按设计(或经审定的施工组织设计)数量以个为单位计算。

31. 化学锚固工程量按设计图示数量以套为单位计算。

6.5.3 《广西壮族自治区建筑装饰装修工程消耗量定额》(2013 版)混凝土及钢筋混凝土工程计价说明

1. 混凝土工程分为混凝土拌制和混凝土浇捣两部分。混凝土拌制分混凝土搅拌机拌制和现场搅拌站拌制。混凝土浇捣分现浇混凝土浇捣、构筑物混凝土浇捣和预制混凝土构件制作。混凝土浇捣均不包括拌制和泵送费用。现浇混凝土浇捣、构筑物浇捣是按商品混凝土编制的,采用泵送时套用定额相应子目,采用非泵送时每立方米混凝土人工费增加 21 元。

2. 混凝土的强度等级和粗细骨料是按常用规格编制的,如设计规定与定额不同时应进行换算。

3. 毛石混凝土子目,按毛石占毛石混凝土体积的 20%编制,如设计要求不同时,材料消耗量可以调整,人工、机械消耗量不变。

4. 混凝土及钢筋混凝土基础与墙(柱)身的划分以施工图规定为准。如图纸未明确表示时,则按基础的扩大顶面为分界;如图纸无明确表示,而又无扩大顶面时,可按墙(柱)脚分界。

5. 基础与垫层的划分,一般以设计确定为准,如设计不明确时,以厚度划分,200 mm 以内的为垫层,200 mm 以上的为基础。

6. 混凝土地面与垫层的划分,一般以设计确定为准,如设计不明确时,以厚度划分:120 mm 以内的为垫层,120 mm 以上的为地面。

7. 带形桩承台按带形基础定额项目计算,独立式桩承台按相应定额项目计算。

8. 弧形半径≤10 m 的梁(墙)按弧形梁(墙)计算。

9. 混凝土斜板,当坡度在 11°19′至 26°34′时,按相应板定额子目人工费乘以系数 1.15;当坡度在 26°34′至 45°时,按相应板定额子目人工费乘以系数 1.2;当坡度在 45°以上时,按墙子目计算。

10. 现浇混凝土空心楼盖 BDF 薄壁管(盒)按空心楼盖浇捣子目和内模(BDF 薄壁管、盒)编制。空心楼盖内模(BDF 管)的抗浮拉结按铁钉和铁丝拉结编制。

11. 架空式现浇混凝土台阶套相应的楼梯定额。

12. 混凝土小型构件是指单个体积在 0.05 m³ 以内的本定额未列出定额项目的构件。

13. 外形体积在 2 m³ 以内的池槽为小型池槽。

14. 游泳池按贮水池相应定额套用。

15. 倒锥壳水塔罐壳模板组装、提升、就位,按不同容积以座计算。

16. 装配式构件安装所需的填缝料(砂浆或混凝土)、找平砂浆、锚固铁件等均包括在定额内,不得换算。实际工作中所采用的机械与定额不同时,不得换算。

17. 预制混凝土构件安装定额子目不包括为安装工程所搭设的临时脚手架,如发生时另按本定额脚手架工程有关规定计算。

18. 本定额是按单机作业制定的,必须采取双机抬吊时,抬吊部分的构件安装定额人工费、机械台班乘以系数 2。

19. 本定额不包括起重机械、运输机械行使道路和吊装路线的修整、加固及铺垫工作的人工、材料和机械。

20. 预制混凝土构件运输适用于由构件堆放地或构件加工厂至施工现场的运输,定额综合考虑了现场运输道路等级,重车上、下坡等各种因素,不得因道路条件不同而调整。

21. 构件在运输过程中,因路桥限载(限高)而发生的加固、扩宽等费用,及公安交通管理部门的保安护送费,应另行计算。

22. 防火组合变压型排气道定额子目适用住宅厨房排烟道和卫生间排气道。防火组合变压型排气道安装所用的型钢、钢筋等包含在其他材料费中,不得另计。防火组合变压型排气道、防火止回阀和不锈钢动力风帽按成品考虑。

23. 钢筋制作安装工程按钢筋的品种、规格分为现浇构件钢筋、预制构件钢筋、预应力钢筋等项目列项。预应力构件中的非预应力钢筋按普通钢筋相应子目计算。

24．钢筋工程内容包括制作、绑扎安装以及浇灌混凝土时维护钢筋用工。钢筋以手工绑扎为主，如实际施工不同时，不得换算。绑扎铁丝、成型点焊和接头焊接用的电焊条已综合在定额子目内。

25．预制构件钢筋，如用不同直径钢筋点焊在一起时，按直径最小的定额项目套用，如粗细筋直径比在两倍以上时，其人工费乘以系数1.25。

26．后张法钢筋的锚固是按钢筋帮条焊、U形插垫编制的，如采用其他方法锚固时，应另行计算。

27．表6-27所列的构件，其钢筋工程可按表中所列系数调整定额人工费、机械用量。

表 6-27　钢筋工程人工费、机械用量调整系数表

项目	预制钢筋		构筑物			
系数范围	拱梯形屋架	托架梁	烟囱	水塔	贮仓	
					矩形	圆形
人工费、机械用量调整系数	1.16	1.05	1.70	1.70	1.25	1.50

28．型钢混凝土柱、梁中劲性骨架的制作、安装按金属结构工程中的相应子目计算，其所占混凝土的体积按钢构件吨数除以 7.85 t/m³ 扣减。

29．植筋子目未包括植入钢筋的消耗量及其制作安装，植入的钢筋需另套相应钢筋制作安装子目计算。

6.5.4　混凝土及钢筋混凝土工程计价工程量计算规则

1．现浇混凝土浇捣、构筑物浇捣是按商品混凝土编制的，使用现场搅拌机拌制或现场搅拌站拌制者，混凝土种类必须进行换算。混凝土浇捣定额子目均不包括混凝土拌制在内，使用现场搅拌机拌制或现场搅拌站拌制者，套用相应定额子目计算。使用商品混凝土者，不得另列项目计算混凝土拌制费用。现浇混凝土浇捣、构筑物浇捣采用泵送时套用定额相应子目，采用非泵送时，每立方米混凝土（定额分析量）人工费增加 21 元。现浇混凝土拌制工程量，按现浇混凝土浇捣相应子目的混凝土定额分析量计算，如发生相应的运输，泵送等损耗时均应增加相应损耗量。

2．现浇混凝土浇捣工程量除另有规定外，均按设计图示尺寸实体积以立方米计算，不扣除构件内钢筋、预埋铁件及墙、板中单个面积 0.3 m² 以内的孔洞所占体积。

3．基础垫层及各类基础工程量按设计图示尺寸以体积计算，不扣除嵌入承台基础的桩头所占体积。

4．地下室底板中的桩承台、电梯井坑、明沟等与底板一起浇捣者，其工程量应合并到地下室底板工程量中套相应的定额子目。

5．箱式基础应分别按满堂基础、柱、墙及板的有关规定计算，套相应定额子目。墙与顶板、底板的划分以顶板底、底板面为界。底板边缘实体积部分按底板计算。

6．设备基础除块体基础以外，其他类型设备基础分别按基础、梁、柱、板、墙等有关规定计算，套相应定额子目。

7. 柱工程量按设计图示断面面积乘以柱高以立方米计算。柱高按下列规定确定:有梁板的柱高应按柱基或楼板上表面至上一层楼板上表面之间的高度计算,如图 6-51 所示;无梁板的柱高应按柱基或楼板上表面至柱帽下表面之间的高度计算,如图 6-52 所示;框架柱的柱高应自柱基上表面至柱顶高度计算,如图 6-53 所示;构造柱按全高计算,与砖墙嵌接部分的体积并入柱身体积内计算,如图 6-54 所示;依附柱上的牛腿和升板的柱帽,并入柱身体积内计算,如图 6-55 所示。

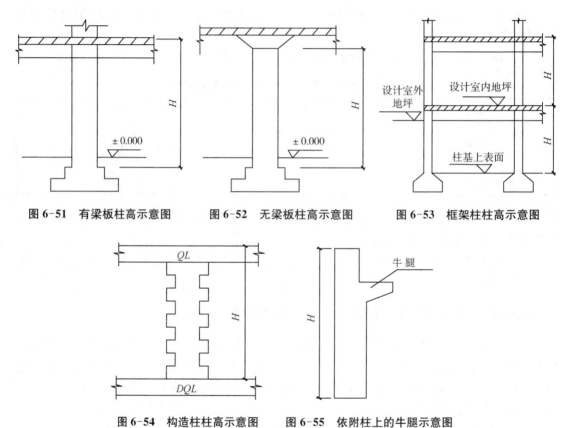

图 6-51　有梁板柱高示意图　　　图 6-52　无梁板柱高示意图　　　图 6-53　框架柱柱高示意图

图 6-54　构造柱柱高示意图　　　图 6-55　依附柱上的牛腿示意图

8. 梁工程量按设计图示断面面积乘以梁长以立方米计算。梁长按下列规定确定:梁与柱连接时,梁长算至柱侧面;主梁与次梁连接时,次梁长算至主梁侧面;伸入砌体内的梁头、梁垫并入梁体积内计算;伸入混凝土墙内的梁部分体积并入墙计算。

9. 挑檐、天沟与梁连接时,以梁外边线为分界线。悬臂梁、挑梁嵌入墙内部分按圈梁计算。

10. 圈梁通过门窗洞口时,门窗洞口宽加 500 mm 的长度作过梁计算,其余作圈梁计算。

11. 卫生间四周坑壁采用素混凝土时,套圈梁定额子目。

12. 墙工程量计算,外墙按图示中心线长度,内墙按图示净长乘以墙高及墙厚以立方米计算,应扣除门窗洞口及单个面积 0.3 m² 以外孔洞的体积,附墙柱、暗柱、暗梁及墙面突出部分并入墙体积内计算。墙高按基础顶面(或楼板上表面)至上一层楼板上表面的高度计算。

13. 混凝土墙与钢筋混凝土矩形柱、T 形柱、L 形柱以矩形柱、T 形柱、L 形柱长边(h)与短边(b)之比 $r(r=h/b)$ 为基准进行划分,当 $r \leqslant 4$ 时按柱计算,当 $r > 4$ 时按墙计算,如图 6-56 所示。

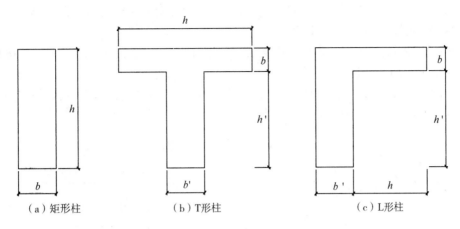

（a）矩形柱　　　　　　（b）T形柱　　　　　　（c）L形柱

图 6-56 混凝土墙与钢筋混凝土矩形柱、T 形柱、L 形柱

14. 板工程量按图示面积乘以板厚以立方米计算。有梁板包括主、次梁与板，按梁、板体积之和计算，如图 6-57 所示；无梁板按板和柱帽体积之和计算；平板是指无柱、无梁，四周直接搁置在墙（或圈梁、过梁）上的板，按板实体体积计算，如图 6-58 所示。不同形式的楼板连接时，以墙中心线或梁边为分界，分别计算工程量，套相应定额子目。板伸入砖墙内的板头并入板体积内计算，板与混凝土墙、柱相接部分按柱或墙计算。

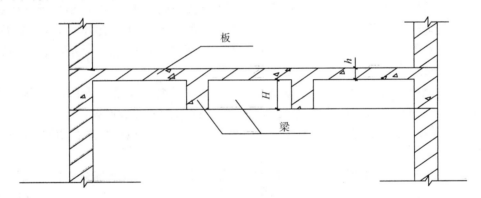

图 6-57 有梁板示意图

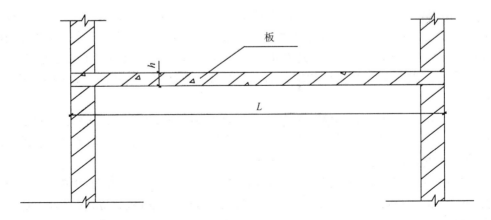

图 6-58 平板示意图

15. 薄壳板由平层和拱层两部分组成,平层、拱层合并套薄壳板定额子目计算。其中的预制支架套预制构件相应定额子目计算。

16. 栏板工程量按图示面积乘以板厚以立方米计算。高度小于 1 200 mm 时,按栏板计算,高度大于 1 200 mm 时,按墙计算。

17. 现浇挑檐天沟工程量按图示尺寸以立方米计算。与板(包括屋面板、楼板)连接时,以外墙外边线为分界线,与梁连接时,以梁外边线为分界线,如图 6-59 所示。

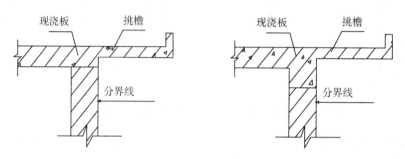

图 6-59　现浇挑檐天沟示意图

18. 挑檐和雨篷的区分:悬挑伸出墙外 500 mm 以内为挑檐,伸出墙外 500 mm 以上为雨篷。

19. 悬挑板是指单独现浇的混凝土阳台雨篷及类似相同的板;包括伸出墙外的牛腿、挑梁,其工程量按图示尺寸以立方米计算,其嵌入墙内的梁,分别按过梁或圈梁计算。如遇下列情况,另按相应子目执行:现浇混凝土阳台、雨篷与屋面板或楼板相连时,应并入屋面板或楼板计算;有主次梁结构的大雨篷,应按有梁板计算。

20. 板边反檐工程量计算,高度超出板面 600 mm 以内的反檐并入板内计算;高度在 600 mm 至 1 200 mm 的按栏板计算;高度超过 1 200 mm 以上的按墙计算。

21. 凸出墙面的钢筋混凝土窗套,窗上下挑出的板按悬挑板计算,窗左右侧挑出的板按栏板计算。

22. BDF 管空心楼盖的混凝土浇捣工程量按设计图示面积乘以板厚以立方米计算,扣除内模所占体积。BDF 管空心楼盖的内模安装工程量按设计图示内模长度以米计算,BDF 薄壁盒安装工程量按安装后 BDF 薄壁盒水平投影面积以平方米计算。

23. 整体楼梯包括休息平台、梁、斜梁及楼梯与楼板的连接梁,如图 6-60 所示,按设计图示尺寸以水平投影面积计算,不扣除宽度小于 500 mm 的楼梯井。当整体楼梯与现浇楼板无梯梁连接时,以楼梯的最后一个踏步边缘加 300 mm 为界,伸入墙内的体积已考虑在定额内,不得重复计算。楼梯基础、用以支撑楼梯的柱、墙及楼梯与地面相连的踏步,应另按相应定额子目计算。

24. 架空式混凝土台阶包括休息平台、梁、斜梁及板的连接梁,按设计图示尺寸以水平投影面积计算,当台阶与现浇楼板无梁连接时,以台阶的最后一个踏步边缘加下级踏步的宽度为界,伸入墙内的体积已考虑在定额内,不得重复计算。

25. 扶手和压顶工程量按设计图示尺寸实体体积以立方米计算。小型构件工程量按设计图示实体体积以立方米计算。屋顶水池中钢筋混凝土构件(如柱、圈梁等)应并入屋顶水池工程量中计算,屋顶水池脚(墩)的钢筋混凝土构件另按相应的构件规定计算。

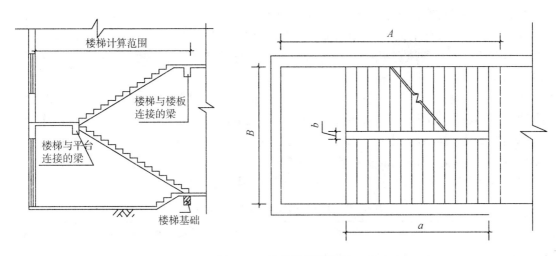

图 6-60　整体楼梯示意图

26. 散水按设计图示尺寸以平方米计算,不扣除单个 0.3 m² 以内的孔洞所占面积。

27. 混凝土明沟按设计图示中心线长度以米计算。混凝土明沟与散水的分界:明沟净空加两边壁厚的部分为明沟,以外部分为散水。

28. 地下室、梁、板、墙工程量均应扣除后浇带体积,后浇带工程量按设计图示尺寸以立方米计算。

29. 钢管顶升混凝土工程量按设计图示实体体积以立方米计算。

30. 混凝土地面工程量按设计图示尺寸以平方米计算,应扣除凸出地面的构筑物、设备基础、室内管道、地沟等所占面积,不扣除间壁墙、单个 0.3 m² 以内的柱、垛、附墙烟囱及孔洞所占面积,门洞、空圈、暖气包槽、壁龛的开口部分不增加面积。

31. 混凝土地面切缝按设计图示尺寸以米计算。刻纹机刻水泥混凝土地面按设计图示尺寸以平方米计算。

32. 构筑物混凝土工程量按以下规定计算:构筑物混凝土除另规定者外,均按图示尺寸扣除门窗洞口及单个面积 0.3 m² 以外孔洞所占体积后的实体体积以立方米计算。

33. 贮水(油)池的池底、池壁、池盖分别按相应定额子目计算。有壁基梁的,应以壁基梁底为界,以上为池壁,以下为池底;无壁基梁的,锥形坡底应算至其上口,池壁下部的八字靴脚应并入池底体积内。无梁池盖的柱高应从池底上表面算至池盖下表面,柱帽和柱座应并在柱体积内。肋形池盖应包括主、次梁体积;球形池盖应以池壁顶面为界,边侧梁应并入球形池盖体积内。

34. 贮仓立壁和贮仓漏斗应以相互交点的水平线为界,壁上圈梁应并入漏斗体积内。

35. 对于水塔工程量计算,筒式塔身应以筒座上表面或基础底板上表面为界;柱式(框架式)塔身应以柱脚与基础底板或梁顶为界,与基础板连接的梁应并入基础体积内。塔身与水箱应以箱底相连接的圈梁下表面为界,以上为水箱,以下为塔身。依附于塔身的过梁、雨篷、挑檐等,应并入塔身体积内;柱式塔身应不分柱、梁合并计算。依附于水箱壁的柱、梁,应并入水箱壁体积内。

36. 钢筋混凝土烟囱基础与筒身以室外地面为界,地面以下的为基础,地面以上的为筒身。

37. 构筑物基础套用建筑物基础相应定额子目。

38. 混凝土标准化粪池按座计算,非标准化粪池及检查井分别按相应定额子目以立方米计算。混凝土标准化粪池定额内已包括挖、填、运土、安拆模板,钢筋制安、混凝土浇捣、抹灰、脚手架等工作内容,地下排水等特殊情况,发生时另立项目计算。

39. 预制混凝土构件制作工程量均按构件图示尺寸实体体积以立方米计算,不扣除构件内钢筋、铁件及单个面积小于 300 mm×300 mm 的孔洞所占体积。预制混凝土构件制作定额子目未包括混凝土拌制,其混凝土拌制工程量按预制混凝土构件制作相应项目的定额混凝土含量(含损耗率)计算,套用现浇混凝土拌制定额子目。

40. 预制混凝土构件的制作废品率按表 6-28 的损耗率计算。

表 6-28　预制钢筋混凝土构件损耗率表

名称	制作废品率	运输堆放损耗率	安装(打桩)损耗
预制混凝土屋架、桁架、托架及长度在 9 m 以上的梁、板、柱	无	无	无
预制钢筋混凝土桩	0.1%	0.4%	已包含在定额内
其他各类预制构件	0.2%	0.8%	1%

41. 桩工程量按桩全长(包括桩尖,不扣除桩尖虚体积)乘以桩断面(空心桩应扣除孔洞体积)以立方米计算。预制桩尖按虚体积(不扣除桩尖虚体积部分)计算。

42. 预制混凝土构件安装工程量均按构件图示尺寸以实体体积按立方米计算。预制混凝土构件运输及安装损耗计算,以图示尺寸的安装工程量为基准,损耗率如表 6.5-10 所示。预制混凝土构件制作、运输及安装工程量可按表 6-29 中的系数计算。其中预制混凝土屋架、桁架、托架及长度在 9 m 以上的梁、板、柱不计算损耗率。

表 6-29　预制钢筋混凝土构件制作、运输、安装工程量系数表

名称	安装(打桩)工程量	运输工程量	预制混凝土构件制作工程量
预制混凝土屋架、桁架、托架及长度在 9 m 以上的梁、板、柱	1	1	1
预制钢筋混凝土桩	1	1+1%+0.4%=1.014	1+1%+0.4%+0.1%=1.015
其他各类预制构件	1	1+1%+0.8%=1.018	1+1%+0.8%+0.2%=1.02

43. 预制钢筋混凝土工字形柱、矩形柱、空腹柱、双肢柱、空心柱、管道支架等安装套柱相应的安装定额子目。

44. 吊车梁的安装套梁相应的安装定额子目。

45. 安装预制板时,预制板之间的板缝,缝宽在 50 mm 以内的,已包含在预制板的安装定额子目内,50 mm 以外时,按相应的混凝土平板计算。

46. 预制混凝土构件的水平运输,可按加工厂或现场预制的成品堆场中心至安装建筑物的中心点的距离计算。最大运输距离取 20 km 以内,超过 20 km 时另行计算。

47. 防火组合变压型排气道分不同截面按设计图示尺寸以延长米计算,防火止回阀按套计算,不锈钢动力风帽按套计算。

48. 钢筋工程量应区别现浇、预制、预应力等构件和不同种类及规格分别按设计图纸标准

图集、施工规范规定的长度乘以单位质量以吨计算。除设计(包括规范规定)标明的搭接外,其他施工搭接已在定额中综合考虑,不另计算。钢筋接头工程量计算,对于设计(或经审定的施工组织设计)采用机械连接、电渣压力焊接,应按接头个数分别列项计算。

49. 现浇构件中固定位置的支撑钢筋、双层钢筋用的撑脚按设计(或经审定的施工组织设计)规定计算,设计未规定时,按板中小规格主筋计算。基础底板每平方米 1 只,长度按底板厚乘以 2 再加 1 m 计算;板每平方米 3 只,长度按板厚度乘以 2 再加 0.1 m 计算。双层钢筋的撑脚布置数量均按板(不包括柱、梁)的净面积计算。

50. 楼地面、屋面、墙面及护坡钢筋网片制作安装,按钢筋设计图示尺寸以平方米计算。

51. 地下连续墙钢筋网片、BDF 管空心楼盖的内模抗浮钢筋网片按设计图示尺寸以吨分别列项计算。

52. 先张法预应力钢筋,按设计图示长度乘单位理论质量以吨计算。

53. 预应力钢绞线、预应力钢丝束、后张法预应力钢筋按设计图规定的预应力钢筋预留孔道长度,并区别不同的锚具类型,分别按下列规定计算。低合金钢筋两端采用螺旋锚具时,预应力钢筋按预留孔道长度减 0.35 m,螺杆另行计算。低合金钢筋一端采用墩头插片,另一端采用螺旋锚具时,预应力钢筋长度按预留孔道长度计算,螺杆另行计算。低合金钢筋一端采用墩头插片,另一端采用帮条锚具时,预应力钢筋长度按预留孔道长度增加 0.15 m;两端均采用帮条锚具时预应力钢筋长度共增加 0.3 m 计算。低合金钢筋采用后张混凝土自锚时,预应力钢筋长度增加 0.35 m 计算。低合金钢筋或钢绞线采用 JM 型、XM 型、QM 型锚具,孔道长度在 20 m 以内时,预应力钢筋长度增加 1 m;孔道长度 20 m 以上时预应力钢筋长度增加 1.8 m。碳素钢丝采用锥形锚具,孔道长度在 20 m 以内时,预应力钢丝长度增加 1 m;孔道长在 20 m 以上时,预应力钢丝长度增加 1.8 m。碳素钢丝两端采用镦粗头时,预应力钢丝长度增加 0.35 m 计算。

54. 砌体内的加固钢筋(含砌块墙体砌块中空安放纵向垂直钢筋、墙与柱的拉结筋)工程量按设计图示长度乘单位理论质量以吨计算。

55. 铁件、植筋、化学锚栓工程量按以下规定计算。铁件按设计图示尺寸以吨计算,不扣除孔眼、切肢、切边质量,不规则钢板按外接矩形面积乘以厚度,并乘单位理论质量以吨计算。用于固定预埋螺栓、铁件的支架等,按审定的施工组织设计规定计算,分别套相应铁件定额子目。植筋工程量分不同的直径按种植钢筋以根计算。植化学锚栓分不同直径以套计算。

6.5.5　钢筋混凝土工程计算实例

【实例 1】　根据本书第 10 章实训图纸内容、2013 版清单规范的规定,练习计算 KL1 (1A)、DC-2、首层 GZ-9、BPB03、首层 LB-3 现浇板、二层 LT-1 首层、LB-2 预制板的工程量。

表 6-30

编码	项目名称/构件名称/位置/工程量明细		单位	工程量
10503002001	矩形梁		m³	0.75
首层	KL1(1A)	0.2(宽度)×0.5(高度)×3.85(中心线长度)−0.01(扣柱)	m³	0.375
		0.2(宽度)×0.5(高度)×3.85(中心线长度)−0.01(扣柱)	m³	0.375

表 6-31

编码	项目名称/构件名称/位置/工程量明细		单位	工程量
010501001001	垫层		m³	0.369
基础层	DC-2	2.05(长度)×1.8(宽度)×0.1(厚度)	m³	0.369

表 6-32

编码	项目名称/构件名称/位置/工程量明细		单位	工程量
010502002001	构造柱		m³	0.166 2
首层	GZ-9	0.149(长度)×0.2(宽度)×2.9(原始高度)+0.008 7(加马牙槎)−0.000 1(马牙槎体积扣现浇板)−0.011 9(扣梁)	m³	0.083 1
		0.149(长度)×0.2(宽度)×2.9(原始高度)+0.008 7(加马牙槎)−0.000 1(马牙槎体积扣现浇板)−0.011 9(扣梁)	m³	0.083 1

表 6-33

编码	项目名称/构件名称/位置/工程量明细		单位	工程量
010501003001	独立基础		m³	8.88
基础层	BPB03	1.85(长度)×1.6(宽度)×0.5(高度)	m³	1.48
		1.85(长度)×1.6(宽度)×0.5(高度)	m³	1.48
		1.85(长度)×1.6(宽度)×0.5(高度)	m³	1.48
		1.85(长度)×1.6(宽度)×0.5(高度)	m³	1.48
		1.85(长度)×1.6(宽度)×0.5(高度)	m³	1.48
		1.85(长度)×1.6(宽度)×0.5(高度)	m³	1.48

表 6-34

编码	项目名称/构件名称/位置/工程量明细		单位	工程量
010505003001	平板		m³	1.087 8
首层	LB-3 现浇板	2.45(长度)×2.2(宽度)×0.12(厚度)−0.094 2(扣梁)−0.008 7(扣连梁)	m³	0.543 9
		2.45(长度)×2.2(宽度)×0.12(厚度)−0.094 2(扣梁)−0.008 7(扣连梁)	m³	0.543 9

表 6-35

编码	项目名称/构件名称/位置/工程量明细		单位	工程量
010513001001	楼梯		m³	5.032 8
第 2 层	LT-1	1.165 6(梯段体积)+0.28(板体积)+0.232(梯梁体积)	m³	1.677 6
		1.165 6(梯段体积)+0.28(板体积)+0.232(梯梁体积)	m³	1.677 6
		1.165 6(梯段体积)+0.28(板体积)+0.232(梯梁体积)	m³	1.677 6

表 6-36

编码	项目名称/构件名称/位置/工程量明细			单位	工程量
010512001001	平板(预制)			m³	9.769 6
首层	LB-2 预制板	3.4(长度)×2.5(宽度)×0.06(厚度)−0.020 4(扣梁)−0.046(扣连梁)		m³	0.443 6
		3.75(长度)×3.55(宽度)×0.06(厚度)−0.063 9(扣梁)−0.0213(扣连梁)		m³	0.713 6
		3.8(长度)×3.75(宽度)×0.06(厚度)−0.088 2(扣梁)		m³	0.766 8
		3.8(长度)×3.75(宽度)×0.06(厚度)−0.088 2(扣梁)		m³	0.766 8
		3.75(长度)×3.55(宽度)×0.06(厚度)−0.085 2(扣梁)		m³	0.713 6
		3.65(长度)×3.45(宽度)×0.06(厚度)−0.042(扣梁)		m³	0.713 6
		3.8(长度)×3.75(宽度)×0.06(厚度)−0.088 2(扣梁)		m³	0.766 8
		3.75(长度)×3.55(宽度)×0.06(厚度)−0.063 9(扣梁)−0.0213(扣连梁)		m³	0.713 6
		3.8(长度)×3.75(宽度)×0.06(厚度)−0.088 2(扣梁)		m³	0.766 8
		3.8(长度)×3.75(宽度)×0.06(厚度)−0.088 2(扣梁)		m³	0.766 8
		3.75(长度)×3.55(宽度)×0.06(厚度)−0.085 2(扣梁)		m³	0.713 6
		3.65(长度)×3.45(宽度)×0.06(厚度)−0.042(扣梁)		m³	0.713 6
		3.8(长度)×3.75(宽度)×0.06(厚度)−0.088 2(扣梁)		m³	0.766 8
		3.4(长度)×2.5(宽度)×0.06(厚度)−0.020 4(扣梁)−0.046 1(扣连梁)		m³	0.443 6

【实例2】 某工程使用带牛腿的钢筋混凝土柱 26 根,如图 6-61 所示,下柱高 $H_{下柱}=$ 6.5 m,断面尺寸为 600 mm×450 mm;上柱高 $H_{上柱}=2.5$ m,断面尺寸为 400 mm×450 mm;牛腿参数 $h=700$ mm,$c=200$ mm,$\alpha=45°$。请计算该柱的清单工程量。

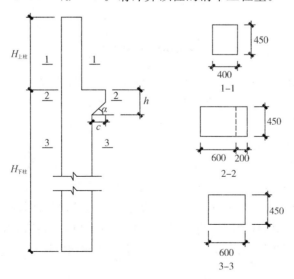

图 6-61 带牛腿的钢筋混凝土柱

【解】　上柱的工程量 $V_{上柱}=H_{上柱}\times S_{上柱}=2.5\times 0.4\times 0.45=0.45(\mathrm{m}^3)$

下柱的工程量 $V_{下柱}=H_{下柱}\times S_{下柱}=6.5\times 0.6\times 0.45=1.775(\mathrm{m}^3)$

牛腿的工程量 $V_{牛腿}=[(0.7-0.2\tan45°+0.7)/2\times 0.2]\times 0.45\times 26=1.404(\mathrm{m}^3)$

【实例 3】　挑檐平面布置如图 6-62 所示,若屋面设计为挑檐排水,挑檐混凝土强度等级为 C25。试计算挑檐混凝土的工程量。

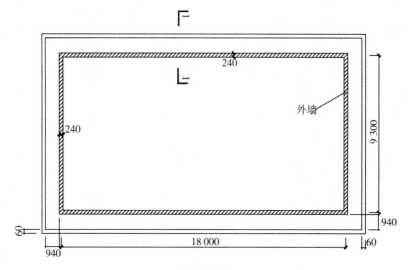

(a) 平面图

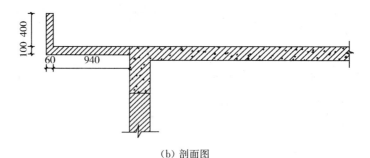

(b) 剖面图

图 6-62　挑檐平面

【解】　挑檐平板中心长: $L_{平板}=[(18+0.24+1)+(9.3+0.24+1)]\times 2=59.56(\mathrm{m})$

挑檐立板中心线长: $L_{立板}=[18+0.24+(1-0.06\div 2)\times 2+9.3+0.24+(1-0.06\div 2)\times 2]\times 2=63.32(\mathrm{m})$

挑檐平板断面面积: $S_{平板}=1\times 0.1=0.1(\mathrm{m}^2)$

挑檐立面断面面积: $S_{立板}=0.4\times 0.06=0.024(\mathrm{m}^2)$

挑檐的工程量: $V=L_{平板}\times S_{平板}+L_{立板}\times S_{立板}=59.56\times 0.1+63.32\times 0.024=7.476(\mathrm{m}^3)$

【实例 4】　图 6-63 所示为某现浇 C25 混凝土矩形梁的配筋图,各号钢筋均为 I 级圆钢筋,①②③④号钢筋两端均有半圆弯钩,箍筋弯钩为抗震结构的斜弯钩,③④号钢筋的弯起角度为 45°,主筋混凝土保护层厚度为 25 mm,矩形梁的两端均设箍筋。请求该矩形梁的钢筋清单工程。

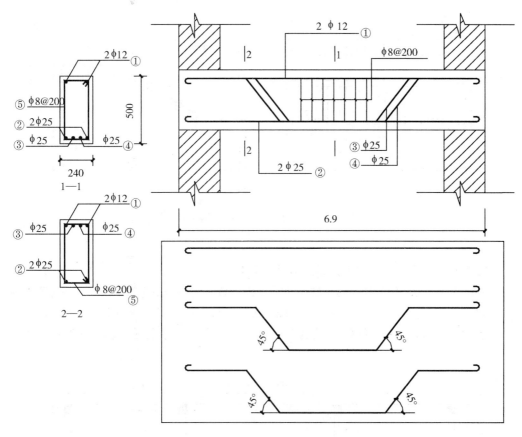

图 6-63 现浇 C25 混凝土矩形梁的配筋图

【解】 ① $\phi 12$：$(6.9-0.025\times2+8.25\times0.012\times2)\times2\times0.888=12.517(kg)$

② $\phi 25$：$(6.9-0.025\times2+8.25\times0.025\times2)\times2\times2.98=43.285(kg)$

③ $\phi 25$：$[6.9-0.025\times2+8.25\times0.025\times2+0.41\times(0.5-0.025\times2)\times2]\times2.98=22.742(kg)$

④ $\phi 25$：$[6.9-0.025\times2+8.25\times0.025\times2+0.41\times(0.5-0.025\times2)\times2]\times2.98=22.742(kg)$

⑤ $\phi 8$：$[(0.24+0.5)\times2-(0.025-0.008)\times8+11.87\times0.008\times2]\times[(6.9-0.5\times1.5\times2-0.025\times2)\div0.2-1]\times0.395=15.602(kg)$

⑤ $\phi 8$：$[(0.24+0.5)\times2-(0.025-0.008)\times8+11.87\times0.008\times2]\times[(0.5\times1.5-0.05)\div0.1+1]\times2\times0.395=9.694(kg)$

【课后习题】

1. 整体楼梯由哪些部分组成？楼梯工程量如何计算？

2. 如下图所示，已知墙厚 240 mm，TL-1 截面尺寸 250 mm×400 mm，楼层梁 LL1 截面尺寸 250 mm×400 mm。求现浇钢筋混凝土板式楼梯工程量。

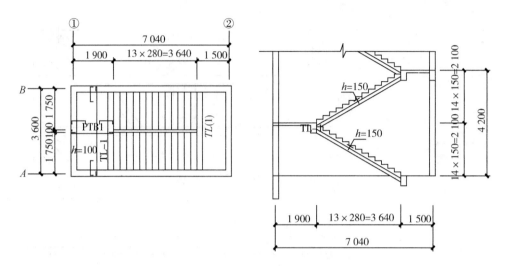

3. 当遇到有梁板时如何更好地处理该部分的量?

4. 现浇钢筋混凝土单层厂房,如下图所示,屋面板顶面标高 5.4 m,柱基础顶面标高 −0.5 m,柱截面尺寸 Z1 为 300 mm×400 mm、Z2 为 400 mm×500 mm、Z3 为 300 mm×400 mm,混凝土强度等级梁和板为 C25、柱为 C30。该工程采用商品混凝土、泵送(混凝土输送泵车、混凝土运距为 5 km)。

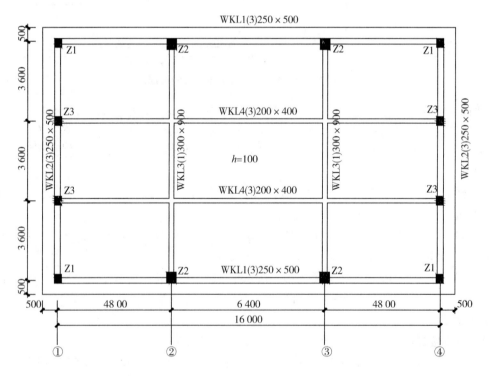

(1) 求柱、有梁板、挑檐混凝土浇捣、运输、泵送工程量。

6.6 木结构工程

6.6.1 木结构工程基础知识

1. 屋面系统木结构是由木屋架(或钢木屋架)和屋面木基层两个部分组成。屋架的主要作用是承受屋面、屋面木基层、屋架本身的自重及全部屋面荷载,并将荷载传递给承重的墙和柱。屋面木基层则支承屋面荷载并将荷载传递给屋架等主体木结构。屋架是由一组杆件在同一垂直面内相互结合成整体的承重构件,屋架有多种形式,以三角形屋架的应用最为广泛。屋架各杆件组成及杆件名称如图6-64所示。三角形屋架由上弦杆(人字木)、下弦杆和腹杆组成,腹杆又包括斜杆(斜撑)、直杆(竖杆、拉杆)两种杆件。屋架各杆件连接处称为节点,屋架两端节点称为端节点,两端节点中心距离称为屋架跨度,木屋架的适用跨度为6~15 m。当屋面为四个坡面时,在房屋两端部要设置马尾屋架,马尾屋架实际上是半个屋架,它的构造基本上与整榀屋架相同。马尾、折角和正交部分半屋架如图6-65和图6-66所示。马尾部分是指四坡屋面建筑物的两端头屋面的坡面部位,折角部分是指构成L形的坡屋面建筑物横向和竖向相交的部位,正交部分是指构成丁字形的坡屋面建筑物横向和竖向相交的部位。在计算工程量时,马尾、折角和正交部分屋架并入整榀屋架的体积内。

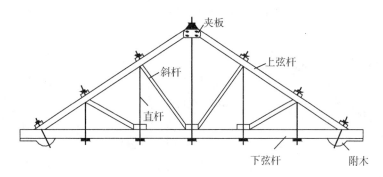

图 6-64 屋面构造示意图

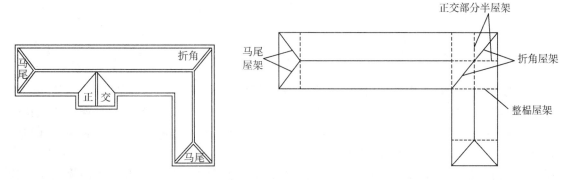

图 6-65 屋面平面图　　　　　　图 6-66 马尾、折角、正交部分半屋架示意图

2. 为防止木屋架侧倾,保证受压弦杆的侧向稳定,承担和传递纵向水平力,在屋架之间设置支撑。支撑按其设置的作用不同,分为垂直支撑、水平系杆和上弦横向支撑。跨度为8~12

m 的三角形屋架,可在屋架中央节点上沿房屋纵向间隔设置垂直支撑,并在设有垂直支撑的开间内,在屋架下弦节点设置一道水平系杆。当屋架跨度大于 12 m 时,木屋架的全部杆件可以采用方木或圆木制作,为了节约木材,经常用圆钢来制作拉杆。钢木屋架的受压杆件如上弦杆件及斜杆均采用木料制作,受拉杆件如下弦杆件及拉杆均采用钢材制作,拉杆一般采用圆钢,下弦杆可以采用圆钢或型钢材料。屋架间的垂直支撑要设置两道,设在屋架三分点处,并将下弦节点间水平系杆做成通长的;跨度等于 12 m 的钢木屋架,垂直支撑设一道或两道,水平系杆要做成通长的。屋架、屋面木基层与瓦屋面构成完整的屋面系统。

3. 木构件包括木柱、木梁、木楼梯、其他木构件等。梯级木楼梯由踏脚板、踢脚板、平台、斜梁、楼梯柱、栏杆及扶手等部分组成。踏脚板是楼梯梯级上的踏脚平板,踢脚板是楼梯梯级的垂直板,平台(即休息平台)是楼梯段中间平坦无踏步的地方,楼梯斜梁是支撑楼梯踏步的大梁,楼梯柱是装置扶手的立柱,栏杆及扶手装置在楼梯和平台临空一边,高度一般为 900~1 100 mm,起维护和上下依扶的作用。其他木构件包括封檐板、博风板、披水条、盖口条等。封檐板是坡屋面侧墙檐口排水部位的一种构造做法,它是在椽子顶头装钉断面约为 200 mm× 20 mm 的木板,如图 6-67 所示,封檐板既用于防雨,又可使屋檐整齐、美观。博风板又称风板、顺风板,它是山墙的封檐板,钉在挑出山墙的檩条端部,将檩条封住,檩条下面再做檐口顶棚,如图 6-68 所示。图中博风板两端的刀形头,称大切头或勾头板。披水条一般设在门窗的下冒头上,以防止雨水从门窗下槛接缝处流入室内,披水条也称挡水条。当两扇门窗关闭时,通常存在有缝口,为遮盖此缝口而装钉的盖缝条就叫盖口条,如图 6-69 所示。

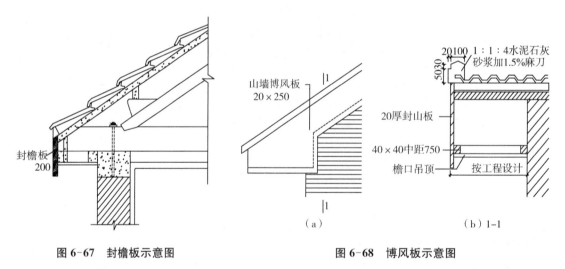

图 6-67　封檐板示意图　　　　　　　　　图 6-68　博风板示意图

4. 原条(杉条木)是指采伐后的树木除去皮、根和梢(树径 6 cm 以内)的木料。杉原条和其他树种的原条商品材积按国家标准《杉原条材积表》(GB 4815—84)计算,杉原条的检尺长、检尺径按《杉原条检验》(GB 4816—84)的规定检量。原木(圆木)是指在原条(或杉条木)的基础上,按一定尺寸加工成规定直径和长度的木材。原木(圆木)分为加工原木(圆木)(如用于锯板枋材等)和直接使用的原木(圆木)(如屋架、檩条、桩、梁等)。板枋材是指用原木(圆木)纵向锯成的板材和枋材,宽度为厚度的三倍及三倍以上的称板材,宽度不足厚度三倍的称枋材。木材出材率是指用原条(或杉条木)加工成板材或枋材的成品材积占原条(杉条木)或原木(圆木)材积的比率。例如杉条木出材率为 54%,1 m³ 杉条木能制出 0.54 m³ 板枋材,反之 1 m³ 板枋

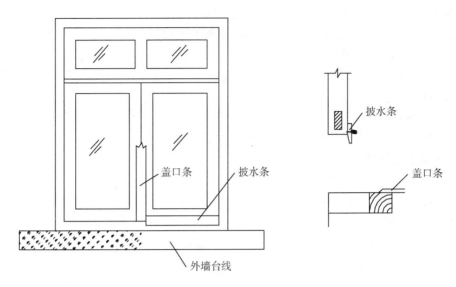

图 6-69　门窗披水条、盖口条示意图

材需耗用 1.852 m³(1/0.54＝1.852)杉条木；杉圆(原)木出材率为 56％,1 m³ 圆木能制出 0.56 m³ 板枋材,反之 1 m³ 板枋材需耗用 1.786 m³(1/0.56＝1.786)杉圆木。

5. 胶合板是指一种人造木板,按用材不同分为阔叶树材普通胶合板及松木普通胶合板两类；按胶合板的层数分为三夹板、五夹板等。木丝板俗称"刨花板"或"万利板",是指由短木料刨成的木丝加水泥或菱苦土等胶凝材料压制而成的板材。其轻重随压实程度而异,轻者不易传热,能吸声,可作墙和平顶的隔热或吸声；重者强度较高,可作隔墙等轻型结构材料。

6.6.2　木结构工程清单工程量计算规则

1. 木屋架、钢木屋架工程量按设计图示的规格尺寸以体积计算。屋架的跨度应以上、下弦中心线交点之间的距离计算。带气楼的屋架和马尾、折角以及正交部分的半屋架,按相关屋架项目编码列项。木屋架项目适用于各种方木、圆木屋架。与屋架相连接的挑檐木应包括在木屋架报价内。钢夹板构件、连接螺栓应包括在报价内。钢木屋架项目适用于各种方木、圆木的钢木组合屋架。钢拉杆(下弦拉杆)、受拉腹杆、钢夹板、连接螺栓应包括在报价内。

2. 木柱、木梁、木檩工程量按设计图示尺寸以体积计算。木柱、木架、木檩项目适用于建筑物各部位的柱、梁、檩条。接地、嵌入墙内部分的防腐应包括在报价内。

3. 木楼梯工程量按设计图示尺寸以体积计算。木楼梯项目适用于楼梯和爬梯。楼梯的防滑条应包括在报价内,而楼梯栏杆(栏板)、扶手,应按其他装饰工程中的相关项目编码列项。

4. 其他木构件工程量计算,根据木构件的具体情况采用两种计量方法:以立方米为计量单位,按设计图示尺寸以体积计算；以米为计量单位,按图示尺寸以长度计算。以米为计量单位,项目特征必须描述构件尺寸。其他木构件项目适用于斜撑,传统民居的垂花、花芽子、封檐板、博风板等构件。封檐板、博风板工程量按延长米计算。博风板带大刀头时,每个大刀头增加长度 50 cm。博风板是悬山或歇山屋顶两山沿屋顶斜坡钉在桁头之板,大刀头是博风板头的一种,形似大刀。如图 6-70 所示。

5. 屋面木基层工程量按设计图示尺寸以斜面积计算，不扣除房上烟囱、风帽底座、风道、小气窗、斜沟等所占面积。小气窗的出檐部分不增加面积。屋面木基层项目适用于建筑物屋面木基层。椽子、望板、顺水条、挂瓦条制作安装及刷防护材料应包括在报价内。

6. 玻璃黑板制作安装工程量按框外围面积计算。玻璃黑板制作安装项目适用于建筑物各类黑板制作安装。

7. 原木构件设计规定梢径时，应按原木材积计算表计算体积。设计规定使用干燥木材时，干燥损耗及干燥费应包括在报价内。木材的出材率应包括在报价内。结构有防虫要求时，防虫药剂应包括在报价内。

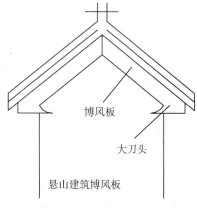

图 6-70　博风板带大刀头示意图

8. 木结构工程需做油漆或装饰，按油漆、涂料、裱糊工程相应编码单独列项。

9. 厂库房大门、特种门按门窗工程相应项目编码列项。

6.6.3　《广西壮族自治区建筑装饰装修工程消耗量定额》(2013 版)木结构工程计价说明

1. 《广西壮族自治区建筑装饰装修工程消耗量定额》(2013 版)木结构工程是按机械和手工操作综合编制的。不论实际采取何种操作方法，均按定额执行。

2. 《广西壮族自治区建筑装饰装修工程消耗量定额》(2013 版)按圆木和方木分别计算。

3. 《广西壮族自治区建筑装饰装修工程消耗量定额》(2013 版)木材木种均以一、二类木种为准，如采用三、四类木种时，按相应项目人工和机械乘以系数 1.35。

4. 定额中所注明的木材断面或厚度均以毛料为准。如设计图纸注明的断面或厚度为净料时，应增加抛光损耗；板、枋材一面抛光增加 3 mm；两面抛光增加 5 mm；圆木每立方米材积增加 0.05 m³。

6.6.4　木结构工程计价工程量计算规则

1. 木屋架的制作安装工程量按以下规定计算：木屋架制作、安装均按设计断面竣工木料以立方米计算，其后备长度及配制损耗均不另计算；圆木屋架连接的挑檐木、支撑等如为方木时，其方木部分应乘以系数 1.786 折合成圆木并入屋架竣工木料内；单独的方木挑檐，按矩形檩木计算；对于方木屋架制作安装工程，附属于屋架的夹板、垫木等已并入相应的屋架制作项目中，不得另行计算；与屋架连接的挑檐木、支撑等，其工程量并入屋架竣工木料体积内计算；屋架的制作、安装应区别不同跨度，其跨度应以屋架上下弦杆的中心线交点之间的长度为准；带气楼的屋架并入依附屋架的体积内计算；屋架的马尾、折角和正交部分半屋架，应并入相连接屋架的体积内计算；钢木屋架分为圆木和方木两种，其工程量按竣工木料以立方米计算；屋架的跨度应以上、下弦中心线交点之间的距离计算。

2. 木檩条按竣工木料以立方米计算，简支檩长度按设计规定计算，如设计无规定者，按屋架或山墙中距共增加 200 mm 计算，如两端出墙，檩条长度算至博风板。连续檩条的长度按设计长度计算，其接头长度的体积按全部连续木檩总体积的 5% 计算，檩条托木已考虑在相应的木檩制作、安装定额子目中，不另计算。

3. 屋面木基层(除木檩、封檐板、搏风板)工程量按设计图示的斜面积以平方米计算,不扣除房上烟囱、风帽底座、烟道、小气窗、斜沟等所占面积。小气窗的出檐部分不增加面积。

4. 封檐板工程量按图示檐口外围长度以延长米计算,博风板工程量按斜长度计算,每个大刀头增加长度 500 mm。

5. 木柱、木梁工程量应分方木、圆木按竣工木料以立方米计算,定额内已含抛光损耗。木柱定额子目内不包括柱与梁,柱与柱基,柱、梁、屋架等连接的安装铁件,如设计需要时可按设计规定计算,人工不变。木楼梯工程量按水平投影面积计算,不扣除宽度小于 300 mm 的楼梯井,其踢脚板、平台和伸入墙内部分均已包括在定额内,不另计算。

6. 披水条、盖口板、压缝条工程量按实际长度以延长米计算。玻璃黑板分活动式与固定式两种,其工程量按框外围面积计算,其粉笔槽及活式黑板的滑轮、溜槽及钢丝绳等,均包括在定额子目内,不另计算。木格栅(板)分条形格和方形格两种,其工程量按外围面积计算。检修孔木盖板工程量以洞口面积计算。

7. 木结构工程材料、成品、半成品定额子目取定运距如表 6-37 所示。材料、成品、半成品损耗率如表 6-38 所示。

表 6-37 材料、成品、半成品定额取定运距表

序号	材料名称	起止地点	定额取定运距(m)
1	铁件	堆放→使用	100
2	屋架	制作	50
3	屋架	安装	150
4	檩木	制作	50
5	檩木	安装	150
6	瓦条		150
7	望板		150

表 6-38 材料、成品、半成品损耗率表

序号	材料名称	工程项目	定额取定损耗(%)
1	钢材	其他分部	6
2	铁钉		2
3	木螺丝		5
4	扒钉		6
5	螺栓		2
6	木材	木屋架檩、橡枋木	6
7	木材	木屋架檩、橡圆木	5
8	木材	屋面板(平口)制作	4.4

序号	材料名称	工程项目	定额取定损耗(%)
9	木材	屋面板(错口)制作	13
10	木材	木压条(玻纱木压条)制作	20
11	木材	木压条(玻纱木压条)安装	10
12	木材	封檐板	2.5

注:木材损耗率包括:施工损耗率、木材后备长度损耗率、木材抛光损耗率、木材干燥损耗率、木材企口损耗率。

8. 木结构安装工程各项目内均未计算脚手架费用,在安装时如需要搭设脚手架,按脚手架工程中相应项目计算。木结构制作安装工程各项目内均未计算成品保护费用,如必须采取遮盖、粘贴带等保护方法防止变形或污染,则另行计算。木结构制作安装工程各项目内均未包括面层的油漆或装饰,如需油漆或装饰,应按装饰装修有关项目另行计算。

9. 原木构件设计规定梢径时,应按原木材积计算表计算体积。设计规定使用干燥木材时,干燥损耗及干燥费应包括在报价内。木材的出材率应包括在报价内。

6.7　金属结构工程

6.7.1　金属结构工程基础知识

1. 钢结构是由钢板、型钢通过放样、平直、切割、钻孔、倒楞、煨弯、焊接、铆接、螺栓拼接等加工形式,制作成各种构件如梁、柱、桁架等,再通过一定的安装连接而形成整体结构。钢材按形状分为圆钢、方钢、角钢、槽钢、工字钢、钢板、扁钢、钢管、钢轨。圆钢断面呈圆形,其符号为 ϕd、ϕd、ϕd、Φd,如 $\phi12$ 表示一级光圆钢筋直径为 12 mm,$\phi22$ 表示二级带肋钢筋直径为 22 mm,$\phi20$ 表示三级带肋钢筋直径为 20 mm,$\Phi25$ 表示四级带肋钢筋直径为 25 mm。方钢断面呈正方形,其符号为 $\square a$,如 $\square16$ 表示边长 16 mm 的方钢。等边角钢的断面形状呈 L 字形,角钢的两肢相等,一般用 $\llcorner b \times d$ 来表示。如 $\llcorner 50 \times 4$ 表示等肢角钢的肢宽为 50 mm,肢板厚 4 mm。不等边角钢的断面形状亦呈 L 形,但角钢的两肢宽度不相等,一般用 $\llcorner B \times b \times d$ 来表示。如 $\llcorner 56 \times 36 \times 4$ 表示不等肢角钢长肢 56 mm,短肢 36 mm,厚度 4 m。槽钢的断面形状呈 [形,一般用符号 [来表示,如 [25c 表示 25 号槽钢,槽钢的号数为槽钢高度的 1/10,25 号槽钢的高度是 250 mm。同一型号的槽钢其宽度和厚度均有差别,如 [25a 表示肢宽为 78 mm,高为 250 mm,腹板厚为 7 mm;[25c 表示肢宽为 82 mm,高为 250 mm,腹板厚为 11 mm。工字钢的断面形状呈"工"字形,一般用符号 I 来表示。如 I32a 表示 32 号工字钢,工字钢的号数常为高度的 1/10,I32 表示其高度为 320 mm,由于工字钢的宽度和厚度均有差别,分别用 a,b,c 来表示,如 I32a 中 a 表示 32 号工字钢宽为 130 m,厚度为 9.5 mm,b 表示工字钢宽为 132 mm,厚度为 11.5 mm,c 表示工字钢宽 134 mm,厚度为 13.5 mm。钢板一般用符号—d 来表示,如—6 的钢板厚度为 6 mm。扁钢为长条形式钢板,一般宽度均有统一标准,它的表示方法为—$a \times d$,如—60×5 表示扁钢宽为 60 mm,厚为 5 mm。钢管一般用 $\phi D \times t \times L$ 来表示,如 $\phi102 \times 4 \times 700$ 表示外径为 102 mm,厚度为 4 mm,长度为 700 mm。钢轨是建筑上结构钢的一种较特殊材料形式,多用于厂房中吊车梁上行车轨道、施工机械中塔式起重机轨道和生产车间的铁路轨,常用的有 18 kg/m 轨、24 kg/m 轨、38 kg/m 轨和 43 kg/m 轨等。钢轨与工字钢截面形状相似,主要区别在两翼缘(上下两翼缘),钢轨上下翼缘既不等宽又不等厚。

2. 钢材的应用范围及理论重量计算。角钢、槽钢、工字钢、钢板等常以组合的型式用于钢屋架、钢支撑、钢柱、钢墙架、钢梁、钢檩条和钢操作平台等。圆钢及钢管常用于建筑物的栏杆、扶梯、扶手及护栏等。钢轨在一般结构中不常用,主要是用于工业厂房中的吊车轨道、塔式起重机行驶轨道和车间铁路轨。各种规格钢材每米重量均可从型钢表中查得,或由下列公式计算。公式中 G 的计量单位为 kg/m,其他计算单位均为 mm。

扁钢、钢板、钢带: $G = 0.007\,85 \times 宽 \times 高$;

方钢: $G = 0.007\,85 \times 边长的平方$;

圆钢、线材、钢丝: $G = 0.006\,17 \times 直径的平方$;

钢管: $G = 0.024\,66 \times 壁厚 \times (外径 - 壁厚)$。

3. 钢构件是通过一定的连接方式将各个构件(已加工过的零部件)组合连成的整体构件。钢结构的组装连接方式分为焊接、铆接、栓接(普通螺栓及高强螺栓)。其中,铆接方法有两种,即热铆和冷铆。常见的铆接形式有三种,即搭接连接、单盖板连接和双盖板连接。螺栓连接一般分普通螺栓和高强螺栓两种,普通螺栓又分粗制和精制两种,普通螺栓一般用 A_3F 钢材制成。螺栓连接形式有三种,即精、粗制螺栓连接、槽纹螺栓连接和锚栓连接。构件间要保持正确的相互位置,以满足受力和使用要求。正确的连接组装应当符合安全可靠、节省钢材、构造简单和施工方便的原则。

4. 房屋钢结构构件按用途通常分为三部分:承重构件如柱、吊车梁、屋架、天窗架、托架、墙架、挡风架、檩条等;支撑构件如支撑、拉杆等;其他构件如铁栏杆、操作平台、钢梯等。按施工工序划分,一般分为构件制作、运输、安装、刷油四个阶段。钢柱是承受竖向荷载的构件,空腹柱、实腹柱、格构柱均套用组合型钢柱定额子目。钢屋架分为普通钢屋架、轻型钢屋架两种。普通钢屋架适用于跨度较大,一般跨度在 18 m 以上的厂房中。普通钢屋架中的受力构件全部或绝大部分用热轧角钢或热轧槽钢组成,屋架节点处用节点板连接,普通屋架的形式多为梯形。轻型钢屋架一般跨度不超过 18 m,屋架构件采用圆钢筋,小角钢和薄钢板等材料,截面较小,极少数节点用节点板连接,一般每榀重量小于 1 吨。这种屋架取材方便、自重轻、便于制作与安装。钢托架外形像倒置的屋架,所起的作用与梁有些相似。当柱间距加大时,在两根柱之间可置一根托架梁于柱牛腿上,用以替代由于柱间距加大而被省掉的柱,以承受屋架,将屋面荷载传递到所搁置的柱上。钢梁是钢结构中常见的一种跨空间构件,梁承受荷载后传递到柱,由柱再传至基础上,同时钢梁还起到建筑物的整体稳固拉接作用。钢制动梁是防止吊车梁产生侧向弯曲,与吊车梁连接在一起加强吊车梁侧向刚度的一种钢构件。跨度较小的吊车梁,制动梁做成板式,称为制动板;当跨度较大时将制动梁做成桁架形式,称为制动桁架。车挡是在吊车梁的尽端,为防止吊车在行驶过程中撞击山墙而设置的一种阻挡装置,它的大小与吊车梁的起重量有关。钢支撑是用以增加建筑物的整体刚度和侧向稳定性,传递吊车水平荷载、风荷载的构件。钢支撑按其作用部位分屋架支撑和柱间支撑两大类。屋架支撑是增加屋面结构整体刚度,保证屋架及天窗架有足够侧向稳定性的构件,设置在相邻两榀屋架竖杆之间,一般由角钢、型钢、钢板等钢材焊接组成。屋架支撑分为水平支撑和竖直支撑两种,水平支撑又分为横向水平支撑和纵向水平支撑。横向水平支撑能使屋架或天窗架杆件更稳定,并传递山墙抗风柱或天窗端壁的风荷载。纵向水平支撑在屋架端部沿建筑物全长或局部设置,可增加屋面整体刚度,并加强各排柱之间的联系。垂直支撑主要用于固定屋架的垂直位置,一般设在有横向水平支撑的两榀屋架之间。根据屋架的形式及跨度不同,有时还需在屋架上弦或下弦中央,端部或中间节点沿建筑物通长设置水平系杆,以增强屋架之间的平面稳定。横向支撑是在建筑物中传递屋顶横向水平支撑传来的水平荷载及在厂房吊车梁下面各柱之间为防止不同方向冲击,限制柱的变形和增加房屋纵向刚度的构件,一般用型钢做成交叉形式。在结构允许的条件下为了节省钢材简化构造处理和施工方便,厂房的墙体尽可能地采用自承重墙,而把水平方向的风荷载通过墙架构件传给厂房骨架,用各种型钢组成墙体构架即为墙架。钢墙架由墙架柱、墙架梁以及连系拉杆三部分构成。工业厂房的天窗主要是为采光和散热而设立的,为了阻止天窗侧面的冷风直接进入天窗,保证车间热气很快散出,需要在天窗前面设立挡风板,挡风板安装在与天窗柱连接的支架上,该支架就叫挡风架。在生产活动两地域常设置联系通道钢梯,钢梯所用材料一般为热轧圆钢、角钢、钢板、槽钢等型钢。钢梯有室内钢梯和室外钢梯。钢梯按其使用功能分三种:一是作业钢梯,多为踏步式;二是屋面检修梯,多为爬式;三是专门供特定人员使用的钢梯,如 U 型跨步式。

5. 钢结构吊装工程中常采用的起重机具包括索具设备与起重机具。索具设备主要应用于吊装工程中的构件绑扎、吊运,索具设备包括钢丝绳、吊索、卡环、横吊梁、卷扬机、锚碇等。钢结构吊装工程中常用的起重机械有自行杆式起重机、塔式起重机和桅杆式起重机等。自行杆式起重机包括履带式起重机、汽车式起用机和轮胎式起重机等。

6.7.2　金属结构工程清单工程量计算规则

1. 钢网架工程量按设计图示尺寸以质量计算,不扣除孔眼的质量,焊条、铆钉等不另增加质量。钢网架项目适用于一般钢网架和不锈钢网架。不论节点形式(球形节点、板式节点等)和节点连接方式(焊接、铰接等)均按该项目列项。

2. 钢屋架、钢托架、钢桁架工程量按设计图示尺寸以质量计算,不扣除孔眼的质量,焊条、铆钉、螺栓等不另增加质量。钢屋架项目适用于一般钢屋架、轻型钢屋架、冷弯薄壁型钢屋架,可按第五级编码分别列项。其中,轻钢屋架是指采用圆钢筋、小角钢(小于∟45×4 等肢角钢、小于∟56×36×4 不等肢角钢)和薄钢板(其厚度一般不大于 4 mm)等材料组成的轻型钢屋架。薄壁型钢屋架是指厚度在 2~6 mm 的钢板或带钢经冷弯或冷拔等方式弯曲而成的型钢组成的屋架。

3. 钢架桥工程量按设计图示尺寸以质量计算,不扣除孔眼的质量,焊条、铆钉等不另增加质量。

4. 实腹钢柱、空腹钢柱工程量按设计图示尺寸以质量计算,不扣除孔眼的质量,焊条、铆钉、螺栓等不另增加质量,依附在钢柱上的牛腿及悬臂梁等并入钢柱工程量内。实腹钢柱项目适用于实腹钢柱和实腹式型钢混凝土柱。实腹钢柱类型指十字、T、L、H 形等。空腹钢柱项目适用于空腹钢柱和空腹式型钢混凝土柱。空腹钢柱类型指箱形、格构等。型钢混凝土柱浇筑钢筋混凝土,其混凝土和钢筋应按混凝土及钢筋混凝土工程中相关项目编码列项。

5. 钢管柱工程量按设计图示尺寸以质量计算,不扣除孔眼的质量,焊条、铆钉、螺栓等不另增加质量,钢管柱上的节点板、加强环、内衬管、牛腿等并入钢管柱工程量内。钢管柱项目适用于钢管柱和钢管混凝土柱。钢管混凝土柱的盖板、底板、穿心板、横隔板、加强环、明牛腿、暗牛腿应包括在报价内。

6. 钢梁、钢吊车梁工程量按设计图示尺寸以质量计算,不扣除孔眼的质量,焊条、铆钉、螺栓等不另增加质量,制动梁、制动板、制动桁架、车挡并入钢吊车梁工程量内。钢梁项目适用于钢梁、实腹式型钢混凝土梁、空腹式型钢混凝土梁。梁类型指 H、L、T 形、箱形、格构式等。型钢混凝土梁浇筑钢筋混凝土,其混凝土和钢筋应按混凝土及钢筋混凝土工程中相关项目编码列项。钢吊车梁项目适用于钢吊车梁及吊车梁的制动梁、制动板、制动桁架,车挡应包括在报价内。

7. 钢板楼板工程量按设计图示尺寸以铺设水平投影面积计算,不扣除单个面积≤0.3 m² 柱、垛及孔洞所占面积。钢板楼板项目适用于现浇混凝土楼板,使用钢板作永久性模板,并与混凝土叠合后组成共同受力的构件。压型钢楼板按钢板楼板项目编码列项,压型钢楼板是采用镀锌或经防腐处理的薄钢板。钢板楼板上浇筑钢筋混凝土,其混凝土和钢筋应按混凝土及钢筋混凝土工程中相关项目编码列项。

8. 钢板墙板工程量按设计图示尺寸以铺挂展开面积计算,不扣除单个面积≤0.3 m² 的梁、孔洞所占面积,包角、包边、窗台泛水等不另加面积。

9. 钢支撑、钢拉条、钢檩条、钢天窗架、钢挡风架、钢墙架、钢平台、钢走道、钢梯、钢护栏工程量按设计图示尺寸以质量计算,不扣除孔眼的质量,焊条、铆钉、螺栓等不另增加质量。钢墙架项目包括墙架柱、墙架梁和连接杆件。钢支撑、钢拉条类型包括单式和复式两种;钢檩条类型包括型钢式和格构式两种。

10. 钢漏斗、钢板天沟工程量按设计图示尺寸以质量计算,不扣除孔眼的质量,焊条、铆钉、螺栓等不另增加质量,依附漏斗或天沟的型钢并入漏斗或天沟工程量内。钢漏斗形式包括方形和圆形两种;天沟形式包括矩形沟和半圆形沟两种。

11. 钢支架、零星钢构件工程量按设计图示尺寸以质量计算,不扣除孔眼的质量,焊条、铆钉、螺栓等不另增加质量。

12. 成品空调金属百页护栏、成品栅栏工程量按设计图示尺寸以框外围展开面积计算。

13. 成品雨篷工程量按设计图示接触边长度以米计算,或按设计图示尺寸展开面积以平方米计算。

14. 金属网栏工程量按设计图示尺寸以框外围展开面积计算。

15. 砌块墙钢丝网加固、后浇带金属网工程量按设计图示尺寸展开面积以平方米计算。抹灰钢丝网加固按砌块墙钢丝网加固项目编码列项。

16. 钢构件的除锈、刷防锈漆包括在报价内。金属结构刷油漆,按油漆、涂料、裱糊工程相应编码单独列项目。

17. 构件需探伤(包括射线探伤、超声波探伤、磁粉探伤、金相探伤、着色探伤、荧光探伤等)的,该费用不包括在报价内。按《通用安装工程工程量计算规范》(GB 50856—2013)相关项目编码列项,参考安装工程单位估价表的相应定额子目计价。

18. 金属构件切边、切肢以及不规则及多边形钢板发生的损耗在综合单价中考虑。

6.7.3 《广西壮族自治区建筑装饰装修工程消耗量定额》(2013 版)金属结构工程计价说明

1. 《广西壮族自治区建筑装饰装修工程消耗量定额》(2013 版)规定钢材损耗率为 6%。损耗率超过 6% 的异型构件,合同无约定的,预算时按 6% 计算,结算时按经审定的施工组织设计计算损耗率,损耗超过 6% 部分的残值归发包人。

2.《广西壮族自治区建筑装饰装修工程消耗量定额》(2013 版)适用于现场加工制作,亦适用于企业附属加工厂制作的构件。

3. 构件制作包括分段制作和整体预装配的人工、材料、机械台班消耗量,整体预装配用的锚固杆件及螺栓已包括在定额内。

4. 金属结构制作定额子目,除螺栓球节点钢网架外,均按焊接方式编制。

5. 除机械加工件、螺栓及铁件以外,设计钢材型号、规格、比例与定额不同时,可按实调整,其他不变。

6. 除注明者外,定额子目均包括现场(工厂)内的材料运输、加工、组装及成品堆放等全部工序。

7. 构件制作定额子目未包括除锈、刷防锈漆的人工、材料消耗量。

8. H 形钢构件制作定额子目适用于用钢板焊接成 H 形状的柱、梁、屋架等钢构件;T 形、工字形构件按 H 形钢构件制作定额子目计算;十字形构件套用相应 H 形钢构件制作定额子目,定额人工、机械乘以系数 1.05。

9. 箱形钢构件制作定额子目适用于用钢板焊接成箱形空腔结构的柱、梁等钢构件。

10. 钢支架、钢屋架(包括轻钢屋架)水平支撑、垂直支撑制作,均套屋架支撑定额子目计算。

11. 钢筋混凝土组合屋架钢拉杆,按屋架钢支撑制作定额子目计算。

12. 钢拉杆制作包括两端螺栓的制作;平台、操作台(蓖式平台)制作包括钢支架制作;踏步式、爬式扶梯制作包括围栏、梯平台制作。

13. 钢栏杆制作定额子目仅适用于工业厂房中平台、操作台的钢栏杆制作,不适用于民用建筑中的铁栏杆制作。

14. 金属零星构件是指单件重量在 100 kg 以内且本定额未列出其定额子目的钢构件。

15. H 形、箱形钢构件制作按直线形构件编制,如设计为弧形时,按其相应定额子目人工、机械乘以系数 1.2。

16. 桁架制作按直线形桁架编制,如设计为曲线、折线时,按其相应定额子目人工乘以系数 1.3。

17. 组合型钢柱制作不分实腹、空腹柱,均套组合型钢柱定额子目计算。

18. 金属构件安装工程定额子目按机械起吊点中心回旋半径 15 m 以内的距离计算,如超出 15 m 时,应另按构件 1 km 场内运输定额子目执行。

19. 金属构件安装工程定额子目中起重机械按汽车式起重机编制,采用其他起重机械不得调整。

20. 金属构件安装工程定额子目按单机作业制定,必须采取双机抬吊时,抬吊部分的构件安装定额人工、机械台班乘以系数 2。

21. 金属构件安装工程定额子目内已包括金属构件拼接和安装所需的连接普通螺栓,不包括结构件的高强螺栓,压型钢楼板安装不包括栓钉,高强螺栓、栓钉分别按混凝土及钢筋混凝土工程相应定额子目计算。

22. 钢屋架单榀质量在 1 t 以下者,按轻钢屋架定额子目计算。

23. 钢网架安装工程按焊接球节点钢网架安装和螺栓球节点钢网架安装两种方式编制,若施工方法与定额子目不同时,可另行补充。焊接球节点钢网架安装按分体吊装编制,螺栓球节点钢网架安装按高空散装编制。

24. 钢柱安装在混凝土柱上,其人工、机械乘以系数 1.43。

25. 钢屋架、钢桁架、钢天窗架安装定额子目中不包括拼装工序,如需拼装时按相应拼装定额子目计算。

26. 钢制动梁安装按吊车梁定额子目计算。

27. 钢构件若需跨外安装时,其人工、机械乘以系数 1.18。

28. 钢屋架、钢桁架、钢托架制作平台摊销定额子目,实际发生时才能套用。

29. 钢柱制作、安装定额子目未包括锚栓套架和地脚锚栓。锚栓套架、地脚锚栓按混凝土及钢筋混凝土工程相应定额子目执行。

30. 构件安装定额子目已包括临时耳板工料。

31. 构件安装定额子目不包括钢构件安装所需的支承胎架,如有发生,按经审定的施工方案计算。

32. 金属围护网安装不包括柱基础及预埋在地面(或基础顶)的铁件,柱基础、预埋铁件按设计另行计算,套用混凝土及钢筋混凝土工程相应定额子目。

33. 构件运输定额子目适用于由构件堆放场地或构件加工厂至施工现场的运输。定额子目综合考虑了城镇、现场运输道路等级,重车上、下坡等各种因素,不得因道路条件不同而调整。

34. 按构件类型和外形尺寸定额子目将金属结构构件划分为三类,见表 6-39,如遇表中未列的金属结构构件应参照相近的类别套用。

表 6-39 金属结构构件分类表

类型	项目
一类	钢柱、屋架、钢桁架、托架梁、防风架、钢漏斗
二类	钢吊车梁、制动梁、型钢檩条、钢支撑、上下档、钢拉杆栏杆、钢盖板、垃圾出灰门、倒灰门、篦子、爬梯、零星构件平台、操作台、走道休息台、扶梯、钢吊车梯台、烟囱紧固箍
三类	钢墙架、挡风架、天窗架、组合檩条、轻型屋架、滚动支架、悬挂支架、管道支架、钢门窗、钢网架、金属零星构件

35. 金属结构构件运输过程中因路桥限载(限高)而发生的加固、扩宽等费用及公安交通管理部门保安护送费,应另行计算。

36. 定额各子目均不包括焊缝无损探伤(如 X 光透视、超声波探伤、磁粉探伤、着色探伤等),不包括探伤固定支架制作和被检工件的退磁等费用。

37. 金属构件除锈、刷防锈漆及面漆按油漆涂料裱糊工程相应定额子目计算。

38. 金属构件安装工程所需搭设的脚手架按施工组织设计或按实际搭设的脚手架计算,套用脚手架工程定额子目。

39. 钢柱安装定额子目按垂直柱考虑,斜柱安装所需的措施费用应按经审批的施工方案另行计算。

6.7.4 金属结构工程计价工程量计算规则

1. 金属结构制作、安装、运输工程量按设计图示尺寸以质量计算,不扣除孔眼的质量,焊条、铆钉、螺柱等不另增加质量。

2. 焊接球节点钢网架工程量按设计图示尺寸的钢管、钢球以质量计算,支撑点钢板及屋面找坡顶管等并入网架工程量内。

3. 墙架制作安装工程量包括墙架柱、墙架梁及连接杆件质量。

4. 依附在钢柱上的牛腿及悬臂梁等并入钢柱工程量内。

5. 钢管柱上的节点板、加强环、内衬管、牛腿等并入钢管柱工程量内。

6. 钢制动梁的制作安装工程量包括制动梁、制动桁架、制动板、车档质量。

7. 压型钢板墙板工程量按设计图示尺寸以铺挂展开面积计算,不扣除单个 0.3 m² 以内的梁、孔洞所占面积,包角、包边、窗台泛水等不另增加面积。

8. 压型钢板楼板工程量按设计图示尺寸以铺设水平投影面积计算,不扣除单个 0.3 m² 以内的柱、垛及孔洞所占面积。

9. 依附钢漏斗的型钢并入钢漏斗工程量内。

10. 金属围护网工程量按设计图示框外围展开面积以平方米计算。

11. 紧固高强螺栓及剪力栓钉焊接工程量按设计图示及施工组织设计规定以套计算。

12. 钢屋架、钢桁架、钢托梁制作平台摊销工程量按相应金属构件制作工程量计算。

13. 金属结构运输及安装工程量按金属结构制作工程量计算。

14. 锚栓套架按设计图示尺寸以质量计算,设计无规定时按地脚锚栓质量 2 倍计算。

15. 金属构件的制作、安装、运输工程量,均按设计图示尺寸面积和厚度计算,多边形异形板材不得以其外接矩形计算其面积,不扣除孔眼的质量,切边、切肢的质量要扣除。

16. 损耗率超过 6% 的异型构件,合同无约定的,预算时按 6% 计算,结算时按经审定的施工组织设计计算损耗率,损耗率超过 6% 部分的残值归发包人。

6.8　屋面及防水工程

6.8.1　屋面及防水工程基础知识

1. 屋面是房屋最上部起覆盖作用的围护构件,用来抵御风霜、雨、雪的侵袭并减少日晒、寒冷等自然条件对室内的影响。屋面的功能首要是防水和排水,在寒冷地区还要求保温,在炎热地区要求隔热。屋面按其外形几何形状可分为平屋面、坡屋面、曲面屋面等;按其覆盖材料的不同,可分为瓦屋面、型材屋面、膜结构屋面。屋面防水可分为卷材防水、涂膜防水、刚性防水三大类。屋面设有由排水管、雨水口、天沟、泛水等组成的排水系统。在楼地面、墙基、墙身、水池、水塔等部位采取的防水措施,均属于防水工程。平屋顶是指屋面坡度在 10% 以下的屋顶,这种屋顶具有屋面面积小、构造简便的特点,是多层房屋常采用的一种形式,但需要专门设置屋面防水层。坡屋顶是指屋面坡度在 10% 以上的屋顶,包括单坡、双坡、四坡、歇山式、折板式等多种形式。这种屋顶的屋面坡度大,屋面排水速度快,其屋顶防水可以采用构件自防水(如平瓦、石棉瓦等自防水)的防水形式。曲面屋顶是指屋顶为曲面,如球形、悬索形、鞍形等,这种屋顶施工工艺较复杂,但外部形状独特,常用于大跨度的建筑。

2. 平屋顶起坡方法有两种。一是材料找坡,也称垫坡,这种找坡法是把屋顶板平置,屋面坡度由铺设在面板上的厚度有变化的找坡层形成。设有保温层时,利用屋面保温层找坡;没保温层时,利用屋面找平层找坡。二是结构起坡,也称搁置起坡,是把顶层墙体或圈梁、大梁等结构构件上表面做成一定坡度,屋面板依势铺设形成坡度。

3. 平屋顶的防水根据所用材料及施工方法的不同可分为两种。一是柔性防水平屋顶,它是以防水卷材和沥青类胶结材料交替粘贴组成防水层的屋顶。常用的卷材有沥青纸胎油毡、油纸、玻璃布、无纺布、再生橡胶卷材、合成橡胶卷材等。沥青胶结材料有热沥青、沥青玛蹄脂及各类冷沥青胶结材料。防水卷材应铺设在表面平整、干燥的找平层上,找平层一般设在结构层或保温层上面,用 1∶3 水泥砂浆进行找平,其厚度为 15～20 mm。待表面干燥,在找平层表面涂冷底子油一道(汽油或柴油溶解的沥青),这层冷底子油称为结合层。油毡防水层是由沥青胶结材料和油毡卷材交替黏合而形成的屋面整体防水覆盖层。为了防止屋面防水层出现龟裂现象,阻断来自室内的水蒸气,构造上常采取在屋面结构层上的找平层表面做隔汽层(如油纸一道,或一毡两油,或一布两胶等),阻断水蒸气向上渗透。同时在屋面防水层下保温层内设排汽通道,并使通道开口露出屋面防水层,使防水层下水蒸气能直接从透气孔排出。保护层是防水层上表面的构造层,可以防止太阳光辐射导致的防水层过早老化。对上人屋面而言,它直接承受人在屋面活动的各种作用。柔性防水顶面的保护层可选用豆石、铝银粉涂料、现浇或装配细石混凝土面层等。为防止冬季室内热量向外过快传导,通常在屋面结构层之上、防水层之下设置保温层。保温层的材料为多孔松散材料,如膨胀珍珠岩、蛭石、炉渣等。卷材防水屋面泛水与屋面相交处基层应做成钝角($>135°$)或圆弧($R=50～100$ mm),防水层向垂直面的上卷高度不宜小于 250 mm,常为 300 mm。卷材的收口应严实,以防收口处渗水。卷材防水檐口分为自由落水、外挑檐、女儿墙内天沟几种形式。二是刚性防水平屋顶,即防水层为刚性材料,如密实性钢筋混凝土或防水砂浆等。由于砂浆和混凝土在拌和时掺水,且用水量超过水泥水化时所耗水量,混凝土内多余的水蒸发后,形成毛细孔和管网,成为屋面渗水的通道。为了改进砂浆和混凝土的防水性能,常采用加防水剂、膨胀剂,提高密实性等措施。刚性防水屋面的找平层、隔汽层、保温层、隔热层,做法参照上面的卷材放水屋顶做法。刚性防水层屋面为了防止因温度变化产生无规则裂缝,通常在刚性防水屋面上设置分仓缝(也叫分格缝),其位置一般在结构构件的支承位置及屋面分水线处。分仓缝的宽度在 20 mm 左右,缝内填沥青麻丝,上部填 20～30 mm 深油膏。横向及纵向屋脊处分仓缝可凸出屋面 30～40 mm,纵向非屋脊处应做成平缝,以免影响排水。

4. 坡屋顶是指屋面坡度在 10% 以上的屋顶。与平屋顶相比较,坡屋顶的屋面坡度大,坡屋面的屋面防水常采用构件自防水方式,屋面构造层次主要由屋顶天棚、承重结构层及屋面面层组成。坡屋顶的承重结构有硬山搁檩和屋架及支撑两种。对于横墙间距较小的坡屋面房屋,可以把横墙上部砌成三角形,直接把檩条支承在三角形横墙上,叫作硬山搁檩承重结构。檩条可用木材、预应力钢筋混凝土、轻钢桁架、型钢等材料。檩条的斜距不得超过 1.2 m。木质檩条常选用 I 级杉圆木,木檩条与墙体交接段应进行防腐处理,常用方法是在山墙上垫上油毡层,并在檩条端部涂刷沥青。屋架及支撑承重结构是指当坡屋面房屋内部需要较大空间时,可把部分横向山墙取消,用屋架作为横向承重构件。坡屋面的屋架多为三角形(分豪式和芬克式两种)。屋架可选用木材(I 级杉圆木)、型钢(角钢或槽钢)制作,也可用钢木混合制作(屋架中受压杆件为木材,受拉杆件为钢材),或钢筋混凝土制作。若房屋内部有一道或两道纵向承重墙,可以考虑选用三点支承或四点支承屋架。为了防止屋架的倾覆,提高屋架及屋面结构的空间稳定性,屋架间要设置支撑。屋架支撑主要有垂直剪刀撑和水平系杆等。坡屋顶屋面包括平瓦屋面、波形瓦屋面和小青瓦屋面三种。平瓦屋面中的平瓦有水泥瓦和粘土瓦两种,其外形按防水及排水要求设计制作,平瓦的外形尺寸约为 400 mm×230 mm,其在屋面上的有效覆盖尺寸约为 330 mm×200 mm,每平方米屋面约需 15 块瓦。平瓦屋面的构造方式有椽条屋面板平瓦屋面、屋面板平瓦屋面和冷摊瓦屋面三种。椽条屋面板平瓦屋面是指在屋面檩条上放置椽条,椽条上稀铺或满铺厚度在 8~12 mm 的木板(稀铺时在板面上还可铺芦席等),板面(或芦席)上方平行于屋脊方向铺干油毡一层,钉顺水条和挂瓦条,安装机制平瓦。屋面板平瓦屋面是指在檩条上钉厚度为 15~25 mm 的屋面板(板缝不超过 20 mm)平行于屋脊方向铺油毡一层,钉顺水条和挂瓦条,安装机制平瓦。冷摊瓦屋面是指在檩条上钉上断面 35 mm×60 mm,中距 500 mm 的椽条,在椽条上钉挂瓦条(注意挂瓦条间距符合瓦的标志长度),在挂瓦条上直接铺瓦。波形瓦屋面包括水泥石棉波形瓦、钢丝网水泥瓦、玻璃钢瓦、钙塑瓦、金属钢板瓦、石棉菱苦土瓦等。根据波形瓦的波浪大小又可分为大波瓦、中波瓦和小波瓦三种。小青瓦屋面在我国传统房屋中采用较多,目前有些地方仍然采用。小青瓦断面呈弧形,尺寸及规格不统一。铺设时分别将小青瓦仰俯铺排,覆盖成垅。仰铺瓦成沟,俯铺瓦盖于仰铺瓦纵向接缝处,与仰铺瓦间搭接瓦长 1/3 左右。上下瓦间的搭接长在少雨地区为搭六露四,在多雨区为搭七露三。小青瓦可以直接铺设于椽条上,也可铺于木望板(屋面板)上。坡屋面的挑出檐口主要有砖挑檐、椽木挑檐、屋架端部附木挑檐或挑檐木挑檐和钢筋混凝土挑天沟四种。砖挑檐一般不超过墙体厚度的 1/2,且不大于 240 mm。每层砖挑长为 60 mm,砖可平挑出,也可斜放,用砖角挑出,挑檐砖上方瓦伸出 50 mm。椽木挑檐是指当屋面有椽木时,可以用椽木出挑,以支承挑出部分的屋面。挑出部分的椽条,外侧可钉封格板,底部可钉木条并油漆。屋架端部附木挑檐或挑檐木挑檐。如需要较大挑长的挑檐,可以沿屋架下弦伸出附木,支承挑出的檐口木,并在附木外侧面钉封檐板,在附木底部做檐口吊顶。对于不设屋架的房屋,可以在其横向承重墙内压砌挑檐木并外挑,用挑檐木支承挑出的檐口。钢筋混凝土挑天沟是指当房屋屋面集水面积大、檐口高度高、降雨量大时,坡屋面的檐口可设钢筋混凝土天沟,并采用有组织排水。双坡屋面的山墙有硬山和悬山两种。硬山是指山墙与屋面等高或高于屋面成女儿墙。悬山是把屋面挑出山墙之外。斜天沟是指坡屋面的房屋平面形状有凸出部分,屋面上会出现斜天沟。构造上常采用镀锌铁皮折成槽状,依势固定在斜天沟下的屋面板上,以做防水层。烟囱四周应做泛水,以防雨水的渗漏。一种做法是镀锌铁皮泛水,将镀锌铁皮固定在烟囱四周的预埋件上,向下披水。在靠近屋脊的一侧,铁皮伸入瓦下,在靠近檐口的一侧,铁皮盖在瓦面上。另一种做法是用水泥砂浆或水泥石灰麻刀砂浆做抹灰泛水。坡屋面房屋采用有组织排水时,需在檐口处设檐沟,并布置落水管。坡屋面檐沟和落水管可用镀锌铁皮、玻璃钢、石棉水泥管等材料。

　　5. 排水坡度一般常视屋面材料的表面粗糙程度和功能需要而定,常见的油毡屋面和混凝土屋面多采用 2%~3%,上人屋面多采用 1%~2%。外檐自由落水又称无组织排水。屋面伸出外墙,形成挑出的外檐,使屋面的雨水经外檐自由落下至地面。外檐沟排水是指屋面可以根据房屋的跨度和外形需要,做成单坡、双坡或四坡排水,同时相应地在单面、双面或四面设置排水檐沟。雨水从屋面排至檐沟,沟内设不小于 0.5% 的纵向坡度,把雨水引向雨水口经落水管排至地面的明沟和集水井并排到地下的城市排水系统中。为了上人或造型需要也可在外檐内设置栏杆或易于排水的女儿墙。女儿墙内檐排水是指设有女儿墙的平屋顶,可在女儿墙里面设内檐沟或在近外檐处设坡。雨水口可穿过女儿墙,在外墙外面设落水管,也可用设在外墙内侧管道井内的落水管排出。内排水是指大面积、多跨、高层以及特种要求的平屋顶常做成内排水方式,雨水经雨水口流入室内水落管,再由地下管道把雨水排到室外排水系统。搁置坡度,亦称撑坡,又称结构找坡,是指屋顶的结构层根据排水坡度搁置成倾斜,再铺设防水层等。这种做法不需另加找坡层,不另吊顶棚时,顶面稍有倾斜。垫置坡度又称材料找坡,是指屋顶结构层可像楼板一样水平搁置,采用价廉质轻的材料,如炉渣加水泥或石灰来垫置屋面排水坡度,上面再做防水层,垫置坡度不宜过大,避免徒增材料和荷载。须设保温层的地区,也可用保温材料来形成坡度。

6. 根据屋面防水材料的不同,屋面防水工程可分为卷材防水层屋面(柔性防水层屋面),涂膜防水屋面、刚性防水屋面等,目前应用最普遍的是卷材防水屋面。卷材防水屋面是采用沥青油毡、再生橡胶、合成橡胶或合成树脂类等柔性材料粘贴而成的一整片能防水的屋面覆盖层。一般屋面铺三层沥青两层油毡,通称"二毡三油",表面还粘有小石子,通称"绿豆砂",作为保护层,重要部位及严寒地区需做"三毡四油"。卷材防水层应采用沥青防水卷材、高聚物改性沥青防水卷材和合成高分子防水卷材。卷材防水层一般用满粘法、点粘法、条粘法和空铺法等来进行铺贴。高聚物改性沥青防水卷材的施工方法一般有热熔法、冷粘法和自粘法等。合成高分子防水卷材的施工方法一般有冷粘法、自粘法、焊接法和机械固定法等。涂膜防水是指用防水涂料涂于屋面基层形成防水膜。涂膜防水层用于Ⅲ、Ⅳ级防水屋面时均可单独采用一道设防,也可用于Ⅰ、Ⅱ级屋面多道防水设防中的一道防水层。二道以上设防时,防水涂料与防水卷材应采用相容类材料。涂膜防水层与刚性防水层之间(如刚性防水层在其上)应设隔离层,防水涂料与防水卷材复合使用形成一道防水层,涂料与卷材应选择相容类材料。适用于涂膜防水层的涂料可分成高聚物改性沥青防水涂料、合成高分子防水涂料和无机盐类防水涂料三类,但无机盐类防水涂料不适用于屋面防水工程。涂膜防水层应沿找平层分隔缝增设带有胎体增强材料的空铺附加层,其空铺宽度宜为 100 mm。天沟、檐沟、檐口、泛水和立面涂膜防水层的收头,应用防水涂料多遍涂刷或用密封材料封严。涂膜防水层上应设置保护层,以提高防水层的适用年限。涂膜厚度选用应符合相关的规定。刚性防水屋面一般是用普通细石混凝土、补偿收缩混凝土、块体刚性材料、钢纤维混凝土作屋面的防水层。刚性防水屋面被广泛用于防水等级为Ⅲ级的建筑物。刚性防水层应尽可能在建筑物沉降基本稳定后再施工,同时必须采取和基层的隔离措施,把大面积的混凝土板块分为小板块,板块与板块的接缝用柔性密封材料嵌填,以柔补刚来适应各种变形。刚性防水屋面主要适用于屋面防水等级为Ⅲ级,无保温层的工业与民用建筑的屋面防水。对于屋面防水等级为Ⅱ级以上的重要建筑物,只有与卷材刚柔结合做两道以上防水时方可使用。采取刚柔结合、相互弥补的防水措施,将起到良好的防水效果。刚性材料防水不适用于设有松散材料保温层的屋面以及受较大震动或冲击的和坡度大于 15% 的建筑屋面。刚性防水层与山墙、女儿墙以及突出屋面结构的交接处应留缝隙,并应做柔性密封处理。刚性防水层应设置分格缝,分格缝内嵌填密封材料。分格缝应设在屋面板的支撑端、屋面转角处、防水层与突出屋面结构的交接处,并应与板缝对齐。普通细石混凝土和补偿收缩混凝土防水层的分格缝,其纵缝横间距不宜大于 6 m,宽度宜为 5~30 mm。细石混凝土防水层与基层间宜设置隔离层。细石混凝土防水层厚度不应小于 40 mm。为了使混凝土抵御温度应力,防水层内应配置直径为 4~6 mm,间距为 100~200 mm 的双向钢筋网片,钢筋网片在分格缝处应断开,以利于各分格板块中的防水层自由伸缩,互不制约。钢筋网片的保护层厚度不应小于 10 mm,不得出现露筋现象,也不能贴靠屋面板。刚性防水屋面对基层坡度的要求:刚性防水层常用于平屋面防水,坡度不宜过小,也不能过大,一般可为 2‰～5‰,并且应采用结构找坡,天沟、檐沟应用水泥砂浆找坡,当找坡厚度(即分线处的厚度)大于 20 mm 时,为防止开裂、起壳,宜采用细石混凝土找坡,刚性防水屋面对强度的要求:普通细石混凝土、补偿收缩混凝土的强度等级不应小于 C20,以满足防水要求并与结构层的强度等级趋于一致。补偿收缩混凝土内膨胀剂的掺量,应根据膨胀剂的类型、水泥品种、配筋含量、约束条件等,经试验确定,使混凝土最终产生少量的压应力,从而防止干缩。

7. 地下防水工程主要有结构自防水、表面防水层防水和防排结合放水三类。结构自防水是以地下结构本身的密实性(即防水混凝土)实现防水功能,使结构承重和防水合为一体。表面防水层防水是指在结构的外表面加设防水层,以达到防水的目的,常用的防水层有水泥砂浆防水层、卷材防水层、涂膜防水层等。防排结合是指采用防水加排水措施,排水方案可采用盲沟排水、渗排水、内排水等。防水混凝土是以调整混凝土的配合比或掺外加剂的方法来提高混凝土的密实度、抗渗性、抗蚀性,满足设计对地下工程的抗渗要求,达到防水的目的。防水混凝土结构在地下工程防水中广泛应用。目前,常用的防水混凝土有普通防水混凝土、外加剂或掺和料防水混凝土和膨胀水泥防水混凝土。普通防水混凝土是通过控制材料选择,混凝土拌制、浇筑,振捣的施工质量,以减少混凝土内部的孔隙和消除空隙间的连通,最后达到防水要求。外加剂防水混凝土是在混凝土中掺入一定的有机或无机的外加剂,改善混凝土的性能和结构组成,提高混凝土的密实性和抗渗性,从而达到防水目的。常用的外加剂防水混凝土有三乙醇胺防水混凝土、加气剂防水混凝土、减水剂防水混凝土、氧化铁防水混凝土。膨胀水泥防水混凝土是利用膨胀水泥在水化硬化过程中形成大量体积增大的结晶,改善混凝土的孔结构,提高混凝土的抗渗性能。表面防水层防水有刚性、柔性两种。刚性表面防水层防水常用的有水泥砂浆防水层,它是依靠提高砂浆层的密实性来达到防水要求,这种防水层适用于地下砖石结构的防水层或防水混凝土结构的加强层。水泥砂浆防水层可分为刚性多层法防水层和刚性外加剂法防水层两种。刚性多层法防水层是指利用素灰(即较调的纯水泥浆)和水泥砂浆分层交叉抹面而构成的防水层,具有较高的抗渗能力。刚性外加剂法防水层是指在普通水泥砂浆中掺入防水剂,使水泥砂浆内的毛细孔填充、胀实、堵塞,获得较高的密实度,提高抗渗能力。常用的外加剂有氯化铁防水剂、铝粉膨胀剂、减水剂等。卷材防水层是指用沥青胶结材料粘贴油毡而成的一种防水层,属于柔性防水层。这种防水层目前仍作为地下工程的一种防水方案而被较广泛采用。卷材防水层施工的铺贴方法,按其与地下防水结构施工的先后顺序分为外贴法和内贴法两种。外贴法是指在地下建筑墙体做好后,直接将卷材防水层铺贴墙上,然后砌筑保护墙,如图 6-71 所示。内贴法施工是指在地下建筑墙体施工前,先砌筑保护墙,然后将卷材防水层铺贴在保护墙上,最后进行地下建筑墙体浇筑,如图 6-72 所示。卷材防水层可为一层或二层。高聚物改性沥青防水卷材厚度不应小于 3 mm,单层使用时,厚度不应小于 4 mm,双层使用时,总厚度不应小于 6 mn;合成高分子防水卷材单层使用时,厚度不应小于 1.5 mm,双层使用时,总厚度不应小于 2.4 mm。阴阳角处应做成圆弧或 135°折角,其尺寸视卷材品质确定。在转角处、阴阳角等特殊部位,应增贴 1～2 层相同的卷材,宽度不宜小于 500 mm。止水带防水是指为适应建筑结构沉降、温度伸缩等因素产生的变形,在地下建筑的变形缝(沉降缝或伸缩缝)、地下通道的连接等处,两侧的基础结构之间留有 20～30 mm 的空隙。两侧的基础是分别浇筑的,这是防水结构的薄弱环节,为防止变形缝处的渗漏水现象,除在构造设计中考虑防水的能力外,还采用止水带进行防水。目前,常见的止水带材料有橡胶止水带、塑料止水带、氯丁橡胶板止水带和金属止水带等。其中,橡胶及塑料止水带均为一种新的止水材料,具有施工简便、防水效果好、造价低且易修补的特点;金属止水带一般仅用于高温环境条件下,无法采用橡胶止水带或塑料止水带的情况。止水带构造形式有粘贴式、可卸式和埋入式等,目前较多采用的是埋入式。根据防水设计的要求有时在同一变形缝处可采用数层、数种止水带的构造形式。

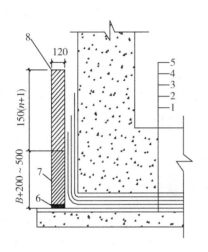

1. 垫层 2. 找平层 3. 卷材防水层
4. 保护层 5. 建筑物 6. 油毡
7. 永久保护墙 8. 临时性保护墙

图 6-71 外贴法

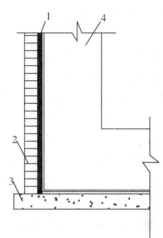

1. 卷材防水层 2. 保护墙
3. 垫层 4. 尚未施工的构筑物

图 6-72 内贴法

8. 对于楼层厕浴间、厨房间防水,由于上下水管道、供热管道、燃气管道一般都集中敷设在其中,常采用柔性涂膜防水层、刚性防水砂浆防水层,或两者复合的防水层防水。涂膜防水层材料可以用合成的高分子防水涂料和高聚物改性沥青防水涂料,该防水层必须在管道安装完毕,管孔四周堵填密实后,做地面工程之前,做一道柔性防水层。防水层必须翻至墙面并做到离地面 150 mm 处。刚性防水砂浆防水层材料可采用补偿收缩水泥砂浆。厕浴间、厨房间的穿楼板管道、地漏口、蹲便器下水道等重要节点常采用刚性防水层。防水涂膜涂布于复杂的细部构造部位,能形成设有接缝的完整的涂膜防水层。防水涂膜的延伸性较好,基本能适应基层变形的需要。防水砂浆以补偿收缩水泥砂浆较为理想,其微膨胀的特性能防止或减少砂浆收缩开裂、砂浆致密化,提高其抗裂性和抗渗性。

9. 建筑变形缝是为防止建筑物在外界因素作用下产生变形、导致开裂甚至破坏而预留的构造缝,建筑的变形缝可分为温度缝、沉降缝、抗震缝三种。温度缝(伸缩缝)是指建筑构件因温度和湿度等因素的变化会产生胀缩变形,以致引起房屋结构断裂和破坏。为此常在建筑物适当的部位设置竖缝,将房屋从基础以上的墙身、楼板层、屋顶等构件断开,使建筑物分离成几个独立的部分,使各部分都有伸缩的余地。温度缝的设置位置和间距与建筑物的材料、结构形式、施工条件及当地温度变化相关,设计时根据规范规定设置。温度缝的宽度一般为 20～30 mm。建筑物的伸缩变形主要是由温度变化引起的。沉降缝是指为防止建筑物出现不均匀沉降,以致发生错动开裂,一般将建筑物划分成若干个可以自由沉降的独立单元而设置的垂直缝。当建筑存在以下情形必须设置沉降缝:当建筑物相邻两部分有高差,高差较大或荷载相差悬殊,或结构形式变化较大;当建筑物建造在不同的地基土壤上又难以保证均匀沉降;当同一建筑各部分相邻基础的结构体系宽度和埋置深度相差悬殊;原有建筑物和新建建筑物紧相毗连;建筑平面形状复杂,高度变化较大时,为避免可能产生的不均匀沉降,也应将建筑物划分为几个简单的体型,在各个部分之间设置沉降缝。沉降缝是从基础开始将建筑物全部断开,其缝宽与地基性质、建筑高度有关。

抗震缝是指在地震区建造房屋,应力求体型简单,重量、刚度对称并均匀分布,建筑物的形心和重心尽可能接近,在平面和立面上的突然变化之处设置的垂直缝。为了保证结构的整体性、加强整体刚度,减少地震的破坏,一般将抗震缝同伸缩缝、沉降缝协调布置,将建筑物全部断开,并留有足够的缝宽。设置抗震缝一般基础可不断开,但在平面复杂的建筑中,当与震动有关的建筑各相连部分的刚度差别很大时,也须将基础分开。当地震区建筑需设温度缝、沉降缝时均按抗震缝要求处理。抗震缝两侧的承重墙或柱子应成双布置,也允许以墙壁和框架相结合的方法设置抗震缝。抗震缝在墙身、楼板层、地面、屋顶各部分的构造基本上与温度缝、沉降缝相同,但缝口较宽,盖缝防护措施需做好处理。

6.8.2　屋面及防水工程清单工程量计算规则

1. 瓦屋面、型材屋面工程量按设计图示尺寸以斜面积计算,不扣除房上烟囱、风帽底座、风道、小气窗、斜沟等所占面积,小气窗的出檐部分不增加面积。瓦屋面项目适用于小青瓦、黏土瓦、筒瓦、水泥瓦、波纹瓦、琉璃瓦、西式陶瓦等。瓦屋面若是在木基层上铺瓦,项目特征不必描述黏结层砂浆种类、配合比。瓦屋面铺防水层,按屋面防水及其他相关项目编码列项,脊瓦、瓦檐、盖瓦口应包括在报价内。在《广西壮族自治区建筑装饰装修工程消耗量定额》(2013 版)屋面及防水工程中,脊瓦、瓦檐、盖瓦口按图示尺寸以延长米计算。瓦屋面报价不包括屋面木基层,应按屋面木基层项目编码列项。型材屋面项目适用于压型钢板、金属压型夹心板、彩钢屋面板等。型材屋面的檩条(钢或木)以及骨架、螺栓、挂钩等应包括在报价内。瓦屋面的木檩条、木椽子、安装顺水条、挂瓦条应按木结构和木基层项目编码列项。

2. 阳光板屋面、玻璃钢屋面工程量按设计图示尺寸以斜面积计算,不扣除屋面面积$\leqslant$ 0.3 m² 孔洞所占面积。阳光板屋面项目适用于各种类型的阳光屋面板等。阳光屋面板的骨架(钢或铝)以及螺栓、挂钩、接缝、嵌缝、油漆等应包括在报价内。玻璃钢屋面项目适用于各种类型的玻璃钢屋面板等。玻璃钢屋面板的骨架(钢或铝)以及固定方式、接缝、嵌缝、油漆等应包括在报价内。

3. 型材屋面、阳光板屋面、玻璃钢屋面的柱、梁、屋架,按金属结构工程、木结构工程中相关项目编码列项,型材屋面,阳光板屋面,玻璃钢屋面的檩条、骨架包括在报价内。

4. 膜结构屋面工程量按设计图示尺寸以需要覆盖的水平投影面积计算,膜结构屋面项目适用于膜布屋面。膜结构,也称索膜结构,是一种以膜布与支撑(柱、网架等)和拉结结构(拉杆、钢丝绳等)组成的屋盖、篷顶结构。支撑和拉固膜布的钢柱、拉杆、金属网架、钢丝绳、锚固的锚头等应包括在报价内。锚固基座的挖土回填应包括在报价内。支撑柱的钢筋混凝土柱基、锚固的钢筋混凝土基础以及地脚螺栓等按混凝土及钢筋混凝土相关项目编码列项。

5. 屋面种植土工程量按设计图示尺寸以体积计算。

6. 塑料排(蓄)水板、干铺土工布工程量按设计图示尺寸以面积计算。

7. 屋面卷材防水、屋面涂膜防水工程量按设计图示尺寸以面积计算,斜屋顶(不包括平屋顶找坡)按斜面积计算,平屋顶按水平投影面积计算,不扣除房上烟囱、风帽底座、风道、屋面小气窗和斜沟所占面积,屋面的女儿墙、伸缩缝和天窗等处的弯起部分并入屋面工程量内。屋面卷材防水项目适用于利用胶结材料粘贴卷材进行防水的屋面。基层处理(清理修补、刷基层处理剂)等应包括在报价内。檐沟、天沟、水落口、泛水收头、变形缝等处的卷材附加层应包括在报价内。卷材屋面的接缝、收头应包括在报价内。浅色或反射涂料保护层、绿豆沙保护层、细砂、云母及蛭石保护层应包括在报价内。抹找平层、水泥砂浆保护层、细石混凝土保护层不包括在报价内,按相关项目编码列项。屋面涂膜防水项目适用于厚质涂料、薄质涂料和有加增强材料或无加增强材料的涂膜防水屋面。基层处理(清理修补、刷基层处理剂等)应包括在报价内。需加强材料的应包括在报价内。檐沟、天沟、水落口、泛水收头、变形缝等处的附加层材料应包括在报价内。浅色或反射涂料保护层、绿豆砂保护层、细砂、云母、蛭石保护层应包括在报价内。抹找平层、水泥砂浆、细石混凝土保护层不包括在报价内,按相关项目编码列项。

8. 屋面刚性层工程量按设计图示尺寸以面积计算。不扣除房上烟囱、风帽底座、风道等所占面积。屋面刚性层项目适用于细石混凝土、补偿收缩混凝土、块体混凝土、预应力混凝土,钢纤维混凝土和防水砂浆刚性防水屋面。刚性防水屋面的分格缝、泛水、变形缝部位的防水卷材、密封材料、背衬材料、沥青麻丝等应包括在报价内。屋面刚性防水层如使用钢筋网者,应包括在报价内。

9. 屋面天沟、檐沟(除混凝土及钢制天沟、檐沟外)及其防水工程量按设计图示尺寸以展开面积计算。屋面天沟适用于水泥砂浆天沟、细石混凝土天沟、卷材天沟、玻璃钢天沟、镀锌铁皮天沟等;屋面檐沟项目适用于塑料檐沟、镀锌铁皮檐沟、玻璃钢檐沟等。天沟、檐沟固定卡件、支撑件应包括在报价内。天沟、檐沟的接缝、嵌缝材料应包括在报价内。

10. 屋面变形缝工程量按设计图示尺寸以长度计算。屋面变形缝项目仅适用于屋面部位的抗震缝、温度缝(伸缩缝)、沉降缝。止水带安装、盖板制作、安装应包括在报价内。

11. 屋面型钢天沟工程量按设计图示尺寸以质量计算。屋面型钢天沟仅适用于建筑物、构筑物屋面天沟。

12. 屋面不锈钢天沟、屋面单层彩钢板天沟工程量按设计图示尺寸以延长米计算。屋面不锈钢天沟、屋面单层彩钢板天沟仅适用于建筑物、构筑物屋面天沟。

13. 屋面找平层按楼地面装饰工程中平面砂浆找平层项目编码列项。

14. 屋面防水搭接及附加层用量不另行计算,在综合单价中考虑。

15. 屋面保温找坡层按保温、隔热、防腐工程中保温隔热屋面项目编码列项。

16. 屋面排水管、屋面排(透)气管、屋面(廊、阳台)泄(吐)水管按《通用安装工程工程量计算规范》(GB 50856—2013)相应项目编码列项。

17. 墙面卷材防水、墙面涂膜防水、墙面砂浆防水防潮工程量按设计图示尺寸以面积计算。墙面卷材防水、墙面涂膜防水项目仅适用于墙面部位的防水。基层处理、刷黏结剂、铺防水卷材应包括在报价内。搭接、嵌缝材料、附加层卷材用量不另行计算,应包括在报价内。墙面的找平层、保护层应按相关项目编码列项。墙面砂浆防水(防潮)项目仅适用墙面部位的防水防潮。挂钢丝网片、防水、防潮层的外加剂应包括在报价内。

18. 墙面变形缝工程量按设计图示尺寸以长度计算。墙面变形缝项目仅适用墙体部位的抗震缝、温度缝(伸缩缝)、沉降缝。止水带安装,盖板制作、安装应包括在报价内。墙面变形缝若做双面,工程量乘以系数2。

19. 墙面找平层按墙、柱面装饰与隔断、幕墙工程中立面砂浆找平层项目编码列项。

20. 楼(地)面卷材防水、楼(地)面涂膜防水、楼(地)面砂浆防水(防潮)工程量按设计图示尺寸以面积计算。楼(地)面防水(防潮)工程按主墙间净空面积计算,扣除凸出地面的构筑物、设备基础等所占面积,不扣除间壁墙及单个面积≤0.3 m² 柱、垛、烟囱和孔洞所占面积。楼(地)面卷材防水仅适用于楼(地)面部位的卷材防水。基层处理刷黏结剂,铺防水卷材应包括在报价内。搭接、嵌缝材料、附加层卷材用量不另计算,应包括在报价内。楼(地)面的找平层、保护层应按相关项目编码列项。楼(地)面涂膜防水项目适用于厚质涂料、薄质涂料和有加增强材料或无加增强材料的涂膜防水楼(地)面。楼(地)面砂浆防水(防潮)项目仅适用楼(地)面部位的防水防潮。防水、防潮层的外加剂应包括在报价内。

21. 楼(地)面变形缝工程量按设计图示尺寸以长度计算。楼(地)面变形缝项目仅适用楼(地)面部位的抗震缝、温度缝(伸缩缝)、沉降缝。阻火带安装,盖板制作、安装应包括在报价内。楼(地)面变形缝若做双面,工程量乘以系数2。

22. 屋面、墙面、楼(地)面防水项目不包括垫层、找平层、保温层。垫层按垫层以及现浇混凝土基础相关项目编码列项;找平层按楼地面装饰工程中平面砂浆找平层以及墙面、柱面装饰与隔断、幕墙工程中立面砂浆找平层项目编码列项;保温层按保温、隔热、防腐工程相关项目编码列项。

23. 楼(地)面与墙面防水界限:楼(地)面防水反边高度≤300 mm,其工程量并入地面防水项目,按楼(地)面防水相关项目编码列项;反边高度>300 m,按墙面防水工程计算,以墙面防水相关项目编码列项。

24. 屋面找平层按楼地面装饰工程中平面砂浆找平层项目编码列项。

25. 计算工程量时墙面、楼(地)面、屋面防水搭接附加层用量不另计算,组价时在综合单价中考虑。

26. 屋面排水管、屋面排(透)气管、屋面(廊、阳台)泄(吐)水管按《通用安装工程工程量计算规范》(GB 50856—2013)相应项目编码列项。

6.8.3 《广西壮族自治区建筑装饰装修工程消耗量定额》(2013版)屋面及防水工程计价说明

1. 各种瓦屋面的瓦规格与定额不同时,瓦的数量可以换算,但人工、其他材料及机械台班数量不变。

2. 琉璃瓦定额以盖1/3露2/3计算,设计不同时可以换算。

3. 卷材防水定额子目是按常用卷材编制的,若施工工艺相同,但设计卷材的品种、厚度与定额不同时,卷材可以换算,其他不变。

4. 定额中的"一布二涂"或"二布三涂"项目,其"二涂""三涂"是指涂料构成防水层数,并非指涂刷遍数,每一层"涂层"刷二遍至数遍不等;在相邻两个涂层之间铺贴一层胎体增强材料(如无纺布、玻纤丝布)叫"一布"。

5. 细石混凝土防水层如使用钢筋网者,钢筋制作安装按混凝土及钢筋混凝土工程相应的定额子目计算。

6. 屋面砂浆找平层、面层及找平层分格缝塑料油膏嵌缝按楼地面工程相应的定额子目计算。

7. 墙和地面防水、防潮工程适用于楼地面、墙基墙身、构筑物、水池、水塔及室内厕所、浴室及建筑物±0.00 以下的防水、防潮等。

8. 变形缝填缝：建筑油膏、聚氯乙烯胶泥断面取定 30 mm×20 mm；油浸木丝板取定为 25 mm×150 mm；紫铜板止水带为 2 mm 厚，展开宽 450 mm；钢板止水带为 3 mm 厚，展开宽 420 mm；氯丁橡胶宽 300 mm，涂刷式氯丁胶贴玻璃止水片宽 350 mm；其余均为 30 mm× 150 mm。如设计断面不同时，用料可以换算，人工不变。

9. 盖缝：盖缝面层材料用量如设计与定额规定不同时，可以换算，其他不变。

10. 定额中沥青、玛蹄脂均指石油沥青、石油沥青玛蹄脂。

6.8.4 屋面及防水工程计价工程量计算规则

1. 瓦屋面、型材屋面(彩钢瓦、波纹瓦)工程量按图 6-73 所示的尺寸的水平投影面积乘以屋面坡度系数(见表 6-40)的斜面积计算，曲屋面按设计图示尺寸的展开面积计算。不扣除房上烟囱、风帽底座、风道、屋面小气窗、斜沟等所占面积，屋面小气窗的出檐部分亦不增加。

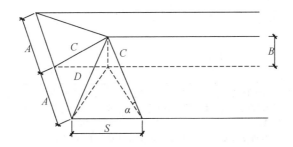

A. 屋面半跨长 C. 延尺系数 D. 隔延尺系数

图 6-73 瓦屋面、型材屋面示意图

注：1. 两坡排水屋面面积为屋面水平投影面积乘以延尺系数 C；

2. 四坡排水屋面斜脊长度＝A×D(当 S＝A 时)；

3. 沿山墙泛水长度＝A×C

图 6-73 为跨度 2A 坡度 α 对应坡屋面相关尺寸示意图。

表 6-40 屋面坡度系数表

坡度 B(A=1)	坡度 B/2A	坡度 角度(α)	延尺系数 C (A=1)	隔延尺系数 D (A=1)
1.000	1/2	45°	1.414 2	1.732 1
0.750		36°52′	1.250 0	1.600 8
0.700		35°	1.220 7	1.577 9
0.666	1/3	33°40′	1.201 5	1.562 0
0.650		33°01′	1.192 6	1.555 4

坡度 $B(A=1)$	坡度 $B/2A$	坡度 角度(α)	延尺系数 C ($A=1$)	隔延尺系数 D ($A=1$)
0.600		30°58′	1.166 2	1.536 2
0.577		30°	1.154 7	1.527 0
0.550		28°49′	1.141 3	1.517 0
0.500	1/4	26°34′	1.118 0	1.500 0
0.450		24°14′	1.096 6	1.483 9
0.400	1/5	21°48′	1.077 0	1.469 7
0.350		19°17′	1.059 4	1.456 9
0.300		16°42′	1.044 0	1.445 7
0.250		14°02′	1.030 8	1.436 2
0.200	1/10	11°19′	1.019 8	1.428 3
0.150		8°32′	1.011 2	1.422 1
0.125		7°8′	1.007 8	1.419 1
0.100	1/20	5°42′	1.005 0	1.411 7
0.083		4°45′	1.003 0	1.416 6
0.066	1/30	3°49′	1.002 2	1.415 7

注:1. 坡度——坡面在垂直方向的投影长度与它在水平方向投影长度的比值,其值大于零;

2. 延迟系数(C)——通常所说的坡度系数,是指坡面长度(即坡面斜长)与其水平投影长度的比值,其值大于1,如图6-73中延尺系数为C/A;

3. 隔延尺系数(D)——四坡排水屋面中斜脊长度与坡面水平投影长度的比值,如图6-73中的延尺系数为D/A。

2. 脊瓦工程量按设计图示尺寸以延长米计算。

3. 屋面种植土工程量按设计图示尺寸以立方米计算。

4. 屋面塑料排(蓄)水板工程量按设计图示尺寸以平方米计算。

5. 屋面铁皮天沟、泛水工程量按设计图示尺寸以展开面积计算,如图纸没有注明尺寸时,可按表6-41计算。咬口和搭接等已含在定额项目中,不另计算。

表 6-41　铁皮天沟、泛水单体零件折算表

名称	天沟	斜沟、天台 窗台泛水	天窗侧 面泛水	烟囱泛水	通气管 泛水	滴水檐 头泛水	滴水
	m						
折算面积(m²)	1.30	0.50	0.70	0.80	0.22	0.24	0.11

6. 屋面型钢天沟工程量按设计图示尺寸以质量计算。

7. 屋面不锈钢天沟、单层彩钢天沟工程量按设计图示尺寸以延长米计算。

8. 卷材屋面防水工程量按设计图示尺寸以面积计算,平屋顶按水平投影面积计算,斜屋顶(不包括平屋顶找坡)按斜面积计算,曲屋面按展开面积计算。不扣除房上烟囱、风帽底座、

风道、屋面小气窗和斜沟所占的面积,屋面的女儿墙、伸缩缝和天窗等处的弯起部分并入屋面工程量内。如图纸无规定时,伸缩缝、女儿墙的弯起部分可按 250 mm 计算,天窗、房上烟囱、屋顶梯间弯起部分可按 300 mm 计算。

9. 卷材屋面防水工程的附加层、接缝、收头已包含在定额内,不另计算;定额中如已含冷底子油的,不得重复计算。

10. 涂膜屋面的工程量计算同卷材屋面。涂膜屋面的油膏嵌缝、玻璃布盖缝、屋面分格缝按图示尺寸以延长米计算。

11. 屋面刚性防水工程量按设计图示尺寸以平方米计算,不扣除房上烟囱、风帽底座等所占面积。

12. 墙和地面防水、防潮工程量按设计图示尺寸以平方米计算。

13. 建筑物地面防水、防潮层工程量按主墙间净空面积计算,扣除凸出地面的构筑物、设备基础等所占的面积,不扣除间壁墙及单个 $0.3 m^2$ 以内柱、垛、烟囱和孔洞所占面积。与墙面连接处上卷高度在 300 mm 以内按展开面积计算,并入平面工程量内,超过 300 mm 时,按立面防水层计算。

14. 建筑物墙基防水、防潮层工程量计算,外墙长度按中心线,内墙按净长乘宽以平方米计算。

15. 构筑物及建筑物地下室防水层工程量按设计图示尺寸以平方米计算,不扣除 $0.3 m^2$ 以内的孔洞面积。平面与立面交接处的防水层,其上卷高度超过 300 mm 时,按立面防水层计算。

16. 防水卷材的附加层、接缝、收头和油毡卷材防水的冷底子油等人工材料均已计入定额内,不另计算。

17. 各种变形缝工程量按设计图示尺寸以延长米计算。

18. 卷材防水工程定额子目是按常用卷材编制的,若施工工艺相同,但设计卷材的品种、厚度与定额不同时,卷材可以换算,其他不变。

【课后习题】

1. 隔延尺系数指的是什么?

2. 某建筑物轴线尺寸为 64 m×18 m,墙厚 240 mm,四周女儿墙,无挑檐。屋面做法:水泥蛭石保温层,最薄处 60 mm 厚,屋面坡度 $i=1.8\%$,1:3 水泥砂浆找平层 15 mm 厚,刷冷底子油一道,二毡三油防水层,弯起 250 mm。求防水层工程量。

3. 变形缝的工程量如何计算?

6.9　保温、隔热、防腐工程

6.9.1　保温、隔热、防腐工程基础知识

1. 为了使室内在寒冷季节热量不致散失太快,在炎热季节减少传入室内的热量,在围护结构上下或内外采取相应的防护措施,使建筑物内部维持一定温度,这种防护措施即为建筑物的保温、隔热工程,所选用的材料称为保温、隔热材料。习惯上把用于控制室内热的叫保温材料,防止室外热量进入室内的叫隔热材料。保温隔热材料按材料成分可分为有机隔热保温材

料、无机隔热保温材料、金属类隔热保温材料。其中,有机隔热保温材料,天然的有稻草、稻壳、甘蔗纤维、软木、木棉、木屑、刨花、木纤维及其制品;化学合成聚酯及合成橡胶类的有聚苯乙烯、聚氯乙烯、聚氨酯、聚乙烯、脲醛塑料和泡沫硬酸酯等及其制品。无机隔热保温材料,矿物类有矿棉、膨胀珍珠岩、膨胀蛭石、硅藻土石膏、炉渣、玻璃纤维、岩棉、加气混凝土、泡沫混凝土、浮石混凝土等及其制品;金属类隔热保温材料,主要是铝及其制品,如铝板、铝箔、铝箔复合轻板等,它是利用材料表面的辐射特性来获得绝热保温效能。保温隔热材料按材料形状可分为松散隔热保温材料、板状隔热保温材料、整体保温隔热材料。其中,松散隔热保温材料有炉渣、水渣、膨胀蛭石、矿物棉、岩棉、膨胀珍珠岩、木屑和稻壳等;板状隔热保温材料,一般是松散隔热保温材料的制品、化学合成聚酯与合成橡胶类材料,如矿物棉板、蛭石板、泡沫塑料板、软木板以及有机纤维板(木丝板、刨光板、稻草板和甘蔗板等),另外还有泡沫混凝土板;整体保温隔热材料,一般是用松散隔热保温材料作骨料,经浇注或喷涂而成,如蛭石混凝土、膨胀凝珍珠岩混凝土、粉煤灰陶粒混凝土、页岩陶粒混凝土、黏土陶粒混凝土、浮石混凝土、炉渣混凝土等。常用保温隔热材料有珍珠岩、矿渣棉、玻璃棉、泡沫塑料、软木、加气混凝土。

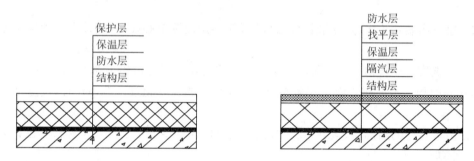

图 6-74　屋面保温层的构造

2. 建筑物的保温隔热主要设量在屋面、墙体、楼地面、天棚等部位,屋面保温多年来一直沿用泡沫混凝土、膨胀蛭石、膨胀珍珠岩、岩棉和加气混凝土等。近年来,聚苯乙烯泡沫板、树脂珍珠岩板、喷涂改性聚氨酯硬泡体等高性能并且吸水率低的保温材料,正逐步被推广使用。屋面保温层的构造,如图 6-74 所示。屋面保温层可以设在防水层下面,也可以设在防水层上面。由于水泥膨胀珍珠岩、蛭石无憎水性能,施工后水分很难蒸发,故可做排汽屋面,设排气槽、排气管,与屋面分格缝相重,缝宽 50 mm,纵横贯通,中距不大于 6 m。屋面是室外热量侵入的主要介质部位,为减少室外热量传入室内,降低室内温度,须采取相应的屋面隔热措施,如采取架空隔热板、涂料反射隔热、种植屋面隔热,倒置式屋面隔热等形式。架空隔热板屋面主要是在屋面上架空设置预制混凝土薄板或水泥方砖,利用通风将屋面温度降低,如图 6-75 所示。涂料反射屋面隔热是在屋面上涂刷浅色或反射涂料,从而减少屋面的热量吸收,起到降低屋面温度的作用。反射涂料应与涂刷的防水层材性相容,黏结性好,否则会发生腐蚀和早期剥落。种植屋面是在屋面防水层上覆土或盖有锯木屑、膨胀蛭石等多孔松散材料,种植草皮、花卉、蔬菜植物等作物。覆土的叫有土种植屋面,覆盖松散材料的叫无土种植屋面。种植屋面不仅有效地保护了防水层和屋盖结构层,而且对建筑物有很好的保温隔热效果,对城市环境起到绿化和美化的作用。倒置式隔热屋面是指将防水层设在保温层下面,使防水层不直接接触大气,避免阳光照射,减少了高温、低温对防水层的作用和温差变化对防水层产生的拉伸变形,大大延缓防水层的老化,同时有保温层的保护,也避免了防水层受到穿刺和外力直接损害。

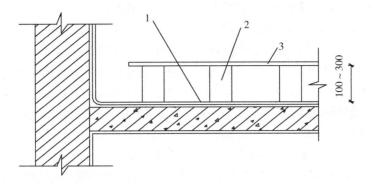

图 6-75 架空隔热板屋面构造

3. 建筑外墙体保温的基本措施是采用高效保温材料并做覆面层。所用的保温材料品种很多,其中,无机材料有岩棉、矿棉、玻璃棉做成毡或板挂贴,或直接将絮棉装入间隙层(空腔)内松填;有机材料有聚苯乙烯(膨胀型或挤塑型)、聚氨酯等制成板,片,吊、挂、粘贴或铺设。在上述材料中,用得比较多的是岩棉、聚苯乙烯和玻璃棉。外墙保温一般采用内保温、夹心保温及外保温几种做法。内保温是把高效保温材料贴在外墙的内表面;夹心保温是将砖墙或砌块墙先砌出空腔,空腔内填入或吹入松散高效保温材料;外保温是把高效保温材料贴在外表面或用特殊保温砂浆粉刷外墙面,在保温材料外面再用加强材料装饰、防护。如采用 ZL 胶粉聚苯颗粒保温砂浆外粉或粘贴聚苯板、喷涂改性聚氨酯硬泡体,面层施以涂料或面砖或干挂石材加以装饰和防护,均可以起到很好的保温隔热作用。

4. 耐酸、防腐工程使用的特种材料较多,主要包括水玻璃类耐酸材料、硫磺类耐腐蚀材料、沥青类耐腐蚀材料、防腐蚀玻璃钢、呋喃树脂、聚氯乙烯塑料板、重晶石(钡砂)砂浆、铸石。水玻璃类耐酸材料是指以水玻璃为胶结料,加入固化剂(氟硅酸钠)和耐酸填料(石英粉、石英砂、石英石等)拌制而成的材料。硫磺类耐腐蚀材料是指以硫磺粉为胶结料,加入填料(石英粉、石英砂)、增韧剂(聚硫橡胶),经加热熬制而成的材料。沥青类耐腐蚀材料是指以沥青为胶结料,加入耐腐蚀粉料经加热熬制或加入耐腐蚀粉料和骨料(石棉泥、石英粉、石英砂),经拌制而成的材料,包括沥青浸渍砖、沥青胶泥(玛蹄酯)、沥青砂浆、沥青混凝土等,其特点是耐蚀性好、具有整体无缝、有一定弹性、造价低廉、损坏易修补。防腐蚀玻璃钢又称玻璃纤维增强塑料,是以玻璃纤维及其制品为增强材料,以树脂为黏结剂,经过一定的成型工艺制作成的复合材料。常用的树脂有环氧树脂、热固性酚醛树脂、呋喃树脂等,常用固化剂有乙胺,常用增韧剂有邻苯二甲酸二丁酯,常用稀释剂有乙醇、丙酮、甲苯,常用填料有石英粉。呋喃树脂是呋喃环氧塑料的总称,包括糠醇、糠醛丙酮醇、苯酚糠醛等,该树脂的特点是硬化后耐水性、耐化学药品性极其优良,耐热性、耐磨耗性特佳,对金属以外的材料黏结性良好,使用填充材料有相当的机械强度等。聚氯乙烯塑料板是指由聚氯乙烯树脂加入增塑剂、稳定剂等成型加工而成的一种热塑性塑料制品,有硬、软板之分。重晶石(钡砂)砂浆是一种放射性防护材料,钡砂是天然硫酸钡,用它作为掺合料制成砂浆的抹灰面层对射线有阻隔作用,常用作射线探伤室、治疗室、实验室等墙面抹灰。重晶石砂浆所用材料为 42.5 MPa 普通硅酸盐水泥(不宜用其他掺混合料的水泥)、一般洁净中粗砂(不宜用细砂)、钡砂(重晶石砂)、钡粉(重晶石粉)。铸石是用天然岩石辉绿岩、玄武岩等或工业废渣为原料加入一定的附加剂和结晶剂经熔化浇铸、结晶退火等工序制成的一种非金属耐腐蚀材料,它的制品有板、砖、管及各种异型材料。

5. 在建筑工程中常见的防腐蚀工程有水玻璃类防腐工程、硫磺类防腐工程、沥青类防腐蚀工程、树脂类防腐蚀工程、聚合物砂浆防腐蚀工程、块材防腐蚀工程、聚氯乙烯塑料(PVC)防腐蚀工程、涂料防腐蚀工程八类。水玻璃类防腐工程所用的半成品材料包括水玻璃胶泥、水玻璃砂浆、水玻璃混凝土。水玻璃品种又有钠水玻璃和钾水玻璃之分。硫磺类防腐工程所用半成品材料包括硫磺胶泥、硫磺砂浆和硫磺混凝土,主要以硫磺为胶结剂加入增韧剂、耐酸粉料、细骨料经加热熬制而成。沥青类防腐蚀工程所用的半成品包括沥青稀胶泥、沥青胶泥、沥青砂浆、沥青混凝土、碎石灌沥青、沥青卷材等。树脂类防腐蚀工程中常用的半成品材料包括树脂胶泥、树脂砂浆、玻璃钢等。聚合物砂浆防腐蚀工程中所用的半成品材料主要包括氯丁胶乳砂浆和聚丙烯酸酯乳液水泥砂浆。块材防腐蚀工程是以各种防腐蚀胶泥为胶结材料,铺砌各种耐腐蚀块材。聚氯乙烯塑料是在聚氯乙烯树脂中加入增塑剂、稳定剂、润滑剂、填料、颜料等加工而成的一种热塑性塑料。在聚氯乙烯塑料(PVC)防腐蚀工程中,常使用聚氯乙烯板材制品作设备衬里和地面、墙面的防腐蚀面层。为了满足防腐蚀功能,要求板材尽量减少连接缝隙。在建筑防腐蚀工程中,常用的有硬聚氯乙烯板、软聚氯乙烯板两种。防腐蚀涂料常用于涂覆经常遭受化工大气或粉尘腐蚀、酸雾腐蚀、盐雾腐蚀及腐蚀性液态性滴溅的各种建筑结构、管道和生产设备的表面等部位,起防护层的作用,以提高其耐久性,但不适用于受冲击、冲刷、严重磨损或直接接触液态强腐蚀介质的部位。涂料防腐蚀工程用的防腐蚀涂料是由成膜物质(油脂树脂)与填料、颜料、增韧剂、稳定剂等按一定比例配制而成。常用的耐腐蚀涂料有树脂化漆、氯磺化聚乙烯漆、PVC聚乙烯防腐涂料、过氯乙烯漆、沥青漆、聚氨酯漆等。

6. 防腐蚀表面处理方法主要有包覆法、衬垫法、贴面砖法、铺砖法四种方法。包覆法是将耐化学物品性能的材料用刷子、喷枪、滚筒等工具涂布,厚度约 0.05～0.2 mm,用于侵蚀不太严重的地方。衬垫法是将包覆层变厚的施工方法,根据选用材料不同,有多种施工方法,如卷材衬垫、薄板衬垫(聚氯乙烯板等)、砂浆衬垫等,衬垫厚度约为 0.3～2.0 mm。贴面砖法是用耐腐蚀砂浆衬垫在硬化前进行面砖勾缝,接缝要用耐腐蚀砂浆。铺砖法是在耐侵蚀垫层之上做一层或两层砖,用耐腐蚀砂浆铺贴。由于砖块的重叠缓和了热的传导,防止磨耗、冲击,从而保护了防侵蚀的主体——衬垫层。就耐侵蚀砖来说,有耐酸砖、铸石板、沥青浸渍砖(红砖)等。

7. 防腐工程酸化处理是指耐酸胶泥、耐酸砂浆、耐酸混凝土表面干燥硬化后,必须进行酸化处理,使其表面形成一层坚硬的硅胶保护层,以抵抗酸介质的侵蚀。酸化处理用盐酸、硝酸、硫酸均可。

6.9.2　保温、隔热、防腐工程清单工程量计算规则

1. 保温隔热屋面工程量按设计图示尺寸以面积计算。扣除面积>0.3 m² 孔洞及占位面积。屋面保温隔热层上的找平层、防水层应按相关项目编码单独列项。预制混凝土隔热板制作与砌筑砖墩包含在预制隔热板屋面项目的报价内。屋面保温隔热的找坡应包括在报价内。

2. 保温隔热天棚工程量按设计图示尺寸以面积计算。扣除面积>0.3 m² 柱、垛、孔洞所占面积,与天棚相连的梁按展开面积计算,并入天棚工程量内。保温隔热天棚项目适用于各种材料的下贴式或吊顶上搁置式的保温隔热的天棚。下贴式如需底层抹灰时,应按相关项目编码列项。保温隔热材料需加药物防虫剂时,应在清单中进行描述。保温隔热天棚的面层应包括在报价内。保温隔热天棚装饰面层应按天棚工程相关项目编码列项。

3. 保温隔热墙工程量按设计图示尺寸以面积计算,扣除门窗洞口以及面积>0.3 m² 梁、孔洞所占面积;门窗洞口侧壁以及与墙相连的柱,并入保温墙体工程量内。保温隔热墙项目适用于工业与民用建筑物外墙、内墙保温隔热工程,外墙内保温和外保温的面层应包括在报价内。保温隔热墙装饰面层应按墙、柱面装饰与隔断、幕墙工程相关项目编码列项。外墙内保温的内墙保温踢脚线应包括在报价内。外墙外保温、内保温、内墙保温的找平层或刮腻子应按墙、柱面装饰与隔断、幕墙工程相关项目编码列项。保温隔热方式包括内保温、外保温、夹心保温三种类型。

4. 保温柱、梁工程量按设计图示尺寸以面积计算。柱按设计图示柱断面保温层中心线展开长度乘保温层高度以面积计算,扣除面积>0.3 m² 梁所占面积;梁按设计图示梁断面保温层中心线展开长度乘保温层长度以面积计算。保温柱、梁项目仅适用于不与墙、天棚相连的独立柱、梁,与墙、天棚相连的柱、梁应分别并入墙、天棚项目中。柱帽保温隔热应并入天棚保温隔热工程量内。柱、梁保温的面层应包括在报价内。保温隔热装饰面层应按墙、柱面装饰与隔断、幕墙工程相关项目编码列项。柱保温的踢脚线应包括在报价内。柱、梁保温的基层抹灰或刮腻子应按墙、柱面装饰与隔断、幕墙工程相关项目编码列项。

5. 保温隔热楼地面工程量按设计图示尺寸以面积计算。扣除面积>0.3 m² 柱、垛、孔洞等所占面积。门洞、空圈、暖气包槽、壁龛的开口部分不增加面积。保温隔热楼地面项目适用于工业与民用建筑物楼地面保温隔热工程。楼地面保温的面层应包括在报价内。保温隔热楼地面的垫层按垫层或现浇混凝土基础相关项目编码列项,其找平层按平面砂浆找平层项目编码列项。保温隔热装饰面应按楼地面装饰工程相关项目编码列项。

6. 其他保温隔热工程量按设计图示尺寸以展开面积计算。扣除面积>0.3 m² 孔洞及占位面积。其他保温隔热项目适用于其他工程(如池、槽保温隔热等)的保温隔热工程。其他保温的面层应包括在报价内。其他保温的垫层、找平层、装饰面应按相关项目编码列项。

7. 防腐混凝土面层、防腐砂浆面层、防腐胶泥面层工程量按设计图示尺寸以面积计算。对于平面防腐工程量计算,应扣除凸出地面的构筑物、设备基础等,以及面积>0.3 m² 孔洞、柱、垛等所占面积,门洞、空圈、暖气包槽、壁龛的开口部分不增加面积;对于立面防腐工程量计算,应扣除门、窗、洞口,以及面积>0.3 m² 孔洞、梁所占面积,门、窗、洞口侧壁、垛突出部分按展开面积并入墙面积内。防腐混凝土面层、防腐砂浆面层、防腐胶泥面层项目适用于平面或立面的水玻璃混凝土、水玻璃砂浆、水玻璃胶泥、沥青混凝土、沥青砂浆、沥青胶泥、树脂砂浆、树脂胶泥以及聚合物水泥砂浆等防腐工程。由于防腐材料不同产生价格上的差异,因此清单项目中必须列出混凝土砂浆、胶泥的材料种类,如水玻璃混凝土、沥青混凝土等。如遇池槽防腐,池底和池壁可合并列项,也可按池底防腐面积和池壁防腐面积分别进行列项。

8. 玻璃钢防腐面层工程量按设计图示尺寸以面积计算。对于平面防腐工程量计算,应扣除凸出地面的构筑物、设备基础等,以及面积>0.3 m² 孔洞、柱、垛等所占面积,门洞、空圈、暖气包槽、壁龛的开口部分不增加面积;对于立面防腐工程量计算,应扣除门、窗、洞口以及面积>0.3 m² 孔洞、梁所占面积,门、窗、洞口侧壁、垛突出部分按展开面积并入墙面积内。玻璃钢防腐面层项目适用于树脂胶料与增强材料(如玻璃纤维丝、布、玻璃纤维表面毡、玻璃纤维短切毡或涤纶布、涤纶毡、丙纶布、丙纶毡等)复合塑制而成的玻璃钢防腐。项目名称应写明构成玻璃钢、树脂和增强材料的名称,如环氧酚醛(树脂)玻璃钢、酚醛(树脂)玻璃钢、环氧煤焦油(树脂)玻璃钢、环氧呋喃(树脂)玻璃钢、不饱和聚酯(树脂)玻璃钢等,增强材料玻璃纤维布、毡、涤纶布毡等。项目特征应描述防腐部位和立面、平面。

9. 聚氯乙烯板面层工程量按设计图示尺寸以面积计算。对于平面防腐工程量计算,应扣除凸出地面的构筑物、设备基础等,以及面积>0.3 m² 孔洞、柱、垛等所占面积,门洞、空圈、暖气包槽、壁龛的开口部分不增加面积;对于立面防腐工程量计算,应扣除门、窗、洞口以及面积>0.3 m² 孔洞、梁所占面积,门、窗、洞口侧壁、垛突出部分按展开面积并入墙面积内。聚氯乙烯板面层项目适用于地面,墙面的软、硬聚氯乙烯板防腐工程。聚氯乙烯板的焊接应包括在报价内。

10. 块料防腐面层、池、槽块料防腐面层工程量按设计图示尺寸以面积计算。对于平面防腐工程量计算,应扣除凸出地面的构筑物、设备基础等,以及面积>0.3 m² 孔洞、柱、垛等所占面积,门洞、空圈、暖气包槽、壁龛的开口部分不增加面积;对于立面防腐工程量计算,应扣除门、窗、洞口,以及面积>0.3 m² 孔洞、梁所占面积,门、窗、洞口侧壁、垛突出部分按展开面积并入墙面积内。块料防腐面层项目适用于楼地面各类块料防腐工程,池、槽块料防腐面层项目适用于池、槽各类块料防腐工程。踢脚线块料防腐面层按楼地面装饰工程踢脚线项目编码列项。防腐蚀块料粘贴部位(楼面、地面、池、槽、基础、踢脚线)应在清单项目特征中进行描述。防腐蚀块料的规格、品种(瓷板、陶板、铸石板、天然石板等)应在清单项目特征中进行描述。

11. 隔离层工程量按设计图示尺寸以面积计算。对于平面防腐工程量计算应扣除凸出地面的构筑物、设备基础等,以及面积>0.3 m² 孔洞、柱、垛等所占面积,门洞、空圈、暖气包槽、壁龛的开口部分不增加面积;对于立面防腐工程量计算应扣除门、窗、洞口,以及面积>0.3 m² 孔洞、梁所占面积,门、窗、洞口侧壁、垛突出部分按展开面积并入墙面积内。隔离层项目适用于楼面、地面、墙面、池、槽、踢脚线的沥青类、树脂玻璃钢类防腐工程隔离层。

12. 砌筑沥青浸渍砖工程量按设计图示尺寸以体积计算。砌筑沥青浸渍砖项目适用于浸渍页岩标准砖。清单工程量以体积计算,与《广西壮族自治区建筑装饰装修工程消耗量定额》(2013 版)对应的工程量计量单位不同。立砌按厚度 115 mm 计算,平砌以 53 mm 计算。

13. 防腐涂料工程量按设计图示尺寸以面积计算。对于平面防腐工程量计算,应扣除凸出地面的构筑物、设备基础等,以及面积>0.3 m² 孔洞、柱、垛等所占面积,门洞、空圈、暖气包槽、壁龛的开口部分不增加面积;对于立面防腐工程量计算,应扣除门、窗、洞口,以及面积>0.3 m² 孔洞、梁所占面积,门、窗、洞口侧壁、垛突出部分按展开面积并入墙面积内。防腐涂料项目适用于建筑物、构筑物以及钢结构的防腐。项目特征应对涂刷基层(混凝土、抹灰面)以及涂料底漆层、中间漆层、面漆涂刷(或刮)遍数进行描述。需刮腻子时应包括在报价内。

14. 防腐工程中需酸化处理时应包括在报价内,防腐工程中的养护应包括在报价内。

15. 防腐踢脚线面层按踢脚线相关项目编码列项。

6.9.3 《广西壮族自治区建筑装饰装修工程消耗量定额》(2013 版)保温、隔热、防腐工程计价说明

1. 保温、隔热工程适用于一般保温工程,中温、低温及恒温的工业厂(库)房隔热工程。

2. 保温、隔热工程消耗量定额只包括保温隔热材料的铺贴,不包括隔气防潮、保护层或衬墙等。

3. 保温、隔热、防腐工程消耗量定额的各种面层,除软聚氯乙烯塑料地面外,均不包括踢脚板。

4. 玻璃棉、矿渣棉包装材料和人工均已包括在相应的保温、隔热工程定额子目内。

5. 聚氨酯硬泡屋面保温定额子目不包括抗裂砂浆网格布保护层,如设计与定额子目包含的工作内容不同时,套用相应定额子目另行计算。

6. 聚氨酯硬泡外墙外保温和不上人屋面定额子目中的聚氨酯硬泡是按 35 kg/m³、上人屋面定额子目是按 45 kg/m³ 编制的,如设计规定与定额子目包含的工作内容不同,应进行换算。

7. 若消耗量定额中无相应外墙内保温定额子目,外墙内保温套用相应的外墙外保温定额子目,人工乘以系数 0.8,其余不变。若消耗量定额中无相应柱保温定额子目,柱保温可套用相应的墙体保温定额子目,人工乘以系数 1.5,其余不变。

8. 单面钢丝网架聚苯板整浇外墙保温定额子目仅适用于外墙为现浇混凝土的墙体。

9. 墙面保温定额子目中的玻璃纤维网格布,若设计层数与定额子目包含的工作内容不同时,按相应定额子目调整。保温定额子目中已考虑正常施工搭接及阴阳角重叠搭接工程量。

10. 保温隔热层的厚度按隔热材料(不包括胶结材料)净厚度计算。定额子目中,除有厚度增减定额子目外,保温、隔热材料厚度与图纸设计不同时,材料可以换算,其他不变。

11. 外墙保温遇腰线、门窗套、挑檐等零星项目的人工消耗量乘以系数 2,其他不变。

12. 楼地面保温、隔热无定额子目的,可套用相应的屋面保温、隔热定额子目。

13. 防腐工程中各种砂浆、胶泥、混凝土材料的种类配合比、强度等级及各种整体面层的厚度,如图纸设计与定额子目包含的工作内容不同时,可以换算,但各种块料面层的结合层砂浆或胶泥厚度不变。

14. 防腐整体面层、隔离层适用于平面、立面的防腐耐酸工程,包括沟、坑、槽。如用于天棚时人工消耗量乘以系数 1.38。

15. 块料防腐面层以平面砌为准,砌立面者按平面砌相应项目,人工消耗量乘以系数 1.38,踢脚板人工消耗量乘以系数 1.56,结合层砂浆或胶泥消耗量可按图纸设计厚度调整,其他不变。

16. 花岗岩板以六面剁斧的板材为准。如底面为毛面者,相应定额子目水玻璃砂浆增加 0.38 m³、耐酸沥青砂浆增加 0.44 m³。

6.9.4 保温、隔热、防腐工程计价工程量计算规则

1. 屋面保温、隔热层工程量按设计图示尺寸以面积计算,扣除 0.3 m² 以上的孔洞所占面积。

2. 天棚保温层工程量按设计图示尺寸以面积计算,扣除 0.3 m² 以上的柱、垛、孔洞所占面积。与天棚相连的梁、柱帽按展开面积计算,并入天棚工程量内。

3. 墙体保温隔热层工程量按设计图示尺寸以面积计算,扣除门窗洞口及 0.3 m² 以上的孔洞所占面积;门、窗、洞口侧壁以及与墙体相连柱的保温隔热层工程量,并入墙体保温隔热层工程量内。对于墙体保温隔热层长度计算,外墙按保温隔热层中心线长度计算,内墙按保温隔热层净长计算;对于墙体保温隔热层高度计算,按设计图示尺寸计算。

4. 独立墙体和附墙铺贴的区分如图 6-76 所示。

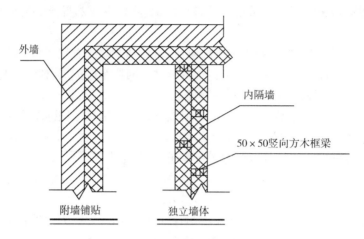

图 6-76　独立墙体和附墙铺贴平面示意图

5. 柱保温层工程量按设计图示柱断面保温层中心线展开长度乘以保温层高度以面积计算,扣除 0.3 m² 以上梁所占面积。梁保温层工程量按设计图示梁断面保温层中心线展开长度乘以保温层长度以面积计算。

6. 楼地面隔热层工程量按设计图示尺寸以面积计算,扣除 0.3 m² 以上的柱、垛、孔洞等所占面积,门洞、空圈、暖气包槽、壁龛的开口部分不增加。

7. 池槽隔热层工程量按设计图示池槽保温隔热层的长、宽及其厚度以立方米计算,其中池壁按墙面计算,池底按地面计算。

8. 防腐工程工程量应区分不同防腐材料种类及其厚度,按设计图示尺寸以面积计算。对于平面防腐面层、隔离层、防腐涂料工程量计算,应扣除凸出地面的构筑物、设备基础等,以及 0.3 m² 以上的柱、垛、孔洞等所占面积,门洞、空圈、暖气包槽、壁龛的开口部分不增加。对于立面防腐面层、隔离层、防腐涂料工程量计算,应扣除门、窗、洞口,以及 0.3 m² 以上的孔洞、梁所占面积,门、窗、洞侧壁、垛突出部分按展开面积并入墙面积内。

9. 踢脚板工程量按设计图示尺寸以面积计算,应扣除门洞所占面积并相应增加侧壁展开面积。

10. 池槽防腐工程量按设计图示尺寸以展开面积计算。

11. 平面砌筑双层耐酸块料时,其工程量按单层面积乘以系数 2 计算。

12. 砌筑沥青浸渍砖工程量按设计图示尺寸以面积计算。

13. 防腐卷材接缝、附加层、收头等人工材料消耗量,已计入定额子目中,不得另行计算。

14. 烟囱、烟道内涂刷隔绝层涂料工程量按内壁面积扣除 0.3 m² 以上孔洞面积计算。

15. 耐酸防腐整体面层定额子目已包含混凝土制作工作内容,所以混凝土拌制不需另计。

【课后习题】

1. 某冷藏室(包括柱子)均用石油沥青粘贴 100 mm 厚的聚苯乙烯泡沫塑料板,尺寸如下图所示,保温门 1 000 mm×2 000 mm,先铺顶棚、地面,后铺墙、柱面,保温门居内安装,洞口周围不另铺设保温材料。求其工程量。

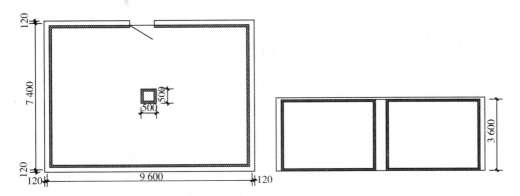

2. 某建筑物轴线尺寸为 64 m×18 m,墙厚 240 mm,四周女儿墙,无挑檐。屋面做法:水泥蛭石保温层,最薄处 60 mm 厚,屋面坡度 $i=1.8\%$,1:3 水泥砂浆找平层 15 mm 厚,刷冷底子油一道,二毡三油防水层,弯起 250 mm。求保温层工程量。

7 装饰工程计量与计价

【学习目标】

　　1. 掌握装饰装修工程工程量清单各分部分项工程量的计算规则。

　　2. 掌握装饰装修工程工程量清单各分部分项工程编制及其工程量计算。

　　3. 掌握装饰装修工程消耗量定额,能正确套用相应分部分项工程消耗量定额。

　　4. 能独立计算装饰装修工程清单工程量,具有装饰装修工程计量计价能力。

【学习要求】

　　1. 掌握楼地面装饰工程,墙、柱面工程,天棚工程,门窗工程,油漆、涂料、裱糊工程,其他零星装饰装修工程工程量计算规则及消耗量定额的套用。

　　2. 结合案例掌握装饰装修工程各分部分项工程清单及消耗量定额工程量的计算。

7.1 楼地面装饰工程

7.1.1 楼地面装饰工程基础知识

　　楼地面是底层地面和楼层地面的总称,地面一般由面层、找平层、结构层、防水(潮)层、垫层、基土组成,楼面一般由面层、找平层、结构层构成。在上面三个基本构造层不能满足使用要求时,可在适当部位增设相应的防潮、防水层。基土是底层地面的地基,如果基土是填土或土层结构被破坏,应压实,以免基土沉陷引起下沉或产生裂缝。垫层是指承受地面或基础的荷重,并均匀传递到下面土层的一种应力分布扩散层。常用的垫层有灰土、三合土、砂、砂石、毛石干铺或灌浆、碎砖、碎(砾)石、炉(矿)渣、混凝土、炉(矿)渣混凝土等。找平层主要是指楼地面和屋面部分面层以下,因工艺或技术上的需要而进行找平,便于下一道工序正常施工,并使施工质量得到保证的一种过渡层。如铺筑水磨石、块料面层和卷材防水层等都需预先铺筑一层找平层才能顺利进行施工。对于黏结块料的粘结层不属于找平层,它是在找平层上面跟随材料一起计算的结合层。找平层主要有水泥砂浆、细石混凝土、沥青砂浆和沥青混凝土等。面层包括整体面层、板块面层、木竹面层。整体面层包括水泥混凝土面层、水泥砂浆面层、水磨石面层、自流平面层、涂料面层等;板块面层包括砖面层(陶瓷锦砖、缸砖、陶瓷地砖各水泥花砖面层)、大理石面层、花岗石面层、预制板面层(水泥混凝土板块、水磨石板块、人造石板块面层)、料石面层(条石、块石面层)、塑料板面层、活动地板面层、金属板面层、地毯面层、地面辐射供暖的板块面层;木竹面层包括实木地板、实木集成地板、竹地板面层(条材、块材面层)、实木复合地板面层(条板、块材面层)、软木类地板面层(条材、块材面层)、地面辐射供暖的木板面层。踢脚线是地面和墙面相交处的构造处理,踢脚板的面层材料一般和地面层材料相同,高度为100～200 mm。墙裙是指在厕所、厨房、盥洗室等房间,墙身下部容易污染,需经常洗刷,故需做 900～1 800 mm 高的不透水材料防护层。

7.1.2 楼地面工程清单工程量计算规则

1. 整体面层及找平层工程量均按设计图示尺寸以面积计算,扣除凸出地面的构筑物、设备基础、室内管道、地沟等所占面积,不扣除间壁墙、单个≤0.3 m² 柱、垛、附墙烟囱及孔洞所占面积,门洞、空圈、暖气包槽、壁龛的开口部分不增加面积。水泥砂浆面层处理是拉毛还是提浆压光应在面层做法要求中描述,平面砂浆找平层只适用于仅做找平层的平面抹灰。间壁墙的墙厚≤120 mm。

2. 块料面层工程量按设计图示尺寸以面积计算。门洞、空圈、暖气包槽、壁龛的开口部分并入相应的工程量内。

3. 块料面层点缀包括在块料面层的报价内,在计算主体铺贴地面面积时,不扣除点缀所占面积。

4. 橡胶、塑料面层工程量按设计图示尺寸以面积计算。门洞、空圈、暖气包槽、壁龛的开口部分并入相应的工程量内。

5. 其他材料面层包括地毯、木竹(复合板)地板、金属复合地板、防静电活动地板、玻璃地面工程量,按设计图示尺寸以面积计算。门洞、空圈、暖气包槽、壁龛的开口部分并入相应的工程量内。球场面层工程量按设计图示尺寸以面积计算。

6. 踢脚线工程量按设计图示尺寸以面积计算。

7. 楼梯面层工程量按设计图示尺寸以楼梯(包括踏步、休息平台,以及≤500 mm 的楼梯井)水平投影面积计算。楼梯与楼地面相连时,算至梯口梁外侧边沿;无梯口梁者,算至最上一层踏步边沿加 300 mm。

8. 台阶装饰面层工程量按设计图示尺寸以台阶(包括最上层踏步边沿加 300 mm)水平投影面积计算。

9. 零星装饰项目面层工程量按设计图示结构尺寸以面积计算。

10. 石材底面刷养护液,正面刷保护液应包括在块料面层的报价内。

11. 石材、块料酸洗打蜡包括在块料面层的报价内。

12. 石材块料的磨边指施工现场磨边,如施工需要现场磨边者应包括在块料面层的报价内。

13. 石材、块料弧形边缘增加费应包括在块料面层的报价内。

14. 楼地面整体面层不包括垫层铺设、防水层铺设,应按相关项目编码列项,普通水泥自流平找平层按水泥砂浆楼地面找平层项目编码列项目,并在项目特征中描述自流平找平层的做法。

15. 块料面层不包括防水层、填充层铺设,应按相关项目编码列项。

16. 其他材料面层不包括砂浆找平层、铺设填充层、刷油漆,应按相关项目编码列项。

17. 塑料踢脚线、木质踢脚线、金属踢脚线、防静电踢脚线项目不包括底层抹灰刷油漆,应按相关项目编码列项。

18. 楼梯侧面装饰可按零星装饰项目编码列项,楼梯防滑条应包括在报价内。

19. 台阶防滑条应包括在报价内,当台阶面层与平台面层材料不相同,而最后一步台阶投影面积不计算时,应将最后一步台阶的踢脚板面层考虑在报价内。

7.1.3 《广西壮族自治区建筑装饰装修工程消耗量定额》(2013版)楼地面工程计价说明

1. 砂浆和水泥石米浆的配合比及厚度、混凝土的强度等级、饰面材料的型号规格如设计与定额子目工作内容不同,可以换算,其他不变。

2. 同一铺贴面上有不同花色且镶拼面积小于 0.015 m² 的大理石板和花岗岩板执行点缀定额子目。

3. 整体面层、块料面层中的楼地面定额子目,均不包括踢脚线人工费、材料费。

4. 楼梯面层不包括防滑条、踢脚线及板底抹灰,防滑条、踢脚线、板底抹灰另按相应定额子目计算。弧形、螺旋形楼梯面层,按普通楼梯子目人工、块料及石料切割剧片、石料切割机械乘以系数 1.2 计算。

5. 台阶面层子目不包括牵边、侧面装饰及防滑条。

6. 零星装饰定额子目适用于台阶侧面装饰、小便池、蹲位、池槽以及单个面积在 0.5 m² 以内且定额未列的少量分散的楼地面工程。

7. 楼梯踢脚线按踢脚线定额子目乘以系数 1.15。弧形踢脚线定额子目仅适用于使用弧形块料的踢脚线。

8. 石材底面刷养护液、正面刷保护液亦适用于其他章节石材装饰定额子目。

9. 现浇水磨石定额子目内已包括酸洗打蜡工料,其余定额子目均不包括酸洗打蜡,如发生时,按本定额相应定额子目计算。

10. 刷素水泥浆工程量按墙柱面工程相应定额子目计算。

11. 楼地面伸缩缝及防水层工程量按屋面及防水工程相应定额子目计算。

12. 石材磨边工程量按其他装饰工程相应定额子目计算。

13. 普通水泥自流平定额子目适用于基层的找平,不适用于面层型自流平。

14. 细石混凝土找平层按商品混凝土编制,当采用非泵送砼时相应定额子目人工费乘以调整系数。

15. 找平层分格缝按断面 4 cm² 编制的,如果断面不同时,以断面比例调整材料消耗量。

16. 块料面层工程量按设计图示面积计算,门洞、空圈、暖气包槽、壁龛开口部分的面积并入相应的工程量内。

17. 陶瓷地砖不分品种,按周长 800、1 200、1 600、2 000、2 400、3 200 以内和 3 200 以上分 7 个步距以密缝、离缝分别套用定额子目。离缝 8 mm 定额子目用白水泥填缝,如使用填缝剂时可以换算。

18. 楼梯踢脚线套用踢脚线定额子目乘以系数 1.15,楼梯踢脚线中的三角形(锯齿形)并入楼梯踢脚线工程量内。

7.1.4 楼地面工程计价工程量计算规则

1. 整体面层、找平层(除本节第 15 条外)均按设计图示尺寸以平方米计算,扣除凸出地面的构筑物、设备基础、室内管道、地沟等所占面积,不扣除间壁墙、单个 0.3 m² 以内的柱、垛附墙烟囱及孔洞所占面积,门洞、暖气包槽、壁龛的开口部分不增加面积。

2. 块料面层按设计图示尺寸以平方米计算。门洞、空圈、暖气包槽、壁龛的开口部分并入相应的工程量内。

3. 块料面层拼花按拼花部分实贴面积以平方米计算。

4. 块料面层波打线(嵌边)按设计图示尺寸以平方米计算。

5. 块料面层点缀按个计算,计算主体铺贴地面面积时,不扣除点缀所占面积。

6. 石材、块料面层弧形边缘增加费按其边缘长度以延长米计算,石材、块料损耗可按实调整。

7. 楼梯面层按楼梯(包括踏步、休息平台以及小于 500 mm 宽的楼梯井)水平投影面积以平方米计算。楼梯与楼地面相连时,算至梯口梁外侧边沿;无梯口梁者,算至最上一层踏步边沿加 300 mm。楼梯不满铺地毯定额子目按实铺面积以平方米计算。

8. 台阶面层(包括踏步及最上一层踏步边沿加 300 mm)按水平投影面积以平方米计算。

9. 大理石、花岗岩梯级挡水线按设计图示水平投影面积以平方米计算。

10. 零星定额子目按设计图示结构尺寸以平方米计算。

11. 踢脚线按设计图示尺寸以平方米计算。

12. 楼梯踢脚线套用踢脚线子目乘以系数 1.15,楼梯踢脚线中的三角形(锯齿形)并入楼梯踢脚线工程量内。

13. 石材底面及侧面刷养护液工程量按表 7-1 计算。

表 7-1　石材底面及侧面刷养护液工程量计算系数表

项目名称	系数	工程量计算方法
楼地面 波打线 楼梯 台阶 零星项目 踢脚线	1.13 1.33 1.79 1.95 1.30 1.33	楼地面工程相应子目工程量×系数
墙面 梁、柱面 零星项目	1.12	墙柱面工程相应子目工程量×定额石材用量×系数

14. 石材正面刷保护液工程量按相应面层工程量计算。

15. 橡胶塑料、地毯、竹木地板、防静电活动地板、金属复合地板面层、地面(地台)龙骨按设计图示尺寸以平方米计算。门洞、暖气包槽、壁龛的开口部分并入相应的工程量内。

16. 木地板煤渣防潮层按需填煤渣防潮层部分木地板面层工程量以平方米计算。

17. 地面金属嵌条按设计图示尺寸以延长米计算。

18. 楼梯踏步防滑条按设计图示尺寸(无设计图示尺寸者按楼梯踏步两端距离减 300 mm)以延长米计算。

【课后习题】

1. 楼地面踢脚线与楼梯踢脚线的计算区别是?

2. 某二层楼房,双跑楼梯平面如下图所示,面铺花岗岩板(不考虑防滑条),水泥砂浆粘贴,求铺花岗岩板工程量。

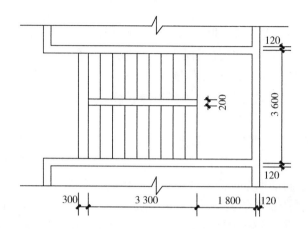

3. 某房屋平面如下图所示,室内 20 mm 厚 1∶2.5 水泥砂浆粘贴 20 mm 高预制水磨石踢脚板,求踢脚板工程量。

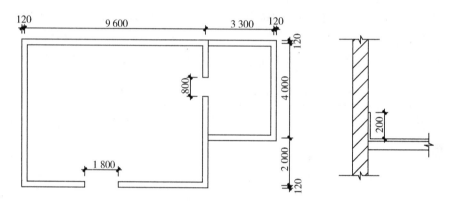

7.2　墙、柱面工程

7.2.1　墙、柱面工程基础知识

1. 按施工工艺不同,抹灰工程分为一般抹灰和装饰抹灰。一般抹灰是指一般通用型的砂浆抹灰工程,主要包括石灰砂浆、水泥砂浆、混合砂浆以及其他砂浆等抹灰。装饰抹灰是利用普通材料模仿某种天然石花纹抹成的具有艺术效果的抹灰,主要包括涂抹水刷石、干粘石、水磨石、斩假石等,其施工流程:基层处理＋浇水湿润→抹灰饼→墙面充筋→分层抹灰→设置分格缝→保护成品。

2. 镶贴块料面层饰面是把块料面层(贴面材料)镶贴到基层上的一种装饰方法,具体方法是根据材料将饰面材料加工成一定尺寸比例的板、块,通过固定、粘贴、干挂等安装方法将饰面块材或板材安装于建筑物表面形成饰面层。镶贴块料有很多种,主要包括大理石饰面、花岗岩饰面、预制水磨石饰面、陶瓷锦砖(马赛克)饰面、陶瓷面砖饰面等。大理石饰面工艺流程:清理修补基层表面→刷浆→预埋铁件→电焊固定→选料湿水→钻孔成槽→穿丝固定→镶贴块料面层及阴阳角→磨光打蜡→擦缝养护。花岗岩按安装方法分为挂贴花岗岩、干挂花岗岩、拼碎花岗岩和粘贴花岗岩。花岗岩板材根据加工情况不同,分为以下四种类型:剁斧板材、机刨板材、粗磨板材和磨光板材。陶瓷锦砖俗称马赛克,常见的品种有陶瓷马赛克和玻璃马赛克两种,其工艺流程:基层处理→抹底层砂浆→排砖及弹线→浸砖→镶贴面砖→清理。墙柱面大理石、花岗岩饰面根据不同的施工工艺分为粘贴、挂贴和干挂等。其中,粘贴施工同一般块料粘贴施工一样,而挂贴施工和干挂施工有所区别,挂贴与干挂的最大区别是石板背里是否有水泥砂浆粘贴材料。挂贴方式是指在墙柱基面上预埋铁件,固定钢筋网,将钻有孔眼的石材通过铜丝绑扎在钢筋网上,然后在石材与墙柱基面之间灌注水泥砂浆。水泥砂浆粘贴是指用1∶3水泥砂浆打底,用1∶1掺胶水泥砂浆粘贴石材。干粉黏结剂粘贴是指用1∶3水泥砂浆打底,然后用干粉黏结剂粘贴石材。膨胀螺栓干挂是指在墙柱基面上按设计要求设置膨胀螺栓,将不锈钢连接件或不锈钢角钢固定在基面上,再用不锈钢连接螺栓和不锈钢插棍将钻有孔洞的石板固定在不锈钢连接件或不锈钢角钢上。钢骨架干挂是指通过穿墙螺栓将钢骨架固定在墙、柱梁上,再通过各种不锈钢挂件将石材固定在钢骨架上。

3. 墙、柱面装饰工程主要由龙骨、板基层、卷材隔离层、面板组成。其中,龙骨主要有木龙骨、轻钢龙骨、铝合金龙骨和型钢龙骨四种,木龙骨使用木材加工而成的截面为方形或长方形的木杆;轻钢龙骨是采用镀锌铁板或薄钢板,经剪裁冷弯滚轧冲压而成的轻骨架支承材料,有C形、T形和U形3类;铝合金龙骨是以铝带、铝合金型材冷弯或冲压而成的吊顶骨架,或以轻钢为内骨,外套铝合金的骨架支承材料;铝合金龙骨由龙骨、横撑龙骨、边龙骨、异形龙骨、吊钩、吊挂钩、连接件及连接钩组成。龙骨根据其罩面板安装方式的不同,分龙骨底面外露(明龙骨)和不外露两种。一般采用明龙骨吊顶时,中龙骨,小龙骨、边龙骨采用铝合金龙骨,而承担负荷的主龙骨采用钢制的,所用吊件均为钢制。型钢龙骨是由钢锭热轧而成的各种截面的型材,常用的有槽钢、角钢、T形钢等。板基层主要有石膏板基层、细木工板基层两种。卷材隔离层主要有玻璃棉毯隔离层、油毡隔离层两种。面板主要有金属饰面板、木饰面板、玻璃饰面、石膏板面层和塑料板饰面五种,其中,金属饰面板主要有不锈钢装饰板和铝合金装饰板两种。不锈钢装饰板常用种类有不锈钢板、彩色不锈钢板、镜面不锈钢板浮雕不锈钢板;铝合金装饰板又称铝合金压型板,是选用纯铝、铝合金为原料,经辊压冷加工成各种波形的金属板材,铝合金装饰板常用银白色、古铜色金色等条形板和方形板,其工艺流程:放线→固定骨架连接件→固定骨架→金属饰面板安装;木饰面板主要有胶合板、纤维板、刨花板、木丝板和柚木皮,其工艺流程:放线→铺设木龙骨→木龙骨刷防火涂料→安装防火夹板→安装面层板;玻璃饰面主要是指镜面玻璃饰面,其工艺流程:基层处理→放线→玻璃安装→清洁及保护。

4. 隔断是指分隔室内空间的装修构件。隔断的形式很多,常见的有屏风式隔断、漏空式隔断、玻璃式隔断、铝合金隔断等。其中,玻璃隔断墙是用装修木材制作成窗格式的木隔断墙并油漆,窗格内安装普通3 mm厚的玻璃,一般分半截玻璃和全玻璃两种;铝合金隔墙是用大方管、扁管、等边槽、连接角等4种铝型材料制作安装墙体框架,用厚玻璃或其他材料做墙体饰面。

5. 隔墙是指非承重的内墙,起着分隔房间的作用,常见的隔墙可分为板材式隔墙、骨架式隔墙、玻璃砖隔墙。板材式隔墙是指用高度等于室内净高的不同材料的板材(条板)组装而成的非承重分隔体,常用的有增强石膏板条板隔墙、GRC空心混凝土板隔墙、泰柏板隔墙、加气混凝土板隔墙等。骨架式隔墙大多为木骨架隔墙和金属骨架隔墙两种,木骨架隔墙是指由上槛、下槛、墙筋(立柱)、斜撑(或横档)构成隔墙木龙骨,在其两侧铺钉面板而制成的隔墙。金属骨架隔墙是指由轻钢龙骨(铝合金龙骨或型钢龙骨)构成金属龙骨,在金属骨架外铺钉面板制成的隔墙。

6. 建筑幕墙是建筑物主体结构外围的围护结构。按幕墙材料可分为玻璃幕墙、石材幕墙、金属幕墙、混凝土幕墙和组合幕墙。玻璃幕墙是指用玻璃板片做墙面板材与金属构件组成悬挂在建筑物主体结构上的非承重连续外围护墙体,主要包括有框玻璃幕墙、全玻璃幕墙和点式链接玻璃幕墙三种。其中,点式链接玻璃幕墙主要有玻璃肋点式连接玻璃幕墙、钢桁架点式连接玻璃幕墙和拉索式点式连接玻璃幕墙。

7.2.2 墙、柱面工程清单工程量计算规则

1. 墙面一般抹灰、墙面装饰抹灰、墙面勾缝、立面砂浆找平层工程量按设计图示尺寸以面积计算。扣除墙裙、门窗洞口及单个大于 $0.3 \ m^2$ 的孔洞面积,不扣除踢脚线、挂镜线和墙与构件交接的面积,门窗洞口和孔洞的侧壁及顶面不增加面积。附墙柱、梁、垛、烟囱侧壁并入相应的墙面面积内。外墙抹灰、勾缝面积工程量按外墙垂直投影面积计算;外墙裙抹灰面积工程量按其长度乘以高度计算;内墙抹灰、勾缝面积工程量按主墙间的净长乘以高度计算;内墙裙抹灰面积工程量按内墙净长乘以高度计算。对于内墙高度计算,无墙裙的,其高度按室内地面或楼面至天棚底面之间距离计算;有墙裙的,其高度按墙裙顶至天棚底面之间距离计算;有吊顶天棚的,其高度按室内地面、楼面或墙裙顶面至天棚底面计算。立面砂浆找平项目同样适用于仅做找平层的立面抹灰。墙面抹石灰砂浆、水泥砂浆、混合砂浆、聚合物水泥砂浆、麻刀石灰浆、石膏灰浆等按墙面一般抹灰列项。墙面水刷石、斩假石、干粘石、假面砖等按墙面装饰抹灰列项。飘窗凸出外墙面增加的抹灰并入外墙抹灰工程量内。有吊顶天棚的内墙面抹灰,抹至吊顶以上部分工程量不另外计算,须在综合单价中考虑。

2. 墙面钉(挂)网工程量按图示尺寸以面积计算。

3. 柱(梁)面一般抹灰、柱(梁)面装饰抹灰、柱(梁)面砂浆找平层、柱面勾缝工程量按设计图示柱、梁的结构断面周长乘以高度(长度)以面积计算。柱(梁)面砂浆找平层项目同样适用于仅做找平层的柱(梁)面柱灰。柱(梁)面抹石灰砂浆、水泥砂浆、混合砂浆、聚合物水泥砂浆、麻刀石灰浆、石膏灰浆等按柱(梁)面一般抹灰编码列项。柱(梁)面水刷石、斩假石、干粘石、假面砖等按柱(梁)面装饰抹灰项目编码列项。对于柱高度计算,同内墙面高度计算。

4. 零星项目一般抹灰、零星项目装饰抹灰、零星项目砂浆找平层工程量按设计图示尺寸以面积计算。零星项目抹石灰砂浆、水泥砂浆、混合砂浆、聚合物水泥砂浆、麻刀石灰浆、石膏灰浆等按零星项目一般抹灰编码列项。柱(梁)面水刷石、斩假石、干粘石、假面砖等按零星项目装饰抹灰项目编码列项。一般抹灰的零星项目适用于各种壁柜、碗柜、暖气壁龛、空调搁板、池槽、小型花台以及 $\leqslant 0.5 \ m^2$ 的少量分散的其他抹灰。装饰抹灰的零星项目适用于壁柜、碗柜、暖气壁龛、空调搁板池槽、小型花台、挑檐、天沟、腰线、窗台线、窗台板、门窗套压顶、扶手、栏杆、遮阳板、雨篷周边及 $\leqslant 0.5 \ m^2$ 的少量分散的装饰抹灰。

5. 砂浆装饰线条工程量按设计图示尺寸以长度计算。一般抹灰的装饰线条适用于窗台线、门窗套挑檐、腰线扶手、压顶、遮阳板、宣传栏边框等凸出墙面部分,但抹灰面展开宽度超过 $300 \ mm$ 的线条抹灰按零星项目一般抹灰列项。

6. 干挂石材钢骨架工程量按设计图示尺寸以质量计算。

7. 石材墙面、拼碎石材墙面、块料墙面工程量,以粘贴、干挂、挂贴方式施工,按设计图示

结构尺寸以面积计算;以钢骨架干挂方式施工,按设计图示外围饰面尺寸以面积计算。

8. 石材柱面、块料柱面、拼碎块柱面工程量,以粘贴、干挂、挂贴方式施工,按设计图示结构尺寸以面积计算;以钢骨架干挂方式施工,按设计图示外围饰面尺寸以面积计算。

9. 石材梁面、块料梁面工程量,以粘贴、干挂、挂贴方式施工,按设计图示结构尺寸以面积计算;以钢骨架干挂方式施工,按设计图示外围饰面尺寸以面积计算。柱(梁)面干挂石材的钢骨架按墙面块料面层工程相应项目编码列项。

10. 石材零星项目、块料零星项目、拼碎块零星项目工程量,以粘贴、干挂、挂贴方式施工,按设计图示结构尺寸以面积计算;以钢骨架干挂方式施工,按设计图示外围饰面尺寸以面积计算。零星项目干挂石材的钢骨架按墙面块料面层工程相应项目编码列项。墙柱面≤0.5 m² 的少量分散的镶贴块料面层按镶贴块料零星项目执行。

11. 墙面装饰板工程量按设计图示饰面外围尺寸以面积计算,扣除门窗洞口及单个大于 0.3 m² 孔洞所占面积。

12. 墙面装饰浮雕工程量按设计图示尺寸以面积计算。

13. 柱(梁)面装饰工程量按设计图示饰面外围尺寸以面积计算。柱帽、柱墩并入相应柱饰面工程量内。

14. 成品装饰柱工程量按设计图示尺寸以长度计算。

15. 带骨架幕墙工程量按设计图示框外围尺寸以面积计算,与幕墙同种材质的窗所占面积不扣除。幕墙骨架应包括在报价内,幕墙上的门窗材质与幕墙不同时,可包括在幕墙项目报价内,也可按单独编码列项,并在清单项目中进行描述。

16. 全玻(无框玻璃)幕墙工程量按设计图示尺寸以面积计算。带肋全玻幕墙按展开面积计算。

17. 木隔断、金属隔断、玻璃隔断、塑料隔断工程量按设计图示尺寸以面积计算,不扣除单个≤0.3 m² 的孔洞所占面积;浴厕门的材质与隔断相同时,门的面积并入隔断面积内;玻璃隔断如有玻璃加强肋者,肋玻璃面积并入隔断工程量内;全玻璃隔断的不锈钢边框工程量按边框饰面表面积计算。隔断骨架应包括在报价内。隔断上的门窗材质与隔断不同时,可包括在隔断项目报价内,也可单独编码列项,并在清单项目中进行描述。

18. 成品隔断工程量按设计图示立面尺寸(包括脚的高度在内)以面积计算。

19. 其他隔断工程量按设计图示尺寸以面积计算。不扣除单个≤0.3 m² 的孔洞所占面积。

20. 罗马柱工程量按设计图示尺寸以长度计算。

7.2.3　《广西壮族自治区建筑装饰装修工程消耗量定额》(2013 版)墙、柱面工程计价说明

1. 如设计砂浆种类、强度等级与定额子目工作内容不同时,可按设计砂浆种类、强度等级进行调整,但人工、其他材料、机械消耗量不变。

2. 如设计抹灰砂浆厚度与定额不同时,定额注明有厚度的子目可按抹灰厚度每增减 1 mm 定额子目进行调整,定额未注明抹灰厚度的定额子目不得调整。

3. 砌块砌体墙面、柱面的一般抹灰、装饰抹灰、镶贴块料,按本定额砖墙、砖柱相应定额子目执行。

4. 墙、柱面一般抹灰、装饰抹灰定额子目已包括门窗洞口侧壁抹灰及水泥砂浆护角线在内。

5. 有吊顶天棚的内墙面抹灰,套内墙抹灰相应定额子目乘以系数 1.036。

6. 混凝土表面的一般抹灰定额子目已包括基层毛化处理,如与设计要求不同时,按本定额相应定额子目进行调整。

7. 一般抹灰的零星项目适用于各种壁柜、碗柜、暖气壁龛、空调搁板、池槽、小型花台以及 0.5 m² 以内少量分散的其他抹灰。一般抹灰的装饰线条适用于窗台线、门窗套、挑檐、腰线、扶手、压顶、遮阳板、宣传栏边框等凸出墙面或抹灰面展开宽度小于 300 mm 以内的竖、横线条抹灰,超过 300 mm 的线条抹灰按一般抹灰的零星项目执行。

8. 抹灰子目中,如设计墙面需钉网者,钉网部分抹灰定额子目人工费乘以系数 1.3。

9. 饰面材料型号规格如设计与定额取定不同时,可按设计规定调整,但人工、机械消耗量不变。

10. 圆弧形、锯齿形、不规则墙面抹灰,镶贴块料、饰面,按相应定额子目人工费乘以系数 1.15,材料费乘以系数 1.05。装饰抹灰柱面定额子目已按方柱、圆柱综合考虑。

11. 镶贴面砖定额子目,面砖消耗量分别按缝宽 5 mm 以内、10 mm 以内和 20 mm 以内考虑,如不离缝、横竖缝宽步距不同或灰缝宽度超过 20 mm 以上者,其块料及灰缝材料(1∶1 水泥砂浆)用量允许调整,其他不变。

12. 镶贴瓷板执行镶贴面砖相应定额子目。玻璃马赛克执行陶瓷马赛克相应定额子目。

13. 装饰抹灰和块料镶贴的零星项目适用于壁柜、碗柜、暖气壁龛、空调搁板、池槽、小型花台、挑檐、天沟、腰线、窗台线、窗台板、门窗套、压顶、扶手、栏杆、遮阳板、雨篷周边及 0.5 m² 以内少量分散的装饰抹灰及块料面层。

14. 花岗岩、大理石、丰包石、面砖块料面层均不包括阳角处的现场磨边,如设计要求磨边者按本定额其他装饰工程相应定额子目执行。若石材的成品价已包括磨边,则不得再另立磨边定额子目计算。

15. 混凝土表面的装饰抹灰、镶贴块料定额子目不包括界面处理和基层毛化处理,如设计要求混凝土表面涂刷界面剂或基层毛化处理时,执行本定额相应定额子目。

16. 木材种类除周转木材及注明者外,均以一、二类木种为准,如采用三、四类木种,其人工及木工机械乘以系数 1.3。

17. 消耗量定额中所用的型钢龙骨、轻钢龙骨、铝合金龙骨等,是按常用材料及规格组合编制的,如设计要求与定额子目不同时允许按设计调整,人工和机械用量不变。

18. 消耗量定额中木龙骨是按双向计算的,设计为单向时,材料、人工用量乘以系数 0.55;木龙骨用于隔断、隔墙时,取消相应定额子目内木砖,每 100 m² 增加 0.07 m³ 一等杉方材。

19. 钢骨架干挂石板、面砖定额子目不包括钢骨架制作安装,钢骨架制作安装按消耗量定额相应定额子目计算。

20. 木饰面层、隔墙(间壁)、隔断定额子目内,除注明者外均未包括压条收边装饰线(板),如设计要求时,应按消耗量定额其他装饰工程相应定额子目计算。

21. 埃特板基层执行石膏板基层定额子目。

22. 浴厕夹板隔断包括门扇制作、安装及五金配件。

23. 木饰面层、木基层均未包括刷防火涂料,如设计要求时,另按消耗量定额油漆、涂料、裱糊工程相应定额子目计算。

24. 幕墙龙骨如设计要求与定额子目规定不同时应按设计调整,调整量按消耗量定额幕墙骨架调整定额子目计算。

25. 幕墙定额已综合考虑避雷装置、防火隔离层、砂浆嵌缝费用,幕墙的封顶、封边按消耗量定额相应定额子目计算。

26. 玻璃幕墙中的玻璃均按成品玻璃考虑,玻璃幕墙中有同材质的平开窗,推拉窗,上、中、下悬窗,按玻璃幕墙计算,不另列定额子目。

27. 全玻璃幕墙定额子目考虑以玻璃作为加强肋,用其他材料作为加强肋的,加强肋部分应另行计算。

28. 幕墙定额子目均不包括预埋铁件,如发生时,按消耗量定额混凝土及钢筋混凝土工程相应定额子目计算。

29. 幕墙定额子目中不包括幕墙性能试验费、螺栓拉拔试验费、相容性试验费及防雷检测费等,其费用另行计算。

7.2.4 墙、柱面工程计价工程量计算规则

1. 一般抹灰、装饰抹灰、勾缝工程量按设计图示尺寸以平方米计算。扣除墙裙、门窗洞口、单个 0.3 m² 以外的孔洞及装饰线条、零星抹灰所占面积,不扣除踢脚线、挂镜线和墙与构件交接的面积,门窗洞口和孔洞的侧壁及顶面不增加面积。附墙柱、梁、垛、烟囱侧壁并入相应的墙面面积内。外墙抹灰勾缝面积工程量按外墙垂直投影面积计算。飘窗凸出外墙面增加的抹灰并入外墙工程量内。外墙裙抹灰面积工程量按其长度乘以高度计算。内墙抹灰、勾缝面积工程量按主墙间的净长乘以高度计算。对于其高度计算,无墙裙的,其高度按室内地面或楼面至天棚底面之间距离计算。有墙裙的,其高度按墙裙顶至天棚底面之间距离计算。有吊顶天棚的,其高度按室内地面、楼面或墙裙顶面至天棚底面计算。内墙裙抹灰面积工程量按内墙净长乘以高度计算。

2. 柱(梁)面一般抹灰、柱(梁)面装饰抹灰、柱(梁)面砂浆找平层、柱面勾缝工程量按设计图示柱(梁)的结构断面周长乘以高度(长度)以平方米计算。其高度确定同本小节第1条墙体高度确定。

3. 零星项目一般抹灰、零星项目装饰抹灰、零星项目砂浆找平层工程量按设计图示结构尺寸以平方米计算。

4. 砂浆装饰线条工程量按设计图示尺寸以延长米计算。

5. 水泥黑板抹灰工程量按设计框外围尺寸以平方米计算。黑板边框粉笔灰槽抹灰已考虑在定额内,不另行计算。

6. 抹灰面分格、嵌缝工程量按设计图示尺寸以延长米计算。

7. 混凝土面凿毛工程量按凿毛面积以平方米计算。

8. 石材墙面、拼碎石材墙面、镶贴块料墙面工程量,以粘贴、干挂、挂贴方式施工,按设计图示尺寸以平方米计算。镶贴块料面层高度在 1 500 mm 以下为墙裙,镶贴块料面层高度在 300 mm 以下为踢脚线。墙面钢骨架干挂工程量按设计图示外围饰面尺寸以平方米计算。

9. 石材柱(梁)面、块料柱(梁)面、拼碎块柱(梁)面工程量,以粘贴、干挂、挂贴方式施工,按设计图示结构尺寸以平方米计算。柱(梁)面钢骨架干挂工程量按设计图示外围饰面尺寸以

平方米计算。

10. 花岗岩、大理石柱帽、柱墩工程量按最大外径周长以延长米计算。

11. 石材零星项目、块料零星项目、拼碎块零星项目工程量按设计图示结构尺寸以平方米计算。

12. 干挂石材钢骨架工程量按设计图示尺寸以吨计算。

13. 墙面装饰(包括龙骨、基层、面层)工程量按设计图示饰面外围尺寸以平方米计算,扣除门窗洞口及单个 0.3 m² 以外的孔洞所占面积。

14. 柱梁面装饰工程量按设计图示饰面外围尺寸以平方米计算。柱帽、柱墩工程量并入相应柱饰面工程量内。

15. 隔断工程量按设计图示尺寸以平方米计算,扣除单个 0.3 m² 以外的孔洞所占面积。

16. 塑钢隔断、浴厕木隔断上门的材质与隔断相同时,门的面积并入隔断面积工程量内。

17. 玻璃隔断如有玻璃加强肋者,肋玻璃面积并入隔断面积工程量内。

18. 全玻璃隔断的不锈钢边框工程量按边框饰面表面积以平方米计算。

19. 成品浴厕隔断(包括同材质的门及五金配件)工程量按脚底面至隔断顶面高度乘以设计长度以平方米计算。

20. 带骨架幕墙工程量按设计图示框外围尺寸以平方米计算。

21. 全玻璃幕墙工程量按设计图示尺寸以平方米计算,不扣除胶缝,扣除吊夹以上钢结构部分的面积。对于带肋全玻璃幕墙,肋玻璃面积工程量并入幕墙工程量内。如肋玻璃的厚度与幕墙面层玻璃不同时,允许换算。

22. 幕墙封顶、封边工程量按设计图示尺寸以平方米计算。

23. 幕墙骨架工程量按质量以吨计算。

【课后习题】

1. 计算墙面抹灰与墙面块料工程量的区别在哪里?

2. 内墙抹灰工程量如何计算?

3. 抹灰面分格、嵌缝工程量如何计算?

7.3　天棚工程

7.3.1　天棚工程基础知识

1. 天棚工程包括抹灰面层、天棚吊顶工程。天棚抹灰多为一般抹灰,其材料及组成同墙、柱面的一般抹灰。

2. 天棚吊顶由天棚龙骨、天棚基层、天棚面层组成。天棚龙骨主要有木龙骨、轻钢龙骨和铝合金龙骨三种类型,其中,木龙骨以方木为支承骨架,由上槛、下槛、主柱和斜撑组成,按构成分为单层和双层二种。轻钢龙骨一般是采用冷轧薄钢板或镀锌钢板,经剪裁冷弯辊轧成型,按载重量分为上人型和不上人型轻钢龙骨,按其断面型材分为 U 形和 T 形龙骨,轻钢龙骨由大龙骨、中龙骨、小龙骨、横撑龙骨和各种连接件组成。铝合金龙骨是以铝合金型材在常温下弯曲成型或冲压而成的顶棚吊顶骨料,铝合金龙骨常用于活动式装配吊顶的主龙骨、次龙骨及边龙骨。天棚基层主要有胶合板基层、石膏板基层两种,装饰石膏板按其边缘形式分为平口式装饰石膏板和嵌装式装饰石膏板。天棚面层即指龙骨下安装饰面板(罩面板)的装饰层。天棚面层主要有胶合板天棚面层、埃特板天棚面层、石膏板天棚面层、铝板网天棚面层、铝塑板天棚面层、塑料板天棚面层、矿棉板天棚面层、钙塑板天棚面层、水泥木丝板天棚面层、防火板天棚面层、不锈钢板天棚面层、铝板天棚面层、铝合金罩面板、铝合金挂片天棚面层十四种类型。其他天棚主要有铝合金格栅天棚、玻璃采光天棚、木格栅天棚三种类型。其中,玻璃采光天棚主要有中空玻璃采光天棚、钢化玻璃采光天棚、夹丝玻璃采光天棚、夹层玻璃采光天棚四种类型;木格栅天棚主要有木格栅天棚和胶合板格栅天棚两种类型。

7.3.2 天棚工程清单工程量计算规则

1. 天棚抹灰工程量按设计图示尺寸以水平投影面积计算。不扣除间壁墙、垛、柱、附墙烟囱、检查口和管道所占的面积。对于带梁天棚的梁两侧抹灰面积并入天棚面积内;对于板式楼梯底面抹灰按斜面积计算,锯齿形楼梯底板抹灰按展开面积计算;对于圆弧形、拱形等天棚的抹灰面积按展开面积计算;对于天棚中的折线、灯槽线、圆弧形线等艺术形式的抹灰,按展开面积计算;对于檐口、天沟天棚的抹灰面积,并入相同的天棚抹灰工程量内计算。天棚抹灰项目适用于混凝土、木板条等天棚抹灰。

2. 天棚抹灰装饰线工程量按设计图示尺寸以长度计算,天棚抹灰装饰线项目适用于天棚带有装饰线时的抹灰,区别按三道线以内或五道线以内按延长米计算,线角的道数以一个突出的棱角为一道线。

3. 天棚吊顶工程量按设计图示尺寸以水平投影面积计算。天棚面中的灯槽及跌级、锯齿形、吊挂式、藻井式天棚面积不展开计算。不扣除间壁墙、检查口、附墙烟囱、柱垛和管道所占面积,扣除单个>0.3 m² 的孔洞、独立柱及与天棚相连的窗帘盒所占的面积。天棚的检查孔、天棚内的检修走道等应包括在报价中。天棚设置保温、隔热、吸音层时,按相关项目编码列项。

4. 格栅吊顶、吊筒吊顶、藤条造型悬挂吊顶、织物软雕吊顶、装饰网架吊顶工程量按设计图示尺寸以水平投影面积计算。

5. 采光天棚工程量按设计图示尺寸以展开面积计算。采光天棚骨架应考虑在综合单价中。采光天棚项目适用于中空玻璃、钢化玻璃、夹丝玻璃、夹层玻璃等采光天棚。

6. 灯带(槽)工程量按设计图示尺寸以框外围(展开)面积计算。

7. 送(回)风口工程量按设计图示数量计算。

8. 天棚装饰刷油漆、涂料以及裱糊,按油漆、涂料、裱糊工程相应项目编码列项。

7.3.3 《广西壮族自治区建筑装饰装修工程消耗量定额》(2013版)天棚工程计价说明

1. 《广西壮族自治区建筑装饰装修工程消耗量定额》(2013版)所注明的砂浆种类、配合比,如设计规定与定额子目工作内容不同时,可按设计换算,但人工、其他材料和机械用量不变。

2. 抹灰厚度,同类砂浆列其总厚度,不同砂浆分别列出其厚度,如定额子目中5+5 mm即表示两种不同砂浆的各自厚度。如设计抹灰砂浆厚度与定额不同时,除定额有注明厚度的定额子目可以换算砂浆消耗量外,未注明厚度的定额子目不做调整。

3. 装饰天棚定额子目已包括3.6 m以下简易脚手架的搭设及拆除。当高度超过3.6 m

需搭设脚手架时,可按本定额脚手架工程相应子目计算,100 m² 天棚应扣除周转板枋材 0.016 m。

4. 木材种类除周转木材及注明者外,均以一、二类木种为准,如采用三、四类木种,其人工及木工机械乘以系数 1.3。

5. 定额龙骨的种类、间距、规格和基层、面层材料的型号是按常用材料和做法考虑的,如设计规定与定额子目不同时,材料可以换算,人工机械不变。其中,轻钢龙骨、铝合金龙骨定额子目中为双层结构(即中、小龙骨紧贴大龙骨底面吊挂),如为单层结构(大、中龙骨底面在同一水平上)时,人工乘以系数 0.85。

6. 天棚面层在同一标高或面层标高高差在 200 mm 以内者为平面天棚;天棚面层不在同一标高且面层标高高差在 200 mm 以上者为跌级天棚,跌级天棚其面层人工乘以系数 1.1。

7. 定额子目中平面和跌级天棚指一般直线型天棚,不包括灯光槽的制作安装。灯光槽的制作安装应按消耗量定额相应定额子目执行。

8. 龙骨、基层、面层的防火处理,另按消耗量定额油漆、涂料、裱糊工程相应定额子目执行。

9. 天棚检查孔的工料消耗量已包括在定额子目内,不另计算。

7.3.4 天棚工程计价工程量计算规则

1. 各种天棚抹灰面积工程量按设计图示尺寸以水平投影面积计算。不扣除间壁墙、垛、柱、附墙烟囱、检查口和管道所占的面积,带梁天棚的梁两侧抹灰面积并入天棚面积内。圆弧形、拱形等天棚的抹灰面积按展开面积计算。板式楼梯底面抹灰按斜面积计算,锯齿形楼梯底板抹灰按展开面积计算。

2. 天棚抹灰如带有装饰线时,区别按三道线以内或五道线以内按延长米计算,线角的道数以一个突出的棱角为一道线。

3. 天棚中的折线、灯槽线、圆弧形线等艺术形式的抹灰,按展开面积计算。

4. 檐口、天沟天棚的抹灰面积,并入相同的天棚抹灰工程量内计算。

5. 各种天棚吊顶龙骨工程量,按设计图示尺寸以水平投影面积计算。不扣除间壁墙、检查口、附墙烟囱、柱、垛和管道所占面积。

6. 天棚基层及装饰面层工程量按实钉(胶)面积以平方米计算,不扣除间壁墙、检查口、附墙烟囱、垛和管道所占面积,应扣除单个 0.3 m² 以上的独立柱、灯槽与天棚相连的窗帘盒及孔洞所占的面积。

7. 龙骨基层、面层合并列项的定额子目,其工程量计算规则同本小节第 5 条。

8. 不锈钢钢管网架工程量按水平投影面积计算。

9. 采光天棚工程量按设计图示尺寸以平方米计算。

10. 灯带(槽)工程量按设计图示尺寸以框外围(展开)面积计算。

11. 送(回)风口工程量按设计图示数量以个计算。

12. 天棚面层嵌缝工程量按延长米计算。

【课后习题】

1. 某工程现浇井字梁天棚如下图所示,混合砂浆面层,求天棚抹灰工程量。

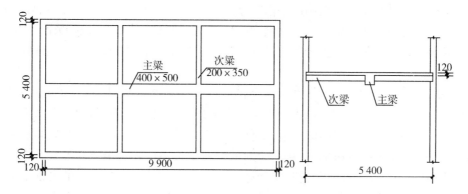

2. 某会议室工程如下图所示,求该会议室天棚装饰工程量。

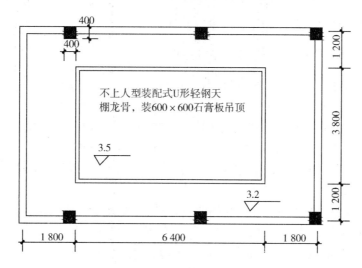

3. 如何计算天棚中的折线、灯槽线、圆弧形线等艺术形式的抹灰工程量?

7.4　门窗工程

7.4.1　门窗工程基础知识

1. 门按照制作的材料不同,可分为木门、钢门、不锈钢门、铝合金门、塑钢门等品种;按其开关方式不同,可分为平开门、推拉门、弹簧门、转门等。各种门又分带亮和不带亮两种。木门的门框均用木料制作,木门扇按其门芯板材料不同,一般可分为镶板门(门芯板用数块木门板拼合而成)、胶合板(门芯板用整块三合板)、半截玻璃门、全玻门以及拼板门等。钢门其门框为实腹式或空腹式型钢制作,钢门扇按门芯板材料不同,可分为全钢板门扇和半截钢板半截玻璃门扇。铝合金门的框、扇骨架均用铝合金材料制作,门扇中间镶嵌 5~6 mm 厚的玻璃,铝合金门按开启方式不同,可分为推拉式铝合金门、平开式铝合金门、铝合金地弹簧门。塑钢门按其结构形成不同,可分为镶板门(门框由多孔异型材拼成,门扇为多孔硬质 PVC 异型材组装而成)、框板门(门扇框断面积较大,中空壁较厚,门芯板为薄壁中空多孔异型材,或有部分面积装玻璃)、折叠门(由硬 PVC 型材拼装而成)。电子感应门是通过光电感应传感器系统自动开启和关闭的推拉式全玻双扇门。卷闸门按启闭方式分为手动式和电动式,安装形式有外装式、内装式和中装式。防盗门由门框、门扇、门锁、油漆、小视窗或猫眼组成,一般按成品价计入基价。格栅门是安装在进户门位置的安全隔离设施,按制作材料不同,可分为不锈钢格栅门、铁格栅门两种。

2. 窗按照制作材料不同,可分为木窗、钢窗、铝合金窗、塑钢窗等;按开关方式不同,可分为平开窗、推拉窗、中悬窗、固定窗、撑窗等。木窗框扇骨架由含水率≤18%左右、不易变形的木材制作而成,一般多以杉木制作。钢窗的框扇骨架系用轻型型钢制作,按照窗框的断面形式不同,钢窗可分为实腹和空腹两种。铝合金窗的框扇骨架系由铝合金制作而成。铝合金窗按其开启方式不同,可分为推拉式铝合金窗和平开式铝合金窗两种。塑钢窗的窗框由不同的异型材拼装而成,塑钢窗按其开启方式不同,可分为推拉塑钢窗和平开塑钢窗两种。防盗窗按照制作材料不同,可分为铁窗栅、防盗网、铝合金防盗窗和不锈钢防盗窗四种,铁窗栅是安装在窗外面的铁栏杆,防盗网是在窗外面安装的金属网状设施。

7.4.2 门窗工程清单工程量计算规则

1. 木质门、木制连窗门、木质防火门、木门框制作安装工程量按设计图示洞口尺寸以面积计算。木门普通五金应包括在相应的木门窗清单项目综合单价内。

2. 木质门应区分镶板木门、企口木板门、实木装饰门、胶合板门、夹板装饰门、木纱门、全玻门(带木质扇框)、木质半玻门(带木质扇框)等项目,分别编码列项。

3. 木门扇制作安装工程量以平方米计量时,按设计图示洞口尺寸以面积计算;以扇计量时,按设计图示数量计算。

4. 木质装饰成品门按木质门项目编码列项,单独装饰成品门扇按木门扇项目编码列项。

5. 金属门、彩板门、钢质防火门、防盗门制作安装工程量按设计图示洞口尺寸以面积计算。金属门普通五金应包括在相应的金属门清单项目综合单价内。

6. 金属门应区分金属平开门、金属推拉门、金属地弹门、全玻门(带金属扇框)、金属半玻门(带扇框)等项目,分别编码列项。塑钢门按金属门项目编码列项。

7. 铁栅门制作安装工程量按设计图示尺寸以质量计算。

8. 不锈钢格栅门制作安装工程量按设计图示洞口尺寸以面积计算。

9. 金属卷帘(闸)门、防火卷帘(闸)门制作安装工程量按设计图示洞口尺寸以面积计算。

10. 木板大门、钢木大门、全钢板大门制作安装工程量按设计图示洞口尺寸以面积计算。

11. 防护铁丝门制作安装工程量按设计图示门框(扇)外围以面积计算。

12. 金属格栅门制作安装工程量按设计图示洞口尺寸以面积计算。

13. 钢质花饰大门制作安装工程量按设计图示门框或扇以面积计算。

14. 特种门制作安装工程量按设计图示洞口尺寸以面积计算。

15. 特种门应区分冷藏门、冷冻间门、保温门、变电室门、隔音门、防射线门、人防门、金库门等项目,分别编码列项。

16. 电子感应门、旋转门、电子对讲门、电动伸缩门、全玻自由门、镜面不锈钢饰面门、复合材料门制作安装工程量以樘计量时,按设计图示数量计算;以平方米计量时,按设计图示洞口尺寸以面积计算。

17. 木质窗制作安装工程量按设计图示洞口尺寸以面积计算。

18. 木质窗应区分木百叶窗、木组合窗、木天窗、木固定窗、木装饰空花窗等项目,分别编码列项。

19. 木飘(凸)窗、木橱窗制作安装工程量按设计图示尺寸以框外围展开面积计算。

20. 木纱窗制作安装工程量按框的外围尺寸以面积计算。

21. 金属窗、金属防火窗制作安装工程量按设计图示洞口尺寸以面积计算。金属窗普通五金应包括相应的金属窗清单项目综合单价内。

22. 金属窗应区分金属组合窗、防盗窗等项目,分别编码列项。塑钢窗按金属窗编码列项。

23. 金属百叶窗制作安装工程量按设计图示洞口尺寸以面积计算。

24. 金属纱窗制作安装工程量按框的外围尺寸以面积计算。

25. 金属格栅窗制作安装工程量按设计图示洞口尺寸以面积计算。

26. 金属橱窗、金属飘(凸)窗制作安装工程量按设计图示尺寸以框外围展开面积计算。

27. 镜面彩板窗、复合材料窗制作安装工程量按设计图示洞口尺寸或框外围以面积计算。

28. 木门窗套制作安装工程量按设计图示尺寸以展开面积计算。木门窗套适用于单独门窗套的制作、安装。

29. 金属门窗套、石材门窗套制作安装工程量按设计图示尺寸以展开面积计算。

30. 成品木门窗套制作安装工程量以樘计量时,按设计图示数量计算;以平方米计量时,按设计图示尺寸以展开面积计算;以米计量时,按设计图示中心以延长米计算。以樘计量时,项目特征必须描述洞口尺寸、门窗套展开宽度;以平方米计量时,项目特征可不描述洞口尺寸、门窗套展开宽度;以米计量时,项目特征必须描述门窗套展开宽度。

31. 木窗台板、铝塑窗台板、金属窗台板、石材窗台板、面砖窗台板制作安装工程量按设计图示尺寸以展开面积计算。

32. 窗帘制作安装工程量以米计量时,按设计图示尺寸以成活后长度计算;以平方米计量时,按图示尺寸以成活后展开面积计算。窗帘若是双层,项目特征必须描述每层材质。窗帘以米计量时,项目特征必须描述窗帘高度和宽度。

33. 木窗帘盒、塑料窗帘盒、铝合金窗帘盒、窗帘轨、饰面夹板窗帘盒制作安装工程量按设计图示尺寸以长度计算。

34. 门窗特殊五金安装工程量按设计图示以把、副、个、套、米计算。

35. 门窗周边塞缝工程量按门窗洞口尺寸以长度计算。

7.4.3 《广西壮族自治区建筑装饰装修工程消耗量定额》(2013 版)门窗工程计价说明

1. 对于门窗制作安装工程,《广西壮族自治区建筑装饰装修工程消耗量定额》(2013 版)是按机械和手工操作综合编制的,不论实际采用何种操作方法,均按定额子目执行。

2. 对于木门窗制作安装工程使用木材木种均以一、二类木种为准,如采用三、四类木种时,相应定额子目的人工机械消耗量分别乘以下列系数:木门窗制作乘以系数 1.3,木门窗安装乘以系数 1.16,其他项目乘以系数 1.35。

3. 定额子目中所注明的木材断面或厚度均以毛料为准,如设计图纸注明的断面或厚度为净料时,应增加刨光损耗:板、枋材一面刨光增加 3 mm;两面刨光增加 5 mm;圆木每立方米材积增加 0.05 m³。

4. 定额子目中木门窗框、扇断面是综合取定的,如与实际不符时,不得换算。

5. 木门窗不论现场或加工厂制作,均按定额子目执行;铝合金门窗、卷闸门(包括卷筒、导轨)、钢门窗、塑钢门窗、纱扇等安装以成品门窗编制。供应地至现场的运输费按门窗运输定额子目计算。

6. 普通木门窗定额子目中已包括框、扇、亮子的制作、安装和玻璃安装,以及安装普通五金配件的人工,但不包括普通五金配件材料、贴脸、压缝条、门锁,如发生时可按相应定额子目计算。普通五金配件规格、数量设计与定额子目不同时,可以换算。门窗贴脸按其他装饰工程线条相应定额子目计算。

7. 木门窗制作安装定额子目均不含纱扇,若为带纱门窗应另套纱扇定额子目。

8. 普通胶合板门均按三合板计算,设计板材规格与定额子目工作内容不同时,可以换算,其他不变。

9. 玻璃的种类、设计规格与定额子目不同时,可以换算,其他不变。

10. 成品门窗的安装,如 100 m² 洞口中门窗实际用量超过定额含量±1%以上时,可以调整,但人工、机械用量不变。门窗成品包括安装铁件、普通五金配件在内,但不包括特殊五金,如发生时,可按相应定额子目计算。

11. 钢木大门、全板钢大门定额子目中的钢骨架是按标准图用量计算的,与设计要求不同时,可以换算。

12. 厂库房大门定额子目中已含扇制作、安装,定额中的五金零件均是按标准图用量计算的,设计与定额子目消耗量不同时,可以换算。

13. 特种门定额子目按成品门安装编制,设计铁件及预埋件与定额子目消耗量不同时不得调整。

14. 保温门的填充料种类设计与定额子目工作内容不同时,可以换算,其他工料不变。

15. 金属防盗网制作安装钢材用量与定额子目不同时可以换算,其他不变。

16. 成品门窗安装定额子目不包括门窗周边塞缝,门窗周边塞缝按相应定额子目计算。

7.4.4　门窗工程计价工程量计算规则

1. 各类门、窗制作安装工程量,除注明者外,均按设计门、窗洞口面积以平方米计算。

2. 各类木门框、门扇、窗扇、纱扇制作安装工程量,均按设计门、窗洞口面积以平方米计算。

3. 成品门扇安装按扇计算。

4. 小型柜门(橱柜、鞋柜)工程量按设计框外围面积以平方米计算。

5. 木门扇皮制隔音面层及装饰隔音板面层工程量,按扇外围单面面积计算。

6. 卷闸门安装工程量按洞口高度增加 600 mm 乘以门实际宽度以平方米计算,卷闸门安装在梁底时高度不增加 600 mm。如卷闸门上有小门,应扣除小门面积,小门安装工程量另以个计算。卷闸门电动装置安装工程量以套计算。

7. 围墙铁丝网门制作安装工程量按设计框外围面积以平方米计算。

8. 成品特种门安装工程量按设计门洞口面积以平方米计算。

9. 不锈钢包门框工程量按框外围饰面表面积以平方米计算。

10. 电子感应自动门工程量按成品安装以樘计算,电动装置安装工程量以套计算。

11. 不锈钢电动伸缩门及轨道工程量以延长米计算,电动装置安装工程量以套计算。

12. 普通木窗上部带有半圆窗的应分别按半圆窗和普通窗计算,其分界线以普通窗和半圆窗之间的横框上裁口线为分界线。

13. 屋顶小气窗工程量按不同形式,分别以个为单位计算,定额子目包括骨架、窗框、窗扇、封檐板、檐壁钉板条及泛水工料在内,但不包括屋面板及泛水用镀锌铁皮工料。

14. 铝合金纱扇、塑钢纱扇工程量按扇外围面积以平方米计算。

15. 金属防盗网制作安装工程量按围护尺寸展开面积以平方米计算,刷油漆按消耗量定额油漆、涂料、被糊工程相应定额子目计算。

16. 窗台板、门窗套工程量按展开面积以平方米计算,门窗贴脸分规格按实际长度以延长米计算。

17. 窗帘盒、窗帘轨工程量按设计图示尺寸以延长米计算,如设计图纸没有注明尺寸,按洞口宽度尺寸加 300 mm。

18. 门窗周边塞缝工程量按门窗洞口尺寸以延长米计算。

19. 特殊五金工程量按消耗量定额规定单位以数量计算。

20. 无框全玻门五金配件工程量按扇计算;木门窗普通五金配件工程量按樘计算。

21. 门窗运输工程量按洞口面积以平方米计算。

【课后习题】

1. 普通窗的工程量应如何计算?

2. 卷闸门安装工程量应如何计算?

3. 门窗运输工程量应如何计算?

7.5 油漆、涂料、裱糊工程

7.5.1 油漆、涂料、裱糊工程基础知识

1. 油漆分为天然漆和人造漆两大类。建筑工程常用人造油漆有调和漆、清漆、厚漆、清油、磁漆、防锈漆等。调和漆以干性油为黏结剂的色漆叫油性调和漆,在干性油中加入适量树脂为黏结剂的色漆叫磁性调和漆。清漆是以树脂或干性油和树脂为黏结剂的透明漆。厚漆又称铅油,是在干性油中加入较多的颜料、填料等制成的一种色漆。清油是经过炼制的干性油,如熟桐油等。磁漆是以树脂为黏结剂的色漆。防锈漆有油性和树脂两类,常用油性防锈漆有红丹等。

2. 除锈的主要方法有手工除锈、机械除锈、喷砂除锈、酸洗除锈、电化学除锈等。人工除锈是用废旧砂轮片、砂布、铲刀、钢丝刷和手锤等简单工具,以敲、铲、磨、刷等方法将金属表面的氧化物及铁锈等除掉,露出金属本色,用棉纱擦净。砂轮机除锈是工人使用风(电)动砂轮机进行除锈。喷砂除锈是最常用的机械除锈方法,是用压缩空气将河砂或石英砂通过喷嘴喷射到金属表面,冲击金属表面锈层达到除锈目的。化学除锈又称酸洗除锈,是利用一定浓度的无机酸水溶液对金属表面进行溶蚀,以达到除去金属表面氧化物及油污的目的。

3. 防火漆是以有机或无机物为成膜基料,加入防火添加剂、助剂等,在一定工艺条件下加

工而成的一种特种油漆。

4. 水性水泥漆是由氯化橡胶增塑剂、各色颜料、助剂等加工配制而成。适用于水泥砂浆、混合砂浆、石灰砂浆、纸筋灰等表面上的涂饰。

5. 外墙真石漆是指以合成树脂乳液为黏结料，以天然大理石、花岗岩等石粒或石粉为骨料合制而成，采用喷涂方法施于建筑物外墙面，形成粗面涂面的合成树脂液石粒壁状的一种建筑涂料。

6. 涂料是指涂敷于物体表面后，能与基层有很好黏结，从而形成完整而牢固的保护膜的面层物质。涂料按其主要成膜物的不同可分为有机涂料和无机涂料两大类。常用无机涂料主要有石灰浆、大白浆涂料。石灰浆涂料是将生石灰加水充分消解成为熟石灰，然后过滤去清，形成熟石灰膏，再加水拌成石灰浆。大白浆涂料又称胶白，主要原料是大白粉（又称老粉）、石花（又称龙须菜或鸡脚菜）和胶。大白浆涂料多用于内墙饰面，一般为一底一度或二度。一底一度的意思是操作时第二次涂刷的方向与第一次涂刷的方向垂直。有机高分子涂料依其主要成膜物质和稀释剂的不同又可分为溶剂型涂料、水溶型涂料和乳胶涂料三类。溶剂型涂料用作墙面装修具有较好的耐水性和耐候性，常见的溶剂型涂料有聚苯乙烯内墙涂料、聚乙烯醇缩丁醛内、外墙涂料、过氯乙烯内墙涂料等。水溶型涂料价格便宜、无毒无怪味，并具有一定透气性，在较潮湿基层上亦可操作，常见的水溶性涂料有聚乙烯醇水玻璃内墙涂料、聚合物水泥砂浆饰面涂层、改性水玻璃内墙涂料、108内墙涂料等。乳胶涂料又称乳胶漆，具有无毒、无味、不易燃烧、不污染环境等特点，同时还具有一定的透气性，可在潮湿基层上施工，故多用作外墙饰面。常见的外墙饰面乳胶涂料主要有乙-丙（聚醋酸乙烯-丙烯酸丁酯共聚物）乳胶涂料、苯-丙（苯乙烯-丙烯酸丁酯共聚物）乳胶涂料、氯-偏（氯乙烯-偏二氯乙烯共聚物）乳胶涂料等。由于有机高分子材料品种尚少，价格偏高目，目前，无机高分子涂料主要有JH80-IG型无机高分子涂料、JH80-2型无机高分子涂料、JHN84-1型耐擦洗内墙涂料和F832型耐擦洗内墙涂料四种。彩色胶砂涂料简称彩砂涂料，是以丙烯酸酯类涂料与骨料混合配制而成的一种珠粒状的外墙饰面材料，以取代水刷石，干粘石饰面装修。其中骨料有人工着色骨料和普通骨料两种。人工着色骨料是由颜料和石英砂在高温下烧结，发生固相反应，生成极其稳定的具有一定色彩的金属硅酸盐、铝酸盐和硅铝酸盐，烧结在石英砂表面。普通骨料主要有石英砂和白云石粉，它们在涂料中起调色作用。目前，彩色胶砂涂料可用于水泥砂浆、混凝土板、石棉水泥板、加气混凝土板等多种基层上。

7. 涂料施工工艺流程：基层处理→涂料准备→涂层形成（底涂料、中间层涂料、面层涂料）。常见的涂装方式有刷涂、喷涂、滚涂、弹涂。特殊涂料施工方法，乳胶漆施工工艺流程：基层处理→刮腻子→刷底漆→刷面漆。美术漆施工工艺流程：基层处理→刮腻子→打磨砂纸→刷封闭底漆→涂装质感涂料。氟碳漆施工工艺流程：基层处理→铺挂玻纤网→分格缝切割→粗找平腻子施工→分格缝填充→细找平腻子施工→满批抛光腻子→喷涂底涂、中涂、面涂→罩光油→分格缝描涂。

8. 裱糊类装修是将各种装饰性的墙纸、墙布等卷材类的装饰材料裱糊在墙面上的一种装修饰面。墙纸又称壁纸，利用各种彩色花纸装修墙面，具有一定艺术效果。但花纸怕潮、怕火、不易清洗。目前，国内外研制出各种新型复合墙纸，依其构成材料和生产方式不同，新型复合墙纸可分为PVC塑料墙纸、纺织物面墙纸、金属面墙纸和天然木纹面墙纸四种。PVC塑料墙纸由面层和衬底层在高温下复合而成。面层以聚氯乙烯塑料薄膜或发泡塑料为原料，经配色、喷花或压花等工序与衬底进行复合。墙纸的衬底大体分纸底与布底两类。纺织物面墙纸是采用各种动、植物纤维(如羊毛、兔毛、棉、麻、丝等纺织物)以及人造纤维等纺织物作为面料复合于纸质衬底而制成的墙纸。金属面墙纸由面层和底层组成。面层是以铝箔、金粉、金银线等为原料,制成各种花纹图案,并同用以衬托金属效果的漆面(或油墨)相间配制而成,然后将面层与纸质衬底复合压制成墙纸。天然木纹面墙纸是采用名贵木材剥出极薄的木皮,贴于布质衬底上制成的墙纸。墙布是指以纤维织物直接作为墙面装饰材的总称,它包括玻璃纤维墙面装饰布和织锦墙面装饰布等材料。玻璃纤维装饰墙布是以玻璃纤维织物为基材,表面涂布合成树脂,经印花而成的一种装饰材料,布宽 840～870 mm,一卷长 40 m。织锦墙面装饰布是采用锦缎裱糊于墙面的一种装饰材料,锦缎是丝绸织物,布宽 800 m。

9. 墙纸与墙布的裱贴主要在抹灰的基层上进行,要求基底平整、致密,对不平的基层需用腻子刮平。粘贴墙纸一般采用 108 胶与羧甲基纤维素配制的黏结剂,也可采用 8504 和 8505 粉末墙纸胶,粘贴玻璃纤维布可采用 801 墙布黏合剂。裱糊施工工艺流程:基层处理→刷封闭底胶→放线→裁纸→刷胶→裱贴。

7.5.2 油漆、涂料、裱糊工程清单工程量计算规则

1. 木门油漆、金属门油漆工程量按设计图示洞口尺寸以面积计算。木门油漆应区分木大门、单层木门、双层(一玻一纱)木门、木百页门、半玻自由门、装饰门及有框门或无框门等项目,分别编码列项。连窗门可按门油漆项目编码列项。金属门油漆应区分平开门、推拉门、钢制防火门等项目,分别编码列项。

2. 木窗油漆、金属窗油漆工程量按设计图示洞口尺寸以面积计算。木窗油漆应区分单层木窗、双层(一玻一纱)木窗、木百叶窗、单层钢窗、双层(一玻一纱)钢窗等项目,分别编码列项。金属窗油漆应区分平开窗、推拉窗、固定窗、组合窗、金属隔栅窗等项目,分别编码列项。

3. 木扶手油漆、窗帘盒油漆、封檐板和顺水板油漆、挂衣板和黑板框油漆、挂镜线油漆、窗帘棍油漆、单独木线条油漆工程量按设计图示尺寸以长度计算。木扶手应区分带托板与不带托板,分别编码列项,若是木栏杆带扶手,木扶手不应单独列项,应含在木栏杆油漆中。楼梯木扶手工程量按中心线斜长计算,弯头长度应计算在扶手长度内。

4. 木护墙油漆、木墙裙油漆、窗台板油漆、筒子板油漆、盖板油漆、门窗套油漆、踢脚线油漆、清水板条天棚油漆、檐口油漆、木方格吊顶天棚油漆、吸音板墙面和天棚面油漆、暖气罩油漆、其他木材面油漆工程量按设计图示尺寸以面积计算。木板、纤维板、胶合板油漆、单面油漆按设计图示尺寸以面积计算。单面油漆按单面面积计算,双面油漆按双面面积计算。

5. 木间壁和木隔断油漆、玻璃间壁露明墙筋油漆、木栅栏和木栏杆(带扶手)油漆工程量按设计图示尺寸以单面外围面积计算。

6. 衣柜和壁柜油漆、梁柱饰面油漆、零星木装修油漆工程量按设计图示尺寸以油漆部分展开面积计算。

7. 木地板油漆、木地板烫硬蜡面工程量按设计图示尺寸以面积计算。空洞、空圈、暖气包槽、壁龛的开口部分并入相应的工程量内。

8. 金属面油漆工程量按设计展开面积计算,编制工程量清单时,可按表 7-3 金属结构面折算表计算,工程结算时应按金属面油漆实际展开表露面积计算,如超出表 7-3 金属结构折算面积 3‰时,超出部分工程量按实调整。

9. 抹灰面油漆工程量按设计图示尺寸以面积计算。抹灰面的油漆、涂料,应注意基层的类型,如一般抹灰墙柱面与拉条灰、拉毛灰、甩毛灰等油漆、涂料的耗工量与材料消耗量不同。

10. 抹灰线条油漆工程量按设计图示尺寸以长度计算。线条油漆面的工料损耗应包括在报价内。

11. 满刮腻子工程量按设计图示尺寸以面积计算。满刮腻子项目是指抹灰面不刷油漆或涂料,而单独满刮腻子的项目。不得将抹灰面油漆和刷涂料中刮腻子内容单独分出执行满刮腻子项目。

12. 墙面喷(刷)涂料、天棚喷(刷)涂料工程量按设计图示尺寸以面积计算。刷墙面涂料部位要注明内墙或外墙。

13. 空花格、栏杆喷(刷)涂料工程量按设计图示尺寸以单面外围面积计算,应注意其展开面积工料消耗应包括在报价内。

14. 线条刷涂料工程量按设计图示尺寸以长度计算。线条涂料面的工料损耗应包括在报价内。

15. 金属构件喷(刷)防火涂料工程量按设计展开面积计算。钢结构防火涂料,如设计仅标明耐火等级,无防火涂料厚度时,可参照表 7-4 钢结构防火涂料耐火极限与厚度对应表规定计算。

16. 木材构件喷(刷)防火涂料、抹灰面喷(刷)防火涂料工程量按设计图示尺寸以面积计算。抹灰面喷(刷)防火涂料项目适用于各种墙、柱、梁、天槽、地坪等抹灰面刷(喷)防火涂料。

17. 墙纸裱糊、织锦缎裱糊工程量按设计图示尺寸以面积计算,应注意区别要求对花还是不对花。

7.5.3 《广西壮族自治区建筑装饰装修工程消耗量定额》(2013 版)油漆、涂料、裱糊工程计价说明

1. 《广西壮族自治区建筑装饰装修工程消耗量定额》(2013 版)油漆、涂料定额子目采用常用的操作方法编制,实际操作方法不同时,不得调整。

2. 油漆工程定额子目的浅、中、深各种颜色已综合在定额内,颜色不同,不得调整。

3. 定额子目在同一平面上的分色及门窗内外分色已综合考虑,如需做美术图案者另行计算。

4. 油漆、涂料的喷、涂、刷遍数,设计与定额规定不同时,按相应每增加一遍定额子目进行调整。

5. 金属镀锌定额子目按热镀锌工艺流程考虑

6. 喷塑(一塑三油):底油、装饰漆、面油,其规格划分如下:

1) 大压花:喷点压平,点面积在 1.2 cm² 以上;

2) 中压花:喷点压平,点面积在 1~1.2 cm²;

3) 喷中点、幼点:喷点面积在 1 cm² 以下。

7. 定额子目中的单层门刷油是按双面刷油考虑的,如采用单面刷油,其定额子目乘以系数 0.49。

8. 混凝土栏杆花格已有定额子目的按相应定额子目套用,没有定额子目的按墙面定额子目乘表 7-2 相应系数计算。

表 7-2　抹灰面油漆、涂料、裱糊工程量系数表

项目名称	系数	工程量计算规则
墙地面、墙面、天棚面、柱、梁面	1.00	展开面积
混凝土栏杆、花饰、花格	1.82	单面外围面积×系数
线条	1.00	延长米
其他零星项目、小面积	1.00	展开面积

9. 消耗量定额中的氟碳漆定额子目仅适用于现场施工。

10. 金属面除锈定额子目分手工、喷砂、抛丸三种做法,按设计要求套用定额子目。

11. 金属结构油漆面均以面积计算。金属面油漆实际展开表露面积超出表 7-3 折算面积的±3%时,超出部分工程量按实调整。

表 7-3　金属结构面积折算表

项目名称	m²
钢屋架、钢桁架、钢托架、气楼、天窗架、挡风架、型钢梁、制动梁、支撑、型钢檩条	38
墙架(空腹式)	19
墙架(格板式)	32
钢柱、吊车梁、钢漏斗	24
钢平台、操作台、走台、钢梁车挡	27
铁栅栏门、栏杆、窗栅、拉杆螺栓	65
钢梯	35
轻钢屋架	54
C 型、Z 型檩条	133
零星钩、铁件	50

附注:本折算表不适用于箱型构件、单个(榀、根)重量 7 t 以上的金属构件。

12. 消耗量定额中钢结构防火涂料定额子目分不同厚度编制考虑,如设计与定额子目不同时,按相应定额子目进行调整。如设计仅标明耐火等级,无防火涂料厚度时,应参照表 7-4 规定计算。

表 7-4　钢结构防火涂料耐火极限与厚度对应表

耐火等级不低于(小时)	3	2.5	2	1.5	1	0.5
厚型(厚度 mm)	50	40	30	20	15	
薄型(厚度 mm)				7	5.5	3
超薄型(厚度 mm)			2	1.5	1	0.5

13. 金属面防火涂料分厚型、薄型、超薄型及每增减厚度定额子目,按设计要求套用相应定额子目。

7.5.4　油漆、涂料、裱糊工程计价工程量计算规则

1. 木材面油漆工程量分别按表 7-5 至表 7-9 相应的工程量计算规则进行计算。

表 7-5　执行单层木门、窗油漆定额工程量系数表

项目名称	系数	工程量计算规则
单层木门	1.00	
双层(一板一纱)木门	1.36	
单层全玻门	0.83	
木百叶门	1.25	单面洞口面积×系数
厂库大门	1.10	
单层玻璃窗	1.00	
双层(一玻一纱)窗	1.36	
木百叶窗	1.50	

表 7-6　执行木扶手油漆定额工程量系数表

项目名称	系数	工程量计算规则
木扶手(不带托板)	1.00	
木扶手(带托板)	2.60	
窗帘盒	2.04	延长米×系数
封檐板、顺水板	1.74	
黑板框、单独木线条 100 mm 以外	0.52	
单独木线条 100 mm 以内	0.35	

表 7-7　执行其他木材面油漆定额工程量系数表

项目名称	系数	工程量计算规则
木板、纤维板、胶合板天棚	1.00	
木护墙、木墙裙	1.00	
清水板条天棚、檐口	1.07	
木方格吊顶天棚	1.20	相应装饰面积×系数
吸音板墙面、天棚面	0.87	
窗台板、筒子板、盖板、门窗套	1.00	
屋面板(带檩条)	1.11	斜长×宽×系数
木间隔、木隔断	1.90	
玻璃间壁露明墙筋	1.65	单面外围面积×系数
木栅栏、木栏杆(带扶手)	1.82	
木屋架	1.79	[跨长(长)×中高×1/2]×系数
衣柜、壁柜	1.00	实刷展开面积
零星木装修	1.10	实刷展开面积×系数
梁、柱饰面	1.00	

表7-8　执行木龙骨、基层板面防火涂料定额工程量系数表

项目名称	系数	工程量计算规则
隔墙、隔断、护臂木龙骨	1.00	单面外围面积
柱木龙骨	1.00	面层外围面积
木地板中木龙骨及木龙骨带毛地板	1.00	地板面积
天棚木龙骨	1.00	水平投影面积
基层板面	1.00	单面外围面积

表7-9　执行木地板油漆定额工程量系数表

项目名称	系数	工程量计算规则
木地板、木踢脚线	1.00	相应装饰面积×系数
木楼梯(不包括底面)	2.30	水平投影面积×系数

2. 金属面油漆工程量分别按表7-3和表7-10相应的工程量计算规则进行计算。

表7-10　执行单层钢门窗定额工程量系数表

项目名称	系数	工程量计算规则
单层钢门窗 双层(一玻一纱)钢门窗 钢百叶钢门 半截百叶钢门 满钢门或包铁皮门	1.00 1.48 2.74 1.63 2.30	单面洞口面积×系数
射线防护门 厂库房平开、推拉门 铁丝网大门	2.96 1.70 0.81	框(扇)外围面积×系数
间壁	1.85	长×宽×系数
平板屋面	0.74	斜长×宽×系数
排水、伸缩缝盖板	0.78	展开面积×系数
吸气罩	1.63	水平投影面积×系数

3. 抹灰面油漆、涂料、裱糊的工程量分别按表7-2相应的工程量计算规则进行计算。

【课后习题】

1. 某办公室工程刷油漆的项目有:单层木门900 mm×2 500 mm,共10樘;双层木门900 mm×2 500 mm,共12樘;单层全玻木门2 000 mm×2 200 mm,共2樘;刷底油一遍、调和漆两遍、磁漆一遍。求油漆工程量。

2. 某工程如下图所示,外墙墙厚均为240 mm。房1、房2、房3天棚刮成品腻子粉两遍、刷乳胶漆两遍,计算天棚刮腻子、刷乳胶漆工程量。

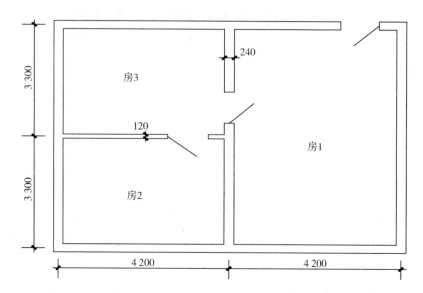

3. 试简述裱糊施工工艺流程。

7.6　其他装饰工程

7.6.1　其他装饰工程基础知识

1. 家具工程按高度不同,可分为高柜、中柜、低柜。高度 1 600 mm 以上为高柜,高度在 900 mm(不含 900 mm)和 1 600 mm 之间为中柜,高度 900 mm 以内为低柜。按类型和用途不同,可分为衣柜、书柜、厨房壁柜、货架、吧台背柜、酒柜、存包柜、资料柜、鞋柜、电视柜、厨房吊柜、梳台、床头柜、行李柜、梳妆台、服务台、收银台。家具结构以胶合板为主,即柜子的开间主板、水平隔层板、上下封面板、抽屉主板、底板、柜门内结构骨架、柜的背板、柜门的结构面板均为胶合板,家具内外饰面板一般为宝丽板、榉木胶合板、防火板等。

2. 装饰线按形状不同,可分为直线和弧线两种类型;按材料不同,可分为金属装饰线、木质装饰线、石材装饰线、石膏装饰线、硬塑料装饰线和镁铝曲板条等。其中,金属装饰线条主要有铝合金线条、铜线条和不锈钢线条。铝合金线条是用铝合金材料经挤压成型加工成的型材。铜线条是用合金铜即黄铜制成,经加工后表面有黄金色光泽,主要用于地面大理石、花岗石、水磨石块面间的间隔线,楼梯踏步的防滑条,楼梯踏步的地毯压角线,高级装饰的墙面分格线,家具的装饰线。不锈钢线条主要是以不锈钢为主要材料加工成的型材,常用不锈钢线条主要有角形线和槽形线两大类,主要用于室内外各种装饰、壁板包边、收口、压边;广告牌、灯箱、指示牌、镜面、装饰画等的边框;墙面或顶棚面上一些设备的封口线。木质装饰线条是选用质轻、木质细腻、耐磨、耐腐蚀、不劈裂、切面光滑、加工性能良好、材料较稳定、油漆性和上色性好、黏结性好、钉着力强的木材,经过干燥处理后,用机械加工或手工加工而成,主要用于天花线、天花角线、墙面线。天花线主要用于天花上不同层次面的交接处的封边、天花上各种不同材料面的对接处封口、天花平面上的造型线、天花上设备的封边线。天花角线主要用于天花与墙面、天花与柱面的交接处封边。墙面线主要用于墙面上不同层次面的交接处封边,墙面上各种不同材料面的对接处封口,墙裙压边,踢脚板压边,设备的封边装饰边,墙面饰面材料压线,墙面装饰造型线等。石材装饰线的石材主要有大理石、花岗岩、青石、人造石等。饰面的安装工艺主要有贴、镶、挂三种。石材装饰条的施工部位常为地面、墙面、柱面、梯级及花座表面。石膏装饰线以半水石膏为主要原料,掺和适量增强纤维、胶结剂等,经成型加工而成。

3. 栏杆或栏板是楼梯段及平台临空一侧所设的安全设施,扶手设在栏杆或栏板的上面,作为行走时依扶之用。栏杆的种类繁多,最常用的是硬木扶手空花栏杆、塑料钢管扶手栏杆、不锈钢管扶手栏杆、铝合金管扶手栏杆。空花栏杆一般用扁钢、圆钢、方钢或管料做成。其中圆钢直径 $\phi16\sim20\ mm$,方钢不大于 $20\ mm\times20\ mm$,扁钢不大于 $40\ mm\times6\ mm$,规范规定栏杆、立柱之间的空隙不超过 $120\sim150\ mm$,其他方向的间隙不超过 $250\ mm$,防止行人从栏杆间隙跌落出去。用实体构造做成的栏杆叫栏板,栏板多用钢筋混凝土或加筋砖砌体制作。当砖栏板厚度为 $60\ mm$ 时,外侧要用钢筋加固,还要用钢筋混凝土扶手把它联成整体。栏板的高度一般为 $900\ m$。

4. 楼梯扶手可由硬木、钢管、塑料制品或在栏板上抹水泥砂浆、做水磨石等构成。钢栏杆用木螺丝与扶手及塑料扶手连接,钢栏杆与钢管扶手则用焊接方式连接。

5. 招牌有平面招牌、箱式招牌和竖式标箱三种。平面招牌是指安装在门前墙面上的招牌;箱式招牌是指横向的长方形六面体招牌;竖式标箱是竖向的长方形六面体招牌,其形状有正规的长方体,也有带弧线造型的或凸起面的。

6. 灯箱是悬挂在墙上和其他支承物上装有灯具的招牌,它有更强的装饰效果,无论白天黑夜,都能起到招牌式广告作用。

7. 美术字或图案多是采用彩色有机玻璃板裁割制作,有时为增强字体或图案的立体感,需要增加其厚度,常用做法是以 $50\sim100$ 厚泡沫聚苯板作衬底,用环氧树脂胶将裁割好文字或图案的有机玻璃与泡沫塑料粘合为一体。如不采用塑料泡沫底板,可根据要求的字(图案)厚度尺寸裁割有机玻璃条,在字或图案后面做有机玻璃侧板,然后在侧板的裁割面上和字(图案)的边缘涂三氯丙烷,静置数分钟即可。

7.6.2 其他装饰工程清单工程量计算规则

1. 厨房壁柜和厨房吊柜以嵌入墙内的为壁柜,以支架固定在墙上的为吊柜。

2. 柜台、酒柜、衣柜、存包柜、鞋柜、书柜、厨房壁柜、木壁柜、厨房低柜、厨房吊柜、矮柜、吧台背柜、酒吧吊柜、酒吧台、展台、收银台、试衣间、货架、书架、服务台工程量,以个数计量时,按设计图示数量计算;以延长米计量时,按设计图示尺寸以长度计算;以平方米计量时,按设计图示正立面面积(包括脚的高度在内)计算。台柜项目计量与计价,应按设计图纸或说明,台柜、台面材料(石材、皮草、金属、实木等)、内隔板材料、连接件、配件等,均应包括在报价内。

3. 金属装饰线、木质装饰线、石材装饰线、石膏装饰线、镜面玻璃线、铝塑装饰线、塑料装饰线、GRC 装饰线条工程量按设计图示尺寸以长度计算。

4. 金属扶手、金属栏杆、金属栏板、硬木扶手、硬木栏杆、硬木栏板、塑料扶手、塑料栏杆、塑料栏板、GRC 栏杆、GRC 扶手、金属靠墙扶手、硬木靠墙扶手、塑料靠墙扶手、玻璃栏板工程量按设计图示以扶手中心线长度(不扣除弯头所占长度)计算。砖栏板应按《建设工程工程量清单计价规范》广西壮族自治区实施细则》附录 D.1 中零星砌砖项目编码列项,石材扶手、栏板应按《建设工程工程量清单计价规范》广西壮族自治区实施细则》附录 D.3 相关项目编码列项。凡栏杆、栏板含扶手的项目，不得将扶手单独进行编码列项。栏杆、栏板的弯头应包含在相应的栏杆、栏板项目的报价内。

5. 饰面板暖气罩、塑料板暖气罩、金属暖气罩工程量按设计图示尺寸以垂直投影面积（不展开）计算。

6. 洗漱台工程量按设计图示尺寸以台面水平投影面积计算，不扣除孔洞、挖弯、削角所占面积。挡板指镜面玻璃下边沿至洗漱台面和侧墙与台面接触部位的竖挡板。吊沿指台面外边沿下方的竖挡板。挡板和吊沿均以面积并入台面面积内计算。洗漱台现场制作，切割、磨边等人工、机械的费用应包括在报价内。洗漱台项目适用于石质（天然石材、人造石材等）、玻璃等。

7. 晒衣架、帘子杆、浴缸拉手、卫生间扶手、毛巾杆（架）、毛巾环、卫生纸盒、肥皂盒工程量以个、套、副计量时，按设计图示数量计算；以米计量时，按设计图示以长度计算。

8. 镜面玻璃工程量按设计图示尺寸以边框外围面积计算。镜面玻璃的基层材料是指玻璃背后的衬垫材料，如胶合板、油毡等。

9. 镜箱工程量按设计图示数量计算。

10. 雨篷吊挂饰面工程量按设计图示尺寸以水平投影面积计算。

11. 金属旗杆工程量按设计图示尺寸以长度计算。旗杆高度指旗杆台座上表面至杆顶的尺寸。旗杆基础、台座、台座饰面按相关附录项目另行编码列项。

12. 玻璃雨篷工程量按设计图示尺寸以水平投影面积计算。

13. 平面招牌、箱式招牌、竖式标箱、灯箱工程量按设计图示尺寸以正立面外框面积计算。复杂形的凸凹造型部分不增加面积。灯箱的基层材料是指有机玻璃背后的衬垫材料，如胶合板、油毡等。

14. 信报箱工程量按设计图示数量计算。

15. 泡沫塑料字、有机玻璃字、木质字、金属字、吸塑字工程量按设计图示以数量计算。美术字不分字体，按大小规格分类，美术字的字体规格以字的外接矩形长、宽和字的厚度表示。固定方式指粘贴、焊接以及铁钉、螺栓、铆钉固定等方式。

16. 橡胶减速带、橡胶车轮挡、橡胶防撞护角、车位锁工程量按设计图示数量计算。

17. 压条、装饰线、扶手、栏杆、栏板、暖气罩、浴厕配件（除镜箱外）、雨篷、旗杆等项目，工作内容不包括刷油漆，如需刷油漆应按油漆、涂料、裱糊工程相应项目编码单独列项。

18. 柜类、货架、镜箱、招牌、灯箱、美术字等分项工程，已包括了刷油漆，主要考虑整体性，不得单独将油漆工程分离，不再单列油漆清单项目。

7.6.3 《广西壮族自治区建筑装饰装修工程消耗量定额》（2013版）其他装饰工程计价说明

1. 《广西壮族自治区建筑装饰装修工程消耗量定额》（2013版）中的材料品种、规格，设计与定额子目工作内容不同时，材料消耗量可以换算，人工、机械消耗量不变。

2. 定额子目中铁件已包括刷防锈漆一遍，如设计需涂刷其他油漆、防火涂料按消耗量定额油漆、涂料、裱糊工程相应定额子目执行。

3. 柜类、货架定额子目中未考虑面板拼花及饰面板上贴其他材料的花饰、造型艺术品。

4. 石板洗漱台定额子目中已包括挡板、吊沿板的石材用量，不另计算。

5. 木装饰线、石材装饰线、石膏装饰线均以成品安装为准。石材装饰线条磨边、磨圆角均包括在成品的单价中,不另计算。

6. 装饰线条以墙面上直线安装为准,如天棚安装直线型、圆弧形或其他图案者,按以下规定计算:天棚面安装直线装饰线条,人工费乘以系数 1.34;天棚面安装圆弧形装饰线条,人工消耗量乘以系数 1.6,材料消耗量乘以系数 1.1;墙面安装圆弧形装饰线条,人工消耗量乘以系数 1.2,材料消耗量乘以系数 1.1;装饰线条做艺术图案者,人工消耗量乘以系数 1.8,材料消耗量乘以系数 1.1。

7. 石材磨边、磨斜边、磨半圆边及台面开孔定额子目均为现场磨制。

8. 消耗量定额中栏杆、栏板、扶手定额子目适用于楼梯、走廊、回廊及其他装饰性栏杆、栏板、扶手项目。

9. 栏杆、栏板定额子目不包括扶手及弯头制作安装,扶手及弯头项目应分别立项计算。

10. 消耗量定额中未列弧形、螺旋形楼梯的栏杆、扶手定额子目,如用于弧形、螺旋形栏杆、扶手,按直形栏杆、扶手定额子目人工消耗量乘以系数 1.3,其余不变。

11. 栏杆、栏板、扶手、弯头子目的材料规格、用量,如设计规定与定额子目工作内容不同时,可以换算,其他材料及人工、机械消耗量不变。

12. 铸铁围墙栏杆不包括栏杆的面漆及压脚混凝土梁浇筑,栏杆面漆及压脚凝土梁浇筑项目按设计另立项目计算。

13. 平面招牌安装在门前的墙面上,箱式招牌、竖式标箱是指六面体固定在墙上。沿雨篷、檐口、阳台走向立式招牌,执行平面招牌复杂定额子目。一般招牌和矩形招牌是指正立面平整无凹凸面,复杂招牌和异形招牌是指正立面有凹凸造型。招牌、广告牌的灯饰、灯光及配套机械均不包括在定额内。

14. 美术字均以成品安装固定为准,不分字体均执行消耗量定额中相应定额子目。

15. 车库配件如橡胶减速带、橡胶车轮挡、橡胶防撞护角和车位锁均按成品编制,成品价中包含安装所需的材料费。

7.6.4 其他装饰工程计价工程量计算规则

1. 货架工程量均按设计图示正立面面积(包括脚的高度在内)以平方米计算。

2. 收银台、试衣间工程量按设计图示数量以个计算。其他柜类项目工程量按消耗量定额相应定额子目的计算规则和计量单位进行计算。

3. 石板材洗漱台工程量按设计图示台面水平投影面积以平方米计算,不扣除孔洞、挖弯、削角所占面积。

4. 毛巾环、肥皂盒、金属帘子杆、浴缸拉手、毛巾杆安装工程量按设计图示数量以个、副、套或按设计图示尺寸以延长米计算。

5. 镜面玻璃安装工程量按设计图示正立面面积以平方米计算。

6. 压条、装饰线条、挂镜线工程量均按设计图示尺寸以延长米计算。

7. 石材磨边、磨斜边、磨半圆边及面砖磨边(切边)工程量按设计图示尺寸以延长米计算。

8. 不锈钢旗杆工程量按设计图示尺寸以延长米计算。

9. 栏杆、栏板、扶手工程量按设计图示中心线长度以延长米计算,不扣除弯头所占长度。弯头工程量按设计数量以个计算,石材栏板、石材扶手、石材弯头项目除外。

10. 铸铁栏杆工程量按设计图示安装铸铁栏杆尺寸以延长米计算。

11. 平面招牌基层工程量按设计图示正立面面积以平方米计算,复杂形的凹凸造型部分亦不增减。

12. 沿雨篷、檐口或阳台走向的立式招牌基层工程量,执行平面招牌复杂形项目定额子目,按展开面积以平方米计算。

13. 箱式招牌和竖式标箱的基层工程量按设计图示外围体积以立方米计算,突出箱外的灯饰、店徽及其他艺术装潢等均另行计算。

14. 灯箱的面层工程量按设计图示展开面积以平方米计算。

15. 美术字安装工程量按字的最大外围矩形面积以个计算。

16. 车库配件中橡胶减速带工程量按设计长度以延长米计算,橡胶车轮挡、橡胶防撞护角、车位锁工程量按设计图示数量以个或把计算。

【课后习题】

1. 栏杆、栏板、扶手的工程量应如何计算?

2. 金属旗杆的工程量应如何计算?

3. 暖气罩的工程量应如何计算?

8 措施项目

【学习目标】

1. 掌握房屋建筑装饰装修工程单价措施项目工程量的计算规则及总价措施项目的计价方法。

2. 掌握房屋建筑装饰装修工程单价措施项目和总价措施项目工程量清单编制及其工程量计算。

3. 掌握房屋建筑装饰装修工程单价措施项目消耗量定额,能正确套用相应单价措施项目工程消耗量定额。

4. 能独立计算房屋建筑装饰装修工程单价措施项目清单工程量,具有房屋建筑装饰装修工程单价措施项目和总价措施项目工程计量计价能力。

【学习要求】

1. 掌握房屋建筑装饰装修工程单价措施项目和总价措施项目工程计量计价能力。

2. 结合案例掌握房屋建筑装饰装修工程单价措施项目工程量的计算和计价,及其总价措施项目的计价。

8.1 脚手架工程

8.1.1 脚手架工程基础知识

1. 脚手架是专为高空施工操作、堆放和运送材料、保证施工过程工人安全而设置的架设工具或操作平台。建筑工程脚手架是为完成施工(墙体砌筑、混凝土浇筑、装饰装修等)及保证工人安全所搭设的脚手架,包括砌筑脚手架、现浇混凝土脚手架、构筑物脚手架、安全通道、外脚手架安全围护网搭设等。砌筑脚手架分为外脚手架和里脚手架;现浇混凝土脚手架分为现浇混凝土基础运输道、框架运输道、楼板运输道。脚手架的地基强度不够,需要补强或采取铺垫措施的,按有关规定另计费用。

2. 脚手架按其结构形式不同,可分为扣件式脚手架、碗扣式脚手架、门型脚手架等。扣件式钢管脚手架主要由立杆、大横杆、小横杆、斜撑、脚手板等组成,除用以搭设脚手架外还可用以搭设斜道、井架、上料平台架等。碗扣式钢管脚手架由钢管立杆、横杆、碗扣接头等组成,其基本构造和搭设要求与扣件式钢管脚手架类似,不同之处主要在于碗扣接头,碗扣接头是该脚手架系统的核心部件,由上碗扣、下碗扣、横杆接头和上碗扣的限位销等组成。门型脚手架由门式框架、剪刀撑和水平梁架或脚手板构成基本单元,将基本单元连接起来即构成整片脚手架。门型脚手架搭设程序:铺放垫木(板)→拉线、放底座→自一端起立门架并随即装剪刀撑→装水平梁架(或脚手板)→装梯子→需要时,装设通常的纵向水平杆→装设连墙杆→照上述步骤,逐层向上安装→装加强整体刚度的长剪刀撑→装设顶部栏杆。

3. 脚手架按照与建筑物的位置关系不同,可分为外脚手架、里脚手架和安全通道。外脚手架沿建筑物外围从地面搭起,既可用于外墙砌筑,又可用于外装饰施工。其主要形式有多立杆式、框式、桥式等,多立杆式应用最广,框式次之,桥式应用最少。外脚手架搭设的同时也需张设安全围护网,以确保施工安全。安全围护网要随楼层施工进度逐步上升,高层建筑除每层设置一道垂直安全网外,还需在外侧每间隔3～4层部位设置一道水平安全网。里脚手架搭设于建筑物内部,每砌完一层墙后,将其转移到上一层楼面,进行新的一层砌体砌筑。里脚手架可用于内外墙的砌筑和室内装饰施工,其结构形式有折叠式门架式、支柱式门架式和门架式等多种。折叠式脚手架适用于民用建筑的内墙砌筑和内粉刷,根据材料不同,分为角钢、钢管和钢筋折叠式里脚手架,角钢折叠式里脚手架的架设间距,砌墙时不超过 2 m,粉刷时不超过 2.5 m。可以搭设两步脚手,根据施工层高,沿高度搭设,第一步高约 1 m,第二步高约 1.65 m。钢管和钢筋折叠式里脚手的架设间距,砌墙时不超过 1.8 m,粉刷时不超过 2.2 m。支柱式脚手架由若干支柱和横杆组成,适用于砌墙和内粉刷,其搭设间距,砌墙时不超过 2 m,粉刷时不超过 2.5 m。支柱式里脚手架的支柱有套管式和承插式两种形式,套管式支柱将插管插入立管中,以销孔间距调节高度,在插管顶端的凹形支托内搁置方木横杆,横杆上铺设脚手架,架设高度为 1.5～2.1 m。门架式脚手架由两片 A 形支架与门架组成,适用于砌墙和粉刷,支架间距,砌墙时不超过 2.2 m,粉刷时不超过 2.5 m,其架设高度为 1.5～2.4 m。安全通道分为水平防护架和垂直防护架两种。水平防护架是指沿水平方向用钢管搭设的一个架子通道,上面铺满脚手板,不直接服务于施工,而是间接为工程施工顺利进行而单独搭设用于车马通道、人行通道的防护。垂直防护架一般用于建筑物和其他物体的隔离,以避免其他物体对建筑物造成不必要的损失。一般有两种情况:一是当建筑物与高压电线或其他线路相邻,为防止建筑施工时对线路造成破坏和线路由于破坏而造成工伤事故,特在建房屋与高压线路之间搭设一垂直防护架;二是当两幢建筑物相邻,一幢在建,另一幢正在拆除,为防止拆除房屋时,坠落物妨碍在建房屋施工,于两幢建筑物之间搭设垂直防护架来隔开。

4. 操作(作业)脚手架按施工阶段不同,可分为结构作业脚手架(俗称砌筑脚手架)和装饰装修作业脚手架两种。装饰装修作业脚手架是为完成装饰装修施工及保证工人安全所搭设的脚手架,包括外装修专用脚手架、满堂脚手架、悬空脚手架、挑檐脚手架、安全通道等。外装修专用脚手架主要用于单独承包的装饰装修工程或外墙局部装饰装修的工程。满堂脚手架主要用于单层厂房、展览大厅、体育馆等层高、开间较大的建筑顶部的装饰施工,由立杆、横杆、斜撑、剪刀撑等组成。悬空脚手架是通过特设的支承点,利用吊索悬吊吊架或吊篮进行装饰装修工程操作的一种脚手架,主要用于悬挑梁或工程结构之下的脚手架。悬空脚手架包括框式钢管吊架和悬式钢管吊架两种。框式钢管吊架主要适用于外装修工程,在屋面上设置悬吊点,用钢丝绳吊挂框架。悬式钢管吊架需在主体结构上设置支承点,对于外装修工程,常在屋顶上设置挑架或挑梁进行悬吊,也可在平屋顶上设置电动升降车悬挂吊篮。挑脚手架是从建筑物内部挑伸出的一种脚手架,主要用于外墙面的局部装修。

5. 脚手架按构架方式不同,可分为杆件组合式脚手架、框架组合式脚手架、格构件组合式脚手架、台架。杆件组合式脚手架俗称多立杆式脚手架;框架组合式脚手架由简单的平面框架与连接、支撑杆组合而成的脚手架;格构件组合式脚手架由桁架梁和格构柱组合而成;台架是指具有一定高度和操作平面的平台架,多为定型产品,其本身具有稳定的空间结构,可单独使用或立拼增高与水平连接扩大,并常带有移动装置。

6. 脚手架按其设置形式不同,可分为单排脚手架、双排脚手架、多排脚手架、满堂脚手架、交圈(周边)脚手架和特形脚手架。单排脚手架只有一排立杆,其横向平杆的另一端置在墙体结构上;双排脚手架具有两排立杆;多排脚手架具有 3 排以上立杆;满堂脚手架按施工作业范围满设,两个方向各有 3 排以上立杆,或按墙体或施工作业最大高度,由地面起满高度设置脚手架;交圈(周边)脚手架沿建筑物或作业范围周边设置并相互交圈连接;特形脚手架是指具有特殊平面和空间造型的脚手架,如烟囱、水塔、冷却塔以及其他平面为圆形、环形、外方内圆形、多边形和上扩、上缩等特殊形式的建筑施工脚手架。

7. 脚手架按其支固方式不同,可分为落地式脚手架、悬挑脚手架、附墙悬挂脚手架、悬吊脚手架、附着升降脚手架和水平移动带行走装置的脚手架。落地式脚手架搭设(支座)在地面、楼面、屋面或其他平台结构之上;悬挑脚手架(简称挑脚手架)采用悬挑方式支固,其挑支方式有架设于专用悬挑梁上、架设于专用悬挑三角桁架上、架设于由撑拉杆件组合的支挑结构上三种;附墙悬挂脚手架是指在上部或(和)中部挂设于墙体挑挂件上的定型脚手架;悬吊脚手架是指悬吊于悬挑梁或工程结构之下的脚手架,当采用篮式作业架时,称为"吊篮";附着升降脚手架是指附着于工程结构、依靠自身提升设备实现升降的悬空脚手架,其中实现整体提升者,也称整体提升脚手架。

8. 脚手架按其平、立杆的连接方式不同,可分为承插式脚手架、扣接式脚手架和销栓式脚手架。承插式脚手架是指在平杆与立杆之间采用承插连接的脚手架,常见的承插连接方式有插片和楔槽、插片和楔盘、插片和碗扣、套管与插头以及 U 形拖挂等;扣接式脚手架是指使用扣件箍紧连接的脚手架,即靠拧紧扣件螺栓所产生的摩擦作用构架和承载的脚手架;销栓式脚手架是指采用对穿螺栓或销杆连接的脚手架。

9. 脚手架按其所用材料不同,可分为竹脚手架、木脚手架、钢管或金属脚手架。

10. 连墙件是指为了实现脚手架的附壁联结,加强其整体稳定性,提高稳定承载能力和避免出现倾倒坍塌等重大事故而设置的部件。连墙件构造的形式有柔性拉结连墙件和刚性拉结连墙件两种。柔性拉结连墙件采用细钢筋、绳索、双股或多股铁丝进行拉结,只承受拉力,主要起防止脚手架外倾的作用,而对脚手架稳定性能(即稳定承载力)的帮助甚微。此种方式一般只能用于 10 层以下建筑的外脚手架中,且必须相应设置一定数量的刚性拉结件,以承受水平压力的作用。刚性拉结连墙件采用刚性拉杆或构件,组成既可承受拉力、又可承受压力的连接构造。其附墙端的连接固定方式可视工程条件确定,一般有拉杆穿过墙体,并在墙体两侧固定;拉杆通过门窗洞口,在墙两侧用横杆夹持和背楔固定;在墙体结构中设预埋铁件,与装有花篮螺栓的拉杆固接,用花篮螺栓调节间距和脚手架的垂直度;在墙体中设预埋铁件,与定长拉杆固结。对附墙连接的基本要求是确保连墙件的设置数量满足一个连墙点的覆盖面为 $20\sim 50 \ m^2$。脚手架越高,则连墙件的设置应越密集。连墙件的设置位置遇到洞口、墙体构件、墙边或窄的窗间墙、砖柱等时,应在近处补设,不得取消。连墙件及其两端连墙点,必须满足抵抗最大计算水平力的需要。在设置连墙件时,必须保持脚手架立杆垂直,避免产生不利的初始侧向变形,设置连墙件处的建筑结构必须具有可靠的支撑能力。

11. 悬挑设施的构造形成一般有上拉下支式、双上拉底支式和底锚斜支拉式三种。上拉下支式即简单的支挑架,水平杆穿墙后锚固,承受拉力;斜支杆上端与水平杆连接,下端支在墙体上,承受压力。双上拉底支式常见于插口架,两根拉杆分别从窗洞口的上下边沿入室内,用竖杆和别杠固定于墙的内侧,插口架底部伸出横杆支顶与外墙面上。底锚斜支拉式是指底部用悬挑梁式杆件,其里端固定到楼板上,另设斜支杆和带花篮螺栓的拉杆,与挑脚手架的中上部连接。靠挂式设施即靠挂脚手架的悬挂件,其里端预埋于墙体中或穿过墙体后予以锚固。悬吊式设施用于吊篮,即在屋面上设置的悬挑梁,用绳索和吊杆将吊篮悬吊于悬挑梁下。挑、挂设施的基本要求:应能承受挑、挂脚手架所产生的竖向力、水平力和弯矩;可靠地固结在工程结构上,且不会产生过大的变形;确保脚手架不晃动(对于挑脚手架)或者晃动不大(对于挂脚手架和吊篮)。吊篮需要设置定位绳。

12. 卸载设施是指将超过搭设限高的脚手架荷载部分地卸给工程结构承受的措施,即在立杆连续向上搭设的情况下,通过分段设置支顶和斜拉杆件以减小传至立杆底部的荷载。将立杆断开,设置挑支结构以支承其上部脚手架的办法,实际上已成为挑脚手架,不属于卸载措施的范围。常见的卸载设施主要有无挑梁上拉式、无挑梁下支式和无挑梁上、下支式三种,无挑梁上拉式仅设斜拉(吊)杆,无挑梁下支式仅设斜支顶杆,无挑梁上、下支式同时设置拉杆和支杆。卸载设施的基本要求:脚手架在卸载措施处的构造常需予以加强;支拉点必须工作可靠;支承结构应具有的支承能力,并应严格控制受压杆件的长细比。卸载措施实际承受的荷载难以正确判断,在设计时须按较小的分配值考虑。

13. 作业层设施包括扩宽架面构造、铺板层、侧面防(围)护设施(挡脚板、栏杆、围护板网)以及其他设施,如梯段、过桥等。作业层设施的基本要求:采用单横杆挑出的扩宽架面的宽度不宜超过 300 m,否则应进行构造设计或采用定型扩宽构件。扩宽部分一般不堆物料并限制其使用荷载。外立杆一侧扩宽时,防(围)护设施应相应外移;铺板一定要满铺,不得花铺,且脚手板必须铺放平稳,必要时还要加以固定;防(围)护施工应按规定的要求设置,间隙要合适,固定要牢固。

14. 脚手架的搭设作业应遵守以下规定:

1) 搭设场地应平整、夯实并设置排水措施。

2) 立于地面之上的立杆底部应加设宽度≥200 mm、厚度≥50 mm 的垫木、垫板或其他刚性垫块,每根立杆的支垫面积应符合设计要求且不得小于 0.15 m²。

3) 底端埋入土中的木立杆,其埋值深度不得小于 500 mm,且应在坑底加垫填土夯实。使用期较长时,埋入部分应作防腐处理。

4) 在搭设之前,必须对进场的脚手架杆配件进行严格的检查,禁止使用规格和质量不合格的杆配件。

5) 脚手架的搭设作业必须在统一指挥下,严格按照以下规定程序进行搭设:

(1) 按施工设计放线、铺板垫、设置底座或标定立杆位置。

(2) 周边脚手架应从一个角部开始并向两边延伸交圈搭设;“一”字形脚手架应从一端开始并向另一端延伸搭设。

(3) 应按定位依次竖起立杆,将立杆与纵、横向扫地杆连接固定,然后装设第 1 步的纵向和横向平杆,随校正立杆垂直之后予以固定,并按此要求继续向上搭设。

(4) 在设置第一排连墙件前,“一”字形脚手架应设置必要数量的抛撑,以确保构架稳定和架上工作人员的安全。边长≥20 m 的周边脚手架,亦应适量设置抛撑。

(5) 剪刀撑、斜杆等整体拉结杆件和连墙件应随搭升的架子一起及时设置。

6) 脚手架处于顶层连墙件之上的自由高度不得大于 6 m。当作业层高出其下连墙件 2 步或 4 m 以上且其上尚无连墙件时,应采取适当的临时撑拉措施。

7) 脚手板或其他作业层铺板的铺设应符合以下规定:

(1) 脚手板或其他铺板应铺平铺稳,必要时应予绑扎固定。

(2) 脚手板采用对接平铺时,在对接处,与其下两侧支承横杆的距离应控制在 100～200 mm 之间;采用挂扣式定型脚手板时,其两端挂扣必须可靠地接触支承横杆并与其扣紧。

(3) 脚手板采用搭接铺放时,其搭接长度不得小于 200 mm,且应在搭接段的中部设有支撑横杆。铺板严禁出现端头超出支承杆 250 mm 以上未做固定的探头板。

(4) 长脚手板采用纵向铺设时,其下支撑横杆的间距不得大于以下数值:竹串片脚手板为 0.75 m,木脚手板为 1.0 m,冲压钢脚手板和钢框组合脚手板为 1.5 m(挂扣式定型脚手板除外)。纵铺脚手板应按以下规定部位与其下支承横杆绑扎固定:脚手架的两端和拐角处;沿板长方向每隔 15～20 m;坡道的两端;其他可能发生滑动的翘起的部位。

(5) 采用以下板材铺设架面时,其下支承杆件的间距不得大于以下数值:竹笆板为 400 mm,七夹板为 500 mm。

8) 当脚手架下部采用双立杆时,主立杆应沿其竖轴线搭设到顶,辅立杆与主立杆之间的中心距不得大于 200 mm,且主辅立杆必须与相交的全部平杆进行可靠连接。

9) 用于支托挑、吊、挂脚手架的悬挑梁、架必须与支承结构可靠连接,其悬臂端应有适当的架设起拱量,同一层各挑梁、架上表面之间的水平误差应不大于 200 mm,且应视需要在其间设置整体拉结构件,以保持整体稳定。

10) 装设连墙件或其他撑拉杆件时,应注意掌握撑拉的松紧程度,避免引起杆件和架体的显著变形。

11) 工人在架上进行搭设作业时,作业面上宜铺设必要数量的脚手板并予临时固定。工人必须戴安全帽和佩挂安全带。不得单人装设较重杆配件和进行其他易发生失手、脱手、碰撞、滑跌等的不安全作业。

12) 在搭设中不得随意改变构架设计、减少杆配件设置和对立杆纵距作≥100 mm 的构架尺寸放大。确有实际情况,需要对构架做调整和改变时,应提交或请示技术主管人员解决。

15. 脚手架拆除应按确定的拆除程序进行。连墙件应在位于其上的全部可拆杆件都拆除之后才能拆除。在拆除过程中,凡已松开连接的杆配件应及时拆除运走,避免误扶和误靠已松脱连接的杆件。拆下的杆配件应以安全的方式运出,严禁向下抛掷。在拆除过程中,应做好配合、协调动作,禁止单人进行较重杆件拆除等危险作用。

16. 使用脚手架杆配件搭设模板支撑架和其他重载架时,应遵守以下规定:

1) 使用门式钢管脚手架构配件搭设模板支撑架和其他重载架时,数值≥5 kN 集中荷载的作用点应避开门架横梁中部 1/3 架宽范围,或采用加设斜撑、双榀门架重叠交错布置等可靠措施。

2) 使用扣件式和碗扣式钢管脚手架杆配件搭设模板支撑架和其他重载架时,作用于跨中的集中荷载应不大于以下规定值:相应于 0.9 m、1.2 m、1.5 m 和 1.8 m 跨度的允许值分别为 4.5 kN、3.5 kN、2.5 kN、2 kN。

3) 支撑架的构架必须按确保整体稳定的要求设置整体性拉结杆件和其他撑拉、连墙措施。并根据不同构架、荷载情况和控制变形要求,给横杆以适当的起拱量。

4) 支撑架高度的调节宜采用可调底座或可调顶托解决。当采用搭接立杆时,其旋转和扣件应按总抗滑承载力不小于 2 倍设计荷载设置,且不得少于 2 道。

5) 配合垂直运输设施设置的多层转运平台架应按实际使用荷载设计,严格控制立杆间距,并单独构架和设置连墙、撑拉措施,禁止与脚手架杆件共用。

6)当模板支撑架和其他重载架设置上人作业面时,应按前述规定设置安全防护。

17.凡不能按一般要求搭设的高耸、大悬挑、曲线形和提升等特种脚手架,应遵守下列规定:

1)特种脚手架只有在满足以下各项规定要求时,才能按所需高度和形式进行搭设:

(1)按确保承载可靠和使用安全的要求,经过严格的设计计算,在设计时必须考虑风荷载的作用;

(2)有确保达到构架要求质量的可靠措施;

(3)脚手架的基础或支撑结构物必须具有足够的承受能力;

(4)有严格确保安全使用的实施措施和规定。

2)在特种脚手架中用于挂扣、张紧、固定、升降的机具和专用加工件,必须完好无损和无故障,且应有适量的备用品,在使用前和使用中应加强检查,以确保其工作安全可靠。

18.脚手架材料用量的大小取决于单位工程脚手架材料的一次总投入量、使用期(工期)和脚手架材料的耐用期限。脚手架所使用的材料大部分为周转性材料,周转性材料系指在物质生产过程中作为劳动手段,可供长期使用,并在使用过程中始终保持原来的实物形态不变,其价值随损耗程度逐渐转移到建筑产品中。损耗程度是指周转性材料在多少时间内摊销完毕,定额中根据不同的材料制定了不同的摊销时间(使用寿命)并考虑了残值。施工工期系指单位工程从正式开工到完成工程的全部设计内容,并达到国家验收标准为止的全部有效天数。架子工期(一次使用期)是依据国家的建筑安装工程施工工期定额,结合地区具体情况制定的,是考核企业经济效益的依据,架子工期不得大于施工工期。脚手架材料的耐用期限详见表 8-1。脚手架材料的一次投入量是根据工期定额,对其中基础、结构、装修工期进行测算,并考虑到实际的周转因素,按一定的比例确定一次投入量。

表 8-1　脚手架材料使用寿命期及残值

材料名称	使用寿命(月)	残值(%)	摊销值(%)
钢管	180	10	90
扣件	120	5	95
底座	180	5	95
木脚手板、杆	42	10	90
竹脚手板	24	10	90
安全网	1次		
绑扎材料	1次		
黄席	1次		

周转使用材料摊销量的计算公式如下所示:

$$G = F(1-f) \times \frac{T_1}{T_0} \tag{8-1}$$

式中:G——摊销量;

F——一次投入量；

T_0——耐用期限；

T_1——使用期限。

【案例 1】 某综合楼工程，建筑面积为 5 200 m²，钢管的一次投入量为 62 吨，脚手架的施工期限为 6 个月，其中外墙脚手架的施工工期为 3 个月，钢管的使用寿命为 180 个月，残值 0.10。试计算每平方米建筑面积外墙脚手架钢管的摊销量。

【解】 外墙脚手架钢管的摊销量：

$$G = 60 \times (1 - 0.1) \times \frac{3}{180} = 0.9(\text{t})$$

每平方米建筑面积外墙脚手架钢管的摊销量：$0.9 \div 5\,200 = 0.000\,173\,(\text{t/m}^2)$

8.1.2 脚手架工程清单工程量计算规则

1. 不论何种砌体，凡砌筑高度超过 1.2 m 以上者，均需计算脚手架。同一建筑物有不同檐高时，分别按不同檐高编列清单项目。

2. 外脚手架工程量按外墙外围长度（计凸阳台两侧的长度，不计凹阳台两侧的长度）乘以外墙高度，再乘以 1.05 系数计算其工程量。门窗洞口及穿过建筑物的车辆通道空洞面积等，均不扣除。外脚手架项目适用于施工建筑和装饰装修一体工程或主体单独完成的工程。

3. 里脚手架工程量按墙面（单面）垂直投影面积以平方米计算。里脚手架项目适用于砖砌内墙、砖砌基础等。

4. 外装修脚手架工程量按砌筑脚手架等有关规定计算。外装修脚手架项目适用于仅单独完成装饰装修工程，且重新搭设脚手架的装饰装修工程。

5. 对于内装修脚手架工程量计算，需要搭设满堂脚手架，其工程量按需要搭设的水平投影面积计算。高度超过 3.6 m 以上者，有屋架的屋面板底喷浆、勾缝及屋架等油漆，按装饰部分的水平投影面积套用悬空脚手架计算；无屋架或其他构件可利用搭设悬空脚手架者，按满堂脚手架计算；凡墙面高度超过 3.6 m，且无搭设满堂脚手架条件者，则墙面装饰脚手架按 3.6 m 以上的装饰脚手架计算，工程量按装饰面垂直投影面积（不扣除门窗洞口面积）计算。内装修脚手架项目适用于内墙面装饰装修工程等。

6. 悬空脚手架工程量按搭设的水平投影面积计算。悬空脚手架项目适用于依附两个建筑物搭设的通道等脚手架。

7. 满堂脚手架工程量按搭设的水平投影面积计算。满堂脚手架项目适用于工业与民用建筑层高＞3.6 m 的室内装饰装修工程等。

8. 整体提升架工程量按所服务对象的垂直投影面积计算，适用于高层建筑外脚手架等。整体提升架包括附着式整体提升脚手架和分片提升脚手架两种。

9. 外装饰吊篮工程量按外墙装饰面尺寸以垂直投影面积计算，不扣除门窗洞口面积。外装饰吊篮项目适用于外墙抹灰、保温，涂料，幕墙玻璃的安装，门窗安装，石材干挂、清洗等。

10. 对于基础现浇混凝土运输道工程量计算，深度＞3 m（3 m 以内不得计算）的带形基础按基槽底设计图示尺寸以面积计算；满堂式基础、箱型基础，基础底宽度＞3 m 的柱基础及宽度＞3 m 的设备基础按基础底设计图示尺寸以面积计算。适用于现浇混凝土需用脚手架而确实不能利用砌筑脚手架的项目,且必须明确混凝土是泵送或非泵送。

11. 框架现浇混凝土运输道工程量按框架部分的建筑面积计算。适用于现浇混凝土需用脚手架而确实不能利用砌筑脚手架的项目,且必须明确混凝土是泵送或非泵送。

12. 楼板现浇混凝土运输道工程量按楼板浇捣部分的建筑面积计算。适用于现浇混凝土需用脚手架而确实不能利用砌筑脚手架的项目,且必须明确混凝土是泵送或非泵送。

13. 电梯井脚手架工程量按设计图示的电梯井数量计算。电梯井脚手架项目适用于建筑物内、构筑物的电梯井内壁施工。

14. 安全通道工程量按经审定的施工组织设计或施工技术措施方案以中心线长度计算。安全通道项目适用于保证在施工建筑附近内过路行人及施工人员必经之路而搭设的防护过道。

15. 脚手架工程按附录 S 单价措施项目列项,外脚手架安全挡板、安全网包含在安全文明施工费内,不得再单独列项目。

8.1.3 《广西壮族自治区建筑装饰装修工程消耗量定额》(2013 版)脚手架工程计价说明

1. 外脚手架适用于建筑、装饰装修一起施工的工程;外脚手架如仅用于砌筑者,按外脚手架相应定额子目材料消耗量乘以系数 0.625,人工、机械消耗量不变;装饰装修脚手架适用于工作面高度在 1.6 m 以上需要重新搭设脚手架的装饰装修工程。

2. 外脚手架定额子目内,已综合考虑了卸料平台、缓冲台、附着式脚手架内的斜道。

3. 钢管脚手架的管件维护及牵拉点费用等已包含在其他材料费中。

4. 烟囱脚手架定额子目综合了垂直运输架、斜道、缆风绳、地锚等。

5. 钢筋混凝土烟囱、水塔及圆形贮仓采用滑模施工时,不得计算脚手架或井架。钢滑模已包括操作平台、围栏、安全网等工料,不得另行计算。

6. 安全通道宽度超过 3 m 时,应按实际搭设的宽度比例调整定额子目中人工、材料及机械台班消耗量。

7. 搭设圆形(包括弧形)外脚手架,半径≤10 m 者,按外脚手架的相应定额子目,人工消耗量乘以系数 1.3 计算;半径>10 m 者,不增加。

8. 《广西壮族自治区建筑装饰装修工程消耗量定额》(2013 版)脚手架定额子目中不含支撑地面的硬化处理、水平垂直安全维护网、外脚手架安全挡板等费用,其费用已含在安全文明施工费中,不另计算。

9. 凡净高超过 3.6 m 的室内墙面、天棚粉刷或其他装饰工程,均可计算满堂脚手架,斜面尺寸按平均高度计算,计算满堂脚手架后,墙面装饰工程不得再计算脚手架。

10. 用于单独装饰装修脚手架的安全通道,按安全通道相应定额子目,材料消耗量乘以系数 0.375,人工、机械消耗量不变。

11. 地下室的外墙外脚手架计算:若建筑物外墙脚手架从地下室室外开始搭设,地下室的外墙外脚手架可并入建筑物外墙脚手架计算,高度从搭设处算起;仅用于地下室防水等短期施工的外脚手架,按外装饰脚手架计算;实际不搭设外脚手架的地下室,不得计算其外墙脚手架。

8.1.4 脚手架工程计价工程量计算规则

1. 不论何种砌体,凡砌筑高度超过 1.2 m 以上者,均需计算砌筑脚手架。

2. 砌筑脚手架工程量按墙面(单面)垂直投影面积以平方米计算。

3. 外墙脚手架工程量按外墙外围长度(计凸阳台两侧的长度,不计凹阳台两侧的长度)乘以外墙高度,再乘以 1.05 系数计算其工程量。门窗洞口及穿过建筑物的车辆通道空洞面积等,均不扣除。外墙脚手架的计算高度按室外地坪至以下情形分别确定:有女儿墙者,高度算至女儿墙顶面(含压顶);平屋面或屋面有栏杆者,高度算至楼板顶面;有山墙者,高度按山墙平均高度计。

4. 同一栋建筑物内,有不同高度时,应分别按不同高度计算外脚手架;不同高度间的分隔墙,按相应高度的建筑物计算外脚手架;如从楼面或天面搭起的,应从楼面或天面起计算。

5. 天井四周墙砌筑,如需搭外架时,其工程量计算如下:

1) 天井短边净宽 $b \leqslant 2.5$ m 时按长边净宽乘以高度再乘以 1.2 系数计算外脚手架工程量。

2) 天井短边净长在 2.5 m$<b \leqslant 3.5$ m 时,按长边净宽乘以高度再乘以 1.5 系数计算外脚手架工程量。

3) 天井短边净宽 $b>3.5$ m 时,按一般外脚手架计算。

6. 独立砖柱、突出屋面的烟囱脚手架工程量按其外围周长加 3.6 m 后乘以高度计算。

7. 如遇下列情况者,砌筑脚手架工程量按单排外脚手架计算:

1) 外墙檐高在 16 m 以内,并无施工组织设计规定时;

2) 独立砖柱与突出屋面的烟囱;

3) 砖砌围墙。

8. 如遇下列情况者,砌筑脚手架工程量按双排外脚手架计算:

1) 外墙檐高超过 16 m 者;

2) 框架结构间砌外墙;

3) 外墙面带有复杂艺术形式者(艺术形式部分的面积占外墙总面积 30% 以上),或外墙勒脚以上抹灰面积(包括门窗洞口面积在内)占外墙总面积 25% 以上,或门窗洞口面积占外墙总面积 40% 以上者。

4) 片石墙(含挡土墙、片石围墙)、大孔混凝土砌块墙,墙高超过 1.2 m 者;

5) 施工组织设计有明确规定者。

9. 凡厚度在两砖(490 mm)以上的砖墙,砌筑脚手架工程量均按双面搭设脚手架计算。如无施工组织设计规定时,高度在 3.6 m 以内的外墙,一面按单排外脚手架计算,另一面按里脚手架计算;高度在 3.6 m 以上的外墙,外面按双排外脚手架计算,内侧按里脚手架计算;内墙按双面计算相应高度的里脚手架。

10. 在旧有的建筑物上加层:加二层以内时,其外墙脚手架按本小节第 3 条的规定乘以 0.5 系数计算;加层在二层以上时,按本小节第 3 条的规定计算,不乘以系数。

11. 内墙按内墙净长乘以实砌高度计算里脚手架工程量。如遇下列情况者,也按相应高度计算里脚手架工程量;

1) 砖砌基础深度超过 3 m 时(室外地坪以下),或四周无土砌筑基础,高度超过 1.2 m 时;

2) 高度超过 1.2 m 的凹阳台的两侧墙及正面墙、凸阳台的正面墙及双阳台的隔墙。

12. 现浇混凝土需用脚手架时,应与砌筑脚手架综合考虑。如确实不能利用砌筑脚手架者,可按施工组织设计规定或按实际搭设的脚手架计算。

13. 对于现浇混凝土需用脚手架工程量,单层地下室的外墙脚手架按单排外脚手架计算,两层及两层以上地下室的外墙脚手架按双排外脚手架计算。

14. 对于现浇混凝土基础运输道工程量,深度大于 3 m(3 m 以内不得计算)的带形基础按基槽底面积计算。

15. 满堂基础运输道适用于满堂式基础、箱形基础、基础底短边大于 3 m 的柱基础、设备基础,其工程量按基础底面积计算。

16. 现浇混凝土框架运输道,适用于楼层为预制板的框架柱、梁,其工程量按框架部分的建筑面积计算。

17. 现浇混凝土楼板运输道,适用于框架柱、梁、墙、板整体浇捣工程,其工程量按浇捣部分的建筑面积计算。属于下列情况者,按相应规定计算:

1) 层高不到 2.2 米的,按外墙外围面积计算混凝土楼板运输。

2) 底层架空层不计算建筑面积或计算一半面积时,按顶板水平投影面积计算混凝土楼板运输道。

3) 坡屋面不计算建筑面积时,按其水平投影面积计算混凝土楼板运输道。

4) 砖混结构工程的现浇楼板按相应定额子目乘以系数 0.5。

18. 计算现浇混凝土运输道工程量,采用泵送混凝土时应按如下规定计算。

1) 基础混凝土不予计算。

2) 框架结构、框架—剪力墙结构、筒体结构的工程,定额子目乘以系数 0.5。

3) 砖混结构工程,定额子目乘以系数 0.25。

19. 装配式构件安装,两端搭在柱上,需搭设脚手架时,其工程量按柱周长加 3.6 m 乘以柱高度计算,并按相应高度的单排外脚手架定额乘以系数 0.5 计算。

20. 现浇钢筋混凝土独立柱,如无脚手架利用时,按柱外围周长加 3.6 m 乘以柱高度按相应外脚手架计算。

21. 单独浇捣的梁,如无脚手架利用时,应按梁宽加 2.4 m 乘以梁的跨度套相应高度(梁底高度)的满堂脚手架计算。

22. 电梯井脚手架按井底板面至顶板底面高度,套用相应定额子目以座计算。

23. 设备基础高度超过 1.2 m 时,对于实体式结构现浇混凝土脚手架工程量,按其外形周长乘以地坪至外形顶面高度以平方米计算单排脚手架;对于框架式结构现浇混凝土脚手架工程量,按其外形周长乘以地坪至外形顶面高度以平方米计算双排脚手架。

24. 烟囱、水塔、独立筒仓脚手架,分不同内径,按室外地坪至顶面高度,套用相应定额子目。水塔、独立筒仓脚手架按相应的烟囱脚手架套用,人工费乘以系数 1.11,其他不变。

25. 钢筋混凝土烟囱内衬的脚手架,按烟囱内衬砌体的面积,套用单排脚手架。

26. 贮水(油)池外池壁高度在 3 m 以内者,按单排外脚手架计算;超过 3 m 时可按施工组织设计规定计算,如无施工组织设计时,可按双排外脚手架计算;池底钢筋混凝土运输道参照基础运输道;池盖钢筋混凝土运输道参照楼板运输道。

27. 对于贮仓及漏斗现浇混凝土浇筑工程,如需搭脚手架时,按消耗量定额相应定额子目计算。

28. 对于预制支架不得计算脚手架。

29. 对于装饰工程需要搭设满堂脚手架,其工程量按需要搭设的水平投影面积计算。

30. 消耗量定额规定满堂脚手架基本层实高按 3.6 m 计算,增加层实高按 1.2 m 计算,基本层操作高度按 5.2 m 计算(基本层操作高度为基本层高 3.6 m 加上人的高度 1.6 m)。天棚净高超过 5.2 m 时,计算基本层后,增加层的层数=(天棚净高－5.2 m)÷1.2 m,按四舍五入取整数。如建筑物天棚净高为 9.2 m,其增加层的层数为:(9.2－5.2)÷1.2≈3.3,则按 3 个增加层计算。

31. 高度超过 3.6 m 以上者,有屋架的屋面板底喷浆、勾缝及屋架等油漆,按装饰部分的水平投影面积套用悬空脚手架计算,无屋架或其他构件可利用搭设悬空脚手架者,按满堂脚手架计算。

32. 凡墙面高度超过 3.6 m,且无搭设满堂脚手架条件者,墙面装饰脚手架按 3.6 m 以上的装饰脚手架计算,工程量按装饰面垂直投影面积(不扣除门窗洞口面积)计算。

33. 外墙装饰脚手架工程量按砌筑脚手架等有关规定计算。

34. 铝合金门工程,如需搭设脚手架时,可按内墙装饰脚手架计算,其工程量按门窗口宽度每边加 50 mm 乘以楼地面至门窗顶高度计算。

35. 外墙使用电动吊篮工程量按外墙装饰面尺寸以垂直投影面积计算,不扣除门窗洞口面积。

【课后习题】

1. 满堂脚手架的工程量如何计算?

2. 独立柱的脚手架工程量如何计算?

8.2 垂直运输工程

8.2.1 垂直运输工程基础知识

垂直运输设施是建筑机械化施工的主导设施,担负着大量的建筑材料、施工设备和施工人员的垂直运输任务。垂直运输设施包括井字架和龙门架(卷扬机带塔)、塔吊、室外施工电梯在内的担负垂直输送材料和供施工人员上下的机械设备。塔吊既是吊装设备,也是最主要的垂直运输设备。室外电梯、井字架根据不同施工阶段的垂直运输要求设置,可作为垂直运输的主要设备或作为补充塔吊能力不足的辅助手段。

8.2.2 垂直运输工程清单工程量计算规则

1. 建筑物垂直运输工程量按建筑面积以平方米计算。建筑物垂直运输项目适用于施工建筑装饰一体工程或主体单独完成的工程。

2. 局部装饰装修垂直运输工程量区别不同的垂直运输高度,按各楼层装饰装修部分的建筑面积以平方米分别计算。局部装饰装修垂直运输项目适用于仅单独完成装饰装修工程。

3. 对于建筑物工程垂直运输高度划分,室外地坪以上高度是指设计室外地坪至檐口滴水的高度,没有檐口的建筑物,算至屋顶板面,坡屋面算至起坡处。女儿墙不计高度,突出主体建筑物屋面的梯间、电梯机房、设备间、水箱间、塔楼、望台等,其水平投影面积小于主体顶层投影面积 30% 的不计其高度。室外地坪以下高度是指设计室外地坪至相应地下层底板底面的高度。对于带地下室的建筑物,地下层垂直运输高度由设计室外地坪标高算至地下室底板底面,分别计算建筑面积,以不同高度分别编码列项。

4. 地下层、单层建筑物、围墙垂直运输高度小于 3.6 m 时,不得计算垂直运输费用。

5. 同一建筑物中有不同檐高时,按建筑物不同檐高做纵向分割,分别计算建筑面积,以不同檐高分别编码列项。

6. 对于建筑物局部装饰装修工程垂直运输高度划分,室外地坪以上高度是指设计室外地坪至装饰装修工程楼层顶板的高度。室外地坪以下高度是指设计室外地坪至相应地下层地(楼)面的高度。对于带地下室的建筑物,地下层垂直运输高度由设计室外地坪标高算至地下室地(楼)面,分别计算建筑面积,以不同高度分别编码列项。

8.2.3 《广西壮族自治区建筑装饰装修工程消耗量定额》(2013 版)垂直运输工程计价说明

1. 《广西壮族自治区建筑装饰装修工程消耗量定额》(2013 版)垂直运输子目分建筑物、构筑物和建筑物局部装饰装修。

2. 建筑物、构筑物垂直运输适用于单位工程在合理工期内完成建筑、装饰装修工程所需的垂直运输机械台班,建筑工程和装饰装修工程分开发包时,建筑工程套用建筑物垂直运输定额子目乘以系数 0.77。装饰装修工程套用建筑物垂直运输定额子目乘以系数 0.33。

3. 对于建筑物、构筑物工程垂直运输高度划分,室外地坪以上高度是指设计室外地坪至槽口滴水的高度,没有檐口的建筑物,算至屋顶板面,坡屋面算至起坡处。女儿墙不计高度,突出主体建筑物屋面的梯间、电梯机房、设备间、水箱间、塔楼、望台等,其水平投影面积小于主体顶层投影面积 30% 的不计其高度。室外地坪以下高度是指设计室外地坪至相应地下层底板底面的高度。对于带地下室的建筑物,地下层垂直运输高度由设计室外地坪标高算至地下室底板底面,套用相应高度的定额子目。构筑物的高度是指设计室外地坪至结构最高顶面高度。

4. 地下层、单层建筑物、围墙垂直运输高度小于 3.6 m 时,不得计算垂直运输费用。围墙、挡土墙高度超过 3.6 m,采用人工垂直运输的,按相应定额子目人工乘以系数 1.15。

5. 同一建筑物中有不同檐高时,按建筑物不同檐高做纵向分割,分别计算建筑面积,以不同檐高分别套用相应高度的定额子目。

6. 如采用泵送混凝土时,定额子目中的塔吊机械台班应乘以系数 0.8。

7. 对于建筑物局部装饰装修工程垂直运输高度划分,室外地坪以上高度是指设计室外地坪至装饰装修工程楼层顶板的高度。室外地坪以下高度是指设计室外地坪至相应地下层地(楼)面的高度。对于带地下室的建筑物,地下层垂直运输高度由设计室外地坪标高算至地下室地(楼)面,套用相应高度的定额子目。

8. 对于局部装饰装修垂直运输高度计算,按局部装饰装修垂直运输子目设置的步距,把局部装饰装修部分的楼层做横向分割计算建筑面积,按不同局部装饰装修垂直高度分别套用定额子目。

8.2.4 垂直运输工程计价工程量计算规则

1. 建筑物垂直运输工程量区分不同建筑物的结构类型和檐口高度,按建筑物设计室外地坪以上的建筑面积以平方米计算。高度超过 120 m 时,超过部分按每增加 10 m 定额子目(高度不足 10 m 时,按比例)计算。

2. 地下室的垂直运输工程量按地下层的建筑面积以平方米计算。

3. 构筑物的垂直运输工程量以座计算。超过规定高度时,超过部分按每增加 1 m 定额子目计算,高度不足时,按 1 m 计算。

4. 建筑物局部装饰装修工程垂直运输工程量区别不同的垂直运输高度,按各楼层装饰装修部分的建筑面积分别计算。

【课后习题】

1. 某商业住宅楼,一层为钢筋混凝土地下室,层高为 4.5 m,建筑面积 136 m²,地下室为钢筋混凝土满堂基础,混凝土体积为 96 m³。问±0.000 以下垂直运输机械工程量为多少。

2. 某工程建筑、装饰装修一起施工,如下图所示,裙楼共 8 层,主楼共 21 层,屋顶楼梯、电梯机房共一层,女儿墙高 1.2 m。求该建筑物垂直运输工程量。

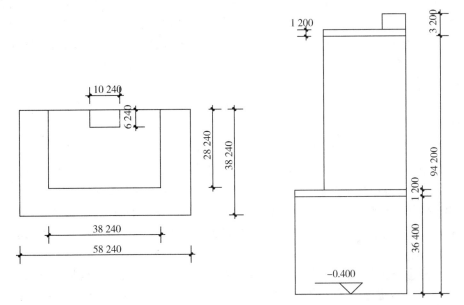

3. 某商业住宅楼,一层为钢筋混凝土地下室,层高为 4.50 m,建筑面积 238 m²,地下室为钢筋混凝土满堂基础,混凝土体积为 158 m³。计算±0.000 m 以下的垂直运输机械工程量,确定定额项目。

8.3 模板工程

8.3.1 模板工程基础知识

1. 模板工程是指支承新浇筑混凝土的整个系统,由模板、支撑及紧固件等组成。模板是使新浇筑混凝土成型并养护,使之达到一定强度以承受自重的临时性结构并能拆除的模型板。支撑是保证模板形状和位量并承受模板、钢筋、新浇筑混凝土的自重以及施工荷载的结构。模板按材料分有木模板、钢模板、钢木模板,依其型式不同,可分为整体式模板、定型模板、工具式模板、滑升模板、地胎模等。

1) 木模板是由一些板条用拼条钉拼而成的模板系统。拼合式木模板一般用木板做底模、侧模,小方木做木档,中方或圆木做支撑。木模板的厚度大多采用 25～30 mm。根据构件表面要求分刨光和不刨光两种木模板构造。工具式木模板又叫定型木模板,即按结构设计,选定几种较常用的规格,定型做成以提高支拆模板效率,减少损失。小型定型木模板常用于基础和圈梁、过梁的侧模。大型定型木模板多用于混凝土墙的侧模和屋面板的底模等。复合木模板是指由木制、竹制或塑料纤维等胶合成面板,与用钢、木等制成的框架及配件组型模具。

2) 组合模板是一种工具式模板,是工程施工中用得最多的一种模板,有组合钢模板、钢框竹(木)胶合板模板等。组合模报由具有一定模数的若干类型的板块、角膜、支撑和连接件组成,可以拼出多种尺寸和几何形状,也可拼成大模板、隧道模和台模等。板块是组合模板的主要构件,包括钢板块和钢框竹(木)胶合板。角膜有阴、阳角膜和连接角膜之分,用来成型混凝土结构的阴阳角,也是两个板块拼装成 90°角的连接件。支承件包括支承墙模板的支承梁和斜撑、支撑梁板模板的支撑桁架和顶撑等。组合钢模板是一种灵活的模数制工具式模板,由钢模板和配件两部分组成。其中钢模板包括平面模板、阳角模板、阴角模板、连接角模和其他模板等,配件包括连接件与支承件。连接件指 U 形卡、L 形插销头螺栓、紧固螺栓、模板拉杆、扣件等。支承件是指支承模板用的钢楞、柱箍、梁卡具、钢管架、斜撑、组合支柱、钢管脚手架、支承桁架等。

3) 大模板是一种大尺寸的工具式模板,一块大模板由面板、主肋、次肋、支撑桁架、稳定机构及附件组成。

4) 滑升模板施工方法是现浇混凝土工程施工方法之一,广泛应用于筒壁结构(包括烟囱、水塔筒身、筒仓)、框架结构、墙板结构等,不但节约模板、节约劳动力,而且可以加快施工速度,保证工程质量。滑升模板由模板系统、操作平台系统和提升系统三部分组成。

5) 爬升模板简称爬模,是施工剪力墙体系和筒体系的钢筋混凝土结构高层建筑的一种有效的模板体系。爬模分有爬架爬模和无爬架爬模两类。有爬架爬模由爬升模板、爬架和爬升设备三部分组成。

6) 台模是一种大型工具式模板,主要用于浇注平板式或带边梁的楼板,一般是一个房间一块台模,有时甚至更大。按台模的支撑形式分为支腿式和无支腿式两类。前者又有伸缩式支腿和折叠式支腿之分;后者是悬架于墙上或柱顶,故也称悬架式。支腿式台模由胶合板或钢板、支撑框架、檩条等组成。

7) 隧道模板是用于同时整体浇筑墙体和楼板的大型工具式模板,能将各开间沿水平方向逐段逐间整体浇筑。隧道模板有全隧道模板(整体式隧道模板)和双拼式隧道模板两种。

8) 永久式模板是指一些施工时起模板作用而浇筑混凝土后又是结构本身组成部分之一的预制板材。目前国内外常用的有异形(波形、密肋形等)金属薄板(亦称压型钢板)、预应力混凝土薄板、玻璃纤维水泥模板、小梁填块(小梁为倒 T 形,填块放在梁底凸缘上,再浇混凝土)、钢桁架型混凝土板等。

9) 地膜是指用平整的混凝土地坪表面作底模制作构件。胎膜是指用土、砖或混凝土成型构件外形的模座,适合制作体积大、外形有部分凹入的构件,如预制大型屋面板、工型柱等采用的异形底模。

2. 模板工程的一般规定:模板及其支架应根据工程结构形式、荷载大小、地基土类别、施工设备和材料供应等条件进行设计;模板及其支架应具有足够的承载能力、刚度和稳定性,能可靠地承受浇筑混凝土的重量、侧压力以及施工荷载;在浇筑混凝土之前,应对模板工程进行验收。模板安装和浇筑混凝土时,应对模板及其支架进行观察和维护。发生异常情况时,应按施工技术方案及时进行处理;板及其支架拆除的顺序及安全措施应按施工技术方案执行。

3. 尽管模板结构是钢筋混凝土工程施工时所使用的临时结构物,但它对钢筋混凝土工程的施工质量和工程成本影响很大。模板安装拆除工艺流程如下所示:

1) 基础梁、底板模板安装拆除工艺流程

放线→底板砖胎模砌筑、砖胎模抹灰、防水施工、防水保护层施工→底板、基础梁钢筋绑扎→钢筋隐蔽→基础梁模板支设→基础梁支撑加固→模板验收→浇砼→砼养护→拆基础梁模板→模板修复、保养。

2) 墙、柱模板安装拆除工艺流程

墙体:放线→墙、附墙柱钢筋绑扎→钢筋隐蔽→支一侧模板→穿套管、螺杆→支另侧模板→安装斜撑→模板紧固校正→模板验收→浇砼→拆模养护砼→模板修复、保养。

独立柱:放线→独立柱钢筋绑扎→钢筋隐蔽→支整体柱模板→模板紧固校正→模板验收→浇砼→拆模养护砼→模板修复、保养。

墙柱根部处理:浇筑顶板混凝土时必须把墙柱根部 15 cm 范围内的混凝土压光。待顶板混凝土能上人后先弹出墙柱边线,再从墙柱边线内返 3 mm 弹线作为切割剔凿的位置线,切割剔凿出线内的浮浆。支设模板前在距离墙柱边线 2 mm 的位置处粘贴憎水海绵条。

3) 顶板梁模板安装拆除工艺流程

放线→安装梁支撑→支梁底模→梁钢筋绑扎→支梁侧模及顶板模→顶板钢筋绑扎→钢筋隐蔽→浇砼→砼养护→梁侧模及顶板拆除(50%强度)→梁底模拆除(75%强度)并反顶碗扣式支撑→模板修复、保养。

梁、板跨度≥4 m 时,模板必须起拱,起拱高度为全跨长度的 1/1 000~3/1 000(在背楞上起拱)。

顶板梁模板支设时上下层顶板养护支撑必须保持同轴。

4) 模板拆除顺序

模板的拆除顺序一般是先拆非承重模板,后拆承重模板;先拆侧模板,后拆底模板。

框架结构模板的拆除顺序一般是柱、楼板、梁侧模、梁底模。拆除大型结构的模板时,必须事先制定详细方案。

8.3.2 模板工程清单工程量计算规则

1. 基础、矩形柱、构造柱、异形柱、基础梁、矩形梁、异形梁、圈梁、过梁、弧形、拱形梁模板工程量按模板与现浇混凝土构件的接触面积计算。对于基础模板工程量计算,有肋式带形基础,肋高与肋宽之比在 4:1 以内的按有肋式带形基础计算;肋高与肋宽之比超过 4:1 的,其底板按板式带形基础计算,以上部分按墙计算。箱式满堂基础应分别按满堂基础、柱、梁、墙、板有关规定计算。对于柱模板工程量计算,柱模板高度确定,有梁板的柱模板高度应自柱基或楼板的上表面至上层楼板底面计算;无梁板的柱模板高度,应自柱基或楼板的上表面至柱帽下表面计算。计算柱模板工程量时,不扣除梁与柱交接处的模板面积。构造柱按外露部分计算模板面积,留马牙槎的按其最宽处计算模板宽度。对于梁模板工程量计算,梁模板长度确定,梁与柱连接时,梁模板长度算至柱侧面;主梁与次梁连接时,次梁模板长度算至主梁侧面。计算梁模板工程量时,不扣除梁与梁交接处的模板面积。垫层模板按基础项目编码列项。满槽浇灌的混凝土基础,不计算模板。

2. 直形墙、弧形墙、有梁板、无梁板、平板、拱板、薄壳板、空心板、其他板、栏板模板工程量按模板与现浇混凝土构件的接触面积计算。对于墙、板模板工程量计算,墙模板高度应自墙基或楼板的上表面至上层楼板底面计算,计算墙模板时,不扣除梁与墙交接处的模板面积,墙、板上单孔面积≤0.3 m² 的孔洞不扣除,洞侧模板也不增加,单孔面积>0.3 m² 应扣除,洞侧模板并入墙、板模板工程量计算。计算板模板时,不扣除柱、墙所占的面积。对于梁模板工程量计算,梁模板长度确定,梁与柱连接时,梁模板长度算至柱侧面;主梁与次梁连接时,次梁模板长度算至主梁侧面。计算梁模板工程量时,不扣除梁与梁交接处的模板面积。弧形半径≤10 m 的混凝土墙、梁模板,按相应的弧形混凝土墙、梁项目编码列项。薄壳板由平层和拱层两部分组成,其模板工程量按平层水平投影面积计算。栏板模板工程量按垂直投影面积计算。

3. 现浇混凝土板、梁、墙模板工程量均不扣除后浇带所占的模板面积。

4. 天沟、檐沟模板工程量按图示尺寸以水平投影面积计算,板边不另计算。与外墙边线为分界线,与梁连接时,以梁外边线为分界线。

5. 雨篷、悬挑板、阳台板模板工程量按外挑部分的水平投影面积计算,伸出墙外的牛腿、挑梁及板边的模板不另计算。不带肋的预制遮阳板、雨篷板、挑檐板、栏板等的模板,应按平板项目编码列项。

6. 楼梯包括休息平台、梁、斜梁及楼梯与楼板的连接梁,其模板工程量按设计图示尺寸以水平投影面积计算,不扣除宽度≤500 mm 的楼梯井所占面积,楼梯踏步、踏步板、平台梁等侧面模板不另计算,伸入墙内部分亦不增加。

7. 其他现浇构件模板工程量按模板与现浇混凝土构件的接触面积计算。

8. 电缆沟、地沟模板工程量按模板与电缆沟、地沟接触的面积计算。

9. 台阶模板工程量按水平投影面积计算,台阶两侧模板面积不另计算。现浇架空式混凝土台阶模板按现浇混凝土楼梯项目编码列项。

10. 混凝土扶手、压顶模板工程量按长度以延长米计算。

11. 散水模板工程量按混凝土散水水平投影面积计算。

12. 化粪池、检查井模板工程量按模板与现浇混凝土接触面积计算。

13. 对于建筑物滑升模板工程量计算,按混凝土与模板接触面积计算,墙模板高度应自墙基或楼板的上表面至上层楼板底面计算。不扣除梁与墙交接处的模板面积。墙板上单孔面积≤0.3 m² 的孔洞不扣除,洞侧模板也不增加,单孔面积>0.3 m² 应扣除,洞侧模板并入墙板模板工程量计算。

14. 高大有梁板胶合板模板工程量按模板与混凝土接触面积计算,不扣除柱、墙所占的面积。

15. 高大有梁板模板钢支撑工程量按搭设面积乘以支模高度(楼地面至板底高度)以体积计算,不扣除梁、柱所占的体积。

16. 高大梁胶合板模板工程量按模板与混凝土接触面积计算。梁模板长度确定,梁与柱连接时,梁模板长度算至柱侧面;主梁与次梁连接时,次梁模板长度算至主梁侧面。计算梁模板工程量时,不扣除梁与梁交接处的模板面积。

17. 高大梁模板钢支撑工程量按搭设面积乘以支模高度(楼地面至板底高度)以体积计算。

18. 混凝土明沟模板工程量按设计图示尺寸以长度计算。

19. 小型池槽模板工程量按构件外围体积计算。

20. 梁、板沉降后浇带胶合板钢支撑增加费、墙沉降后浇带胶合板钢支撑增加费、梁板温度后浇带胶合板钢支撑增加费、地下室底板后浇带木模板增加费,其工程量按后浇部分混凝土实体体积计算。

21. 混凝土表面施工要求分清水模板和普通模板,采用清水模板时,须在特征中描述。

22. 若现浇混凝土梁、板、柱支模高度超过 3.6 m 时,项目特征应描述支模高度。

23. 预制方桩模板工程量按设计图示混凝土实体体积计算。

24. 预制桩尖模板工程量按桩尖最大截面积乘以桩尖高度以体积计算。

25. 预制矩形柱、工形柱、双肢柱、空心柱、围墙柱、预制矩形梁、预制异形梁、预制过梁、预制托架梁、预制鱼腹式吊车梁、预制屋架、预制门式刚架、预制天窗架、预制天窗端壁板、预制空心板、预制平板、预制槽形板、预制大型屋面板、预制带肋板、预制折线板、预制沟盖板、预制井盖板、预制井圈、预制其他板、预制混凝土楼梯、其他预制构件模板工程量按设计图示混凝土实体体积计算。预制 F 形板、预制双 T 形板、预制单肋板和预制带反挑檐的雨篷板、挑檐板、遮阳板等的模板,应按预制带肋板模板项目编码列项。预制窗台板、预制隔板、预制架空隔热板、预制天窗侧板、预制天窗上下挡板等的模板,按预制其他板模板项目编码列项。

8.3.3 《广西壮族自治区建筑装饰装修工程消耗量定额》(2013 版)模板工程计价说明

1. 现浇构件模板分三种材料编制:钢模板、胶合板模板、木模板。其中钢模板配钢支撑,木模板配木支撑,胶合板模板配钢支撑或木支撑。

2. 现浇构筑物模板,除另有规定外,按现浇构件模板规定计算。

3. 预制混凝土模板,区分不同构件按组合钢模板、木模板、定型钢模、长线台钢拉模编制,定额中已综合考虑需配制的砖地模、砖胎模、长线台混凝土地模。

4. 应根据模板种类套用定额子目,实际使用支撑与定额不同时不得换算。如实际使用模板与定额子目工作内容不同时,按相近材质套用;如消耗量定额只有一种模板的定额子目,均套用该定额子目执行,不得换算。

5. 模板工作内容包括模板清理、场内运输、安装、刷隔离剂、浇灌混凝土时模板维护、拆模、集中堆放、场外运输。木模板包括制作(预制构件包括刨光),组合钢模板、胶合板模板包括装箱。

6. 现浇构件梁、板、柱、墙是按支模高度(地面至板底)3.6 m 编制的,超过 3.6 m 时,超过部分按超高定额子目(不足 1 m 按比例)计算。支模高度超过 3.6 m 时,支撑超高定额子目的工程量按整个构件的模板面积计算。

7. 墙模板制作安装中的对拉螺栓是按周转编制的,当墙体为混凝土及钢筋混凝土防水墙并使用组合钢模板或胶合板模板时,每 100 m² 模板接触面积增加对拉螺栓 375.102 kg,其他不变。

8. 基础梁模板,如下面已有混凝土垫层,施工时不用支底模及底支撑的,应套圈梁模板定额子目。

9. 后浇带支模时为了防止混凝土溢出,使用钢丝网等阻隔,安拆钢丝网等的工、料不得另计,已含在后浇带模板子目中。

10. 如设计要求清水混凝土施工,相应模板定额子目的人工费消耗量乘以系数 1.05,胶合板消耗量乘以系数 1.1。

11. 基础模板用砖胎模时,可按零星砌体计算,并按零星砌体套用定额子目,不能按砖基础套用定额子目,不再计算相应面积的模板费用,砖胎模需要抹灰时,按消耗量定额墙、柱面工程井壁、池壁定额子目计算。

12. 混凝土小型构件是指单个体积在 0.05 m³ 以内的消耗量定额未单独列出定额项目的构件。

13. 外形体积在 2 m³ 以内的池槽为小型池槽。

14. 现浇挑檐天沟、悬挑板、水平遮阳板等以外墙外边线为分界线,与梁连接时,以梁外边线为分界线。

15. 对于混凝土斜板定额子目套用,当坡度在 11°19′ 至 26°34′ 时,按相应混凝土板定额子目人工消耗量乘以系数 1.15;当坡度在 26°34′ 至 45° 时,按相应混凝土板定额子目人工消耗量乘以系数 1.2;当坡度在 45° 以上时,按混凝土墙定额子目计算。

16. 用钢滑升模板施工的烟囱、水塔、提升模板使用的钢爬杆用量是按 100% 摊销计算的,贮仓是按 50% 摊销计算的,设计要求不同时,可以换算。

17. 倒锥壳水塔塔身钢滑升模板定额子目,也适用于一般水塔塔身滑升模板工程。

18. 烟囱钢滑升模板项目均已包括烟囱筒身、牛腿、烟道口;水塔钢滑升模板均已包括直筒、门窗洞口等模板用量。

19. 装饰线条是指窗台线、门窗套、挑檐、腰线、扶手、压顶、遮阳板、宣传栏边框等凸出墙面 150 mm 以内、竖向高度 150 mm 以内的横、竖混凝土线条。

20. 符合以下条件之一者按高大模板计算:

1)支撑体系高度达到或超过 8 m。

2)结构跨度达到或超过 18 m。

3)按《建筑施工模板安全技术规范》(JGJ 162—2008)(以下简称 JGJ 162—2008)进行荷载组合之后,施工面荷载达到或超过 15 kN/m²。

4)按 JGJ 162—2008 进行荷载组合之后,施工线荷载达到或超过 20 kN/m。

5)按 JGJ 162—2008 进行荷载组合之后,施工单点集中荷载达到或超过 7 kN 的作业平台。

21. 高大有梁板、高大梁的模板定额子目与其他模板定额子目不同,模板与支撑不在同一定额子目内,需分别计算各自的工程量,分别套用相应的模板、支撑定额子目。

22. 高大模板钢支撑搭拆时间消耗量定额是按三个月编制的,如实际搭拆时间与定额子目不同时,定额周转材料消耗量按比例调整。

23. 现浇混凝土模板周转次数、损耗率详见表 8-2,现浇混凝土异型构件木模板周转次数、损耗率详见表 8-3,现浇混凝土构件胶合板模板周转次数、损耗率详见表 8-4,预制混凝土模板周转次数、损耗率详见表 8-5。

表 8-2　现浇混凝土模板周转次数、损耗率

名称	周转次数	施工损耗率	备注
工具式钢模板	50	1%	包括梁卡具、柱箍损耗率为2%
零星卡具	20	2%	包括U形卡具、L形插销、钩头螺栓、对拉螺栓、3型构件
钢支撑系统	120	1%	包括连杆、钢管、钢管扣件
木模	5	5%	
木支撑	10	5%	包括琵琶撑、支撑、垫板、拉板
铁钉、铁丝	1	2%	
木楔	2		
尼龙帽	5	5%	

表 8-3　现浇混凝土异型构件木模板周转次数、损耗率

名称	周转次数	补损率	施工损耗率
圆柱	3	15%	5%
异形梁	5	15%	5%
整体楼梯、阳台栏板等	4	15%	5%
小型构件	3	15%	5%
支撑材、垫板、拉板	15	10%	5%
木楔	2		5%

表 8-4　现浇混凝土构件胶合板模板周转次数、损耗率

名称	周转次数	补损率	施工损耗率
梁、柱、独立基础	8	8%	5%
平板、无梁板	12	8%	5%
有梁板、墙	10	8%	5%
满堂基础、带形基础	10	8%	5%
其他	套用参照性质相近	12%	5%

表 8-5　预制混凝土模板周转次数、损耗率

名称	周转次数	施工消耗
钢模板	150	1%
零星卡具	40	2%
梁卡具	50	2%
木支撑	10	5%
木模板	5	5%
木楔	2	5%

24. 现浇混凝土构件模板接触面积参考详见表8-6。本表的使用是以混凝土的用量来估算,当计算出相应构建的混凝土量时,即可以估算出模板的大约含量。

表8-6 现浇混凝土构件模板接触面积参考表

构件名称		每 10 m³ 混凝土模板接触面积(m²)
混凝土基础垫层		13.80
带形基础	无筋混凝土	36.66
	带形基础(梁式)	21.97
	带形基础(板式)	5.94
独立基础		21.07
杯型基础		18.36
高杯基础		45.05
满堂基础	无梁式	4.60
	有梁式	12.95
独立桩承台		19.94
设备基础	5 m³ 内	32.09
	20 m³ 内	16.03
	20 m³ 外	13.13
柱	矩形柱	105.26
	异形柱	93.20
	圆形柱	78.37
	构造柱	79.2
梁	基础梁	87.34
	单梁、连续梁、框架梁	96.06
	异形梁	87.71
	圈梁	65.79
	过梁	96.81
	弧形梁	87.34
	拱形梁	76.22
墙	直形墙	74.40
	弧形墙	70.42
	电梯坑、井壁	130.00
板	有梁板	69.01
	无梁板	48.54
	平板	74.70

续表

构件名称		每 10 m³ 混凝土模板接触面积(m²)
板	拱板	80.39
	薄壳板	300
	栏板	338.90
	挑檐、天沟	140.31
	悬挑板	18.2
楼梯	直形楼梯(m²)	21.2
其他	压顶、扶手(m)	0.5
	门框	141.41
	小型构件	304.88
	小型池槽	300
	台阶	11.1
	混凝土地沟、电缆沟	111.11
贮水油池	池底 平底	2.02
	池底 坡底	9.30
	池壁 矩形	100.50
贮仓	圆形仓顶板	73.53
	圆形仓底板	25.91
	圆形仓立壁	91.74
	矩形仓立壁	97.18
水塔	筒式塔身	159.74
	柱式塔身	115.34
	水箱内壁	142.05
	水箱外壁	119.76
	塔顶	74.07
	塔底	56.92
	回廊及平台	92.59

8.3.4 模板工程计价工程量计算规则

1. 现浇混凝土模板工程量,除另有规定外,应区分不同模板材质,按混凝土与模板接触面积以平方米计算。

1) 杯形基础杯口高度大于外杯口长边长度的,套用高杯基础模板定额子目。

2) 有肋式带形基础,肋高与肋宽之比在 4∶1 以内的按有肋式带形基础模板定额子目计算;肋高与肋宽之比超过 4∶1 的,其底板按板式带形基础模板定额子目计算,以上部分按墙模板定额子目计算。

3)桩承台按独立式桩承台模板定额子目编制,带形桩承台按带形基础模板定额子目执行。

4)箱式满堂基础应分别按满堂基础、柱、梁、墙、板相关模板定额子目工程量计算规则计算。

5)对于柱模板工程量计算,有梁板的柱高,应自柱基或楼板的上表面至上层楼板底面计算;无梁板的柱高,应自柱基或楼板的上表面至柱帽下表面计算。计算柱模板时,不扣除梁与柱交接处的模板面积。构造柱按外露部分计算模板面积,留马牙槎的按其最宽处计算模板宽度。

6)对于梁模板工程量计算,当梁与柱连接时,梁长算至柱侧面;主梁与次梁连接时,次梁长算至主梁侧面。计算梁模板时,不扣除梁与梁交接处的模板面积。

7)高大梁模板的钢支撑工程量按经评审的施工专项方案搭设面积乘以支模高度(楼地面至板底高度)以立方米计算;如无经评审的施工专项方案,搭设面积则按梁宽加 600 mm 乘以梁长度计算。

8)对于墙、板模板工程量计算,墙高应自墙基或楼板的上表面至上层楼板底面计算。计算墙模板时,不扣除梁与墙交接处的模板面积。墙、板上单孔面积在 0.3 m² 以内的孔洞不扣除,洞侧模板也不增加,单孔面积在 0.3 m² 以上应扣除,洞侧模板并入墙、板模板工程量计算。计算板模板时,不扣除柱、墙所占的面积。梁、板、墙模板均不扣除后浇带所占的面积。

9)薄壳板由平层和拱层两部分组成,按平层水平投影面积计算工程量。

10)现浇悬挑板按外挑部分的水平投影面积计算,伸出墙外的牛腿、挑梁及板边的模板不另计算。

11)高大有梁板模板的钢支撑工程量按搭设面积乘以支模高度(楼地面至板底高度)以立方米计算,不扣除梁柱所占的体积。

12)楼梯包括休息平台、梁、斜梁及楼梯与楼板的连接梁,其模板工程量按设计图示尺寸以水平投影面积计算,不扣除宽度小于 500 mm 的楼梯井所占面积,楼梯踏步、踏步板、平台梁等侧面模板不另计算,伸入墙内部分亦不增加。

13)混凝土压顶、扶手模板工程量按延长米计算。

14)屋顶水池模板工程量分别按柱、梁、墙、板项目计算。

15)小型池槽模板工程量按构件外围体积计算,池槽内、外侧及底部的模板不另计算。

16)台阶模板工程量按水平投影面积计算,台阶两侧模板面积不另计算。架空式混凝土台阶,按现浇楼梯计算。

17)现浇混凝土散水按水平投影面积以平方米计算,现浇混凝土明沟按延长米计算。

18)小立柱、装饰线条、二次浇灌模板工程量套用小型构件定额子目按模板接触面积以平方米计算。

20)后浇带分结构后浇带、温度后浇带,结构后浇带分墙、板后浇带。后浇带模板工程量按后浇部分混凝土体积以立方米计算。

21)弧形半径≤10 m 的混凝土墙(梁)模板工程量按弧形混凝土墙(梁)模板计算。

2.构筑物混凝土模板工程量,除另有规定者外,区别现浇、预制和构件类别,分别按本小节第 1 条和第 3 条相应的计算规则进行计算。

1)大型池槽等分别按基础、柱、梁、墙、板混凝土模板工程量相应的计算规则进行计算,并套用相应定额子目。

2）液压滑升钢模板施工的贮仓、筒仓、水塔塔身、烟囱等，其模板工程量均按混凝土体积，以立方米计算。

3）倒锥壳水塔模板工程量按混凝土体积以立方米计算。

3. 预制混凝土构件模板工程量，除另有规定外，均按混凝土实体体积以立方米计算。

1）小型池槽混凝土模板工程量按外形体积以立方米计算。

2）预制混凝土桩尖混凝土模板工程量按桩尖最大截面积乘以桩尖高度以立方米计算。

【课后习题】

1. 如下图所示，现浇混凝土矩形柱45根，组合钢模板，钢支撑。求钢模板工程量。

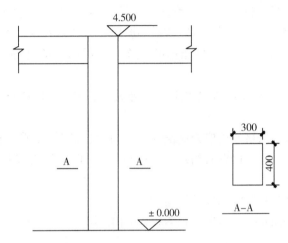

2. 什么时候垫层需考虑支护模板？从何处开始放坡？

3. 板的侧模该如何考虑更迅速准确？

8.4 混凝土运输及泵送工程

8.4.1 混凝土运输及泵送工程基础知识

1. 混凝土运输的要求：运输中的全部时间不应超过混凝土的初凝时间；运输中应保持匀质性，不应产生分层离析现象，不应漏浆；运至浇筑地点应具有规定的坍落度，并保证混凝土在初凝前能有充分的时间进行浇筑；混凝土的运输道路要求平坦，应以最少的运转次数、最短的时间从搅拌地点运至浇筑地点。从搅拌机中卸出到浇筑完毕的延续时间不宜超过表8-7规定。

表8-7 混凝土从搅拌机中卸出到浇筑完毕的延续时间

混凝土强度等级	延续时间(min)	
	气温<25 ℃	气温≥25 ℃
低于或等于C30	120	90
高于C30	90	60

2. 混凝土运输分地面水平运输、垂直运输和楼面水平运输等三种。地面运输时，短距离

多用双轮手推车、机动翻斗车;长距离宜用混凝土搅拌运输车。混凝土搅拌运输车属于一种特种重型专用运输车辆,能够自动完成装料和卸料,运输过程中对车内的混凝土不停地进行搅拌,以保证混凝土的质量。垂直运输可采用各种井架、龙门架和塔式起重机作为垂直运输工具。对于浇筑量大、浇筑速度比较稳定的大型设备基础和高层建筑,宜采用混凝土泵,也可采用自升式塔式起重机或爬升式塔式起重机运输。

3. 混凝土的泵送是指混凝土从混凝土搅拌运输车或储料斗中卸入混凝土泵的料斗,利用泵的压力将混凝土沿管道直接水平或垂直输送到浇筑地点的施工工艺,具有输送能力大(水平运输距离达 800 m,垂直运输距离达 300 m)、速度快、效率高、节省人力、能连续作业等特点。混凝土的泵送采用输送泵与输送泵车两种方式。泵送混凝土施工工具具体要求如下:

1) 输送管的布置宜短直,尽量减少弯管数,转弯宜缓,管段接头要严密,少用锥形管;

2) 混凝土的供料应保证混凝土泵能连续工作,不间断;正确选择骨料级配,严格控制配合比;

3) 泵送前,为减少泵送阻力,应先用适量与混凝土内成分相同的水泥浆或水泥砂浆润滑输送管内壁;

4) 泵送过程中,泵的受料斗内应充满混凝土,防止吸入空气形成阻塞;

5) 防止停歇时间过长,若停歇时间超过 45 min,应立即用压力或其他方法冲洗管内残留的混凝土;

6) 泵送结束后,要及时清洗泵体和管道;

7) 用混凝土泵浇筑的建筑物,要加强养护,防止龟裂。

8.4.2　混凝土运输及泵送工程清单工程量计算规则

1. 搅拌站混凝土运输工程量按混凝土浇筑相应的混凝土定额子目分析量(如需泵送,加上泵送损耗)计算。

2. 编制清单综合单价时,如使用地方工程造价管理机构发布的商品混凝土市场价格,则价格中已含运输费,不得再列项计算混凝土运输费。

3. 混凝土泵送工程量按混凝土浇筑相应的混凝土定额子目分析量计算。

4. 对于混凝土泵送高度(檐高)的确定,当建筑物有不同檐高时,按建筑物超高增加费说明中加权平均降效高度计算方法计算加权平均高度,确定檐高。基础及地下室泵送高度按设计室外地坪至地下室底板底面的垂直距离计算。

8.4.3　《广西壮族自治区建筑装饰装修工程消耗量定额》(2013 版)混凝土运输及泵送工程计价说明

1. 当工程使用现场搅拌站混凝土或商品混凝土时,如需运输和泵送的,可按消耗量定额相应定额子目计算混凝土运输和泵送费用。

2. 商品混凝土的运输损耗 2%,已包含在地方工程造价管理机构发布的商品混凝土参考价中。

3. 如使用地方工程造价管理机构发布的的商品混凝土市场价格,则价格中已含运输费,不得再列项计算混凝土运输费。

4. 对于混凝土泵送高度(檐高)的确定,当建筑物有不同檐高时,按建筑物超高增加费说明中加权平均降效高度计算方法计算加权平均高度,确定檐高。基础及地下室泵送高度按设计室外地坪至地下室底板底面的垂直距离计算。

5. 基础及地下室的混凝土泵送费用按基础及地下室泵送高度,套用相应高度的混凝土泵送定额子目。

6. 使用商品泵送混凝土时,当泵送商品混凝土信息价(或半成品合同价)为出厂价(不含运输及泵送费)时,应套混凝泵送相应定额子目计算其运输及泵送费;当泵送商品混凝土信息价(或半成品合同价)为到工地价(含运费但不含泵送费)的,只能套用混凝土泵送定额子目计算泵送费;泵送商品混凝土信息价(或半成品合同价)为泵送到构件部位价(即含运费及泵送费),不得再套用定额子目计算混凝土运输及泵送费。

8.4.4 混凝土运输及泵送工程计价工程量计算规则

1. 混凝土运输工程量按混凝土浇筑相应的混凝土定额子目分析量(如需泵送,加上泵送损耗)计算。

2. 混凝土泵送工程量按混凝土浇筑相应的混凝土定额子目分析量计算。

8.5 建筑物超高增加费

8.5.1 建筑物超高增加费基础知识

建筑物超高增加费是指建筑物超过一定高度,建筑装饰装修材料垂直运输运距延长,同时,施工人员垂直交通时间以及休息时间相应延长,导致人工效率降低,与施工人员配合使用的施工机械也随之产生了降效,而需在相应分部分项工程或措施项目的综合单价中增加的费用。因此,为了弥补因建筑物高度超高而造成的人工、机械降效,应计取相应的超高增加费。

8.5.2 建筑物超高增加费清单工程量计算规则

1.《建设工程工程量清单计价规范》(GB 50500—2013)广西实施细则规定:建筑物超高人工和机械降效计入相应综合单价中计算,不单独列措施清单项目。

2. 建筑物超高加压水泵台班增加费工程量按±0.00以上建筑面积计算。

3. 建筑物地上超过六层或设计室外标高至檐口高度超过20 m以上的工程,檐高或层数只需符合一项指标即可计算建筑物超高加压水泵台班增加费。

4. 对于建筑物檐口高度的确定及室外地坪以上的高度计算,室外地坪以上高度是指设计室外地坪至檐口滴水的高度,没有檐口的建筑物,算至屋顶板面,坡屋面算至起坡处。女儿墙不计高度,突出主体建筑物屋面的梯间、电梯机房、设备间、水箱间、塔楼、望台等,其水平投影面积小于主体顶层投影面积30%的不计其高度。室外地坪以下高度是指设计室外地坪至相应地下层底板底面的高度。对于带地下室的建筑物,地下层垂直运输高度由设计室外地坪标高算至地下室底板底面,分别计算建筑面积,以不同高度分别编码列项。

5. 建筑物有不同檐高时,按不同檐高的建筑面积计算加权平均降效高度,当加权平均降效高度大于20 m时计算超高加压水泵增加费。

8.5.3 《广西壮族自治区建筑装饰装修工程消耗量定额》(2013版)建筑物超高增加费计价说明

1. 建筑物超高增加费适用于建筑工程、装饰装修工程和专业分包工程;局部装饰装修超高增加费适用于楼层局部装饰装修的工程。

2. 建筑物地上超过六层或设计室外标高至檐口高度过 20 m 以上的工程,檐高和层数只需符合一项指标即可套用相应定额子目。

3. 地下建筑超过六层或设计室外地坪标高至地下室底板地面高度超过 20 m 以上的工程,高度或层数只需符合一项指标即可套用相应定额子目。

4. 构筑物超高增加费已含在定额子目里,不另计算。

5. 建筑物超高人工、机械降效系数是指由于建筑物地上(地下)高度超过六层或设计室外标高至檐口(地下室底板地面)高度超过 20 m 时,操作工人的工效降低、垂直运输运距加长影响的时间,以及由于人工降效引起随工人班组配置确定台班量的机械相应降低。

6. 建筑物檐口高度的确定及室外地坪以上的高度计算,执行消耗量定额垂直运输工程说明中关于建筑物工程垂直运输高度划分的规定。

7. 当建筑物有不同檐高时,按不同檐高的建筑面积计算加权平均降效高度,不同檐高建筑物立面示意图如图 8-1,当加权平均降效高度大于 20 m 时套相应高度的定额子目。

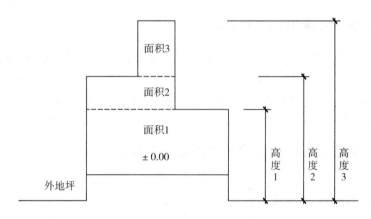

图 8-1　不同檐高建筑物立面示意图

$$加权平均降效高度 = \frac{高度 1 \times 面积 1 + 高度 2 \times 面积 2 + \cdots}{总面积} \quad\quad (8\text{-}2)$$

8. 建筑物局部装饰装修超高高度的确定,执行消耗量定额垂直运输工程说明中建筑物局部装饰装修工程垂直运输高度划分的规定。

9. 建筑物超高加压水泵台班主要考虑自来水水压不足所需增压的加压水泵台班。

10. 一个承包方同时承包几个单位工程时,2 个单位工程按超高加压水泵台班定额子目乘以系数 0.85;2 个以上单位工程按超高加压水泵台班定额子目乘以系数 0.7。

8.5.4 建筑物超高增加费计价工程量计算规则

1. 建筑、装饰装修工程超高增加人工、机械降效费的计算方法:

1) 人工、机械降效费按建筑物±0.00以上(以下)全部工程项目(不包括脚手架工程、垂直运输工程、各章节中的水平运输子目、各定额子目中的水平运输机械)中的全部人工费、机械费乘以相应定额子目人工、机械降效率以元计算。

2) 建筑物檐高超过120 m时,超过部分按每增加10 m子目(高度不足10 m按比例)计算。

2. 建筑物局部装饰装修工程超高增加人工、机械降效费的计算方法:

1) 区别不同的垂直运输高度,将各自装饰装修楼层(包括楼层所有装饰装修工程量)的人工费之和、机械费之和(不包括脚手架、垂直运输工程,各章节中的水平运输定额子目,各定额子目中的水平运输机械)分别乘以相应定额子目人工、机械降效率以元计算。

2) 垂直运输高度超过120 m时,按每增加20 m定额子目计算;高度不足20 m时,按比例计算。

3. 建筑物超高加压水泵台班的工程量,按±0.00以上建筑面积以平方米计算;建筑物高度超过120 m时,超过部分按每增加10 m子目(高度不足10 m按比例)计算。

【课后习题】

1. 某建筑物有四个不同的高度和面积,如下图所示。已知:高度1=18 m,高度2=36 m,高度3=48 m,高度4=89 m,面积1=18 000 m²、面积2=15 000 m²、面积3=10 000 m²、面积4=30 000 m²。求该建筑物的加权平均降效高度。

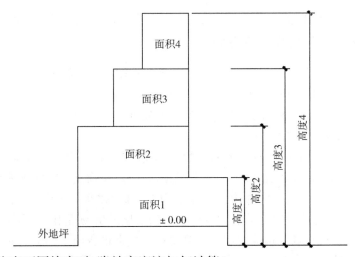

2. 当建筑物有不同檐高时,降效高度该如何计算?

3. 什么是建筑物超高增加费?

8.6 大型机械设备基础、安拆及进退场费

8.6.1 大型机械设备基础、安拆及进退场费基础知识

大型机械设备进出场及安拆费是指这一类机械整体或分体自停放场地运至施工现场或由一个施工地点运至另一个施工地点,所发生的机械进出场运输及转移费用及这一类机械在施工现场进行安装、拆卸所需的人工费、材料费、机械费、试运转费和安装所需辅助设施的费用。

大型机械是指 2013《广西壮族自治区建筑装饰装修工程消耗量定额》基期价中注明为"特"或"大"型的机械。以上机型台班单价中未包括机械安拆费及场外运费的,均可计算本费用。常用的大型施工机械很多是自身不能行走的,即使自身能行走,按城市交通管理的规定也不能在城市道路中行驶,如履带式推土机、挖掘机,进出施工现场时必须靠运载和起重机械配合。很多大型施工机械是不能整机进出施工现场的,必须拆卸解体后才能进出施工现场,如塔式起重机,因此就发生大型机械进出场费及安拆费用。中小型施工机械的安拆费及场外运输费一般包括在台班单价中。大型机械安装拆卸一次费用中均包括了安拆过程中消耗的本机试车台班费,大型机械场外运输费用中均包括了运输过程中消耗的本机台班费,还包括了运输车辆、吊装机械的回程费用。

8.6.2　大型机械设备基础、安拆及进退场费清单工程量计算规则

1. 大型机械设备进出场及安拆工程量按使用机械设备的数量以台次计算,适用于大型机械场外运输及大型机械安装、拆卸一次(其中已包括机械安装完成后的试运转费用)。

2. 塔式起重机、施工电梯基础工程量按使用机械设备基础的数量以座计算,适用于塔式起重机、施工电梯基础。

3. 有多种机械需计算大型机械设备进出场及安拆,必须执行《建设工程工程量清单计价规范》(GB 50500—2013)广西实施细则的规定,按大型机械设备种类分别列项。

8.6.3　《广西壮族自治区建筑装饰装修工程消耗量定额》(2013 版)大型机械设备基础、安拆及进退场费计价说明

1. 塔式起重机固定式基础如需打桩时,其打桩费用按有关定额子目计算。消耗量定额不包括基础拆除的相关费用,如实际发生,另行计算。

2. 塔式起重机固定式基础、施工电梯基础如与定额子目工作内容不同时,可按经审定的施工组织设计分别套用相应定额子目计算。

3. 大型机械安装、拆卸一次费用中的安装拆卸费,其定额子目已包括机械安装完成后的试运转费用。塔式起重机安装、拆卸定额子目是按塔高 60 m 确定的,如塔高超过 60 m 时,每增加 15 m,定额子目所含人工、材料、机械台班消耗量(扣除试车台班后)增加 10%。

4. 大型机械场外运输费用为运距 25 km 以内的机械进出场费用。运距在 25 km 以上者,按实办理签证。大型机械场外运输费用不计算机械本机台班费用。大型机械场外运输费已包括运输机械的回程费用。自升式塔式起重机场外运输费是以塔高 60 m 确定的,如塔高超过 60 m 时,每增加 15 m,场外运定额子目所含人工、材料、机械台班消耗量增加 10%。

5. 大型机械安装、拆卸一次费用定额子目中的试车台班及场外运输费用定额子目中的本机使用台班可根据实际使用机型换算,其他不变。

6. 消耗量定额潜水钻机、转盘钻机、冲孔钻机等机械套用工程钻机相应定额子目,钻机可根据实际机型换算,其他不变。

8.6.4　大型机械设备基础、安拆及进退场费计价工程量计算规则

1. 自升式塔式起重机基础以座计算。

2. 施工电梯基础以座计算。

3. 大型机械安装、拆卸一次费用均以台次计算。

4. 大型机械场外运输费均以台次计算。

8.7 材料二次运输

8.7.1 材料二次运输基础知识

建筑装饰装修工程的常用材料因施工环境和场地狭小的限制,不能直接运到工地仓库或指定堆放点,必须进行二次搬运或多次搬运,由此造成的费用称为材料二次搬运费。

8.7.2 材料二次运输清单工程量计算规则

1. 二次搬运工程量按搬运的材料数量以相应的计量单位进行计算。适用于金属材料、水泥及其制品、石灰、砂、石、屋面保温材料、竹、木材及其制品砖、瓦、小型空心砌块、装饰石材、陶瓷面砖、天棚材料、窗制品及玻璃等建筑装饰材料的二次搬运。

2. 多种材料需计算二次搬运,必须执行《建设工程工程量清单计价规范》(GB 50500—2013)广西实施细则的规定,按材料种类及相应的计量单位分别列项。

3. 因水泥和玻璃(指门窗平板玻璃)重复装卸损耗较大,其二次运输损耗费应包括在材料二次运输报价。

8.7.3 《广西壮族自治区建筑装饰装修工程消耗量定额》(2013 版)材料二次运输计价说明

1. 材料二次运输费用是指因施工场地条件限制而发生的材料、构配件、半成品等一次运输不能到达堆放地点,必须进行二次或多次搬运所发生的费用。堆放地点是指定额子目取定的材料运距范围内的堆放地点。定额子目材料成品、半成品运输距离取定见表 8-8。

表 8-8 《广西壮族自治区建筑装饰装修工程消耗量定额》(2013 版)材料成品、半成品运距取定表

序号	材料名称	起止地点	定额取定运距(m)
1	水泥	仓库——搅拌处	100
2	砂	堆放——搅拌	100
3	碎(砾)石	堆放——搅拌	100
4	毛石	堆放——使用	100
5	方整石	堆放——使用	100
6	白石子		200
7	石屑		200
8	石灰(袋装,与灰膏同)		100
9	炉渣	堆放——使用	100
10	砖	堆放——使用	150

序号	材料名称	起止地点	定额取定运距(m)
11	瓦		150
12	瓷砖		200
13	马赛克		200
14	水配砖、缸砖		200
15	大理石、水磨石板		200
16	天然及人造石板		200
17	地面块料		200
18	砂浆	搅拌——使用	150
19	沥青砂浆	搅拌——使用	200
20	混凝土	搅拌——制作	150
21	细石混凝土	搅拌——使用	200
22	轻质混凝土		150
23	炉渣混凝土	搅拌——使用	150
24	沥青混凝土	搅拌——使用	200
25	加气混凝土块		150
26	混凝土块	堆放——使用	100
27	预制混凝土构件	制作	50
28	硅酸盐砌块		100
29	水泥蛭石块、沥青珍珠岩块	堆放——使用	150
30	石灰炉(矿)渣	拌和——使用	100
31	水泥石灰炉(矿)渣		200
32	现浇水泥珍珠岩、水泥蛭石		200
33	干铺珍珠岩蛭石		200
34	黏土		130
35	钢筋	制作	50
		取料——加工	80
		现场堆放——使用	100
		工厂加工——使用	150
36	铁件	堆放——使用	100
37	铁皮	仓库——使用	150
38	铸铁水斗、出水口罩、水落管	堆放——使用	150

序号	材料名称	起止地点	定额取定运距(m)
39	金属结构钢材	制作	150
		安装	100
40	钢门窗	制作	100
		安装	150
41	组合钢模板	堆放——安装	200
		拆除——堆放	200
42	木模板	取料——加工	80
		加工——工厂堆放	80
		现场堆放——安装	200
		拆除——堆放	200
43	木制半成品	取料——加工	80
		加工——堆放	100
		现场堆放——安装	220
44	木门窗	制作——堆放	80
		堆放——安装	170
45	屋架	制作	50
		安装	150
46	檩木	制作	50
		安装	150
47	瓦条		150
48	望板		150
49	木地板、木楞	制作	100
		安装	100
50	脚手架用料	搭设拆除	200
51	钢管脚手杆		200
52	脚手杆		200
53	脚手板		200
54	排木		200
55	毛竹	堆放——使用	200
56	卷材、油毡、玻璃布	仓库——使用	200
57	沥青	堆放——熬制——操作	150
58	沥青胶		200

序号	材料名称	起止地点	定额取定运距(m)
59	塑料板	仓库——使用	200
60	玻璃棉、矿渣棉	堆放——使用	200
61	麻刀		100
62	草袋片	堆放——使用	100
63	木柴、煤	堆放——使用	100
64	玻璃		150

2. 材料二次运输中,因水泥和玻璃(指门窗平板玻璃)重复装卸损耗较大,可另计算二次运输损耗费,但其余材料不得计算二次运输损耗费。水泥和玻璃的损耗率分别为:水泥0.5%;玻璃2%。二次运输损耗费计算式:二次运输损耗费=该材料量×材料单价×损耗率

3. 垂直运输材料按照垂直运输距离折合7倍水平运输距离,套用材料二次运输相应定额子目计算。

4. 水平运输距离的计算分别以取料中心点为起点,以材料堆放中心点为终点。不足整数者,进位取整数。

8.7.4　材料二次运输计价工程量计算规则

各种材料二次运输按《广西壮族自治区建筑装饰装修工程消耗量定额》(2013版)材料二次运输相应定额子目规定的计量单位进行计算。

8.8　成品保护工程

8.8.1　成品保护工程基础知识

为防止后续施工对已完工装饰装修面层及设备造成损坏,应采取相应的保护措施。成品保护是指施工过程中对已完工建筑装饰面层及设备所进行的保护,包括楼梯、栏杆成品保护,台阶成品保护和柱面、墙面、电梯内装饰等部位的保护,由此发生的费用称为成品保护费。例如大理石、花岗岩地面铺好后,一般在上面铺麻袋等软织材料用于吸水、保护成品。常用的成品保护材料有编织布、胶合板、麻袋、毛坯布、塑料薄膜等。

8.8.2　成品保护工程清单工程量计算规则

1. 楼地面成品保护工程量按被保护面层面积以平方米计算。

2. 楼梯成品保护工程量按设计图示尺寸以水平投影面积计算。

3. 栏杆、扶手成品保护工程量按设计图示尺寸以中心线长度计算,不扣除弯头所占长度。

4. 台阶成品保护工程量按设计图示尺寸以水平投影面积计算。

5. 柱面装饰面、墙面装饰面、电梯内装饰保护工程量按被保护面层面积以平方米计算。不是按设计图示结构尺寸计算的面积。

8.8.3 《广西壮族自治区建筑装饰装修工程消耗量定额》(2013 版)成品保护工程计价说明

1. 按实际发生的成品保护计算成品保护工程量,如果实际施工中没有采取保护的,不能计算成品保护费。

2. 消耗量定额成品保护费编制是以成品保护所需的材料考虑的。

3. 消耗量定额成品保护费包括楼地面、楼梯、栏杆、台阶、独立柱面、内墙面等饰面面层的成品保护。

8.8.4 成品保护工程计价工程量计算规则

1. 楼梯、台阶成品保护工程量按设计图示尺寸以水平投影面积计算。

2. 栏杆、扶手成品保护工程量按设计图示尺寸以中心线长度计算。

3. 其他成品保护工程量按被保护面层以面积计算。

9 装配式建筑

【学习目标】

1. 了解装配式建筑、装配式建筑预制率和装配率的概念。
2. 掌握装配式建筑工程各分部分项工程量计算规则。
3. 掌握装配式建筑工程分部分项工程编制,以及清单工程量和消耗量定额工程量的计算。
4. 能独立计算装配式建筑工程清单工程量,具有装配式建筑工程计量计价能力。

【学习要求】

1. 理解装配式建筑、装配式建筑预制率和装配率的概念,装配式建筑工程分部分项工程编制的基本步骤。
2. 掌握装配式混凝土结构工程、装配式钢结构工程、建筑构件及部品工程工程量的计算。
3. 结合案例掌握装配式建筑工程各分部分项工程清单及消耗量定额工程量的计算。

9.1 装配式建筑

9.1.1 装配式建筑基础知识

装配式建筑是指建筑的结构系统、外围护系统、设备与管线系统、内装系统的主要部分采用工厂生产的预制部品部件在工地集成的建筑,包括装配式混凝土结构、钢结构、现代木结构,以及其他符合装配式建筑技术要求的结构体系建筑。

整体装配式建筑结构施工工艺流程:标准化图纸设计→部品部件工厂化预制生产→运输及现场堆放→施工现场吊装准备→柱吊装→梁吊装(临时支撑)→板吊装(临时支撑)→外墙板吊装(临时支撑)→楼梯、外挑板吊装→节点、叠合梁板面层现浇→进入上一层施工→完工。

施工现场吊装准备:首先,构件根据吊装顺序组织进场、分类堆放;然后,根据构件定位控制图(根据结构平面图重新制作的构件与控制线的关系位置图)放出楼层控制线和构件定位线,并对各构件定位进行精确复核;接着,吊装前根据构件不同形式和大小准备、检查吊具;最后,吊装前将控制线投放在构件上。

(1)柱吊装流程:基层清理→测量放线→构件进场检查→构件对位安装→安装临时支撑→精确校核。

(2)梁吊装流程:测量放线(梁搁柱头边线)→构件进场检查→设置梁底支撑→起吊就位安放→微调定位。

(3)板吊装流程:测量放线→构件进场检查→设置板底支撑→起吊→就位安放→微调定位。

(4)外墙板吊装流程:测量放线→构件进场检查→起吊→安放就位→安装临时斜撑→墙板永久固定。

（5）预制楼梯吊装流程：测量放线→构件进场检查→起吊→安放就位→微调定位→与现浇部位连接。

（6）外挑板吊装流程：测量放线→构件进场检查→设置板底支撑→起吊→就位安放→微调。

（7）支撑架搭设施工流程：绘制支撑平面布置图→搭设支撑→梁板吊装→水平微调。

9.1.2 装配式建筑预制率和装配率

预制率也称建筑单体预制率，是指混凝土结构装配式建筑±0.000以上主体结构和围护结构中预制构件部分的混凝土用量占建筑单体混凝土总用量的比率。其中，预制构件包括以下类型：墙体（剪力墙、外挂墙板）、柱/斜撑、梁、楼板、楼梯、凸窗、空调板、阳台板、女儿墙。建筑单体预制率的计算公式为：

$$建筑单体预制率=\frac{（室外地坪以上主体结构＋围护结构）预制构件混凝土用量体积}{对应部分混凝土总用量体积}\times100\%$$

$$(9-1)$$

建筑单体装配率是指装配式建筑中预制构件、建筑部品的数量（或面积）占同类构件或部品总数量（或面积）的比率。建筑单体装配率的计算公式为：

$$建筑单体装配率=\frac{预制构件、建筑部品的数量（或面积）}{同类构件、部品总数量（或面积）}\qquad(9-2)$$

9.1.3 装配式建筑部品部件

建筑部品化就是运用现代化的工业生产技术将柱、梁、墙、板、屋盖甚至是整体卫生间、整体厨房等建筑构配件、部件实现工厂化预制生产，使之在运输至建筑施工现场后可进行"搭积木"式的简捷化的装配安装。

梁柱部品是指由结构层、饰面层、保温层等中的两种或两种以上产品按一定的构造方式组合而成，满足一种或几种预制梁、预制柱功能要求的产品。

墙体部品是指由墙体材料、结构支撑体、隔声材料、保温材料、隔热材料、饰面材料等中的两种或者两种以上产品按一定的构造方法组合而成，满足一种或几种墙体功能要求的产品。主要分为承重外墙板部品、承重内墙板部品与剪力墙部品。

楼板部品是指由面层、结构层、附加层（保温层、隔声层等）、吊顶层等中的两种或者两种以上产品按一定的构造方法组合而成，满足一种或几种楼板功能要求的产品。主要分为叠合楼板、吊顶、空调板、窗台板与遮阳板。

屋顶部品是指由屋面饰面层、保护层、防水层、保温层、隔热层、屋架等中的两种或者两种以上产品按一定的构造方法组合而成，满足一种或几种屋顶功能要求的产品。

隔墙部品是指由墙体材料、骨架材料、门窗等中的两种或者两种以上产品按一定构造方法组合而成的非承重隔墙和隔断，满足一种或几种隔墙和隔断功能要求的产品。主要分为非承重内隔墙部品与非承重外隔墙部品。

阳台部品是指由阳台地板、栏板、栏杆、扶手、连接件、排水设施等产品，按一定构造方法组合而成，满足一个或多个阳台功能要求的产品。主要分为阳台板与栏杆。

　　楼梯部品是指由梯段、楼梯平台、栏杆、扶手等中的两种或者两种以上产品,按一定构造方法组合而成,满足一种或几种楼梯功能要求的产品。主要分为梯段、楼梯平台与栏杆扶手。

　　门窗部品是指由门扇、门框、窗扇、窗框、门窗五金、密封层、保温层、窗台板、门窗套版、遮阳等中的两种或者两种以上产品按一定的构造方法组合而成,满足一种或几种门窗功能要求的产品。

　　墙面铺装部品是指由墙面饰面板、饰面砖、壁纸、墙布等墙面装饰材料,按照一定方法组合,满足墙面装饰功能要求的产品。

　　地面铺装部品是指由地砖面层、大理石面层、花岗石面层、实木地板面层、竹地板面层、实木复合地板面层、地毯和地板胶面层等地面装饰材料,按照一定方法组合,满足地面装饰功能要求的产品。

　　卫浴部品是指由洁具、管道、给排水和通风设施等产品,按照配套技术组装,满足便溺、洗浴、盥洗、通风等一个或多个卫生功能要求的产品。

　　餐厨部品是指由烹调、通风排烟、食品加工、清洗、储藏等产品,按照配套技术组装,满足一个或多个厨房功能要求的产品。

　　储柜部品是指由门扇、导轨、家具五金、隔板等产品,按一定构造方法组合而成,满足固定储藏功能要求的产品。

　　电气设备部品是指由各类电气元件、导线、箱(柜)体、面板等,按照一定构造方法组合而成,满足配电、用电等功能要求的产品。

9.1.4　装配式建筑与 BIM 技术

　　与传统建筑不同,装配式建筑的典型特征是标准化的预制构件或部品在工厂生产,然后运输到施工现场装配、组装成整体。这意味着从设计的初始阶段即需要考虑构件的加工生产、施工安装、维护保养等,并在设计过程中与结构、设备、电气、内装专业紧密沟通,进行全专业、全过程的一体化思考,实现标准化设计、工厂化生产、装配式施工、一体化装修、信息化管理。为避免预制构件在现场安装不上,造成返工与资源浪费等问题,保证设计、生产、装配的全过程管理,BIM 技术的应用势在必行。装配式建筑传统的建设模式中,设计、工厂制造、现场安装三个阶段是分离的,设计不合理,往往只能在安装过程中才会发现,造成变更和浪费,甚至影响质量。BIM 技术的引入,将设计方案、制造需求、安装需求集成在 BIM 模型中,在实际建造前统筹考虑各种要求,把实际制造、安装过程中可能产生的问题提前解决。BIM 技术与装配式建筑的深度融合,实现信息化协同设计、可视化装配、工程量信息的交互和节点连接模拟及检验等全新运用,从而推动建筑业的创新发展。

9.2　装配式混凝土结构工程

9.2.1　装配式混凝土结构工程基础知识

　　装配式混凝土建筑是指以工厂化生产的钢筋混凝土预制构件为主,通过现场装配的方式设计建造的混凝土结构类房屋建筑。PC(Precast Concrete)构件是装配式混凝土预制构件的简称,PC 构件是指按照标准图设计预先制作后安装的混凝土构件,主要有外墙板、内墙板、叠合板、阳台空调板、楼梯、预制梁、预制柱等,然后将工厂生产的PC构件运到建筑物施工现场,经装配、连接、部分现浇,装配成混凝土结构建筑物。装配式混凝土结构是由预制混凝土构件通过可靠的连接方式装配而成的混凝土结构,包括装配整体式混凝土结构、多层装配式墙板结构。装配整体式混凝土结构是指由预制混凝土构件通过可靠的连接方式并与现场后浇混凝土、水泥基灌浆料形成整体的装配式混凝土结构,简称装配整体式结构。多层装配式墙板结构是指全部或部分墙体采用预制墙板构建成的多层装配式混凝土结构。预制混凝土构件现场安装连接方式主要有钢筋套筒灌浆连接、钢筋浆锚搭接连接和水平锚环灌浆连接三种。钢筋套筒灌浆连接是指在金属套筒中插入单根带肋钢筋并注入灌浆料拌合物,通过拌合物硬化形成整体并实现传力的钢筋对接方式。钢筋浆锚搭接连接是指在预制混凝土构件中预埋孔道,在孔道中插入需搭接的钢筋,并灌注水泥基灌浆料而实现的钢筋搭接连接方式。水平锚环灌浆连接是指同一楼层预制墙板拼接处设置后浇段,预制墙板侧边甩出钢筋锚环并在后浇段内相互交叠而实现的预制墙板竖缝连接方式。混凝土叠合受弯构件是指预制混凝土梁、板顶部在现场后浇混凝土而形成的整体受弯构件,简称叠合梁、叠合板。预制外挂墙板是指安装在主体结构上,起维护、装饰作用的非承重预制混凝土外墙板,简称外挂墙板。

9.2.2 装配式混凝土结构工程清单工程量计算规则

1. 预制混凝土矩形柱、预制混凝土异形柱工程量按设计图示尺寸以体积计算。构件运输、安装应包括在报价内。

2. 预制混凝土矩形梁、预制混凝土异形梁、预制混凝土过梁、预制混凝土拱形梁、预制混凝土鱼腹式吊车梁、其他预制混凝土梁工程量按设计图示尺寸以体积计算。构件运输、安装应包括在报价内。

3. 预制混凝土折线形屋架、预制混凝土组合屋架、预制混凝土薄腹屋架、预制混凝土门式屋架、预制混凝土天窗架、预制混凝土拱、梯形屋架工程量按设计图示尺寸以体积计算。预制混凝土三角形屋架按预制混凝土折线形屋架项目编码列项。构件运输、安装应包括在报价内。

4. 预制混凝土平板、预制混凝土空心板、预制混凝土槽形板、预制混凝土网架板、预制混凝土折线板、预制混凝土带肋板、预制混凝土大型板、预制混凝土沟盖板、井盖板、井圈、其他预制混凝土板工程量按设计图示尺寸以体积计算。不扣除单个面积≤300×300的孔洞所占体积,扣除空心板空洞体积。不带肋的预制遮阳板、雨篷板、挑檐板、栏板等,应按平板项目编码列项。预制F形板、双T形板、单肋板和带反挑檐的雨篷板、挑檐板、遮阳板等,应按带肋板项目编码列项。预制大型墙板、大型楼板、大型屋面板等,应按大型板项目编码列项。需单独列项的盖板、井圈及清单未列出项目编码的板按体积计算。构件运输、安装应包括在报价内。

5. 预制混凝土楼梯工程量按设计图示尺寸以体积计算,扣除空心踏步板空洞体积。构件运输、安装应包括在报价内。

6. 现浇或预制混凝土和钢筋混凝土构件,不扣除构件内钢筋螺栓、预埋件、张拉孔道所占体积,但应扣除劲性骨架的型钢所占体积。

9.2.3 《广西壮族自治区装配式建筑工程消耗量定额》(2017版)装配式混凝土结构工程计价说明

1. 装配式建筑工程消耗量定额中各类预制构配件均按成品购置构件、现场安装的方式进行编制,构配件的设计优化、生产深化费用在构配件购置价格中考虑。

2. 装配式建筑工程消耗量定额中所用砂浆按现场搅拌砂浆的定额子目进行套用和换算,设计所用砂浆与定额子目工作内容不同时按以下办法对人工、材料和机械台班消耗量进行调整:

1) 使用预拌砂浆,使用机械搅拌的定额子目,每 1 m³ 砂浆扣减定额人工费 41.04 元;使用人工搅拌的定额子目,每 1 m³ 砂浆扣减定额人工费 50.73 元。将定额子目中的现场搅拌砂浆换算为预拌砂浆,扣除相应定额子目中的灰浆搅拌机台班。

2) 使用干混砂浆,每 1 m³ 砂浆扣减定额人工费 17.10 元,每 1 m³ 现场搅拌砂浆换算成干混砂浆 1.75 t 及水 0.29 m³,灰浆搅拌机台班不变,如用其他方式搅拌亦不增减费用。

3. 装配式建筑工程消耗量定额的周转材料按摊销量进行编制,已包括回库维修的耗量。

4. 用量很少、占材料费比重很小的零星材料合并为其他材料费,以元表示。

5. 装配式建筑工程消耗量定额的机械台班消耗量是按正常机械施工工效并考虑机械幅度差综合确定,每台班按 8 小时工作制计算。

6. 用量很少、占机械费比重很小的其他机械合并为其他机械费,以元表示。

7. 装配式混凝土结构、装配式住宅钢结构的预制构件安装定额中,未考虑吊装机械,其费用已包括在措施项目的垂直运输费中。

8. 装配式建筑工程的脚手架按《广西壮族自治区建筑装饰装修工程消耗量定额》(2013版)脚手架工程相应定额子目乘以系数 0.85 计算。

9. 装配式建筑垂直运输按《广西壮族自治区建筑装饰装修工程消耗量定额》(2013 版)建筑物垂直运输相应定额子目乘以系数 0.85。建筑物垂直运输高度在 30 m 以内的按《广西壮族自治区建筑装饰装修工程消耗量定额》(2013 版)相应定额子目,自升式塔式起重机起重力矩改为 600 kN·m,其他不变。

10. 本定额建筑物超高增加费按《广西壮族自治区建筑装饰装修工程消耗量定额》(2013版)建筑物超高增加费相应定额子目计算,其中人工消耗量乘以系数 0.7。

11. 构件安装不分构件外形尺寸、截面类型以及是否带有保温,除另有规定者外,均按构件种类套用相应定额子目。

12. 构件安装定额子目已包括构件固定所需临时支撑的搭设及拆除,支撑(含支撑用预埋铁件)种类、数量及搭设方式综合考虑。

13. 柱、墙板、女儿墙等构件安装定额子目中,构件底部坐浆按砌筑砂浆铺筑考虑,遇设计采用灌浆料的,按总说明规定换算。

14. 外挂墙板、女儿墙构件安装设计要求接缝处填充保温板时,相应保温板消耗量按设计要求增加计算,其余不变。

15. 墙板安装定额子目不分是否带有门窗洞口,均按相应定额子目执行。凸(飘)窗安装定额子目适用于单独预制的凸(飘)窗安装,依附于外墙板制作的凸(飘)窗,并入外墙板内计算,相应定额子目人工消耗量乘以系数 1.2,机械消耗量乘以系数 1.2。

16. 外挂墙板安装定额子目已综合考虑了不同的连接方式,按构件不同类型及厚度套用相应定额子目。

17. 楼梯休息平台安装按平台板结构类型不同,分别套用整体楼板或叠合楼板相应定额子目,相应定额子目人工消耗量乘以系数 1.3,机械及除预制混凝土楼板外的材料消耗量乘以系数 1.3。

18. 阳台板安装不分板式或梁式,均套用同一定额子目。空调板安装定额子目适用于单独预制的空调板安装,依附于阳台板制作的栏板、翻沿、空调板,并入阳台板内计算。非悬挑的阳台板安装,分别按梁、板安装有关规则计算并套用相应定额子目。

19. 女儿墙安装按构件净高以 0.6 m 以内和 1.4 m 以内分别编制,1.4 m 以上时套用外墙板安装定额子目。压顶安装定额子目适用于单独预制的压顶安装,依附于女儿墙制作的压顶,并入女儿墙计算。

20. 套筒注浆不分部位、方向,按锚入套筒内的钢筋直径不同,以 φ18 以内及 φ18 以上分别编制。

21. 外墙嵌缝、打胶定额中注胶缝的断面按 20 mm×15 mm 编制,若设计断面与定额子目不同时,密封胶用量按比例调整,其余不变。定额子目中的密封胶按硅酮耐候胶考虑,遇设计采用的种类与定额子目不同时,材料单价可进行换算。

22. 后浇混凝土指装配整体式结构中,用于与预制混凝土构件连接形成整体构件的现场浇筑混凝土。混凝土浇捣,采用泵送时,按《广西壮族自治区建筑装饰装修工程消耗量定额》(2013 版)混凝土运输及泵送工程相应定额子目及规定执行,如采用非泵送时,每立方米混凝土人工费增加 25 元。

23. 墙板或柱等预制垂直构件之间设计采用现浇混凝土墙连接的,当连接墙的长度在 2 m 以内时,套用后浇混凝土连接墙、柱定额子目,长度超过 2 m 的,按《广西壮族自治区建筑装饰装修工程消耗量定额》(2013 版)混凝土及钢筋混凝土工程的相应定额子目及规定执行。

24. 叠合楼板或整体楼板之间设计采用现浇混凝土板带拼缝的,板带混凝土浇捣并入后浇混凝土叠合梁、板内计算。

25. 后浇混凝土钢筋制作、安装定额按钢筋品种、型号、规格结合连接方法及用途划分,相应定额内子目的钢筋型号以及比例已综合考虑,各类钢筋的制作成型、绑扎、安装、接头、固定以及与预制构件外露钢筋的绑扎、焊接等所用人工、材料、机械消耗已综合考虑在相应定额子目内。钢筋绑扎、焊接、接头、损耗,按《广西壮族自治区建筑装饰装修工程消耗量定额》(2013 版)混凝土及钢筋混凝土工程的相应定额子目及规定执行。

26. 后浇混凝土模板定额消耗量中已包含了伸出后浇混凝土与预制构件抱合部分模板的用量。

9.2.4 装配式混凝土结构工程计价工程量计算规则

1. 构件安装工程量按成品构件设计图示尺寸的实体积以立方米计算,依附于构件制作的各类保温层、饰面层的体积并入相应构件安装中计算,不扣除构件内钢筋、预埋铁件、配管、套管、线盒及单个面积≤0.3 m² 的孔洞、线箱等所占体积,构件外露钢筋体积亦不再增加。

2. 套筒注浆按设计数量以个计算。

3. 外墙嵌缝、打胶按构件外墙接缝的设计图示尺寸的长度以延长米计算。

4. 后浇混凝土浇捣工程量按设计图示尺寸以实体积计算,不扣除混凝土内钢筋、预埋铁件及单个面积≤0.3 m² 的孔洞等所占体积。

5. 后浇混凝土钢筋工程量按设计图示钢筋的长度、数量乘以钢筋单位理论质量以吨计算,除设计(包括规范规定)标明的搭接外,其他施工搭接已在定额中综合考虑,不另计算。其中:

（1）钢筋接头的搭接长度应按设计图示及规范要求计算，如设计要求钢筋接头采用机械连接、电渣压力焊及气压焊时，按数量计算，不再计算该处的钢筋搭接长度。

（2）钢筋工程量应包括双层及多层钢筋的"铁马"数量，不包括预制构件外露钢筋的数量。

6. 后浇混凝土模板工程量按后浇混凝土与模板接触面的面积以平方米计算，伸出后浇混凝土与预制构件抱合部分的模板面积不增加计算。不扣除后浇混凝土墙、板上单孔面积$\leqslant 0.3\ m^2$的孔洞，洞侧壁模板亦不增加；应扣除单孔面积$> 0.3\ m^2$的孔洞，孔洞侧壁模板面积并入相应的墙、板模板工程量内计算。

9.3　装配式钢结构工程

9.3.1　装配式钢结构工程基础知识

装配式钢结构工程是指在工厂化生产的钢结构部件，在施工现场通过以高强螺栓连接为主，辅以焊接连接进行组装和连接而成的钢结构建筑。装配式钢结构工程按结构体系分为低层冷弯薄壁型钢结构、钢框架结构、钢框架-支撑结构、钢框架-延性墙板结构、交错桁架结构、门式刚架结构。冷弯薄壁型钢结构是指冷弯薄壁型钢为主要承重构件，不大于3层，檐口高度不大于12 m的低层房屋结构。冷弯薄壁型钢由厚度为1.5～6 mm的钢板或带钢，经冷加工（冷弯、冷压或冷拔）成型，同一截面部分的厚度都相同，截面各角顶处呈圆弧形。钢框架结构是指以钢梁和钢柱或钢管混凝土柱刚性连接，具有抗剪和抗弯能力的结构。钢框架-支撑结构是指由钢框架和钢支撑构件组成，能共同承受竖向、水平作用的结构，钢支撑分中心支撑、偏心支撑和屈曲约束支撑等。钢框架-延性墙板结构是指由钢框架和延性墙板构件组成，能共同承受竖向、水平作用的结构，延性墙板有带加劲肋的钢板剪力墙、带竖缝混凝土剪力墙等。交错桁架结构是指在建筑物横向的每个轴线上，平面桁架隔层设置，而在相邻轴线上交错布置的结构。门式刚架结构是指承重结构采用变截面或等截面实腹刚架的单层房屋结构。

9.3.2　装配式钢结构工程清单工程量计算规则

1. 钢网架工程量按设计图示尺寸以质量计算。不扣除孔眼的质量，焊条、铆钉等不另增加质量。钢网架项目适用于一般钢网架和不锈钢网架。不论节点形式（球形节点、板式节点等）和节点连接方式（焊接、铰接）等均按该项目列项。

2. 钢屋架、钢托架、钢桁架工程量按设计图示尺寸以质量计算。不扣除孔眼的质量，焊条、铆钉、螺栓等不另增加质量。钢屋架项目适用于一般钢屋架、轻型钢屋架、冷弯薄壁型钢屋架，可按第五级编码分别列项。其中，轻钢屋架是指采用圆钢筋、小角钢（小于∟45×4等肢角钢、小于∟56×36×4不等肢角钢）和薄钢板（其厚度一般不大于4 mm）等材料组成的轻型钢屋架。薄壁型钢屋架是指厚度在2～6 mm的钢板或带钢经冷弯或冷拔等方式弯曲而成的型钢组成的屋架。

3. 钢架桥工程量按设计图示尺寸以质量计算。不扣除孔眼的质量，焊条、铆钉等不另增加质量。

4. 实腹钢柱、空腹钢柱工程量按设计图示尺寸以质量计算。不扣除孔眼的质量，焊条、铆钉、螺栓等不另增加质量，依附在钢柱上的牛腿及悬臂梁等并入钢柱工程量内。实腹钢柱项目适用于实腹钢柱和实腹式型钢混凝土柱。实腹钢柱类型指十字、T、L、H形等。空腹钢柱项目适用于空腹钢柱和空腹式型钢混凝土柱。空腹钢柱类型指箱形、格构等。型钢混凝土柱浇筑钢筋混凝土,其混凝土和钢筋应按混凝土及钢筋混凝土工程中相关项目编码列项。

5. 钢管柱工程量按设计图示尺寸以质量计算。不扣除孔眼的质量,焊条、铆钉、螺栓等不另增加质量,钢管柱上的节点板、加强环、内衬管、牛腿等并入钢管柱工程量内。钢管柱项目适用于钢管柱和钢管混凝土柱。钢管混凝土柱的盖板、底板、穿心板、横隔板、加强环、明牛腿、暗牛腿应包括在报价内。

6. 钢梁、钢吊车梁工程量按设计图示尺寸以质量计算。不扣除孔眼的质量,焊条、铆钉、螺栓等不另增加质量,制动梁、制动板、制动桁架、车挡并入钢吊车梁工程量内。钢梁项目适用于钢梁、实腹式型钢混凝土梁、空腹式型钢混凝土梁。梁类型指 H、L、T 形、箱形、格构式等。型钢混凝土梁浇筑钢筋混凝土,其混凝土和钢筋应按混凝土及钢筋混凝土工程中相关项目编码列项。钢吊车梁项目适用于钢吊车梁及吊车梁的制动梁、制动板、制动桁架,车挡应包括在报价内。

7. 钢板楼板工程量按设计图示尺寸以铺设水平投影面积计算。不扣除单个面积 $\leqslant 0.3 \ m^2$ 柱、垛及孔洞所占面积。钢板楼板项目适用于现浇混凝土楼板,使用钢板作永久性模板,并与混凝土叠合后组成共同受力的构件。压型钢楼板按钢板楼板项目编码列项。压型钢楼板采用镀锌或经防腐处理的薄钢板。钢板楼板上浇筑钢筋混凝土,其混凝土和钢筋应按混凝土及钢筋混凝土工程中相关项目编码列项。

8. 钢板墙板工程量按设计图示尺寸以铺挂展开面积计算。不扣除单个面积 $\leqslant 0.3 \ m^2$ 的梁、孔洞所占面积,包角、包边、窗台泛水等不另加面积。

9. 钢支撑、钢拉条、钢檩条、钢天窗架、钢挡风架、钢墙架、钢平台、钢走道、钢梯、钢护栏工程量按设计图示尺寸以质量计算,不扣除孔眼的质量,焊条、铆钉、螺栓等不另增加质量。钢墙架项目包括墙架柱、墙架梁和连接杆件。钢支撑、钢拉条类型包括单式和复式两种;钢檩条类型包括型钢式和格构式两种。

10. 钢漏斗、钢板天沟工程量按设计图示尺寸以质量计算,不扣除孔眼的质量,焊条、铆钉、螺栓等不另增加质量,依附漏斗或天沟的型钢并入漏斗或天沟工程量内。钢漏斗形式包括方形和圆形两种;天沟形式包括矩形沟和半圆形沟两种。

11. 钢支架、零星钢构件工程量按设计图示尺寸以质量计算,不扣除孔眼的质量,焊条、铆钉、螺栓等不另增加质量。

12. 成品空调金属百页护栏、成品栅栏工程量按设计图示尺寸以框外围展开面积计算。

13. 成品雨篷工程量按设计图示接触边长度以米计算,或按设计图示尺寸展开面积以平方米计算。

14. 钢构件的除锈、刷防锈漆包括在报价内。金属结构刷油漆,按油漆、涂料、裱糊工程相应编码单独列项目。

9.3.3 《广西壮族自治区装配式建筑工程消耗量定额》(2017 版)装配式钢结构工程计价说明

1. 装配式钢结构工程安装包括钢网架安装、厂(库)房钢结构安装、住宅钢结构安装及钢结构围护体系安装等内容。大卖场、物流中心等钢结构安装工程,可套用厂(库)房钢结构安装的相应定额子目;高层商务楼、商住楼等钢结构安装工程,可套用住宅钢结构安装相应定额子目。

2. 装配式建筑消耗量定额相应定额子目所含油漆,仅指构件安装时节点焊接或因切割引起补漆。预制钢构件的除锈、油漆及防火涂料的费用应在成品价格内包含;若成品价格未包含油漆及防火涂料费用的,另按《广西壮族自治区建筑装饰装修工程消耗量定额》(2013 版)油漆、涂料、裱糊工程的相应定额子目及规定执行。

3. 预制钢构件安装定额子目中预制钢构件以外购成品进行编制,不考虑施工损耗。

4. 预制钢结构构件安装,按构件种类及重量不同分别套用相应定额子目。

5. 装配式建筑消耗量定额已包括了施工企业按照质量验收规范要求,针对安装工作自检所发生的磁粉探伤、超声波探伤等常规检测费用。

6. 不锈钢螺栓球网架安装套用螺栓球节点网架安装定额子目,同时取消定额子目中油漆及稀释剂含量,人工费消耗量乘以系数 0.95。

7. 钢支座定额子目适用于单独成品支座安装。

8. 厂(库)房钢结构的柱间支撑、屋面支撑、系杆、撑杆、隅撑、墙梁、钢天窗架等安装套用钢支撑(钢檩条)安装定额子目,钢走道安装套用钢平台安装定额子目。

9. 零星钢构件安装定额子目,适用于装配式建筑消耗量定额未列定额子目,且单件质量在 25 kg 以内的小型钢构件安装。住宅钢结构的零星钢构件安装套用厂(库)房钢结构的零星钢构件安装定额子目,并扣除定额子目中汽车式起重机使用台班消耗量。

10. 组合钢板剪力墙安装套用住宅钢结构 3t 以内钢柱安装定额子目,相应定额子目人工消耗量乘以系数 1.5,机械及除预制钢柱外的材料消耗量乘以系数 1.5。

11. 钢构件安装项目中已考虑现场拼装费用,但未考虑分块或整体吊装的钢网架、钢桁架地面平台拼装摊销,如发生,套用现场拼装平台摊销定额子目。

12. 钢构件安装定额子目缺项部分可套用房屋建筑装饰装修工程消耗量定额相应定额子目。

13. 厂(库)房钢结构安装的垂直运输费已包括在相应定额子目内,不另行计算。住宅钢结构安装定额子目内的汽车式起重机使用台班消耗量为钢构件现场转运消耗量,垂直运输费按房屋建筑装饰装修工程消耗量定额垂直运输工程相应定额子目执行。

14. 钢楼层板混凝土浇捣所需收边板的用量,均已包括在相应定额子目的消耗量中,不另单独计算。

15. 墙面板包角、包边、窗台泛水等所需增加的用量,均已包括在相应定额子目的消耗量中,不另单独计算。

16. 硅酸钙板墙面板项目中双面隔墙定额子目其墙体厚度按 180 mm 考虑,其中镀锌钢龙骨用量按 15 kg/m² 编制,设计与定额子目工作内容不同时应进行调整换算。

17. 不锈钢天沟、彩钢板天沟展开宽度为 600 mm,若实际展开宽度与定额子目工作内容不同时,板材按比例调整,其他不变。

9.3.4　装配式钢结构工程计价工程量计算规则

1. 预制钢构件安装工程量按成品构件的设计图示尺寸以质量计算,不扣除单个面积≤0.3 m² 的孔洞质量,焊缝、铆钉、螺栓等不另增加质量。

2. 钢网架工程量不扣除孔眼的质量,焊缝、铆钉等不另增加质量。焊接空心球网架质量包括连接钢管杆件、连接球、支托和网架支座等零件的质量,螺栓球节点网架质量包括连接钢管杆件(含高强螺栓、销子、套筒、锥头或封板)、螺栓球、支托和网架支座等零件的质量。

3. 依附在钢柱上的牛腿及悬臂梁的质量等并入钢柱的质量内,钢柱上的柱脚板、加劲板、柱顶板、隔板和肋板并入钢柱工程量内。

4. 钢管柱上的节点板、加强环、内衬板(管)、牛腿等并入钢管柱的质量内。

5. 钢平台的工程量包括钢平台的柱、梁、板、斜撑等的质量,依附于钢平台上的钢扶梯及平台栏杆,并入钢平台工程量内。

6. 钢楼梯的工程量包括楼梯平台、楼梯梁、楼梯踏步等的质量,钢楼梯上的扶手、栏杆并入钢楼梯工程量内。

7. 钢构件现场拼装平台摊销工程量按实施拼装构件的工程量计算。

8. 钢楼层板、屋面板工程量按设计图示尺寸的铺设面积计算,不扣除单个面积≤0.3 m^2 的柱、垛及孔洞所占面积。

9. 硅酸钙板墙面板工程量按设计图示尺寸的墙体面积以平方米计算,不扣除单个面积≤0.3 m^2 的孔洞所占面积。

10. 保温岩棉铺设、EPS混凝土浇灌工程量按设计图示尺寸的铺设或浇灌体积以立方米计算,不扣除单个面积≤0.3 m^2 的孔洞所占体积。

11. 硅酸钙板包柱、包梁及蒸压砂加气保温块贴面工程量按钢构件设计断面尺寸以平方米计算。

12. 钢板天沟工程量按设计图示尺寸以质量计算,依附天沟的型钢并入天沟的质量内计算,不锈钢天沟、彩钢板天沟工程量按设计图示尺寸以长度计算。

9.4 建筑构件及部品工程

9.4.1 建筑构件及部品工程基础知识

装配式建筑构件及部品是指由工厂生产,构成外围护系统、设备与管线系统、内装系统的建筑单一产品或复合产品组装而成的功能单元的统称,主要包括单元式幕墙、非承重隔墙、预制烟道及通风道、预制护栏和装饰成品部件等。单元式幕墙是指由各种面板与支承框架在工厂制成,形成完整的幕墙结构基本单位后,运至施工现场直接安装在主体结构上的建筑幕墙。非承重隔墙是指不承受外力仅承受自身重量,并把自重传至基础,作为分隔房屋内部空间的隔墙。非承重隔墙按板材材质不同,可划分为钢丝网架轻质夹心隔墙板、轻质条板隔墙以及预替钢龙骨隔墙三类。预制烟道及通风道是指以混凝土为主要材料,在构件厂预先制作的在建筑物里安装的供排除烟气、废气,以及方便空气流通的孔道。成品风帽是与预制烟道及通风道相配套的部品部件。预制烟道主要用于厨房、发电机房、卫生间等的排烟,预制通风道专门用于通风、空气调节等空调系统管路。预制护栏是指预制防护栏,主要用于房屋建筑、商业区、公共场所等场合中对人身安全及设备设施的保护与防护,常用预制护栏有不锈钢护栏、圆钢管护栏、方钢管或压型钢板护栏、铝合金护栏、组装式护栏等。装饰成品部件是指将原本在现场装修项目木工工程和木器油漆工程中需要做油漆的饰面部分,在工厂内通过精加工作业进行生产,然后到现场进行组装的部件,如房门、门套、窗套、踢脚线、墙面木饰造型、衣柜、橱柜等。

9.4.2　建筑构件及部品工程清单工程量计算规则

1. 带骨架幕墙工程量按设计图示框外围尺寸以面积计算。与幕墙同种材质的窗所占面积不扣除。幕墙骨架应包括在报价内,幕墙上的门窗材质与幕墙不同时,可包括在幕墙项目报价内,也可按单独编码列项,并在清单项目中进行描述。

2. 成品隔断工程量按设计图示立面(包括脚的高度在内)以面积计算。成品隔断包括门扇制作、安装及五金配件的报价。

3. 砌块墙工程量按设计图示尺寸以体积计算,扣除门窗,洞口,嵌入墙内的钢筋混凝土柱、梁、圈梁、挑梁、过梁及凹进墙内的壁龛、管槽、暖气槽、消火栓箱所占体积,不扣除梁头、板头、檩头、垫木、木楞头、沿缘木、木砖、门窗走头、砖墙内加固钢筋、木筋、铁件、钢管及单个面积≤0.3 m² 的孔洞所占的体积。凸出墙腰线、挑檐、压顶、窗台线、虎头砖、门窗套的体积亦不增加。凸出墙面的砖垛并入墙体体积内计算。外墙长度按中心线,内墙按净长计算。对于外墙高度计算,斜(坡)屋面无檐口天棚者算至屋面板底;有屋架且室内外均有天棚者算至屋架下弦底另加 200 mm;无天棚者算至屋架下弦底另加 300 mm,出檐宽度超过 600 mm 时按实砌高度计算;有钢筋混凝土楼板隔层者算至板顶。平屋顶算至钢筋混凝土板底。对于内墙高度计算,位于屋架下弦者,算至屋架下弦底;无屋架者算至天棚底另加 100 mm;有钢筋混凝土楼板隔层者算至楼板顶;有框架梁时算至梁底。对于女儿墙高度计算,从屋面板上表面算至女儿墙顶面(如有混凝土压顶时算至压顶下表面)。对于内、外山墙高度计算,按其平均高度计算。框架间墙工程量不分内外墙按墙体净尺寸以体积计算。对于围墙高度计算,高度算至压顶上表面(如有混凝土压顶时算至压顶下表面),围墙柱并入围墙体积内。砌体内填充料按填充空隙体积计算(除小型空心砌块墙外)。

4. 木隔断、金属隔断、玻璃隔断、塑料隔断工程量按设计图示尺寸以面积计算,不扣除单个≤0.3 m² 的孔洞所占面积。其他隔断工程量按设计图示尺寸以面积计算,不扣除单个≤0.3 m² 的孔洞所占面积。

5. 墙面装饰板工程量按设计图示饰面外围尺寸以面积计算,扣除门窗洞口及单个>0.3 m²孔洞所占面积。

6. 通风道、烟道、其他预制钢筋混凝土构件工程量按设计图示尺寸以体积计算。不扣除单个面积<300×300 的孔洞所占体积,扣除烟道、垃圾道、通风道的孔洞所占体积。

7. 预制混凝土风帽和金属成品风帽安装工程量按设计图示数量以个计算。

8. 金属扶手、金属栏杆、金属栏板、硬木扶手、硬木栏杆、硬木栏板、塑料扶手、塑料栏板、GRC栏杆、GRC扶手、金属靠墙扶手、硬木靠墙扶手、塑料靠墙扶手、玻璃栏板工程量按设计图示尺寸以扶手中心线长度(不扣除弯头所占长度)计算。砖栏板应按《〈建设工工程量清单计价规范〉广西壮族自治区实施细则》附录 D.1 中零星砌砖项目编码列项,石材扶手、栏板应按附录 D.3 相关项目编码列项。凡栏杆、栏板含扶手的项目,不得将扶手单独进行编码列项。栏杆、栏板的弯头应包含在相应的栏杆、栏板项目的报价内。

9. 踢脚线工程量按设计图示尺寸以面积计算。

10. 成品木门窗套制作安装工程量以樘计量时,按设计图示数量计算;以平方米计量时,按设计图示尺寸以展开面积计算;以米计量时,按设计图示中心线长度以延长米计算。以樘计量时,项目特征必须描述洞口尺寸、门窗套展开宽度;以平方米计量时,项目特征可不描述洞口尺寸、门窗套展开宽度;以米计量时,项目特征必须描述门窗套展开宽度。

11. 木质装饰成品门按木质门项目编码列项,单独装饰成品门扇按木门扇项目编码列项。

12. 柜台、酒柜、衣柜、存包柜、鞋柜、书柜、厨房壁柜、木壁柜、厨房低柜、厨房吊柜、矮柜、吧台背柜、酒吧吊柜、酒吧台、展台、收银台、试衣间、货架、书架、服务台工程量,以个数计量时,按设计图示数量计算;以延长米计量时,按设计图示尺寸以长度计算;以平方米计量时,按设计图示正立面面积(包括脚的高度在内)计算。台柜项目计量与计价,应按设计图纸或说明,台柜、台面材料(石材、皮草、金属、实木等)、内隔板材料、连接件、配件等,均应包括在报价内。

9.4.3 《广西壮族自治区装配式建筑工程消耗量定额》(2017版)建筑构件及部品工程计价说明

1. 单元式幕墙安装工程量按安装高度不同,分别套用相应定额。单元式幕墙的安装高度是指室外设计地坪至幕墙顶部标高之间的垂直高度,单元式幕墙安装定额已综合考虑幕墙单元板块的规格尺寸、材质和面层材料不同等因素。同一建筑物的幕墙顶部标高不同时,应按不同高度的垂直界面计算并套用相应定额。

2. 单元式幕墙设计为曲面或者斜面(倾斜角度大于30°)时,安装定额中人工消耗量乘以系数1.15。单元板块面层材料的材质不同时,可调整单元板块主材单价,其他不变。

3. 如设计防火隔断中的镀锌钢板规格、含量与定额子目工作内容不同时,可按设计要求调整镀锌钢板主材价格,其他不变。

4. 非承重隔墙安装按板材材质,划分为钢丝网架轻质夹心隔墙板安装、轻质条板隔墙安装以及预替钢龙骨隔墙安装三类,各类板材按板材厚度分设定额子目。

5. 非承重隔墙安装按单层墙板安装进行编制,如遇设计为双层墙板时,根据双层墙板各自的墙板厚度不同,分别套用相应单层墙板安装定额子目。若双层墙板中间设置保温、隔热或者隔声功能层的,发生时另行计算。

6. 增加一道硅酸钙板定额子目是指在预制轻钢龙骨隔墙板外所进行的面层补板。

7. 非承重隔墙板安装定额已包括各类固定配件、补(填)缝、抗裂措施构造,以及板材遇门窗洞口所需切割改锯、孔洞加固的内容,发生时不另计算。

8. 钢丝网架轻质夹心隔墙板安装定额中的板材,按聚苯乙烯泡沫夹心板编制,设计不同时可换算墙板主材,其他消耗量保持不变。

9. 预制烟道、通风道安装子目未包含进气口、支管、接口件的材料及安装人工费。

10. 预制烟道、通风道安装定额子目按照构件断面外包周长划分定额子目。如设计烟道、通风道规格与定额子目工作内容不同时,可按设计要求调整烟道、通风道规格及主材价格,其他不变。

11. 成品风帽安装按材质不同划分为混凝土及钢制两类定额子目。

12. 预制成品护栏安装定额按护栏高度1.4 m以内编制,护栏高度超过1.4 m时,相应定额子目人工消耗量及除预制栏杆外的材料乘以系数1.1,其余不变。

13. 装饰成品部件涉及基层施工的,按消耗量定额的相应项目执行。

14. 成品踢脚线安装定额子目根据踢脚线材质不同,以卡扣式直行踢脚线进行编制。遇弧形踢脚线时,相应定额子目人工消耗量乘以系数1.1,其余不变。

15. 成品木门安装定额子目以门的开启方式、安装方法不同进行划分,相应定额子目已包括相应配套的门套安装;成品木质门(窗)套安装定额子目按门(窗)套的展开宽度不同分别进行编制,适用于单独门(窗)套的安装。成品木门(带门套)及单独安装的成品木质门(窗)套定额子目中,已包括了相应的贴脸及装饰线条安装人工及材料消耗量,不另单独计算。

16. 成品木门安装定额子目中的五金件,设计规格和数量与定额子目工作内容不同时,应进行调整换算。

17. 成品橱柜安装按上柜、下柜及面板进行划分,分别套相应定额子目。定额子目中不包括洁具五金、厨具电器等的安装,发生时另行计算。

18. 成品橱柜台面板安装定额子目的主材价格中已包含材料磨边及金属面板折边费用,如涉及的成品台面板材质与定额子目工作内容不同时,可换算台面板材料价格,其他不变。

9.4.4　建筑构件及部品工程计价工程量计算规则

1. 单元式幕墙安装工程量按单元板块组合后设计图示尺寸的外围面积以平方米计算,不扣除依附于幕墙板块制作的窗、洞口所占的面积。

2. 防火隔断安装工程量按设计图示尺寸的投影面积以平方米计算。

3. 预埋件及 T 形转换螺栓安装的工程量按设计图示数量以个计算。

4. 非承重隔墙安装工程量按设计图示尺寸的墙体面积以平方米计算,应扣除门窗,洞口,嵌入墙内的钢筋混凝土柱、梁、圈梁等所占体积,不扣除梁头、板头、檩头、垫木、木楞头、沿缘木、木砖、门窗走头、砖墙内加固钢筋、木筋、铁件、钢管及单个面积≤0.3 m² 的孔洞所占的体积。

5. 非承重隔墙安装遇设计为双层墙板时,其工程量按单层面积乘以 2 计算。

6. 预制轻钢龙骨隔墙中增贴硅酸钙板的工程量按设计需增贴的面积以平方米计算。

7. 预制烟道、通风道安装工程量按图示长度以延长米计算。

8. 成品风帽安装工程量按设计图示数量以个计算。

9. 预制成品护栏安装工程量按照设计图示尺寸的中心线长度以延长米计算。

10. 成品踢脚线安装工程量按设计图示长度以延长米计算。

11. 带门套成品木门安装工程量按设计图示数量以樘计算,成品门(窗)套安装工程量按设计图示洞口尺寸以延长米计算。

12. 成品橱柜安装工程量按设计图示尺寸的柜体中线长度(不扣除水槽长度)以延长米计算,成品台面板安装工程量按设计图示尺寸的板面中线长度以延长米计算,成品洗漱台柜、成品水槽安装工程量按设计图示数量以组计算。

9.5　装配式混凝土结构模板工程

9.5.1　装配式混凝土结构模板工程基础知识

装配式建筑模板工程是指预制构件安装时现浇节点、叠合梁、叠合板和部分构件现浇混凝土所需的支撑系统,由模板、支撑、紧固件及附件组成。装配式建筑模板又叫拼装式模板,就是用小块模板一块一块拼装起来,灵活多变,可以拼出各种规格、形状。装配式建筑模板与整体式模板不同,后者比较大,很多部位就用一块模板,形状是固定的,不能随意改变。常用的装配式建筑模板为工具式模板。工具式模板指组成模板的模板结构和构配件为定型化标准化产品,可多次重复利用,并按规定的程序组装和施工,工具式模板主要有铝合金模板和塑钢模板两种。铝合金模板系统是由铝模板系统、支撑系统、紧固系统和附件系统构成。塑钢模板系统是由塑钢模板系统、支撑系统、紧固系统构成。装配式建筑模板工程施工工艺流程如下所示:

墙柱或墙柱节点:施工准备→定位放线及标高传递→安装墙柱模板定位装置→安装内模与穿墙螺栓→钢筋绑扎及验收→安装外模、紧固螺栓→加固、检测、校正、验收→浇砼、过程控制→模板拆除。

叠合梁及梁节点:施工准备→定位放线及标高传递→在梁底支设支撑托撑→在梁节点梁底安装梁底模→钢筋绑扎及验收→安装梁一侧模板→安装梁另一侧模板→加固、检测、校正、验收→浇砼、过程控制→模板拆除。

结构板或叠合板:施工准备→定位放线及标高传递→墙柱、梁模板支撑加固完成→搭设钢支撑托撑→安装C槽→安装铝合金龙骨托架→安装平板模板(吊装叠合板)→平板模板(叠合板)平整度检查、校正、验收→浇砼、过程控制→模板拆除。

9.5.2 装配式混凝土结构模板工程清单工程量计算规则

1. 矩形柱、异形柱、矩形梁、异形梁、弧形、拱形梁模板工程量按模板与现浇混凝土构件的接触面积计算。

2. 直形墙、弧形墙、有梁板、无梁板、平板、拱板、薄壳板模板工程量按模板与现浇混凝土构件的接触面积计算。对于墙、板模板工程量计算,墙模板高度应自墙基或楼板的上表面至上层楼板底面计算。计算墙模板时,不扣除梁与墙交接处的模板面积,墙、板上单孔面积≤0.3 m^2 的孔洞不扣除,洞侧模板也不增加;单孔面积>0.3 m^2 应扣除,洞侧模板并入墙、板模板工程量计算。计算板模板时,不扣除柱、墙所占的面积。对于梁模板工程量计算,梁模板长度确定,梁与柱连接时,梁模板长度算至柱侧面;主梁与次梁连接时,次梁模板长度算至主梁侧面。计算梁模板工程量时,不扣除梁与梁交接处的模板面积。弧形半径≤10 m的混凝土墙、梁模板,按相应的弧形混凝土墙、梁项目编码列项。薄壳板由平层和拱层两部分组成,其模板工程量按平层水平投影面积计算。栏板模板工程量按垂直投影面积计算。

3. 楼梯包括休息平台、梁、斜梁及楼梯与楼板的连接梁,其模板工程量按设计图示尺寸以水平投影面积计算,不扣除宽度≤500 mm的楼梯井所占面积,楼梯踏步、踏步板、平台梁等侧面模板不另计算,伸入墙内部分亦不增加。

9.5.3 《广西壮族自治区装配式建筑工程消耗量定额》(2017版)模板工程计价说明

1. 《广西壮族自治区装配式建筑工程消耗量定额》(2017版)中铝合金模板系统按摊销费25元/m^2考虑。使用塑钢模板系统按20元/m^2摊销费换算。

2. 现浇混凝土柱(不含构造柱)、墙、梁(不含圈、过梁)、板是按高度(板面或地面、垫层面至上层板面的高度)3.6 m综合考虑。如遇斜板面结构时,柱分别以各柱的中心高度为准;墙按分段墙的平均高度为准;框架梁按每跨两段的支座平均高度为准;板(含梁板合计的梁)按高点与低点的平均高度为准。

3. 异形柱、梁是指柱、梁的断面形状为L形、十字形、T形等。圆形柱模板执行异形柱模板。

4. 有梁板模板定额子目已综合考虑了有梁板中弧形梁的情况,梁和板应作为整体套用。

9.5.4　装配式混凝土结构模板工程计价工程量计算规则

1. 铝合金模板工程量按模板与混凝土的接触面积计算。

2. 现浇钢筋混凝土墙、板上单孔面积≤0.3 m² 的孔洞不予扣除,洞侧壁模板亦不增加,单孔面积>0.3 m² 时应予扣除,洞侧壁模板面积并入墙、板模板工程量内计算。

3. 柱与梁、柱与墙、梁与梁连接重叠部分以及伸入墙内的梁头、板头与砖接触部分计算,均不计算模板面积。

4. 楼梯模板工程量按水平投影面积计算。

9.6　装配式建筑脚手架工程

9.6.1　装配式建筑脚手架工程基础知识

目前,现实生活中使用较多的装配式建筑工程为装配式混凝土结构工程和装配式钢结构工程两种。装配式建筑工程施工中常用的脚手架为钢结构工程综合脚手架、钢结构工程单项脚手架、工具式脚手架。钢结构工程的综合脚手架是指包括外墙砌筑及外墙粉饰、3.6 m 以内的内墙砌筑及混凝土浇捣用脚手架,以及内墙面和天棚粉饰脚手架。钢结构工程单项脚手架是指除钢结构工程综合脚手架包括的内容外,还需单独使用的砌墙脚手架或抹灰脚手架。工具式脚手架是指组成脚手架的架体结构和构配件为定型化标准化产品,可多次重复利用,按规定的程序组装和施工,包括附着式电动整体提升架和电动高空作业吊篮。

9.6.2　装配式建筑脚手架工程清单工程量计算规则

1. 外脚手架工程量按外墙外围长度(应计凸阳台两侧的长度,不计凹阳台两侧的长度)乘以外墙高度,再乘以 1.05 系数计算其工程量。门窗洞口及穿过建筑物的车辆通道空洞面积等,均不扣除。外脚手架项目适用于施工建筑和装饰装修一体工程或主体单独完成的工程。

2. 里脚手架工程量按墙面(单面)垂直投影面积以平方米计算。里脚手架项目适用于砖砌内墙、砖砌基础等。

3. 外装修脚手架工程量按砌筑脚手架等有关规定计算。外装修脚手架项目适用于仅单独完成装饰装修工程,且重新搭设脚手架的装饰装修工程。

4. 对于内装修脚手架工程量计算,需要搭设满堂脚手架,其工程量按需要搭设的水平投影面积计算;高度超过 3.6 m 者,有屋架的屋面板底喷浆、勾缝及屋架等油漆,按装饰部分的水平投影面积套用悬空脚手架计算,无屋架或其他构件可利用搭设悬空脚手架者,按满堂脚手架计算;凡墙面高度超过 3.6 m,且无搭设满堂脚手架条件者,则墙面装饰脚手架按 3.6 m 以上的装饰脚手架计算,工程量按装饰面垂直投影面积(不扣除门窗洞口面积)计算。内装修脚手架项目适用于内墙面装饰装修工程等。

5. 悬空脚手架工程量按搭设的水平投影面积计算。悬空脚手架项目适用于依附两个建筑物搭设的通道等脚手架。

6. 满堂脚手架工程量按搭设的水平投影面积计算。满堂脚手架项目适用于工业与民用建筑层高>3.6 m的室内装饰装修工程等。

7. 整体提升架工程量按所服务对象的垂直投影面积计算。整体提升架项目适用于高层建筑外脚手架等,整体提升架包括附着式整体提升脚手架和分片提升脚手架两种。

8. 外装饰吊篮工程量按外墙装饰面尺寸以垂直投影面积计算,不扣除门窗洞口面积。

9.6.3 《广西壮族自治区装配式建筑工程消耗量定额》(2017版)脚手架工程计价说明

1. 钢结构工程的综合脚手架定额,包括外墙砌筑及外墙粉饰、3.6 m以内的内墙砌筑及混凝土浇捣用脚手架,以及内墙面和天棚粉饰脚手架。对执行综合脚手架定额以外,还需另行计算单项脚手架费用的,按《广西壮族自治区建筑装饰装修工程消耗量定额》(2013版)脚手架工程的相应项目及规定执行。

2. 单层厂房综合脚手架定额适用于檐高6 m以内的钢结构建筑,若檐高超过6 m,则按每增加1 m定额计算。

3. 多层厂房综合脚手架定额适用于檐高20 m以内且层高在6 m以内的钢结构建筑,若檐高超过20 m或层高超过6 m,应分别按每增加1 m定额计算。

4. 附着式电动整体提升架定额适用于高层建筑的外墙施工。

5. 电动作业高空吊篮定额适用于外立面装饰用脚手架。

9.6.4 装配式建筑脚手架工程计价工程量计算规则

1. 综合脚手架工程量按设计图示尺寸以建筑面积计算。

2. 附着式电动整体提升架按提升范围的外墙外边线长度乘以外墙高度以面积计算,不扣除门窗洞口所占面积。

3. 电动作业高空吊篮按外墙垂直投影面积计算,不扣除门窗洞口所占面积。

9.7　装配式建筑垂直运输

9.7.1　装配式建筑垂直运输基础知识

装配式建筑垂直运输是指装配式建筑施工中将所需要的人工、材料、机具自地面垂直提升到所需高度的作业点。装配式建筑作为一种新型建设模式,其垂直运输机械主要包括塔式起重机和施工电梯。塔式起重机需要结合装配式建筑的特点进行选择,装配式建筑塔机除了负责钢筋、砼等各种建筑材料的垂直运输以外,还需要负责预制构件的吊装。由于装配式建筑预制构件重量较大,对塔机臂端起吊能力要求较高,往往需要采用大型塔吊并截臂至一定长度以保证臂端起吊能力达到预制构件起吊要求。施工电梯作为装配式建筑现场施工常用的载人载货施工机械,与其他建筑施工中施工电梯的选择原则基本相同。

9.7.2　装配式建筑垂直运输清单工程量计算规则

1. 建筑物垂直运输工程量按建筑面积以平方米计算。建筑物垂直运输项目适用于施工建筑装饰一体工程或主体单独完成的工程。

2. 对于建筑物工程垂直运输高度划分,室外地坪以上高度是指设计室外地坪至檐口滴水的高度,没有檐口的建筑物,算至屋顶板面,坡屋面算至起坡处,女儿墙不计高度。突出主体建筑物屋面的梯间、电梯机房、设备间、水箱间、塔楼、望台等,其水平投影面积小于主体顶层投影面积30%的不计其高度。室外地坪以下高度是指设计室外地坪至相应地下层底板底面的高度。对于带地下室的建筑物,地下层垂直运输高度由设计室外地坪标高算至地下室底板底面,分别计算建筑面积,以不同高度分别编码列项。

3. 同一建筑物中有不同檐高时,按建筑物不同檐高做纵向分割,分别计算建筑面积,以不同檐高分别编码列项。

9.7.3 《广西壮族自治区装配式建筑工程消耗量定额》(2017版)垂直运输计价说明

1. 《广西壮族自治区装配式建筑工程消耗量定额》(2017版)垂直运输定额项目适用于住宅钢结构工程的垂直运输费用计算,高层商务楼、商住楼等钢结构工程可参照执行。

2. 厂(库)房钢结构工程的垂直运输费用已包括在相应的安装定额子目内,不另单独计算。

9.7.4 装配式建筑垂直运输计价工程量计算规则

住宅钢结构工程垂直运输机械台班用量,区分不同建筑物结构及檐高按建筑面积计算。

【课后习题】

1. 试简述整体装配式建筑结构施工工艺流程。
2. 试简述装配式建筑预制率和建筑单体装配率的概念。
3. 预制混凝土构件现场安装连接方式有哪些?

10 招标控制价编制实训

【学习目标】

独立完成练习实例——某装配式建筑住宅楼土建工程招标控制价编制。

【学习要求】

结合前面各章节所学内容,完成练习案例——某装配式建筑住宅楼土建工程招标控制价编制。

10.1 概述

10.1.1 实训要求

教师给定具体施工图样,学生根据提供的施工图纸,构建 BIM 三维信息模型,参照《〈建筑工程工程量计算规范〉广西壮族自治区实施细则》《广西壮族自治区建筑装饰装修工程消耗量定额》(2013 版,上、下册)、《广西壮族自治区建筑装饰装修工程人工材料配合比机械台班基期价》(2013 版)、《广西壮族自治区建筑装饰装修工程费用定额》(2013 版)、《广西壮族自治区装配式建筑工程消耗量定额》(2017 版),自动计算并统计汇总工程量,进行相关招标控制价的编制。内容包括分部分项工程费用(土石方工程费用、基础垫层费用、砌筑工程费用、混凝土工程费用、屋面工程费用、装饰装修工程费用、门窗工程费用、装配式建筑工程费用等)、措施项目费用(模板、脚手架、垂直运输机械、大型机械进出场及安拆费、临时设施费等)和其他项目报价(暂估价、总承包服务费等),并提交完整的报表资料。

10.1.2 实训准备

学生应准备如下的基本资料:

1.《〈建筑工程工程量计算规范〉广西壮族自治区实施细则》《广西壮族自治区建筑装饰装修工程消耗量定额》(2013 版,上、下册)、《广西壮族自治区建筑装饰装修工程人工材料配合比机械台班基期价》(2013 版)、《广西壮族自治区建筑装饰装修工程费用定额》(2013 版)、《广西壮族自治区装配式建筑工程消耗量定额》(2017 版)。

2. 相关的标准图集。

3. 电脑。

4. 造价软件。

5. 计算器等常用工具。

10.1.3 实训组织

1. 实训的时间安排:教师根据学校培养大纲所确定的时间安排适宜的图样。

2. 实训的主要组织形式:集中安排,每个人独立完成。

3. 实训的管理：由任课教师负责实训指导与检查、督促与验收。

10.1.4 成绩评定

由教师根据每个人的表现、实训成果验收、实训报告等评定，具体成绩评定见表 10-1。

10-1 招标控制价编制实训成绩评定表

序号	评定内容	分值	评定标准	得分
1	任务前期准备	10	熟悉相关知识，熟悉任务书内容及要求并按要求准备好所需资料及工具	
2	出勤情况	10	按时出勤，无缺课迟到早退现象	
3	学习态度	10	认真负责，勤奋好学，虚心请教	
4	任务完成情况	40	数据计算准确，基本不漏项，定额套用、换算正确，报告清晰完整	
5	成果答辩	10	思路清晰，概念明晰、回答正确	
6	解决问题的能力	10	能够在自查、互查中发现问题，并解决问题	
7	资料完整性	10	提交资料符合要求	

10.2 分部分项工程费投标报价

10.2.1 实训目的

掌握分部分项工程的清单计算规则和计价表计算规则，熟悉分部分项工程的清单计算规则与计价表计算规则的不同之处，根据施工图纸计算分部分项工程清单工程量和分部分项工程计价表工程量，并编制分部分项工程综合单价。

10.2.2 实训目标

1. 能够正确构建 BIM 三维信息模型，自动计算并统计汇总分部分项工程清单工程量。

2. 准确套用清单项目编码、项目名称，并结合施工图纸做法和施工操作规程正确描述项目特征。

3. 准确套用计价表定额子目进行组价，会结合工程实际情况和计价表的规定进行相应的定额子目换算。

4. 熟练编制并正确填写分部分项工程清单综合单价分析表。

5. 熟练编制并正确填写分部分项工程清单计价表。

10.2.3 实训步骤及方法

分部分项工程费用编制的一般步骤见表 10-2。

表 10-2 分部分项工程费用编制步骤

第一步	详细识读施工图纸和施工说明	1. 了解结构类型,抗震等级,室内外标高,土壤类别等基本数据
		2. 查看基础类型,如果室桩基础,查找桩顶标高,承台尺寸等基本数据
		3. 查看砌体类型,查找砌体材质及砌筑砂浆的相关说明,关注砌体中的构造柱、圈梁、过梁、门窗分布情况
		4. 查看混凝土构件类型与种类、混凝土强度等级和供应方式等基本情况
		5. 查看门窗的相关说明及清单中的基本数据
		6. 查看室内装饰的相关说明及构造做法
		7. 查看屋面类型,了解屋面构造组成情况
		8. 查看室外保温工程量及装饰面层工程量,如有,注意其类型、材料种类
第二步	构建 BIM 三维信息模型	将二维 CAD 图纸在电脑中转换并构建 BIM 三维信息模型
第三步	计算清单中的工程量	按照施工图样内容,计算相应的清单工程量,每计算一个项目名称的工程量后,与清单工程量对比,看是否有出入,如果有出入,找出问题所在
第四步	套用清单编码,填写项目名称和项目特征	1. 了解施工现场实际情况,特别是了解与分项工程有关联的施工场地情况及平面布置等
		2. 熟悉新材料的名称和施工说明
		3. 掌握施工操作方法
第五步	编制分部分项工程量清单综合单价分析表	套用消耗量定额,并找出定额子目的工程量与清单工程量不同的项目,重新计算定额工程量,并根据定额说明和定额附注进行相应换算,求出每个分项项目名称所需的综合单价,注意清单工程量与计价表工程量计量单位的区别
第六步	编制分部分项工程量清单计价表	将每个清单项目编码的清单工程量和计算出的综合单价填入清单计价表中,计算出各工程量所需的合价,最后即可求得各分部工程的合计金额

10.3 措施项目费用编制

10.3.1 学习目的

掌握模板、脚手架、垂直运输等单价措施项目费用工程量计算及定额套用,结合实际工程和施工方案进行单价措施项目费用和总价措施项目费用的确定。

10.3.2 学习目标

1. 能够根据含模量或按接触面积计算模板工程量,并正确进行清单编码、清单项目名称和计价表定额子目套用。

2. 能够计算脚手架工程量并准确进行清单编码、清单项目名称和计价表定额子目套用。

3. 能够结合《〈建筑工程工程量计算规范〉广西壮族自治区实施细则》《广西壮族自治区建筑装饰装修工程消耗量定额》(2013 版,上、下册)、《广西壮族自治区建筑装饰装修工程费用定额》(2013 版)完成其他措施费的计算。

10.3.3　实训步骤及方法

措施项目费用编制的一般步骤见表 10-3。

表 10-3　措施项目费用编制的一般步骤

第一步	计算脚手架措施工程量及费用	主要包括砌筑外脚手架、砌筑里脚手架、浇捣脚手架、抹灰脚手架等
第二步	计算模板措施工程量及费用	按与混凝土接触面积计算混凝土的模板用量
第三步	计算垂直运输机械工程量及费用	垂直运输机械要根据工期定额找出定额工期进行计算
第四步	计算大型机械进退场工程量及费用	主要指土方挖掘、吊装等大型机械
第五步	按系数计算总价措施项目费用	

10.4　某装配式建筑住宅楼土建工程招标控制价编制

10.4.1　工程概况及编制范围

1. 建设地点:广西南宁某小区。
2. 工程专业:房屋建筑与装饰工程。
3. 合同工期:180 个日历天。
4. 工程质量等级:合格工程。
5. 招标范围:某装配式建筑住宅楼土建工程。
6. 单独发包的专业工程:无。
7. 工程特征:

1) 建筑面积:1 843.4 m²。

2) 层数:4 层。

3) 檐口高度:12.45 m。

4) 结构质式:钢筋混凝土框架结构。

5) 基础类型:独立基础。

6) 装饰情况:外墙刷真石漆;地面公共部位地砖,其余水泥砂浆找平;内墙公共部位混合砂浆乳胶漆,其余混合砂浆;楼梯间天棚为乳胶漆,其余白水泥两遍。

7) 混凝土情况:采用泵送商品混凝土。

8. 编制范围:按照广西南宁某建筑设计院设计的某装配式建筑住宅楼工程图纸,专业范围包括土建工程,不含水电工程,不含"三通一平",不含电梯工程。

10.4.2　编制依据

1. 图纸:广西南宁某建筑设计院设计的某装配式建筑住宅楼工程图纸及有关设计文件。
2. 招标文件:广西某工程造价咨询有限公司编制的招标文件,其中不存在与现行计价规定不一致的内容。

    3. 地质勘查报告:广西南宁某勘察设计院出具的岩土工程勘察报告。

    4. 计价计量规范:《建设工程工程量清单计价规范》(GB 50500—2013)、《房屋建筑与装饰工程工程量计算规范》(GB 50854—2013),《广西壮族自治区住建厅关于建筑业营业税改增值税调整广西壮族自治区建设工程计价依据的实施意见》。

    5. 计价定额:《广西壮族自治区建筑装饰装修工程消耗量定额》(2013版),《广西壮族自治区住建厅关于建筑业营业税改增值税调整广西壮族自治区建设工程计价依据的实施意见》。

    6. 费用定额:《广西壮族自治区建筑安装工程费用定额》(2017版)及现行补充调整文件。

表 10-4 采用标准图集表

序号	图集编号	图集名称	备注
1	12J003	室外工程	省标
2	苏 J50-2017	居住建筑标准化外窗系统图集	省标
3	13CJ40-3	建筑防水系统构造(三)	省标
4	DGJ32/J157-2017	居住建筑标准化外窗系统应用技术规程	省标
5	DGJ32/TJ107-2010	蒸压加气混凝土砌块自保温系统应用技术规程	省标
6	05J909	工程做法	国标
7	09J202	坡屋面建筑构造	国标
8	15J403-1	楼梯 栏杆 栏板(一)	国标
9	12J926	建筑无障碍设计	国标
10	13J104	蒸压加气混凝土砌块建筑构造	国标
11	16J916-1	住宅排气道(一)	国标
12	02J503-1	常用建筑色	国标
13	07J306	窗井、设备吊装口、排水沟、集水坑	国标

特别说明:本工程严格按国家有关强制性标准设计。

表 10-5 建筑施工图设计说明

1	设计依据
1.1	设计委托合同书,项目批文,总平面布置图,地基勘探报告,通过审批的方案设计及调整意见
1.2	市规划、环保、抗震、消防、人防、绿化等部门现行的有关规定
1.3	现行的国家有关建筑设计规范、规程和规定: 《中华人民共和国城乡规划法》(中华人民共和国主席令十届第 74 号) 《城市居住区规划设计标准》(GB 50180—2018) 《广西城市规划管理技术规定》(桂建规 2012,76 号) 《民用建筑设计统一标准》(GB 50352—2007) 《建筑设计防火规范》(GB 50016—2014,2018 版) 《地下工程防水技术规范》(GB 50108—2008) 《建筑内部装修设计防火规范》(GB 50222—2017) 《无障碍设计规范》(GB 50763—2012)

1.3	《夏热冬冷地区居住建筑节能设计标准》（JGJ 134—2010） 《全国民用建筑工程设计技术措施规划·建筑·景观》（2009 年版） 《住宅设计规范》（GB 50096—2011） 《住宅建筑规范》（GB 50368—2005） 《住宅工程质量通病控制标准》（DGJ 32/J 16—2014） 《民用建筑隔声设计规范》（GB 50118—2010） 《预拌砂浆应用技术规程》（JGJ/T 223—2010） 《居住建筑标准化外窗系统应用技术规程》（DGJ 32/J 157—2017）
1.4	建设单位提供的有关地质勘查报告及使用要求等资料
2	项目概况
2.1	建筑名称:迎宾花园 G 区 G-21♯ 建设单位:南宁某房地产有限公司 建设地点及用地概况:经圩路北侧,西湖路东侧 建筑功能:多层住宅楼 设计的主要范围和内容:本工程设计包括土建设计和一般装修设计(不含二次装修)
2.2	建筑基底面积:515.24 平方米;总建筑面积 1 873.53 平方米(含保温层面积) 计容面积:1 862.42 平方米 保温层面积:11.11 平方米
2.3	建筑层数、高度:4 层,高度为 13 m(檐口高度和屋脊高度的均值)
2.4	主要结构类型:剪力墙结构,抗震设防烈度:7 度(0.15g) 建筑抗震设防类别:丙类,设计使用年限:50 年
2.5	耐火等级:二级
2.6	屋面防水等级:Ⅰ级
3	标高及定位
3.1	设计标高:室内±0.000
3.2	建筑标高以 m 计,其他尺寸为 mm 计
3.3	各层标注标高为建筑完成面标高,屋面标高为结构面标高＋50
3.4	工程定位:详见我院编制的总平面定位图
4	墙体工程
4.1	墙体的基础部分见结构专业图纸;承重钢筋混凝土墙体见结施,非承重砌体墙详建施图
4.2	非承重的外围护墙采用 200 厚 A5.0 级(B06 级)砂加气混凝土砌块,专用砂浆砌筑(砂浆强度等级 M5.0,顶层砂浆强度 M7.5;导热系数 0.40 W/(m² · K))
4.3	建筑物的内隔墙为 200(100)厚蒸压加气混凝土板(B05),用 DMM5 专用砂浆砌筑,顶层采用 DMM7.5 专用砂浆砌筑,其构造和技术要求详见《蒸压加气混凝土砌块建筑构造》(03J104)
4.4	内外墙体材料如有调整请在施工前提出,由业主和设计院共同协商

续表

4.5	墙体留洞及封堵:钢筋混凝土墙上的留洞见结施和设备图;砌筑墙预留洞见建筑施工和设备图;砌筑墙体预留洞过梁见结施说明。预留洞的封堵:混凝土墙留洞的封堵见结施,其余砌筑墙留洞待管道设备安装完毕后,用 C15 细石混凝土填实
4.6	墙体防裂措施
4.6.1	顶层与底层设置通长现浇钢筋混凝土窗台梁(b×h=200×120、C20、4Φ10、Φ6@200) 其他层在窗台标高处设置通长现浇钢筋混凝土板带(b×h=200×80、C20、3Φ8、Φ6@200)
4.6.2	不同基层交界处,粉刷前应采用钢丝网搭接,与各基体搭接长度不应小于 150
4.6.3	混凝土结构工程填充墙,当墙长大于 5 米时,应增设间距不大于 3 米的构造柱;砌体无约束的端部必须增设构造柱
4.6.4	建筑顶层墙体为蒸压粉煤灰加气砼砌块时,墙面应满铺钢丝网后粉刷
4.6.5	自保温外墙抹灰的底层、中层和外墙外保温的抹灰基层采用聚合物防水砂浆。当抹灰基层为钢筋混凝土或烧结砖时,应采用 M15 聚合物防水砂浆;当抹灰基层为轻质砌体时改用强度 M7.5 的聚合物防水混合砂浆
4.6.6	内墙轻质墙体应采用强度等级为 M5.0 混合砂浆打底,M7.5 混合砂浆抹面,抹灰表层宜整铺一道抗裂耐碱纤维网
4.6.7	墙体其他构造措施应严格按《住宅工程质量通病控制标准》(DGJ 32/J 16—2014)执行
5	地下室防水工程
5.1	电梯底坑,集水坑内侧防水采用 20 厚聚合物防水砂浆粉刷
6	屋面、楼地面工程
6.1	屋面工程执行《屋面工程技术规范》(GB 50345—2012)和地方的有关规程和规定
6.2	木工程的屋面防水等级为Ⅰ级 钢筋混凝土平屋面采用 1.5 厚高分子防水卷材+1.5 厚 JS 防水涂料,详见"绿建专篇的建筑节能做法"
6.3	保护层应采用细石防水混凝土,其强度等级为 C30,厚度为 50 mm,内配 Φ4 双向@100 焊接钢筋网片。保护层分格缝间距不大于 3 m,缝宽为 10 mm。分隔缝内嵌填油膏密封,钢筋网片在分隔缝处应断开,其保护层厚度不应小于 10 mm
6.4	基层与突出屋面结构(女儿墙、墙、变形缝、管道等)的连接处,以及在基层的转角处(檐口天沟、斜沟、水落口等)水泥砂浆粉刷均应做成圆弧或钝角
6.5	室内地面混凝土垫层酌情设置纵横伸缩缝(平头缝),细石混凝土地面面层设置分格缝,分格缝与垫层伸缩缝对齐,缝宽 20,内填沥青玛蹄脂
6.6	建筑管井中除通风井以外的电缆井,管道井每层在楼板处,做法按结构整铺钢筋,待管道安装后采用 100 厚与楼板同标号的混凝土封实
6.7	屋面做法及屋面节点索引见建筑施工屋面平面图,露台、雨篷等见各层平面图及有关详图。应在门洞下设置 C20 素混凝土门槛,门槛的高度应高于屋面及室外平台结构标高 300 mm(400 mm)

6.8	屋面变形缝两侧同高时,采用口不朝下的现浇钢筋混凝土槽形板,构造做法为:板厚不小于80 mm,内配 Φ8@150 的横向钢筋,5～7 根 Φ10 mm 通常纵筋,槽口边各配一根通常 Φ8 mm 钢筋,混凝土强度等级为C30,用1：2 的防水砂浆粉面
7	门窗工程
7.1	外门窗的抗风压、气密性、水密性三项指标应符合 GB/T 7106—2008 的有关规定;建筑外门窗抗风压性能分级为 3 级,气密性能分级为 6 级,水密性能分级为 3 级
7.2	门窗玻璃的选用应遵照《建筑玻璃应用技术规程》(JGJ 113—2015)和《建筑安全玻璃管理规定》(发改运行〔2003〕2116 号)及地方主管部门的有关规定
7.3	门窗立面均表示洞口尺寸,门窗加工尺寸要按照装修面厚度由承包商予以调整
7.4	门窗立樘:外门窗立樘详墙身节点图,内门窗立樘除图中另有注明者外,双向平开门立樘墙中,单向平开门立樘开启方向墙面平,管道竖井门设门槛高度参见剖面图;承受玻璃重量的塑钢窗中横框长度超过 1.2 m 应设拉杆或撑杆加强,应符合《塑料门窗工程技术规程》(JGJ 103—2008)第4.2.5 条
7.5	本工程塑钢窗采用彩框白玻制作,色彩参见效果图。 塑门窗型材应符合 GB/T 8814—2004 的规定,主型材可视面最小实测壁厚:2.5 mm;主型材非可视面最小实测壁厚:2.0 mm。塑钢窗壁厚应符合 DGJ 32/J16-2017 第 3.2.3 条。应根据门、窗的抗风压强度、挠度计算结果确定增强型钢规格。 当主型材构件长度大于 450 mm 时,其内腔应加增强型钢。增强型钢的最小壁厚:门 2.0、窗 1.5。增强型钢采用镀锌防护处理,镀层厚度应符合 JG/T 131—2000 的规定
7.6	塑料型材窗框断面宽度:推拉窗不应小于 92 mm,平开窗不应小于 60 mm
7.7	玻璃:中空玻璃　5Low－E＋19Ar(百叶)＋5 暖边　6 高透 Low－E＋12A＋6 门以及落地窗的玻璃,必须符合现行业标准《建筑玻璃应用技术规程》(JGJ 113—2015)第 7.1.1,7.2.1 条要求。　须采用安全玻璃部位: 1. 所有门均使用安全玻璃; 2. 有框门玻璃应满足《建筑玻璃应用技术规程》(JGJ 113—2015)第 7.1.1 安全玻璃的规定; 3. 地弹簧门用玻璃; 4. 公共建筑出入口门; 5. 七层及以上建筑物外开窗; 6. 玻璃底边离最终装饰面小于 500 mm 的落地窗; 7. 室内玻璃隔断; 8. 不承受水平荷载的玻璃栏板为厚度不小于 12 mm 的钢化夹胶玻璃,夹胶厚度为 0.76 mm,承受水平荷载的玻璃栏板见 JGJ 113—2015 第 7.2.5 条; 9. 钢化玻璃、夹层玻璃应满足 JGJ 113—2015 表 7.1.1-1 的要求; 10. 有框平板玻璃、真空玻璃应满足 JGJ 113—2015 表 7.1.1-2 的要求; 11. 5/6 厚玻璃单块大于 0.5/0.9 平方米,应符合《建筑玻璃应用技术规程》(JGJ 113—2015)第 7.1.1、7.2.1 条
7.8	对拉门窗扇必须有防脱落装置
7.9	塑钢门窗应采用附框安装,使用标准化附框,干法安装
7.10	门窗制作前须现场复核尺寸,图中尺寸可根据复核结果做相应调整
7.11	门窗拼樘料必须进行抗风压变形验算,拼樘料与门窗框之间的拼接应为插接,插接深度不小于 10 mm。凡与门窗连接的梁墙均应按有关的门窗图纸预埋木砖或铁件

7.12	东、西向遮阳形式为活动遮阳,南向遮阳形式为平板及活动遮阳
7.13	入户门为成品门,应满足规范所要求的防火、保温、防卫等需要
7.14	单元门其热阻要求与同侧外窗相同
7.15	所有外窗开启窗部位预留纱窗
7.16	底层窗加防盗设施由甲方统一安装;顶部上空层临公共部位门窗防盗设施由用户自理
7.17	公共走廊及楼梯间疏散用的单扇平开防火门应设闭门器,双扇平开防火门应安装闭门器和顺序器。常开防火门应能在火灾时自行关闭,并有信号反馈的功能。防火门内外两侧应能手动开启和安装信号控制开闭
7.19	门窗制作前须现场复核尺寸,图中尺寸可根据复核结果做相应调整
7.20	一层平面的卫生间、中间户型的卫生间采用磨砂玻璃,满足私密性的要求
7.21	承受玻璃重量的塑钢窗中横框长度超过 1.2 m,设拉杆或撑杆加强
7.22	单元外门采用无障碍设计应符合《无障碍设计规范》(GB 50763—2012)3.5.3 条
8	幕墙工程
	无
9	外装修工程
9.1	外墙材质、色彩见立面标注;外墙做法参考"节能设计专篇"
9.2	承包商进行二次设计的轻钢结构等经确认后,向建筑设计单位提供预埋件的设置要求
9.3	外装修选用的各项材料的材质、规格、颜色等,均由施工单位提供样板,经建设和设计单位确认后进行封样,据此验收
10	内装修工程
10.1	内装修工程执行《建筑内部装修设计防火规范》(GB 50222—2017),楼地面部分执行《建筑地面设计规范》(GB 50037—2013);一般装修见"工程做法表"
10.2	楼地面构造交接处和地坪高度变化处,除图中另有注明者外均位于齐平门扇开启面处
10.3	凡设有地漏房间应做防水层,1%～2%坡度坡向地漏或泄水口,有水房间的楼地面应低于相邻房间50 mm 或做挡水门槛。楼板周边除门洞外,向上做一道高度 200 mm 的混凝土翻边,与楼板一同浇筑
10.4	有大量喷水的房间应设排水沟和集水坑
10.5	内装修选用的各项材料应为不燃烧或难燃烧材料,均由施工单位制作样板和选样,经确认后进行封样,并据此进行验收
10.6	凡阳台、露台、楼梯平台等临空处栏杆距楼面或屋面 100 高度内不应留空,垂直栏杆之间净距不得大于 110。栏杆高度:楼梯段不小于 900,平台段不小于 1 100。窗台高度小于 900 时,均应设护窗栏杆。阳台、露台、屋面的栏杆高度不小于 1 100
10.7	本工程 2～4 层楼板均为预制钢筋混凝土叠合板(卫生间除外),板上留洞详见结构施工图
10.8	内墙(除卫生间、电梯间)为蒸压加气混凝土板(B05)内隔墙

11	油漆涂料工程
11.1	室内装修所采用的油漆涂料见"工程做法表"
11.2	各项油漆均由施工单位制作样板,经确认后进行封样,并据此进行验收
12	室外工程(室外设施)
12.1	散水和入口台阶结合室外景观高差灵活布置; 散水做法:12J003—6A/A2,宽度800; 外挑沿、凸出墙面的线脚下,距外侧50处设20宽PVC分格条做滴水线,见右侧详图
13	建筑设备、设施工程
13.1	本工程设2部无障碍兼消防电梯

电梯选型表:

类型	数量(台)	载重量(kg)	速度(m/s)	井道尺寸(mm)
消防电梯兼无障碍电梯	1	825	1.00	2 100×2 200
	厅门留洞尺寸(mm)	底坑深度(mm)	提升高度(m)	停站数
	900×2 200	1 400	11.600	5

13.2	本工程电梯暂按甲方提供的电梯样本的技术参数进行设计,底坑金属爬梯由生产厂家自带,未详尽之处见甲方提供的样本。电梯机房及井道内预留、预埋等要求,待设备订货后,由厂商根据现有施工图做出详图,并及时向设计院提出电梯施工安装必需的土建条件。 电梯曳引机支座须安装减震器。甲方在正式施工前应再次确认井道及基坑、机房尺寸预留设备孔洞,如有调整应及时联系设计单位变更,以免造成损失
13.3	卫生洁具、成品隔断由建设单位与设计单位商定,并应与施工配合; 灯具等影响美观的器具须经建设单位与设计单位确认样品后,方可批量加工、安装
13.4	其他水、电、暖通等设备可参见相应专业图纸
13.5	电梯层门:耐火极限不应低于1.00 h,并应符合现行国家标准《电梯层门耐火试验完整性、隔热性和热通量测定法》(GB/T 27903—2011)规定的完整性和隔热性要求
13.6	电梯与起居紧邻的,采取有效隔声减振措施设计,做法参考08J931—39
14	室内防水工程
14.1	卫生间、厨房等有防水要求的楼地面四周(除门洞)应向上做一道高200的混凝土翻边,与楼板一同浇筑
14.2	卫生间、厨房等有防水要求的楼地面采用JS防水涂料3遍,厚1.5,四周墙面泛水高起300(防水层在门口处应水平延展,且向外延展的长度不应小于500 mm,向两侧延展的宽度不应小于200 mm),卫生间顶棚设防潮层,花洒所在及其邻近墙面防水层高度不应小于1.8 m

续表

14.3	有防水要求的房间穿楼面立管应设防水套管,做法如下: a. 托模,C20 细石混凝土第一次捣实; b. 24 小时后用干硬性水泥砂浆第二次捣实; c. 沿管壁周边 20 宽范围内用 1:2 防水胶泥嵌实; d. 蓄水试验 24 小时后无渗漏再做面层
15	建筑物无障碍设计专篇
15.1	主要设计依据: 《无障碍设计规范》(GB 50763—2012) 《住宅设计规范》(GB 50096—2011) 《住宅建筑规范》(GB 50368—2005)
15.2	建筑类别与设计部位: 本工程为 4 层二类多层住宅,对下列部位进行了无障碍设计: a. 建筑入口、入口平台;b. 公共走道;c. 供轮椅通行的门;d. 候梯厅

15.3	建筑入口、入口平台: 建筑入口类别:□无障碍入口　□坡道入口　■台阶与坡道入口 坡道形式:■直线型　□L 形　□折返型 轮椅通行平台设雨篷			
	设施要求	标准要求值	设计控制指标	备注
	入口平台宽度	≥1 500 mm	2 100 mm	
	坡道高度	0.6 m	0.43 m	
	坡道水平长度	6.0 m	5.4 m	

15.4	供轮椅通行的门:			
	设施要求	标准要求值	设计控制指标	备注
	供轮椅通行的门净宽度	≥800 mm	1 500 mm	
	门槛高度	≤15 mm	15 mm	高差以斜面过渡
	观察玻璃、护门板	供轮椅通行的门扇均安装		
	横执把手、关门拉手			

15.5	候梯厅:			
	设施要求	标准要求值	设计控制指标	备注
	候梯厅深度	≥1 500/2 100 mm	2 100 mm	无障碍
	按钮高度	900~1 100 mm	1050 mm	
	电梯门洞净宽	≥900 mm	1 100 mm	
	轿厢	轿厢深度不小于 1.4 m,宽度不小于 1.1 m,轿厢正面和侧面设高 0.8 m 高的扶手。轿厢侧面设高 1.0 m 带盲文的选层按钮,轿厢正面高 0.9 m 处至顶部安装镜子		
	显示与音响	清晰显示电梯上下运行方向和层数位置及电梯抵达音响		
	标志	每层电梯口安装楼层标志,电梯口设提示盲道		

15.6	无障碍住房: 本小区设置不少于 35 户无障碍住宅,由甲方选定楼栋集中设置,选定后委托设计单位深化设计,装修设计标准详见《无障碍设计规范》 GB 50763—2012
16	装配式设计
16.1	装配式建筑设计概况
16.2	本项目执行《装配式混凝土结构技术规程》(JGJ 1—2014)

16.3	本工程预制装配式具体配置见下表

装配式建筑技术配置表

预制剪力墙	预制叠合梁	预制叠合楼板	预制楼梯	预制叠合阳台板	成品外墙	成品内墙	模数协调	无外架施工	太阳能生活用水	绿色景观场地	工业化内装	成品栏杆
		●				●	●		●			

16.4	总平面设计
16.4.1	外部运输条件:预制构件的运输距离宜控制在 150 km 以内,本项目建设地点外部道路交通条件便捷,构件运输中应综合考虑限高、限宽和限重的影响
16.4.2	内部运输条件:内部施工临时通道可满足构件运输车辆的要求,施工单位在施工现场及道路硬化工程中,应保证构件运输通道满足运输车辆荷载要求。如通道上有地下建构筑物,应校核其顶板荷载。推荐采用 200 mm 厚预制混凝土垫块,实现循环使用,减少材料浪费及建筑垃圾
16.4.3	构件存放:场地内应预留构件临时存放场地。构件现场临时存放应封闭管理,并设置安全可靠的临时存放措施,避免构件翻覆、掉落造成安全事故
16.4.4	构件吊装:总平面图中塔吊位置的选择以安全、经济、合理为原则。本工程结合现场实际情况,以及构件重量和塔吊半径的条件,塔吊位置的最终确定应根据现场施工方案进行调整。 构件吊装过程中应制定施工保护措施,避免构件翻覆、掉落造成安全事故
16.5	建筑设计
16.5.1	标准化设计 1. 建筑设计依据国家标准《建筑模数协调标准》(GB/T 50002—2013),套型开间、进深采用 3 nM 和 2 nM 模数数列进行平面尺寸设计; 2. 住宅单体设计采用两种标准套型,重复利用率高; 3. 套型平面规整,没有过大凹凸变化,承重墙上下贯通,符合结构抗震安全要求; 4. 构件连接节点采用标准化设计,符合安全、经济、方便施工的要求
16.5.2	本工程预制三板的比例: 预制内墙板:100%;预制楼板板:55.4%;预制梯段板:0%; 三板应用总比例:62.5%;PC 范围:叠台楼板(二层~四层)

续表

16.5.2	三板计算比例	技术配置选项	面积(m²)	对应部分总面积(m)	比值
		叠合板	638.28	1 152.12	55.4%
		内隔墙板	1 067.4	1 067.4	100%
		预制楼梯	0.0	76.5	—
		合计	1 705.68	2 730.9	62.5%

16.5.3	建筑集成技术 机电设备管线系统采用集中布置,管线及点位预留、预埋到位 1. 叠合楼板预留预埋灯头盒、设备套管、地漏等; 2. 成品墙板预留预埋开关、线盒、线管等; 3. 叠合阳台板预留预埋立管留洞、地漏等; 4. 预制楼梯预留预埋栏杆扶手安装埋件等
16.5.4	协同设计 1. 本项目设计过程中,施工图设计、构件设计、装修设计已建立了协同机制。 2. 对管线相对集中、交叉、密集的部位,如强弱电盘、表箱等进行管线综合,并在建筑设计、结构设计中加以体现,同时依据装修施工图纸进行整体机电设备管线的预留预埋。 3. 通过模数协调,确立结构钢筋模数网络,与机电管线布线形成协同,预留预埋避让结构钢筋
16.5.5	信息化技术应用 本项目在方案设计阶段采用软件进行日照分析、风环境模拟、光环境模拟等技术策划分析
16.6	预制构件设计
16.6.1	预制内墙板设计 本项目内墙为200或100厚蒸压加气混凝土板(B05)内隔墙,详见结构施工图
16.6.2	预制叠台楼板设计 本项目2.900标高及以上楼板(除公共部位、卫生间、厨房)均采用叠合楼板,详见结构施工图 2. 本项目叠台楼板预制板厚度为60 mm,叠台层厚度为70 mm,电气专业在叠台层内进行管线预埋,保证管线布置合理、经济和安全可靠
16.6.3	预制构件施工安全保障措施 1. 本项目采用的上述各类预制构件,均应选用可靠的支撑和防护工艺,避免构件翻覆、掉落。 2. 在构件加工图中,应考虑到施工安全防护措施的预埋,施工防护围挡高度应满足国家相关施工安全防护规范的要求,严禁让工人在无保护的情况下临空作业,避免高空坠落造成安全事故
17	室内环境控制
17.1	本工程控制室内环境污染的分类为Ⅰ类
17.2	本工程所使用的无机非金属建筑材料,包括砂、石、砖、水泥、商品混凝土、预制构件和新型墙体材料等,须采用A类,其放射性内照射指数(I_{Ra})应不大于1.0,放射性外照射指数(I_γ)应不大于1.0
17.3	本工程所使用的无机非金属装修材料,包括石材、建筑卫生陶瓷、石膏板、吊顶材料等,须采用A类,其放射性内照射指数(I_{Ra})应不大于1.0,放射性外照射指数(I_γ)应不大于1.3
17.4	室内二次装修时,必须使用E1类人造木板及饰面人造木板,其他材料亦应符合《民用建筑工程室内环境污染控制规范》(GB 50325—2010,2013版)的要求

17.5	室内空气污染物活度和浓度的的极限值: 氡:不大于 200 Bq/m³;游离甲醛:不大于 0.08 mg/m³;苯:不大于 0.09 mg/m³;氨:不大于 0.20 mg/m³;总挥发性有机化合物(TVOC):不大于 0.50 mg/m³
17.6	本工程降噪要求: 卧室、起居室(厅)内噪声级,应符合下列要求: 1. 昼间卧室内的等效连续 A 声级不应大于 45 dB; 2. 夜间卧室内的等效连续 A 声级不应大于 37 dB; 3. 起居室(厅)的等效连续 A 声级不应大于 45 dB
17.7	分户墙和分户楼板,空气声隔声评价量应大于 45 dB;分隔住宅和非居住用途空间的楼板,空气声隔声评价量应大于 55 dB;外窗不应小于 30 dB,户门不应小于 25 dB,卧室间隔墙不应小于 35 dB
17.8	水、暖、电、气管线穿过楼板和墙体时,孔洞周边应采取密封隔声材料封堵
17.9	其它隔声技术措施应符合《城市区域环境噪声标准》和《民用建筑隔声设计规范》(GB 50118—2010)
17.10	场地周边无电磁辐射,无地质断裂构造,无超标排放的污染源
18	其他说明
18.1	安全及设施标准: 防护栏杆的材料选择应符合《住宅工程质量通病控制标准》(DGJ 32/J 16—2014)第 9.5 条; 防护栏杆抗水平荷载:住宅不应小于 1 000 N/m,竖向杆件净距≤0.11 m,铸铁栏杆后置 1.1 m 高防攀爬玻璃栏杆,间距小于 0.11 m,专业厂家安装
18.2	窗台高度小于 900 mm 时设置方钢栏杆,除图中注明外参见 15J403—1—PB5/D17,高度为 900,垂直杆件净距≤0.11 m,中间立柱@600,Φ60×3 钢管改为 50×50×3.5 方钢管,Φ20 钢管改为 20×20×3.5 方钢管。室内回廊、内天井等临空处设置防护栏杆,除图中注明外样式参苏 J08—2006—47,高度为 1.10 m,中间方钢立柱@600,垂直杆件净距≤0.11 m,栏杆下设 100×100 C20 素砼坎
18.3	固定栏杆的预埋件、后置预埋件应符合下列要求: 1. 立柱、扶手等主要受力杆件的预埋件钢板厚度不小于 6 mm,长宽均不小于 90 mm,锚筋直径不小于 8 mm,长度不小于 100 mm,锚筋端部为 180 弯钩,每块预埋件不少于 4 根锚筋; 2. 后置埋件钢板厚板不小于 6 mm,长宽尺寸为 90 mm×90 mm,膨胀螺栓直径不小于 10 mm,每块后置埋件不小于 2 颗
18.4	本图所标注的各种留洞与预埋件应与各工种密切配合,确认无误方可施工
18.5	本工程水、电、暖通等专业采用的设备,其预埋件的设置按生产厂家的要求执行。施工中应加强土建与水电等工种间配合,预理预留各种管线,严禁事后开凿
18.6	底层窗外加设防盗网,底层门采取防卫措施,由用户自理;住宅单元入口处由甲方统一安装可视对讲安全防卫门
18.7	轻钢雨篷等需二次设计的部分,其图纸应经土建设计单位确认后方可施工
18.8	预埋木砖及贴邻墙体的木质面均做防腐处理,露明铁件均做防锈处理
18.9	未经设计单位许可,不得改变房屋使用功能;除本说明及本工程特殊要求外,均应按国内现行有关工程施工及验收规范进行施工及验收
18.10	未经设计单位认可,不得改变房屋使用功能

续表

18.11	砌筑砂浆、粉刷砂浆、地面砂浆应符合《预拌砂浆应用技术规程》(JGJ/T 223—2010)第3.0.1条规定。 预拌砂浆与传统砂浆对应关系:

种类	预拌砂浆		传统砂浆
砌筑砂浆	DMM5.0	WMM5.0	M5.0 混合砂浆　M5.0 水泥砂浆
	DMM7.5	WMM7.5	M7.5 混合砂浆　M7.5 水泥砂浆
	DMM10	WMM10	M10 混合砂浆　M10 水泥砂浆
	DMM15	WMM15	M15 水泥砂浆
	DMM20	WMM20	M20 水泥砂浆
抹灰砂浆	DPM5.0	WPM5.0	1∶1∶6 混合砂浆
	DPM10	WPM10	1∶1∶4 混合砂浆
	DPM15	WPM15	1∶3 水泥砂浆
	DPM20	WPM20	1∶2 水泥砂浆　1∶2.5 水泥砂浆　1∶1∶2 混合砂浆
地面砂浆	DSM15	WSM15	1∶3 水泥砂浆
	DSM20	WSM20	1∶2 水泥砂浆

19	图纸说明
19.1	设计图例标准: 《房屋建筑制图统一标准》(GB/T 50001—2017)　《建筑制图标准》(GB/T 50104—2010)
19.2	门窗设计代号: 普通门:M　普通窗:C　凸窗:TC　转角窗:ZJC　防火门:FM　防火窗:FC
19.3	专业代号: S:水专业　D:电专业　F:暖通专业
19.4	墙体留洞补充图例:
19.5	设计变更: 　　第 X 次设计变更范围

表 10-6　建筑专业消防设计专篇

1	主要设计依据: 《建筑设计防火规范》（GB 50016—2014） 《建筑内部装修设计防火规范》（GB 50222—2017） 《建筑灭火器配置设计规范》（GB 50140—2005）
2	建筑分类和耐火等级 本建筑使用性质:二类多层住宅楼 建筑层数:4F　建筑高度:13.000 m

2	建筑耐火等级:二级 建筑各部位构件所选材料的燃烧性能及耐火极限均满足规范要求
3	总平面布局和平面布置 本工程与相邻建筑物的防火间距均大于规范要求,详见总平面图。 本工程沿北侧长边设置消防车道,扑救面长度及其范围内楼梯符合规范要求,详见总平面图
4	防火、防烟分区和建筑构造 本工程为地上4层,每层一个防火分区,相连通的空隙须用防火材料嵌实。不论有无吊顶,隔墙均需砌至梁或板底 楼梯间与房间窗口之间水平距离均大于1.0米,上、下层住宅相邻套房间及地下自行车库与住宅窗槛墙高均不小于1.2米,相邻户开口之间的墙体宽度均大于1.0 m。 管道井每层在楼板处采用与楼板同厚同标号混凝土封闭;管道井与相邻房间、走道相连通的空隙须用防火材料嵌实。不论有无吊顶,隔墙均需砌至梁或板底。
5	安全疏散和消防电梯 地下室设疏散口(封闭楼梯间、封闭坡道),数量满足规范要求。 本工程设三部消防电梯(1.00 m/s,825 kg)

6	主要消防灭火设施及消防水泵房:

	序号	主要消防灭火设施	设置场所
	1	建筑灭火器	见水施
	2	室内外消火栓系统	见水施
	3	喷淋系统	见水施

7	主要防烟与排烟设施:

	序号	主要防烟与排烟设施	设置场所
	1	自然排烟系统	楼梯间
	2	机械防烟系统	无

8	主要消防电气设施及消防控制室:

	序号	主要消防电气设施	设置场所
	1	消防应急照明	见电施
	2	消防疏散指示标志	见电施
	3	火灾自动报警系统	见电施

9	本工程采用的保温材料的燃烧性能外墙为A级,屋面为B1级

表 10-7 工程做法表

部位	类别	适用范围	参照图集	备注
地面	普通水泥地面	一层住宅地面（除厨、卫）		1. 20厚1：3水泥砂浆找平层 2. 60厚C15混凝土垫层 3. 100厚碎石 4. 回填土，素土夯实，压实系数不小于0.93
	地砖地面	门厅、电梯厅、配电间（正下方覆土部分）		1. 地砖地面,20厚1：3水泥砂浆结合层,撒素水泥面(洒适量清水) 2. 20厚1：3水泥砂浆找平层 3. 60厚C15混凝土 4. 100厚碎石 5. 素土夯实，压实系数不小于0.93 6. 房心素土回填
	地砖地面	厨房、卫生间		1. 面层甲方自理 2. 40厚C20细石混凝土找平层 3. 聚氨酯涂膜防水3遍，厚1.5，上翻300，并延伸至门洞外500范围，向两侧延展200外范围 4. 20厚1：3水泥砂浆找平层 5. 60厚C15混凝土垫层 6. 100厚碎石 7. 回填土，素土夯实，压实系数不小于0.93
楼面	地砖楼面	门厅楼梯间、楼梯梯段		1. 地砖地面,20厚1：3水泥砂浆结合层,撒素水泥面(洒适量清水) 2. 20厚1：3水泥砂浆找平层 3. 刷素水泥浆一道 4. 现浇钢筋混凝土板
	普通水泥楼面	住宅楼面（除厨、卫、阳台）		1. 20厚1：3水泥砂浆找平层 2. 现浇钢筋混凝土楼板(2.900标高及以上楼板均采用叠合楼板)
	防潮楼面	厨房		1. 40厚C20细石混凝土表面加浆抹平 2. 聚氨酯涂膜防水3遍，厚1.5，上翻300，并延伸至门洞外500范围，向两侧延展200外范围管道根部做混凝土保护管台加聚氨酯涂膜防水 3. 20厚1：3水泥砂浆找平层 4. 现浇钢筋混凝土楼板
	防水楼面	阳台		1. 20厚1：3水泥砂浆找平层 2. 1.5厚聚氨酯涂膜防水三遍，上翻100，并延伸至门洞外500，管道根部做混凝土保护管台加聚氨酯涂膜防水 3. 20厚1：3水泥砂浆找平层 4. 现浇钢筋混凝土楼板
	同层排水楼面	卫生间（除一层）		1. 面层业主结合装修自理 2. 40厚C25细石混凝土表面加浆抹平 3. 聚氨酯涂膜防水3遍，厚1.5，上翻300，并延伸至门洞外500范围，向两侧延展200外范围管道根部做混凝土保护管台加聚氨酯涂膜防水 4. 240厚泡沫混凝土(管道安装完成后) 5. 20厚1：3水泥砂浆找平层 6. 聚氨酯涂膜防水3遍，厚1：5，上翻至建筑完成面300 7. 现浇钢筋砼楼面

续表

部位	类别	适用范围	参照图集	备注
内墙面	水泥砂浆墙面	住宅		1. 5厚1：1：4水泥石灰砂浆粉面 2. 15厚1：1：6水泥石灰砂浆（分户墙单侧8厚水泥基无机矿物轻集料保温砂浆＋7厚1：1：6水泥石灰砂浆） 3. 玻璃纤维网 4. 界面喷浆处理
	防水砂浆墙面	厨房、卫生间		1. 5厚1：3水泥砂浆抹灰面层 2. 15厚1：3水泥砂浆底层 3. 玻璃纤维网 4. 界面喷浆处理
	无机涂料墙面	楼梯间、门厅（合用前室）、电梯机房、设备用房等		1. 面层详见精装修做法 2. 5厚1：1：4水泥石灰砂浆粉面 3. 15厚1：1：6水泥石灰砂浆 4. 玻璃纤维网 5. 界面喷浆处理
平顶天棚		住宅		1. 批白水泥两遍 2. 打磨、局部点补处理（对于天棚锈斑刷防锈漆点补） 3. 钢筋砼楼板底
		楼梯间、门厅（合用前室）、电梯机房、设备用房等		1. 乳胶漆涂料二道 2. 批白水泥两遍 3. 打磨、局部点补处理（对于天棚锈斑刷防锈漆点补） 4. 钢筋砼楼板底
		阳台		1. 批白水泥两遍 2. 打磨、局部点补处理（对于天棚锈斑刷防锈漆点补） 3. 钢筋砼楼板底
踢脚	水泥砂浆踢脚		05J909—TJ2	住宅室内不做，其余同相邻楼地面，高150。厚度同内墙粉刷层平
栏杆	木扶手烤漆方管调和漆栏杆	公共楼梯栏杆	见详图	栏杆高度≥1 100
	成品宝瓶栏杆	窗台，阳台	见详图	垂直栏杆净距≤110
	调和漆铸铁栏杆	窗台，阳台，空调搁板等其它栏杆	见详图	垂直栏杆净距≤110 抗水平荷载≥1 000 N/m

屋面	平屋面	住宅	屋面保温构造做法选自图集——《外墙外保温建筑构造》(10J121) 构造做法如下: 平屋面做法(由上至下)(住宅屋面) a. 40 厚 C30 细石砼(p=2 300)保护层,内配 Φ4@100 双向钢筋网片粉平压光(设 10 mm 分隔缝,纵横缝间距 3 m) b. 50 厚 B1 级挤塑聚苯板(倒置式屋面设计厚度按计算厚度增加 25% 取值) c. 1.5 厚高分子防水卷材 d. 1.5 厚聚氨酯涂膜防水 e. C15 细石砼 2% 找坡(随捣随抹,表面压光) f. 现浇钢筋砼屋面
		楼电梯层面	平屋面做法(由上至下)(楼电梯屋面) a. 40 厚 C30 细石砼(p=2 300)保护层,内配 Φ4@100 双向钢筋网片粉平压光(设 10 mm 分隔缝,纵横缝间距 3 m) b. 50 厚 B1 级挤塑聚苯板(倒置式屋面设计厚度按计算厚度增加 25% 取值) c. 1.5 厚高分子防水卷材 d. 1.5 厚聚氨酯涂膜防水 e. C15 细石砼 2% 找坡(随捣随抹,表面压光) f. 现浇钢筋砼屋面
	坡屋面		坡屋面做法 a. 混凝土瓦屋面 b. 30×30 挂瓦条 c. 顺水条 30×30@500 d. 40 厚 C20 细石混凝土找平层(配 Φ4@150×150 钢筋网) e. 50 厚 B1 级挤塑聚苯板(倒置式屋面设计厚度按计算厚度增加 25% 取值) f. 1.5 厚高分子防水卷材 g. 1.5 厚聚氨酯涂膜防水 h. 20 厚 1:3 水泥砂浆找平层 i. 现浇钢筋混凝土屋面 真石漆饰面(由外到内) a. 刷(喷)真石漆(专业厂家负责设计施工) b. 20 厚专用抹面水泥砂浆找平(具备防水抗渗性能) c. 刷界面剂一道 d. 200 厚 B06 砂加气砌块/混凝土梁柱

表 10-7 门窗表

类型	序号	门窗编号	型材种类	玻璃构造	传热系数设计值 K值 W/(m²·K)	外遮阳型式	遮阳系数设计值	门窗洞口尺寸 (B×H) mm	樘数	单樘门窗展开面积 (m²)	门窗展开面积小计 (m²)	开启方式	通风开启面积 (m²)	通风开启面积比 (%)	应用部位	备注
标准化外窗	1	C1521	塑钢	5Low—E+19Ar(百叶)+5暖边	2.10	活动(百叶)遮阳	0.62	1 500×2 100	18	3.15	56.7	平开窗	1.95	61.9	一、三、四层主卧室	
	2	C1512	塑钢	5Low—E+19Ar(百叶)+5暖边	2.10	活动(百叶)遮阳	0.62	1 500×1 200	6	1.8	10.8	平开窗	1.8	100	二层主卧室	
	3	C0912	塑钢	5Low—E+19Ar(百叶)+5暖边	2.10	活动(百叶)遮阳	0.62	900×1 200	8	1.08	8.64	推拉窗	0.54	50	卫生间	
	4	C1215	塑钢	6高透 Low—E+12A+6	2.20		0.62	1 200×1 500	18	1.80	32.4	平开窗	1.8	100	一、三、四层次卧室	
	5	aC1215	塑钢	6高透 Low—E+12A+6	2.20		0.62	1 200×1 500	18	1.80	32.4	推拉窗	0.9	50	一、三、四层厨房	
	6	C1212	塑钢	6高透 Low—E+12A+6	2.20		0.62	1 200×1 200	6	1.44	8.64	平开窗	1.44	100	二层次卧室	
	7	aC1212	塑钢	6高透 Low—E+12A+6	2.20		0.62	1 200×1 200	6	1.44	8.64	推拉窗	0.72	50	二层厨房	
	8	C0612	塑钢	6高透 Low—E+12A+6	2.20		0.62	600×1 200	16	0.72	11.52	推拉窗	0.36	50	卫生间	
	9	C1509	塑钢	6高透 Low—E+12A+6	2.20		0.62	1 500×900	3	1.35	4.05	推拉窗	0.675	50	楼梯间	
	10	C1515	塑钢	6高透 Low—E+12A+6	2.20		0.62	1 500×1 500	3	2.25	6.75	推拉窗	1.125	50	楼梯间	
	11	C1518	塑钢	6高透 Low—E+12A+6	2.20		0.62	1 500×1 800	3	2.70	8.1	推拉窗	1.35	50	楼梯间	
合计									105		188.64	标准化外窗系统应用量占比=100.0%				
门	1	FMZ 1123			1.40			1 100×2 300	24			平开门			入户门	A类乙级防火门,防盗隔声安全防卫保温门
	2	FM甲 1018						1 000×1 800	8			折叠门			设备管井	A类甲级防火门为内衬品检保温层的自闭式密封防火门,且设置密封条
	3	FM甲 0818						800×1 800	33			折叠门			设备管井	A类甲级防火门为内衬品检保温层的自闭式密封防火门,且设置密封条

续表

类型	序号	门窗编号	型材种类	玻璃构造	传热系数设计 K 值 W/(m²·K)	外遮阳型式	遮阳系数设计值	门窗洞口尺寸(B×H)mm	樘数	单樘门窗展开面积(m²)	门窗展开面积小计(m²)	开启方式	通风开启面积(m²)	通风开启面积比(%)	应用部位	备注
门	4	M1631	塑钢		2.10		0.62	1 600×3 100	3			平开门			单元门	单元外门做电子对讲安全防卫门
	5	M0922	塑钢		2.10		0.62	900×2 200	48			平开门			卧室	
	6	M0822	塑钢		2.10		0.62	800×2 200	24			平开门			卫生间	
	7	TLM2424	塑钢	5Low—E+19Ar(百叶)+5 暖边	2.10	平板遮阳	0.62	2 400×2 400	24			推拉门			阳台	首层采用防盗隔声安全防卫保温门
	8	TLM1122	塑钢	5Low—E+19Ar(百叶)+5 暖边	2.10	活动(百叶)遮阳	0.62	1 100×2 200	24			推拉门			厨房	

备注

一、设计依据
1.《居住建筑标准化外窗系统应用技术规程》(DGJ 32/J 157—2017);
2.《居住建筑标准化外窗系统图集》(桂 J50—2015);
3.《建筑玻璃应用技术规程》(JGJ 113—2015);
4.《塑料门窗工程技术规范》(DGJ 23/J 62—2008);
5. 其他相关标准。

二、门窗物理性能要求
1. 抗风压性能等级多层建筑不应小于 3 级,高层建筑不应小于 4 级;
2. 气密性性能等级多层建筑不应小于 6 级,高层建筑不应小于 3 级;
3. 水密性性能等级不应小于 3 级;
4. 外窗:交通干线两侧卧室、起居室(厅)外窗隔声性能等级不应小于 30 dB,其他外窗隔声性能等级不应小于 25 dB;
5. 外门窗玻璃为:5Low—E+19Ar(百叶)+5 暖边中空玻璃门窗隔声性能等级不应小于 25 dB,人门门窗传热系数:2.20 W/(m²·k);6 高透 Low—E+12A+6 中空玻璃窗传热系数 2.20 W/(m²·k);外门窗框为深灰色塑料窗框;中空玻璃的性能及技术指标应满足 DGJ 32/J 157—2017 表 3.2.7-1 要求。
6. 多功能户门传热系数:1.40 W/(m²·k)

三、外窗标准化要求
1. 本工程标准化外窗的应用量占比为 100.00%,满足 DGJ 32/J 157—2017 规程要求;
2. 本工程非标准化外窗在物理性能及热工性能指标、外窗立面形式、主辅材应用,标准化附框应用及平法安装等方面与标准化外窗系统应完全一致;
3. 外遮阳方式及种类说明:东、西向遮阳形式为活动遮阳,南向遮阳形式为平板及活动遮阳;
4. 本工程所有外窗宽度(b)及高度(h)加工尺寸为 b(h)=B(H)-30;
本工程所有外窗宽度(b)及高度(h)加工尺寸为 b(h)=B(H)-90。

四、标准化附框应用及施工安装方式
1. 本工程所有门窗均采用标准化附框及平法安装方式;
2. 附框性能应满足《居住建筑标准化外窗应用技术规程》(DGJ 32/J 157—2017)的要求;
3. 本工程所有门窗所用标准化附框应满足标准化外窗系统相应要求;
4. 门窗制造及安装应由门窗厂家按设计立面图绘制详细施工安装图,经设计及施工单位共同审定后,再进行加工、安装;
5. 标准化附框型材静曲强度≥35 MPa,型材高低温反复尺寸变化率≤0.3%,型材握螺钉力≥3 000 N,型材低温落锤冲击无破裂,静曲强度保持率≥80%,型材截面宽度方向热阻≥0.28 m²·K/W。

五、门窗安全防护要求
1. 本工程门窗安全标准化外窗的应用应符合《建筑玻璃的使用》(JGT 113)、发改运行〔2003〕2116 号文以及《居住建筑标准化外窗总说明门窗工程章节》,并详见本工程施工说明门窗工程章节;
2. 本工程凡外窗立樘高度低于 900 mm 以及飘窗台面均应安装防护栏杆,有效防护高度不应低于 900 mm,做法参 15J403-1-PB5/D17

表 10-8　结构设计总说明一

1　一般说明

1）本工程设计按现行的国家标准及国家行业标准进行。

2）本工程所用的材料规格施工要求及验收标准等，除注明者外，均按国家现行的有关施工及验收规范规程执行。

3）未经技术鉴定或设计许可，不得改变结构的用途和使用环境

2　工程概况

1）本工程位于广西南宁市某区。

2）本工程主要功能为住宅，本工程地上 4 层。

3）本工程结构形式为装配式剪力墙结构

3　设计依据

1）本工程主体结构设计使用年限 50 年。

2）本工程设计基本风压力：$W_0=0.40\ \mathrm{kN/m^2}$，地面粗糙度为 B 类，基本雪压：$W_0=0.35\ \mathrm{kN/m^2}$，抗震设防烈度为 7 度，设计基本地震加速度 $0.15g$，设计地震分组为第二组，场地类别为Ⅱ类，场地特征周期 0.47 s，结构阻尼比 0.05，水平地震影响系数最大值 0.12。

3）业主提供的《南宁市某项目 G 地块》，工程编号：2015195，勘察单位：广西岩土工程勘察设计研究院。

4）本工程结构设计采用的主要规范、规程：

① 建筑工程抗震设防分类标准	GB 50223—2008
② 建筑结构荷载规范	GB 50009—2012
③ 建筑地基基础设计规范	GB 50007—2011
④ 混凝土结构设计规范	GB 50010—2010(2015 版)
⑤ 建筑抗震设计规范	GB 50011—2010(2016 版)
⑥ 住宅工程质量通病控制标准	DGJ 32/J 16—2014
⑦ 地下工程防水技术规范	GB 50108—2008
⑧ 混凝土结构耐久性设计规范	GB/T 50476—2008
⑨ 预拌砂浆技术规程	DGJ 32/J 13—2005

4　图纸说明

1）本施工图中的标高以米为单位，其余所有尺寸均以毫米为单位，注明者除外。

2）21＃±0.000 相当于工程地质勘探报告中的 85 国家高程 20.000 m；抗浮水位取室外地下以下 0.00 m。
28＃±0.000 相当于工程地质勘探报告中的 85 国家高程 20.400 m；抗浮水位取室外地下以下 0.00 m。
29＃±0.000 相当于工程地质勘探报告中的 85 国家高程 21.000 m；抗浮水位取室外地下以下 0.00 m。

3）本工程施工图按《混凝土结构施工图平面整体表示方法制图规则和构造详图》(16G101—1)绘制，施工中须与 16G101—1 结合方为完整结构施工图

5　建筑分类等级

1）本工程建筑结构的安全等级为二级。　　依据《混凝土结构设计规范》(GB 50010—2010，2015 版)

2）地基基础设计等级为丙级。　　依据《建筑地基基础设计规范》(GB 50007—2011)

3）本工程建筑抗震设防类别为丙类。　　依据《建筑工程抗震设防分类标准》(GB 50223—2008)

4）钢筋混凝土结构抗震等级：剪力墙抗震等级为四级，抗震构造措施三级；
框架抗震等级为三级，抗震构造措施三级。

依据《建筑工程抗震设防分类标准》(GB 50223—2008)及《建筑抗震设计规范》(GB 50011—2010，2016 版)。

5）本工程混凝土结构的环境类别见下表：

<table>
<tr><th colspan="3"></th><th>与土壤或水直接接触的构件</th><th>地上结构外露的梁、板、柱、女儿墙、栏板、挑檐、雨篷等</th><th>其余地上结构构件</th></tr>
<tr><td rowspan="3">环境类别</td><td colspan="2">一类</td><td></td><td></td><td>✓</td></tr>
<tr><td rowspan="2">二类</td><td>a</td><td>✓</td><td>✓</td><td></td></tr>
<tr><td>b</td><td></td><td></td><td></td></tr>
</table>

6	主要荷载(作用)取值： 1) 楼面面层荷载：2.0 kN/m²。 2) 墙体荷载： 　　200 厚砌块墙：2.8 kN/m²(外墙),2.5 kN/m²(内砌块墙),2.0 kN/m²(内墙板)； 　　100 厚砌块墙：1.5 kN/m²。 3) 楼屋面活荷载 　　上人屋面：2.0 kN/m²；住宅：2.0 kN/m²；电梯机房：7.0 kN/m² 　　不上人屋面：0.5 kN/m²；门厅、阳台、卫生间：2.5 kN/m²；楼梯：2.0 kN/m²。 4) 栏杆水平荷载：1.0 kN/m；检修荷载：1.0 kN/m
7	设计计算程度 1) 本工程采用的结构分析软件——中国建筑科学研究院编制的空间结构分析程度 PKPM2010。 2) 本工程结构分析采用有限元模型,嵌固部位为基础顶

8	主要结构材料 1) 混凝土(均为预拌混凝土)： a. 垫层混凝土强度等级为 C15；基础、梁混凝土强度等级为 C30；其余梁、板、柱、墙均为 C30。 b. 未特别注明时,混凝土耐久性应符合以下要求：

环境类别		最大水胶比	最低混凝土强度等级	最大氯离子含量(%)	最大碱含量(%)
一类		0.60	C20	0.30	不限制
二类	a	0.55	C25	0.20	3.0
	b	0.50(0.55)	C30(C25)	0.15	3.0
三类	a	0.45(0.50)	C35(C30)	0.15	3.0
	b	0.40	C40	0.10	3.0

2) 抗渗混凝土：
电梯井须采用抗渗混凝土,抗渗等级为 P6。
3) 柱混凝土强度等级高于梁板时,除设计特别注明外,梁柱节点处的混凝土按以下原则处理：
a. 以砼立方体抗压强度差 5 N/mm² 为一级,凡柱子混凝土强度等级高于梁板混凝土强度等级不超过一级者,梁柱节点处的混凝土可随梁板一同浇筑。
b. 柱子混凝土强度等级高于梁板混凝土强度等级不大于二级,而柱子四边皆有现浇框架梁者,梁柱节点处的混凝土可随梁板一同浇筑。
c. 不符合上面两条规定时,梁柱节点处的混凝土应按柱子混凝土强度等级单独浇筑,并应在混凝土初凝前浇筑梁板混凝土,并加强混凝土的振捣和养护。
4) 钢筋(钢筋的强度标准值应具有不小于 95% 保证率)：
钢筋质量应符合现行标准,钢筋强度设计值表示如下：
ϕHPB300—f_y＝270 N/mm²；ΦHRB400—f_y＝360 N/mm²。
框架梁、框架柱以及斜撑(含梯段)的纵向受力钢筋的抗拉强度实测值与屈服强度实测值的比值不应小于 1.25,屈服强度实测值与屈服强度标准值的比值不应大于 1.3,且钢筋在最大拉力下的总伸长率实测值不应小于 9%

9	基础 1) 基础施工前应进行测量放线,若有问题应及时通知设计进行调整。 2) 基坑开挖时,不应扰动土的原状结构；如经扰动,应挖除扰动部分,用级配碎石进行回填处理,回填碎石应分层夯实,压实系数不小于 0.97

9	3) 机械开挖时,应在基坑底留不小于 200 mm 厚的土层,用人工开挖;且应做好基坑排水,防止水浸泡地基土层;人工降水时,地下水位应降至基坑最深处以下不少于 500 mm,降水时间除满足施工要求外,尚应满足设计对抗浮及抗水压的要求。停止降水前应经设计同意。 4) 基坑边坡应采取措施,保持稳定。非自然放坡开挖时,基坑支护应做专门设计。未经专项设计基坑边严禁堆载。 5) 基槽(坑)开挖后,应进行基槽检验。基槽检验可用触探或其他方法,当发现与勘察报告和设计文件不一致,或遇到异常情况时,应及时通知工程勘察和设计人员处理;对桩基工程,挖土应均衡分层进行,对流塑状软土的基坑开挖,高差不应超过 1 米。 6) 基坑回填土及位于设备基础、地面、散水、踏步等基础之下的回填土,应分层夯实,分层厚度不大于 250 mm,压实系数 $\lambda_c \geqslant 0.94$;采用素土回填,且不得采用淤泥质土、耕土回填

10	钢筋混凝土工程 1) 受力钢筋的保护层最小厚度(最外层钢筋外缘至混凝土表面的距离)应符合下列规定: a. 构件中受力钢筋(普通钢筋及预应力筋)的保护层厚度不应小于钢筋的公称直径。 b. 设计使用年限为 50 年的混凝土结构最外层钢筋的保护层厚度应符合下表的规定,施工图有特别注明的以注明为准。 2) 钢筋的锚固、连接方式及要求,箍筋及拉筋弯钩构造未特别说明的均按 16G101—1、16G101—3 执行。 梁、柱纵筋间距应均匀并符合 16G101—1 的最小间距要求。 非框架梁的端支座及板的端支座钢筋构造均按充分利用钢筋的抗拉强度构造。

混凝土保护层的最小厚度表　　　　　　单位:mm

环境类别	板、墙		梁、柱、杆		基础底 下设垫层时 (非桩基)	桩基承台 下设垫层时
	≤C25	C30 以上	≤C25	C30 以上		
一类	20	15	25	20		
二 a 类	25	20	30	25	40 三 b 类,C25 按 45	50 桩头嵌入承台长度
二 b 类	30	25	40	35		

注:1. 当梁、柱、墙中纵向受力钢筋保护层厚度大于 50 时,应在纵筋外侧(保护层内)设置 C4@150 双向钢筋网,防止混凝土收缩开裂。
　　2. 钢筋混凝土基础应设置混凝土垫层,基础中钢筋的混凝土保护层厚度应从垫层顶面算起。
　　3. 顶板内侧及内墙(人防区)保护层厚度取值同二 a 类。

3) 梁、板、柱、墙纵向钢筋连接采用绑扎搭接、焊接、机械连接头,未特别说明的均按 16G101—1、16G101—3 执行,并应按《混凝土结构工程施工质量验收规范》(GB 50204—2015)、《钢筋机械连接技术规程》(JGJ 107—2016)、《钢筋焊接及验收规程》(JGJ 18—2012)的要求施工。

4) 板面负筋沿支座通长设置,板面中部无负筋处设 C6@200 抗裂附加筋,板中预埋管线应控制好上下混凝土厚度并应设抗裂附加筋。

5) 单向板底筋的分布筋,单向板和双向板支座筋(负筋)的分布筋,除图中注明外,做法按下表:

现浇板分布钢筋

板厚(mm)	$h<90$	$h=100$	$100<h<120$	$h=130\sim140$	$h=150\sim160$	$h=170\sim180$
分布筋	Φ6@200	Φ6@180	Φ6@150	Φ6@125	Φ8@200	Φ8@180

注:当分布钢筋小于受力钢筋的 15%时,按受力钢筋的 15%配置分布钢筋。

6) 楼板隔墙下无梁时,应在楼板内设加强筋,若图中未标明时可按附图:
7) 悬挑板的阳角及阴角加筋做法,详见国标图集 16G101—1 第 112、113 页。
8) 现浇板开洞加筋构造做法,详见国标图集 16G101—1 第 110、111 页。
9) 楼面框架梁与框架柱顶相接时,相应节点均应按屋面框架梁的构造施工。框架柱、框架梁边平齐时,梁纵向受力钢筋应位于核心区内

续表

10	10）梁、板的跨度不小于 4 米时按跨度的 3/1 000 起拱。梁板底模拆模条件按《混凝土结构工程施工质量验收规范》相关要求执行，当以结构构件为施工脚手支撑点时，必须经过验算并经设计认可后方可进行。 11）电梯基坑、设备管井电梯机房等预埋铁件、管线，预留孔洞等详见相应设备图，结构施工时应与其他各专业施工图密切配合避免结构的后凿洞槽。 12）设备管井待设备安装完毕后应按相关专业的要求封堵，板厚采用 100 厚，内配 ⱷ8@200 双向筋，钢筋在施工时预留。 13）避雷装置、防雷接地要求详见电气专业相关图纸要求。 14）卫生间墙身下设高度 200，厚度同墙身的素砼止水坎。 当楼面梁、板突出外墙面时，外墙外侧下设高度 200 厚 100 素砼止水坎，止水坎均应与楼面梁、板同时浇筑。 15）施工缝 水平施工缝浇筑混凝土前，应将其表面浮浆和杂物清除，然后铺设净浆或涂刷混凝土界面剂、水泥基渗透结晶型防水涂料等材料，再铺 30～50 厚 1∶1 水泥砂浆，并及时浇筑。 16）钢筋砼女儿墙、栏板、挑檐、雨篷等外露构件应每隔 12 m 设置一道 20 mm 宽的伸缩缝，缝内嵌油膏。 17）预埋件、吊环 所有预埋件的钢板、型钢均为 Q235B 级。钢材应有良好的可焊性和冲击韧性。型钢应按相应行业标准选用。 有抗震要求的钢结构构件应符合相应钢结构设计图纸的要求。 预埋件焊接未特别注明的均采用普通电弧焊，焊条采用 E4303 型焊条。 未注明焊缝长度时，均为满焊。未注明焊缝高度者，不小于 5 mm，所有外露钢构件必须认真除锈，焊缝处先除去焊渣并涂防锈漆二度、面漆二度，面漆色彩按建筑要求。若有防火要求时，应作防火处理。 吊环应采用 Q235B 圆钢制作，严禁采用冷加工钢筋
11	砌体（填充墙）工程 1）非承重的外围护墙采用 200 厚 A3.5 级（B06 级）砂加气混凝土砌块，专用砂浆砌筑，砂浆强度等级M5.0，一层及顶层砂浆及专用黏结剂强度为 M7.5。内隔墙为 200（100）厚轻混凝土空心条板用DMM5 专用砂浆砌筑，顶层采用 DMM7.5 专用砂浆砌筑。 2）砌块墙内构造柱、过梁、系梁等现浇混凝土强度等级为 C25。墙体拉结筋做法详见苏 G02—2011 图集第 49 页，沿墙全长贯通。 3）所有填充墙均应后砌，砌体施工质量控制等级按 B 级。 4）填充墙顶应与梁、板底密切结合。墙长大于 5 m 时，墙顶与梁、板底应有拉结，见苏 G02—2011 第 49页。 5）当填充墙的墙长度＞5 m 时需设置构造柱，间距不应大于 3 m。（此条适用于住宅工程） 当填充墙的墙长度＞8 m 或层高 2 倍时需设置构造柱，且间距不应大于 5 m。（此条适用于住宅以外工程） 砌体无约束的端部必须增设构造柱，构造柱 200×200，4，C10，C6@200。 6）a. 每层墙在层高的中部应增设墙体同宽的混凝土水平系梁。（此条适用于住宅工程：烧结普通砖、烧结多孔砖、烧结空心砖墙体不需设置，墙高超过 4 m 时，按住宅以外工程要求设置） b. 墙高超过 4 m 时，墙体中部应增设墙体同宽的混凝土水平系梁。（此条适用于住宅以外工程） c. 混凝土水平系梁，做法按苏 G02—2011 图集第 49 页 1-1 剖面。 7）楼梯间及人流通道的填充墙，应采用钢丝网砂浆面层加强，拉结钢筋应通长设置。 8）不同砌体填充墙（不含轻质墙板）交接处应设构造柱。未注明内外墙交接处设构造柱，截面尺寸及配筋同上。 9）在两种不同基体交接处，应采用钢丝网抹灰或耐碱玻璃网布聚合物砂浆加强带进行处理，加强带与各基体的搭接宽度≥150 mm。顶层填充墙墙面粉刷增加满铺镀锌钢丝网或耐碱玻璃纤维网布加强带等措施

续表

11	10) 悬挑部分外围墙,当墙高<500 时可只设压顶(人流出入口处除外),当墙高≥500 和人流出入口处女儿墙每隔 2.5 米设一构造柱,并设压顶,墙高均从结构板面算起。当图纸中有单独设计时以该处设计为准。 11) 电梯井道填充墙四角设构造柱 200×200,内配 4Φ12、Φ6@200,电梯井围护墙应于电梯门洞顶处设圈梁 200×300,内配 4Φ12、Φ6@200;圈梁之间或圈梁与其他混凝土梁的垂直间距按电梯样本。 12) 填充墙门窗洞边无混凝土(构造)柱时,采取钢筋混凝土框加强,配筋见下图。 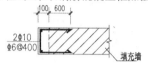 门窗框详图 门窗洞顶过梁如下图,梁长为洞宽+2×250。 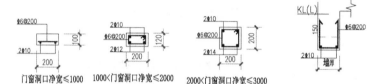 过梁详图　　　　　　　框架梁或次梁兼做过梁 门窗洞边为混凝土柱(墙)时,应预留过梁钢筋。 当洞口宽度大于 2 m 时,两边应设置构造柱。 窗台配筋,除特别注明外建筑图中各窗台按苏 G01—2003 图集第 26 页施工。 13) 砖砌体女儿墙采用 200 厚煤矸石烧结砖,DMM7.5 预拌混合砂浆,构造柱间距不大于 2 m,(200×200,4,C10,C6@200),压顶做法详见苏 G02—2012 第 71 页做法。 14) 墙柱(构造柱)边填充墙肢长度小于 250 时,墙肢采用混凝土和墙或柱同时浇筑
12	沉降观测(图中未标注沉降观测点时不需要) 本工程要求在施工及使用过程中进行沉降观测,沉降观测点的布置详见本工程图纸。 沉降观测须按照《建筑变形测量规范》(JGJ 7—2008)执行,沉降观测需由专业测量单位实施
13	本工程特别注意事项 混凝土拌合物在运输后如出现离析,必须进行二次搅拌。当坍落度损失不能满足施工要求时,应加入相同水胶比的水泥浆进行搅拌,严禁直接加水

项目施工图及详细数据见下方二维码。

10.4.3　招标控制价编制报告

<u>　　某装配式建筑住宅楼土建　　</u>工程

招标控制价

招标控制价(小写)：<u>　　　4 081 613.36 元　　</u>
　　　　(大写)：<u>肆佰零捌万壹仟陆佰壹拾叁元叁角陆分</u>

招　标　人：_____　　造价咨询人：_____
　　　　　　　(单位盖章)　　　　　　　　　　　　　　(单位资质专用章)

法定代表人　　　　　　　　　　　　　　法定代表人
或其授权人：_____　　或其授权人：_____
　　　　　　　(签字或盖章)　　　　　　　　　　　　　(签字或盖章)

编　制　人：_____　　复　核　人：_____
　　　　　　　(造价人员签字)　　　　　　　　　　　(造价工程师签字盖专用章)

总　说　明

工程名称:某装配式建筑住宅楼土建

工程概况

　　1. 建设地点:广西南宁某小区。

　　2. 工程专业:房屋建筑与装饰工程。

　　3. 合同工期:180 个日历天;工程质量等级:合格工程。

　　4. 招标范围:某装配式建筑住宅楼土建工程;单独发包的专业工程:无。

　　5. 工程特征:

　　1) 建筑面积:1 843.4 m²。

　　2) 层数:4 层;檐口高度:12.45 米。

　　3) 结构质式:钢筋混凝土框架结构。

　　4) 基础类型:独立基础。

　　5) 装饰情况:外墙刷真石漆;地面公共部位地砖,其余水泥砂浆找平;内墙公共部位混合砂浆乳胶漆,其余混合砂浆;楼梯间天棚为乳胶漆,其余白水泥两遍。

　　6) 混凝土情况:采用泵送商品混凝土。

　　一、编制范围

　　按照广西南宁某建筑设计院设计的某装配式建筑住宅楼工程图纸,专业范围包括土建工程,具体如下:

　　1. 不含水电工程;

　　2. 不含"三通一平";

　　3. 不含电梯工程。

　　二、编制依据

　　1. 图纸:广西南宁某建筑设计院设计的某装配式建筑住宅楼工程图纸及有关设计文件。

　　2. 招标文件:广西某工程造价咨询有限公司编制的招标文件,其中存在与现行计价规定不一致的内容:无。

　　3. 地质勘查报告:广西南宁某勘察设计院出具的岩土工程勘察报告。

　　4. 计价计量规范:《建设工程工程量清单计价规范》(GB 50500—2013)、《房屋建筑与装饰工程工程量计算规范》(GB 50854—2013)、《广西壮族自治区住建厅关于建筑业营业税改增值税调整实施意见》。

　　5. 计价定额:《广西壮族自治区建筑装饰装修工程消耗量定额》(2013 版)、《广西壮族自治区住建厅关于建筑业营业税改增值税调整广西壮族自治区建设工程计价依据的实施意见》。

　　6. 费用定额:《广西壮族自治区建筑安装工程费用定额》(2017 版)及现行补充调整文件。其中,暂列金额:/;专业工程暂估价:/;甲供材料费:无。

　　7. 人材机价格:

　　1) 人工费指数:人工费调整系数按关于调整建设工程定额人工费及有关费率的通知(桂建标〔2018〕19 号)。

　　2) 施工机械台班单价:按照《2019 年第 3 季度广西壮族自治区施工机械台班单价》。

　　3) 材料设备价格:参考《广西贺州市工程造价信息》(2019 年 10 月)。

　　8. 其他:/。

　　三、取费标准

　　1. 专业类别:房屋建筑与装饰工程。

　　2. 总承包服务费费率:无。

　　3. 税率:9%。

　　四、施工方法与措施(仅供投标人参考,投标人自行确定方案,自主报价)

　　1. 土方工程:运距 5 km 包干。

　　2. 混凝土模板及支架:采用扣件式钢管支撑胶合板模板。

　　3. 脚手架:外墙扣件式钢管脚手架、满堂装饰脚手架。

　　4. 施工排水、降水:未考虑。

　　5. 垂直运输:塔式起重机

建设项目招标控制价汇总表

工程名称:某装配式建筑住宅楼土建

序号	单项工程名称	金额(元)	其中(元)	
			暂估价	安全文明施工费
1	某装配式建筑住宅楼土建	4 081 613.36		220 245.18
	招标控制价合计	4 081 613.36		220 245.18

单项工程招标控制价汇总表

工程名称:某装配式建筑住宅楼土建

序号	单位工程名称	金额(元)	其中(元)	
			暂估价	安全文明施工费
1	某装配式建筑住宅楼土建	4 081 613.36		220 245.18
	招标控制价合计	4 081 613.36		220 245.18

单位工程招标控制价汇总表

工程名称:某装配式建筑住宅楼土建

序号	汇总内容	金额(元)	备注
一	建筑装饰装修工程(营改增)—一般计税法		
1	分部分项工程和单价措施项目清单计价合计	3 273 103.99	
1.1	暂估价		
2	总价措施项目清单计价合计	240 893.17	
2.1	安全文明施工费	220 245.18	
3	其他项目清单计价合计		
4	税前项目清单计价合计		
5	规费	230 602.25	
6	增值税	337 013.95	
7	工程总造价＝1＋2＋3＋4＋5＋6	4 081 613.36	

单位工程招标控制价汇总表

工程名称：某装配式建筑住宅楼土建

序号	汇总内容	金额（元）	备注
1	分部分项工程和单价措施项目清单计价合计	3 273 103.99	
1.1	暂估价		
2	总价措施项目清单计价合计	240 893.17	
2.1	安全文明施工费	220 245.18	
3	其他项目清单计价合计		
4	税前项目清单计价合计		
5	规费	230 602.25	
6	增值税	337 013.95	
7	工程总造价＝1＋2＋3＋4＋5＋6	4 081 613.36	

分部分项工程和单价措施项目清单与计价表

工程名称：某装配式建筑住宅楼土建

序号	项目编码	项目名称及项目特征描述	计量单位	工程量	综合单价	合价	暂估价
		分部分项工程				2 774 507.81	
	010101	土方工程				34 883.28	
1	010101001001	平整场地 1. 土壤类别：二类土	m²	458.10	5.65	2 588.27	
2	010101004001	挖基坑土方 1. 土壤类别：二类土 2. 挖土深度：2 m 以内		684.86	3.85	2 636.71	
3	010103001001	回填方 1. 密实度：满足设计规范 2. 填方材料品种：原土		684.86	21.16	14 491.64	
4	010103002	余方弃置 1. 弃土运距：5 km 2. 土壤类别：二类土 3. 挖土深度：2m 以内		302.09	17.83	5 386.26	
5	桂 010104002	基础钎插	孔	280.000	34.93	9 780.40	
	0104	砌筑工程				584 925.67	
6	010401004001	多孔砖墙 1. 部位：坡道小型砌体 2. 墙体厚度：24 厚 3. 砖品种、规格：多孔砖 240×115×53		4.90	513.44	2 515.86	
7	010402001001	非承重外围护墙 1. 材质：砂加气混凝土砌块 2. 墙厚：200 mm 3. 砂浆：水泥砂浆中砂 M5.0		135.68	409.67	55 584.03	
8	010514002	预制墙板 蒸压加气混凝土板 1. 材质：蒸压加气混凝土板 2. 墙厚：200 mm 3. 砂浆：水泥砂浆中砂 M20		189.49	2 780.23	526 825.78	
	0105	混凝土及钢筋混凝土工程				554 493.58	
9	010501001001	基础垫层 1. 混凝土种类：商品混凝土 2. 混凝土强度等级：C15 碎石 GD40		31.66	370.26	11 722.43	
10	010501003001	独立基础 1. 混凝土种类：商品混凝土 2. 混凝土强度等级：C30 碎石 GD40		119.48	417.70	49 906.80	

续表

序号	项目编码	项目名称及项目特征描述	计量单位	工程量	金额(元)		
					综合单价	合价	暂估价
11	010502002001	构造柱 1. 混凝土种类:商品混凝土 2. 混凝土强度等级:C30 碎石 GD40		36.16	452.14	16 349.38	
12	010502003001	异形柱 1. 混凝土种类:商品混凝土 2. 混凝土强度等级:C30 碎石 GD40		167.85	433.22	72 715.98	
13	010503001002	基础梁 1. 混凝土种类:商品混凝土 2. 混凝土强度等级:C30 碎石 GD40		26.65	381.68	10 171.77	
14	010503002001	矩形梁 1. 混凝土种类:商品混凝土 2. 混凝土强度等级:C30 碎石 GD40		121.87	394.58	48 087.46	
15	010503004001	混凝土翻边 1. 混凝土种类:商品混凝土 2. 混凝土强度等级:C30 碎石 GD40		7.05	441.22	3 110.60	
16	010503004002	圈梁 1. 混凝土种类:商品混凝土 2. 混凝土强度等级:C30 碎石 GD40		11.29	441.22	4 981.37	
17	010503005001	过梁 1. 混凝土种类:商品混凝土 2. 混凝土强度等级:C30 碎石 GD40		1.42	463.20	657.74	
18	010504001001	直形墙 1. 混凝土种类:商品混凝土 2. 混凝土强度等级:C30 碎石 GD40		96.68	400.93	38 761.91	
19	010505001	有梁板 1. 混凝土种类:商品混凝土 2. 混凝土强度等级:C30 碎石 GD40		121.61	398.23	48 428.75	
20	010505003	平板 1. 部位:叠合板后浇混凝土 2. 混凝土种类:商品混凝土 3. 混凝土强度等级:C30 碎石 GD40		59.68	512.36	30 577.64	

续表

序号	项目编码	项目名称及项目特征描述	计量单位	工程量	金额(元)		
					综合单价	合价	暂估价
21	010512001001	预制混凝土平板 1. 构件制作:预制混凝土叠合板 2. 混凝土强度等级:C30 碎石 GD20 3. 构件安装:预制混凝土叠合板		59.68	3 040.54	181 459.43	
22	010505008001	雨篷、悬挑板、阳台板(雨篷) 1. 混凝土种类:商品混凝土 2. 混凝土强度等级:C30 碎石 GD40		1.85	597.81	1 105.95	
23	010507001001	散水、坡道(坡道) 1. 混凝土种类:商品混凝土 2. 混凝土强度等级:C20 碎石 GD40 3. 面层:防滑坡道 水泥砂浆1∶2		0.51	1 537.73	784.24	
24	010507001002	散水、坡道(散水) 1. 人工原土打夯 2. 散水厚度:230 厚 3. 垫层厚度:150 厚 4. 混凝土厚度:C15 60 厚 5. 水泥砂浆面厚度:20 厚		91.00	69.70	6 342.70	
25	010507004001	台阶 1. 混凝土种类:商品混凝土 2. 混凝土强度等级:C20 碎石 GD40		18.37	441.97	8 118.99	
26	010507005001	扶手、压顶(屋脊压顶) 1. 混凝土种类:商品混凝土 2. 混凝土强度等级:C20 碎石 GD40		4.12	540.68	2 227.60	
27	010507005002	扶手、压顶(窗台压顶) 1. 混凝土种类:商品混凝土 2. 混凝土强度等级:C20 碎石 GD40		3.10	540.68	1 676.11	
28	010507005004	扶手、压顶(栏杆翻边) 1. 混凝土种类:商品混凝土 2. 混凝土强度等级:C20 碎石 GD40		0.48	540.69	259.53	
29	010507007001	其他构件(天沟) 1. 混凝土种类:商品混凝土 2. 混凝土强度等级:C20 碎石 GD40		8.77	587.97	5 156.50	

序号	项目编码	项目名称及项目特征描述	计量单位	工程量	金额(元)		
					综合单价	合价	暂估价
30	010507007001	其他构件(一层屋面翻边) 1. 混凝土种类:商品混凝土 2. 混凝土强度等级:C20 碎石 GD40		0.98	540.68	529.87	
31	010507007002	其他构件(装饰线条) 1. 混凝土种类:商品混凝土 2. 混凝土强度等级:C20 碎石 GD40	m²	6.34	587.97	3 727.73	
32	010510003001	过梁 1. 混凝土种类:商品混凝土 2. 混凝土强度等级:C30 碎石 GD40		5.42	463.19	2 510.49	
33	010513001001	楼梯 1. 混凝土种类:商品混凝土 2. 混凝土强度等级:C30 碎石 GD40 3. 板厚:100 mm		10.07	508.70	5 122.61	
	010515	钢筋工程				611 990.30	
34	010515001	现浇构件钢筋 1. 钢筋种类、规格:φ10 以内	t	2.272	4 847.69	11 013.95	
35	010515001	现浇构件钢筋 1. 钢筋种类、规格:φ10 以内	t	64.582	5 629.49	363 563.72	
36	010515001	现浇构件钢筋 1. 钢筋种类、规格:φ10 以上	t	35.449	5 045.56	178 860.06	
37	010515002	预制构件钢筋 1. 钢筋种类、规格:φ10 以上	t	10.278	5 043.03	51 832.26	
38	桂 010516004	电渣压力焊接	个	1 517	4.43	6 720.31	
	0108	门窗工程				226 554.82	
39	010801004001	木质防火门 1. A 类乙级防火门 2. 木质 3. 门洞口 1 100×2 300	m²	59.40	363.84	21 612.10	
40	010802001001	金属门 1. 塑钢 2. 推拉门	m²	196.32	347.11	68 144.64	
41	010802001002	金属门 1. 塑钢 2. 平开门	m²	151.34	347.53	52 595.19	
42	010802003001	钢质防火门 1. 防火门 2. 钢质	m²	60.72	393.78	23 910.32	

续表

序号	项目编码	项目名称及项目特征描述	计量单位	工程量	金额(元)		
					综合单价	合价	暂估价
43	010807001001	金属窗 1. 塑钢 2. 平开窗	m²	131.58	278.37	36 627.92	
44	010807001002	金属窗 1. 塑钢 2. 推拉窗	m²	77.85	275.70	21 463.25	
45	010807003001	金属百叶窗 1. 铝合金 2. 百叶窗	m²	7.99	275.52	2 201.40	
	0109	屋面及防水工程				133 244.81	
46	010901001001	瓦屋面 1. 混凝土瓦屋面 2. 30×30 挂瓦条 3. 顺水条 30×30@500 4. 40厚 C20 细石混凝土找平层 5. 50厚 B1 级挤塑聚苯板 6. 1.5厚高分子防水卷材 7. 1.5厚聚氨酯涂膜防水 8. 20厚 1:3 水泥砂浆找平层 9. 现浇混凝土屋面	m²	369.02	238.05	87 845.21	
47	010902001001	屋面卷材防水(屋顶) 1. 40厚 C30 细石砼保护层 2. 50厚 B1 级挤塑聚苯板 3. 1.5厚高分子防水卷材 4. 1.5厚聚氨酯涂膜防水 5. C15 细石砼 2% 找坡(随捣随抹,表面压光)	m²	163.05	155.36	25 331.45	
48	010902001002	檐沟防水 1. 20厚水泥砂浆找平层 2. 1.5厚高分子防水卷材 3. 40厚细石混凝土找平层	m²	148.17	78.92	11 693.58	
49	010902001003	屋面卷材防水(一层屋顶) 1. 40厚 C30 细石砼保护层 2. 50厚 B1 级挤塑聚苯板 3. 1.5厚高分子防水卷材 4. 1.5厚聚氨酯涂膜防水 5. C15 细石砼 2% 找坡(随捣随抹,表面压光)	m²	33.21	252.17	8 374.57	
	0111	楼地面装饰工程				86 712.15	
50	011101001001	水泥砂浆楼地面(住宅楼面) 1. 20厚水泥砂浆找平层 2. 现浇钢筋混凝土楼板	m²	790.02	13.98	11 044.48	

序号	项目编码	项目名称及项目特征描述	计量单位	工程量	金额(元)		
					综合单价	合价	暂估价
51	011101001002	水泥砂浆楼地面(防潮楼面阳台空调搁板) 1. 聚氨酯涂膜防水 3 遍,厚 1.5,上翻 300,并延伸至门洞外 500 范围,向两侧延展 200 外范围 2. 20 厚水泥砂浆找平层	m²	109.50	38.91	4 260.65	
52	011101001003	水泥砂浆楼地面(厨房) 1. 40 厚 C20 细石混凝土找平层 2. 聚氨酯涂膜防水 3 遍,厚 1.5,上翻 300,并延伸至门洞外 500 范围,向两侧延展 200 外范围 3. 20 厚水泥砂浆找平层	m²	83.03	74.61	6 194.87	
53	011101001004	水泥砂浆楼地面(卫生间,除一层) 1. 面层业主结合装修自理 2. 40 厚 C25 细石混凝土表面加浆抹平 3. 聚氨酯涂膜防水 3 遍,厚 1.5,上翻 300,并延伸至门洞外 500 范围,向两侧延展 200 外范围 4. 240 厚泡沫混凝土(管道安装完成后) 5. 20 厚 1:3 水泥砂浆找平层 6. 聚氨酯涂膜防水 3 遍,厚 1.5,上翻 300	m²	85.05	134.76	11 461.34	
54	011101001005	水泥砂浆楼地面(首层) 1. 20 厚 1:3 水泥砂浆找平层 2. 60 厚 C15 混凝土垫层 3. 100 厚碎石 4. 回填土,素土夯实,压实系数不小于 0.93	m²	296.15	53.56	15 861.79	
55	011101001006	水泥砂浆楼地面(厨房一层卫生间) 1. 面层甲方自理 2. 40 厚 C20 细石混凝土找平层 3. 聚氨酯涂膜防水 3 遍,厚 1.5,上翻 300,并延伸至门洞外 500 范围,向两侧延展 200 外范围 4. 20 厚 1:3 水泥砂浆找平层 5. 60 厚 C15 混凝土垫层 6. 100 厚碎石 7. 回填土,素土夯实,压实系数不小于 0.93	m²	56.03	114.08	6 391.90	

续表

序号	项目编码	项目名称及项目特征描述	计量单位	工程量	金额(元)		
					综合单价	合价	暂估价
56	011102003	块料楼地面(配电间地面) 1. 块料地面 20 厚 1:3 水泥砂浆结合层,撒素水泥面(洒适量清水) 2. 20 厚 1:3 水泥砂浆找平层 3. 60 厚 C15 混凝土垫层 4. 100 厚碎石 5. 回填土,素土夯实,压实系数不小于 0.93 6. 房心素土回填		13.28	156.91	2 083.76	
57	011102003	块料楼地面(电梯厅地面) 1. 块料地面 20 厚 1:3 水泥砂浆结合层,撒素水泥面(洒适量清水) 2. 20 厚 1:3 水泥砂浆找平层 3. 60 厚 C15 混凝土垫层 4. 100 厚碎石 5. 回填土,素土夯实,压实系数不小于 0.93 6. 房心素土回填		62.51	157.00	9 814.07	
58	011105001001	水泥砂浆踢脚线 1. 住宅室内不做,其余同相邻楼地面 2. 高 150,厚度同内层粉刷墙平 3. 水泥砂浆 1:3	m²	18.45	45.76	844.27	
59	011102003	块料楼地面(楼梯间楼面) 1. 块料地面 20 厚 1:3 水泥砂浆结合层,撒素水泥面(洒适量清水) 2. 20 厚 1:3 水泥砂浆找平层 3. 刷素水泥浆一道		123.82	151.47	18 755.02	
	0112	墙、柱面装饰与隔断、幕墙工程				301 550.10	
60	011201001002	墙面一般抹灰(外墙) 1. 界面喷浆处理 2. (12+8)厚水泥砂浆 1:3	m²	1 898.29	50.93	96 679.91	
61	011201001003	墙面一般抹灰(楼梯门厅) 1. 5 厚 1:1:4 水泥石灰砂浆粉面 2. 15 厚 1:1:6 水泥石灰砂浆 3. 玻璃纤维网 4. 界面喷浆处理	m²	421.57	40.98	17 275.94	

续表

序号	项目编码	项目名称及项目特征描述	计量单位	工程量	金额(元)		
					综合单价	合价	暂估价
62	011201001004	墙面一般抹灰(内墙卫生间、厨房) 1. 5 厚 1：3 水泥砂浆抹灰面层 2. 15 厚 1：3 水泥砂浆底层 3. 玻璃纤维网 4. 界面喷浆处理	m²	982.06	42.07	41 315.26	
63	011203001001	零星项目一般抹灰(雨篷) 1. 水泥砂浆 1：3	m²	37.03	55.68	2 061.83	
64	011201001001	墙面一般抹灰(内墙住宅) 1. 5 厚 1：1：4 水泥石灰砂浆粉面 2. 15 厚 1：1：6 水泥石灰砂浆(分户墙单侧 8 厚水泥基无机矿物轻集料保温砂浆＋7 厚 1：1：6 水泥石灰砂浆) 3. 玻璃纤维网 4. 界面喷浆处理	m²	3201.92	40.98	131 214.68	
65	桂 011203004	砂浆装饰线条 1. 底层砂浆厚度,配合比:1：3 2. 面层砂浆厚度,配合比:1：3 3. 装饰面材料种类:水泥砂浆	m	566.31	22.96	13 002.48	
	0113	天棚工程				18 833.18	
66	011301001001	天棚抹灰(天棚卫生间) 1. 批白水泥两遍	m²	135.72	7.44	1 009.76	
67	011301001002	天棚抹灰(天棚住宅阳台、楼梯间) 1. 批白水泥两遍	m²	2 068.38	7.44	15 388.75	
68	011301001003	天棚抹灰(天棚住宅阳台、楼梯间) 1. 乳胶漆涂料二道 2. 批白水泥两遍	m²	127.67	19.07	2 434.67	
	0114	油漆、涂料、裱糊工程				184 705.32	
69	011407001001	墙面喷(刷)涂料 1. 刷(喷)真石漆(专业厂家负责设计施工)	m²	1 898.29	83.39	158 298.40	
70	011407001002	墙面喷(刷)涂料 1. 乳胶漆涂料二道 2. 批白水泥两遍	m²	421.57	19.07	8 039.34	
71	011407003	空花格、栏杆喷(刷)涂料 1. 腻子种类:白水泥 2. 刮腻子遍数:2 遍		105.15	13.00	1 366.95	
72	011407004	线条刷涂料 1. 刷真石漆	m	566.31	30.02	17 000.63	

续表

序号	项目编码	项目名称及项目特征描述	计量单位	工程量	金额(元)		
					综合单价	合价	暂估价
	0115	其他装饰工程				36 614.60	
73	011503001001	金属扶手、栏杆、栏板(铁艺栏杆) 1. 栏杆类型:铸铁栏杆	m	53.50	235.07	12 576.25	
74	011503001002	金属扶手、栏杆、栏板(宝瓶栏杆) 1. 预制混凝土	m	69.75	250.00	17 437.50	
75	011503001003	金属扶手、栏杆、栏板(坡道栏杆) 1. 栏杆类型:不锈钢栏杆	m	32.40	203.73	6 600.85	
		小计				2 774 507.81	
		$\sum$ 人工费				464 949.13	
		$\sum$ 材料费				2 096 146.13	
		$\sum$ 机械费				33 965.01	
		$\sum$ 管理费				142 779.89	
		$\sum$ 利润				36 667.71	
		单价措施项目				498 596.18	
	011701	脚手架工程				70 707.32	
76	011701001001	外脚手架 1. 扣件式钢管外脚手架:双排 20 m 以内	m²	1 938.40	23.29	45 145.34	
77	011701006	满堂脚手架 1. 搭设高度:3.6 m 以内 2. 脚手架材质:钢管		1 832.40	13.95	25 561.98	
	011702	混凝土模板及支架(撑)				333 992.87	
78	011702001001	基础 1. 基础类型:基础垫层 2. 模板、支撑材质:胶合板模板 木支撑	m²	49.49	21.86	1 081.85	
79	011702001003	基础 1. 基础类型:独立基础 2. 模板、支撑材质:木模板木 支撑	m²	225.45	39.70	8 950.37	
80	011702003001	构造柱 1. 模板、支撑材质:胶合板模板 木支撑 2. 支模高度:按实际要求	m²	561.67	51.92	29 161.91	
81	011702004001	异形柱 1. 模板、支撑材质:胶合板模板 木支撑 2. 支模高度:按实际要求	m²	1 884.51	59.49	112 109.50	

续表

序号	项目编码	项目名称及项目特征描述	计量单位	工程量	金额(元)		
					综合单价	合价	暂估价
82	011702005001	基础梁 1. 模板、支撑材质:胶合板模板木支撑 2. 支模高度:按实际要求	m²	334.88	44.05	14 751.46	
83	011702006001	矩形梁 1. 模板、支撑材质:胶合板模板钢支撑 2. 支模高度:3.6 m以内	m²	1 236.40	52.35	64 725.54	
84	011702008001	混凝土翻边 1. 模板、支撑材质:木模板木支撑	m²	84.45	46.36	3 915.10	
85	011702008002	圈梁 1. 模板、支撑材质:胶合板模板木支撑	m²	111.14	39.53	4 393.36	
86	011702009001	过梁 1. 模板、支撑材质:胶合板模板木支撑	m²	136.69	67.65	9 247.08	
87	011702011001	直形墙(剪力墙) 1. 模板、支撑材质:胶合板模板钢支撑 2. 支模高度:按实际高度	m²	589.58	34.43	20 299.24	
88	011702011002	直形墙(电梯剪力墙) 1. 模板、支撑材质:胶合板模板钢支撑 2. 支模高度:按实际高度	m²	62.46	35.35	2 207.96	
89	011702016001	平板 1. 模板、支撑材质:胶合板模板钢支撑 2. 支模高度:3.6 m以内	m²	1 031.99	43.49	44 881.25	
90	011702024001	楼梯 1. 模板、支撑材质:木模板木支撑	m²	57.17	148.28	8 477.17	
91	011702027001	台阶(模板) 1. 模板、支撑材质:木模板木支撑	m²	9.93	34.81	345.66	
92	011702028001	扶手、压顶(一层以上) 1. 构件类型:压顶、扶手 2. 模板、支撑材质:木模板木支撑	m	194.73	32.79	6 385.20	

续表

序号	项目编码	项目名称及项目特征描述	计量单位	工程量	金额(元)		
					综合单价	合价	暂估价
93	011702028002	扶手、压顶(栏杆底) 1. 构件类型:压顶、扶手 2. 模板、支撑材质:木模板木支撑	m	14.45	32.79	473.82	
94	011702028003	扶手、压顶(栏杆) 1. 构件类型:压顶、扶手 2. 模板、支撑材质:木模板木支撑	m	9.65	32.79	316.42	
95	011702028004	扶手、压顶(首层) 1. 构件类型:压顶、扶手 2. 模板、支撑材质:木模板木支撑	m	57.80	32.79	1 895.26	
96	010505008001	雨篷、悬挑板、阳台板(雨篷) 1. 按实际要求 2. 木模板		1.85	202.55	374.72	
	011703	垂直运输				33 991.02	
97	011703001	建筑物垂直运输		1 832.40	18.55	33 991.02	
	011705	大型机械设备进出场及安拆				40 799.90	
98	011705001	大型机械设备进出场及安拆	台次	1	19 324.07	19 324.07	
99	桂011705002	塔式起重机、施工电梯基础	座	1	21 475.83	21 475.83	
	011708	混凝土运输及泵送				19 105.07	
100	桂011708002	混凝土泵送		989.90	19.30	19 105.07	
		小计				498 596.18	
		∑人工费				232 918.37	
		∑材料费				116 348.10	
		∑机械费				48 135.01	
		∑管理费				80 619.41	
		∑利润				20 575.28	
		合计				3 273 103.99	
		∑人工费				697 867.50	
		∑材料费				2 212 494.23	
		∑机械费				82 100.02	
		∑管理费				223 399.30	
		∑利润				57 242.99	

工程量清单综合单价分析表

工程名称:某装配式建筑住宅楼土建

序号	项目编码	项目名称及项目特征描述	单位	工程量	综合单价(元)	其中(元)					暂估价
						人工费	材料费	机械费	管理费	利润	
		分部分项工程									
		分部工程									
		土方工程									
	010101										
1	010101001001	平整场地 1. 土壤类别:二类土	m²	458.10	5.65	5.05			0.48	0.12	
	A1-1	人工平整场地	100 m²	4.5810	565.84	505.44			48.02	12.38	
2	010101004001	挖基坑土方 1. 土壤类别:二类土 2. 挖土深度:2 m以内		684.86	3.85	0.37		3.07	0.33	0.08	
	A1-18	液压挖掘机挖土 斗容量(1.0)	1 000	0.684 68	3 856.28	374.40		3 070.25	327.24	84.39	
3	010103001001	回填方 1. 密实度:满足设计规范 2. 填方材料品种:原土		684.86	21.16	16.29		2.61	1.80	0.46	
	A1-82	人工回填土 夯填	100	6.848 6	2 115.47	1 628.64		261.01	179.52	46.30	
4	010103002	余方弃置 1. 弃土运距:5 km 2. 土壤类别:二类土 3. 挖土深度:2 m以内		302.09	17.83	0.37		15.56	1.51	0.39	
	A1-156 换	液压挖掘机挖土 斗容量1 自卸汽车运土(运距1 km以内)10 t (实际运距:5 km)	1 000	0.302 09	17 839.30	374.40		15 560.66	1 513.83	390.41	
5	桂010104002	基础钎插	孔	280.000	34.93	9.36		21.85	2.96	0.76	

续表

| 序号 | 项目编码 | 项目名称及项目特征描述 | 单位 | 工程量 | 综合单价（元） | 综合单价 | | | | | 暂估价 |
						人工费	材料费	机械费	管理费	利润	
	A1-223	机械基础钎插 深度 5 m 以内	孔	280.000	34.93	9.36		21.85	2.96	0.76	
	0104	砌筑工程									
6	010401004001	多孔砖墙 1. 部位:坡道小型砌体 2. 墙体厚度:24厚 3. 砖品种,规格:多孔砖 240×115×53		4.90	513.44	177.17	257.99	3.19	59.83	15.26	
	A3-38	零星砌体 多孔砖 240×115×90(水泥灰砂浆中砂浆 M5)	10	0.490	5 134.47	1 771.73	2 579.93	31.94	598.28	152.59	
7	010402001001	非承重外围护墙 1. 材质:砂加气混凝土砌块 2. 墙厚:200 mm 3. 砂浆:水泥砂浆中砂 M5.0		135.68	409.67	110.56	249.97	2.20	37.40	9.54	
	A3-56	蒸压加气混凝土砌块墙 墙体厚度 20 cm(水泥石灰砂浆中砂浆 M5)	10	13.568	4 096.67	1 105.57	2 499.66	22.03	374.02	95.39	
8	010514002	预制墙板 蒸压加气混凝土板 1. 材质:蒸压加气混凝土板 2. 墙厚:200 mm 3. 砂浆:水泥砂浆中砂 M20		189.49	2 780.23	86.69	2 657.31	0.10	28.79	7.34	
	AZ1-8	预制混凝土构件安装 实心剪力墙 内墙板 墙厚≤200 mm(水泥砂浆中砂 M20)	10	18.949	27 802.34	866.92	26 573.11	0.99	287.89	73.43	
	0105	混凝土及钢筋混凝土工程									
9	010501001001	基础垫层 1. 混凝土种类:商品混凝土 2. 混凝土强度等级:C15 碎石 GD40		31.66	370.26	30.97	325.24	0.82	10.54	2.69	

续表

序号	项目编码	项目名称及项目特征描述	单位	工程量	综合单价（元）	综合单价						暂估价
						人工费	材料费	机械费	管理费	利润		
	A4-3 换	混凝土垫层（碎石 GD40 商品普通砼 C15）	10	3.166	3 702.70	309.74	3 252.44	8.17	105.45	26.90		
10	010501003001	独立基础 1. 混凝土种类:商品混凝土 2. 混凝土强度等级:C30 碎石 GD40		119.48	417.70	42.46	356.38	0.84	14.36	3.66		
	A4-7 换	独立基础 混凝土（碎石 GD40 商品普通砼 C30）	10	11.948	4 177.04	424.59	3 563.81	8.39	143.62	36.63		
11	010502002001	构造柱 1. 混凝土种类:商品混凝土 2. 混凝土强度等级:C30 碎石 GD40		36.16	452.14	66.99	355.35	1.35	22.67	5.78		
	A4-20 换	混凝土柱 构造柱（碎石 GD40 商品普通砼 C30）	10	3.616	4 521.34	669.86	3 553.47	13.52	226.68	57.81		
12	010502003001	异形柱 1. 混凝土种类:商品混凝土 2. 混凝土强度等级:C30 碎石 GD40		167.85	433.22	53.65	355.33	1.35	18.24	4.65		
	A4-19 换	混凝土柱 圆形、多边形（碎石 GD40 商品普通砼 C30）	10	16.785	4 332.25	536.48	3 553.28	13.52	182.44	46.53		
13	010503001002	基础梁 1. 混凝土种类:商品混凝土 2. 混凝土强度等级:C30 碎石 GD40		26.65	381.68	15.56	357.72	1.36	5.61	1.43		
	A4-21 换	混凝土 基础梁（碎石 GD40 商品普通砼 C30）	10	2.665	3 816.95	155.61	3 577.25	13.63	56.14	14.32		
14	010503002001	矩形梁 1. 混凝土种类:商品混凝土 2. 混凝土强度等级:C30 碎石 GD40		121.87	394.58	24.67	357.71	1.36	8.64	2.20		

续表

序号	项目编码	项目名称及项目特征描述	单位	工程量	综合单价（元）	综合单价					
						人工费	材料费	机械费	管理费	利润	暂估价
15	A4-22换	混凝土 单梁、连续梁(碎石 GD40 商品普通砼 C30)	10	12.187	3 945.85	246.75	3 577.07	13.63	86.37	22.03	
	010503004001	混凝土翻边 1.混凝土种类:商品混凝土 2.混凝土强度等级:C30 碎石 GD40		7.05	441.22	57.58	358.48	0.84	19.38	4.94	
	A4-24换	混凝土 圈梁(碎石 GD40 商品普通砼 C30)	10	0.705	4 412.17	575.76	3 584.84	8.39	193.76	49.42	
16	010503004002	圈梁 1.混凝土种类:商品混凝土 2.混凝土强度等级:C30 碎石 GD40		11.29	441.22	57.58	358.48	0.84	19.38	4.94	
	A4-24换	混凝土 圈梁(碎石 GD40 商品普通砼 C30)	10	1.129	4 412.17	575.76	3 584.84	8.39	193.76	49.42	
17	010503005001	过梁 1.混凝土种类:商品混凝土 2.混凝土强度等级:C30 碎石 GD40		1.42	463.20	68.99	363.55	1.37	23.34	5.95	
	A4-25换	混凝土 过梁(碎石 GD40 商品普通砼 C30)	10	0.142	4 631.86	689.87	3 635.49	13.63	233.35	59.52	
18	010504001001	直形墙 1.混凝土种类:商品混凝土 2.混凝土强度等级:C30 碎石 GD40		96.68	400.93	30.90	355.28	1.33	10.69	2.73	
	A4-28换	墙(碎石 GD40 商品普通砼 C30)	10	9.668	4 009.25	309.00	3 552.77	13.30	106.91	27.27	
19	010505005001	有梁板 1.混凝土种类:商品混凝土 2.混凝土强度等级:C30 碎石 GD40		121.61	398.23	32.53	350.27	1.34	11.23	2.86	

续表

| 序号 | 项目编码 | 项目名称及项目特征描述 | 单位 | 工程量 | 综合单价(元) | 综合单价 | | | | | 暂估价 |
						人工费	材料费	机械费	管理费	利润	
20	A4-31	混凝土有梁板(碎石 GD40 商品普通砼 C20)	10	12.161	3 982.34	325.30	3 502.67	13.38	112.34	28.65	
	010505003	平板 1. 部位:叠合板后浇混凝土 2. 混凝土种类:商品混凝土 3. 混凝土强度等级:C30 碎石 GD40		59.68	512.36	53.11	437.15		17.61	4.49	
	AZ1-30	后浇混凝土浇捣 叠合梁、板(碎石 GD20 商品普通砼 C30)	10	5.968	5123.67	531.05	4 371.54		176.15	44.93	
21	010512001001	预制混凝土平板 1. 构件制作:预制混凝土叠合板 2. 混凝土强度等级:C30 碎石 GD20 3. 混凝土安装:预制混凝土叠合板		59.68	3 040.54	172.97	2 781.03	10.26	60.78	15.50	
	AZ1-5	预制混凝土构件安装 叠合板	10	5.968	30 405.33	1 729.66	27 810.31	102.59	607.76	155.01	
22	010505008001	雨篷、悬挑板,阳台板(雨篷) 1. 混凝土种类:商品混凝土 2. 混凝土强度等级:C30 碎石 GD40		1.85	597.81	152.05	382.46		50.44	12.86	
	A4-55 换	混凝土 小型构件(碎石 GD20 商品普通砼 C30)	10	0.185	5 978.17	1 520.53	3 824.64		504.36	128.64	
23	010507001001	散水、坡道(坡道) 1. 混凝土种类:商品混凝土 2. 混凝土强度等级:C20 碎石 GD40 3. 面层:防滑坡道 水泥砂浆 1:2		0.51	1 537.73	603.39	689.69	19.55	178.98	46.12	
	A4-55	混凝土 小型构件(碎石 GD20 商品普通砼 C20)	10	0.051	5 879.71	1 520.53	3 726.18		504.36	128.64	
	A9-14	水泥砂浆整体面层 防滑坡道(水泥砂浆 1:2)	100	0.210 6	2 299.97	1 092.98	767.81	47.36	311.31	80.51	

续表

| 序号 | 项目编码 | 项目名称及项目特征描述 | 单位 | 工程量 | 综合单价（元） | 综合单价 | | | | | 暂估价 |
						人工费	材料费	机械费	管理费	利润	
24	010507001002	散水、坡道（散水） 1. 人工原土打夯 2. 散水厚度：230厚 3. 垫层厚度：150厚 4. 混凝土 C15 厚度：60厚 5. 水泥砂浆面厚度：20厚		91.00	69.70	19.41	41.68	0.59	6.39	1.63	
	A1-83	人工原土打夯	100 m²	0.9100	113.84	82.99		18.70	9.66	2.49	
	A3-89	灰土 垫层（灰土 3：7）	10	1.365	2 015.93	600.95	1 149.68	10.68	202.88	51.74	
	A4-59换	散水 混凝土 60 mm厚 水泥砂浆面 20 mm（碎石）（C20 细石混凝土）（碎石 GD40 商品普通砼 C20）	100 m²	0.5460	6 385.27	1 593.89	4 071.68	39.65	541.85	138.20	
25	010507004001	台阶 1. 混凝土种类：商品混凝土 2. 混凝土强度等级：C20 碎石 GD40		18.37	441.97	60.10	353.76	2.18	20.66	5.27	
	A4-58换	混凝土 台阶（碎石）（砾石 GD40 商品普通砼 C20）	10	1.837	4 419.65	600.95	3 537.65	21.80	206.57	52.68	
26	010507005001	扶手、压顶（屋脊压顶） 1. 混凝土种类：商品混凝土 2. 混凝土强度等级：C20 碎石 GD40		4.12	540.68	124.93	363.74		41.44	10.57	
	A4-53	混凝土 压顶 扶手（碎石 GD40 商品普通砼 C20）	10	0.412	5 406.82	1 249.33	3 637.40		414.40	105.69	
27	010507005002	扶手、压顶（窗台压顶） 1. 混凝土种类：商品混凝土 2. 混凝土强度等级：C20 碎石 GD40		3.10	540.68	124.93	363.74		41.44	10.57	
	A4-53	混凝土 压顶 扶手（碎石 GD40 商品普通砼 C20）	10	0.310	5 406.82	1 249.33	3 637.40		414.40	105.69	

续表

序号	项目编码	项目名称及项目特征描述	单位	工程量	综合单价(元)	综合单价					
						人工费	材料费	机械费	管理费	利润	暂估价
28	010507005004	扶手,压顶(栏杆翻边) 1. 混凝土种类:商品混凝土 2. 混凝土强度等级:C20 碎石 GD40		0.48	540.69	124.94	363.75		41.44	10.56	
	A4-53	混凝土 压顶,扶手(碎石 GD40 商品普通砼 C20)	10	0.048	5 406.82	1 249.33	3 637.40		414.40	105.69	
29	010507007001	其他构件(天沟) 1. 混凝土种类:商品混凝土 2. 混凝土强度等级:C20 碎石 GD40		8.77	587.97	152.05	372.62		50.44	12.86	
	A4-55	混凝土 小型构件(碎石 GD20 商品普通砼 C20)	10	0.877	5 879.71	1 520.53	3 726.18		504.36	128.64	
30	010507007001	其他构件(一层屋面翻边) 1. 混凝土种类:商品混凝土 2. 混凝土强度等级:C20 碎石 GD40		0.98	540.68	124.93	363.74		41.44	10.57	
	A4-53	混凝土 压顶,扶手(碎石 GD40 商品普通砼 C20)	10	0.098	5 406.82	1 249.33	3 637.40		414.40	105.69	
31	010507007002	其他构件(装饰线条) 1. 混凝土种类:商品混凝土 2. 混凝土强度等级:C20 碎石 GD40	m²	6.34	587.97	152.05	372.62		50.44	12.86	
	A4-55	混凝土 小型构件(碎石 GD20 商品普通砼 C20)	10	0.634	5 879.71	1 520.53	3 726.18		504.36	128.64	
32	010510003001	过梁 1. 混凝土种类:商品混凝土 2. 混凝土强度等级:C30 碎石 GD40		5.42	463.19	68.99	363.55	1.36	23.34	5.95	
	A4-25 换	混凝土 过梁(碎石 GD40 商品普通砼 C30)	10	0.542	4 631.86	689.87	3 635.49	13.63	233.35	59.52	

续表

序号	项目编码	项目名称及项目特征描述	单位	工程量	综合单价(元)	综合单价					
						人工费	材料费	机械费	管理费	利润	暂估价
33	010513001001	楼梯 1. 混凝土种类:商品混凝土 2. 混凝土强度等级:C30 碎石 GD40 3. 板厚:100 mm	10 m²	10.07	508.70	97.02	368.13	2.23	32.92	8.40	
	A4-49 换	混凝土直形楼梯 板厚 100 mm(碎石 GD20 商品普通砼 C30)		5.274	971.28	185.25	702.89	4.25	62.86	16.03	
	010515	钢筋工程									
34	010515001	现浇构件钢筋 1. 钢筋种类、规格:Φ10 以内	t	2.272	4 847.69	709.14	3 821.73	15.26	240.28	61.28	
	A4-236	现浇构件圆钢筋制安 Φ10 以内	t	2.272	4 847.69	709.14	3 821.73	15.26	240.28	61.28	
35	010515001	现浇构件钢筋 1. 钢筋种类、规格:Φ10 以内	t	64.582	5 629.49	878.83	4 357.90	18.99	297.81	75.96	
	A4-240	现浇构件螺纹钢制安 Φ10 以内	t	64.582	5 629.49	878.83	4 357.90	18.99	297.81	75.96	
36	010515001	现浇构件钢筋 1. 钢筋种类、规格:Φ10 以上	t	35.449	5 045.56	520.92	4 150.35	111.16	209.66	53.47	
	A4-241	现浇构件螺纹钢制安 Φ10 以上	t	35.449	5 045.56	520.92	4 150.35	111.16	209.66	53.47	
37	010515002	预制构件钢筋 1. 钢筋种类、规格:Φ10 以上	t	10.278	5 043.03	543.15	4 118.19	109.85	216.60	55.24	
	A4-254	预制构件螺纹钢制安 Φ10 以上	t	10.278	5 043.03	543.15	4 118.19	109.85	216.60	55.24	
38	桂010516004	电渣压力焊接	个	1517	4.43	0.74	0.83	1.80	0.84	0.22	
	A4-319	钢筋电渣压力焊接	10 个	151.7	44.30	7.41	8.32	17.99	8.43	2.15	
	0108	门窗工程									

续表

序号	项目编码	项目名称及项目特征描述	单位	工程量	综合单价(元)	人工费	材料费	机械费	管理费	利润	暂估价
39	010801004001	木质防火门 1. A类乙级防火门 2. 木质 3. 门洞口1 100×2 300	m²	59.40	363.84	45.50	302.71		12.42	3.21	
	A12-81	防火门 木质	100 m²	0.594 0	36 384.34	4 549.97	30 271.00		1 242.14	321.23	
40	010802001001	金属门 1. 塑钢 2. 推拉门	m²	196.32	347.11	38.34	295.16	0.32	10.56	2.73	
	A12-45	塑钢推拉门	100 m²	1.963 2	34 711.08	3 834.40	29 515.58	32.45	1 055.65	273.00	
41	010802001002	金属门 1. 塑钢 2. 平开门	m²	151.34	347.53	40.19	292.98	0.41	11.08	2.87	
	A12-44	塑钢平开门	100 m²	1.513 4	34 752.47	4 018.87	29 297.59	41.03	1 108.35	286.63	
42	010802003001	钢质防火门 1. 防火门 2. 钢质	m²	60.72	393.78	45.50	332.65	0.41	12.42	3.21	
	A12-80	防火门 钢质	100 m²	0.607 2	39 378.26	4 549.97	33 264.92		1 242.14	321.23	
43	010807001001	金属窗 1. 塑钢 2. 平开窗	m²	131.58	278.37	35.01	230.59	0.55	9.71	2.51	
	A12-129	塑钢窗平开窗 不带亮	100 m²	1.315 8	27 837.12	3 501.50	23 058.93	54.76	970.86	251.07	
44	010807001002	金属窗 1. 塑钢 2. 推拉窗	m²	77.85	275.70	31.13	233.24	0.47	8.63	2.23	
	A12-127	塑钢推拉窗 不带亮	100 m²	0.778 5	27 569.02	3 112.82	23 323.89	46.70	862.55	223.06	

续表

序号	项目编码	项目名称及项目特征描述	单位	工程量	综合单价(元)	综合单价					暂估价
						人工费	材料费	机械费	管理费	利润	
45	010807003001	金属百叶窗 1. 铝合金 2. 百叶窗	m²	7.99	275.52	21.21	246.04	0.73	5.99	1.55	
	A12-119	铝合金百页窗	100 m²	0.079 9	27 551.38	2 120.98	24 603.60	72.96	598.95	154.89	
	0109	屋面及防水工程									
46	010901001001	瓦屋面 1. 混凝土瓦屋面 2. 30×30挂瓦条 3. 顺水条 30×30@500 4. 40厚 C20 细石混凝土找平层 5. 50厚 B1级挤塑聚苯板 6. 1.5厚高分子防水卷材 7. 1.5厚聚氨酯涂膜防水 8. 20厚 1∶3 水泥砂浆找平层 9. 现浇混凝土屋面	m²	369.02	238.05	67.02	142.25	1.27	21.91	5.60	
	A5-17	檩木上钉椽子挂瓦条 中距 1.0 m 以内	100 m²	3.690 2	1 461.11	303.07	1 031.87		100.53	25.64	
	A7-22	在混凝土板面水泥彩瓦盖屋面(水泥砂浆 1∶3)	100 m²	3.690 2	8 961.78	3 691.66	3 616.28	82.61	1 251.93	319.30	
	A9-4	细石混凝土找平层 40 mm(C20)(碎石 GD20 商品普通砼 C20)	100 m²	3.690 2	2 172.65	560.94	1 414.66	3.21	154.01	39.83	
	A8-21	屋面保温 挤塑聚苯板 厚度 50 mm	100 m²	3.690 2	3 042.16	815.10	1 883.06	3.30	271.46	69.24	
	A7-48	改性沥青防水卷材热贴屋面 一层 条铺(1.5 mm 冷底子油 30∶70)	100 m²	3.690 2	4 197.31	410.51	3 615.90		136.17	34.73	
	A7-78	屋面聚合物 水泥防水涂料 涂膜 1.5 mm 厚	100 m²	3.690 2	2 571.86	270.47	2 188.80		89.71	22.88	

续表

序号	项目编码	项目名称及项目特征描述	单位	工程量	综合单价(元)	综合单价					
						人工费	材料费	机械费	管理费	利润	暂估价
	A9-1	水泥砂浆找平层 混凝土或硬基层上 20 mm(水泥砂浆 1∶3)	100	3.690 2	1 397.54	649.86	474.07	37.45	187.64	48.52	
47	010902001001	屋面卷材防水(屋顶) 1. 40 厚 C30 细石砼保护层 2. 50 厚 B1 级挤塑聚苯板 3. 1.5 厚高分子防水卷材 4. 1.5 厚聚氨酯涂膜防水 5. C15 细石砼 2% 找坡(随捣随抹,表面压光)	m²	163.05	155.36	29.54	114.42	0.12	8.98	2.30	
	A9-4 换	细石混凝土找平层 40 mm (碎石 GD20 商品普通砼 C15)	100	1.630 5	2 094.20	560.94	1 336.21	3.21	154.01	39.83	
	A9-5 换	细石混凝土找平层 每增减 5 mm(碎石 GD20 商品普通砼 C15)	100	1.630 5	−793.52	−224.52	−490.20	−1.23	−61.63	−15.94	
	A7-48	改性沥青防水卷材热贴屋面 一层 条铺(1.5 mm 冷底子油 30∶70)	100 m²	1.630 5	4 197.31	410.51	3 615.90		136.17	34.73	
	A7-78	屋面聚合物 水泥防水涂料 涂膜 1.5 mm 厚	100 m²	1.630 5	2 571.86	270.47	2 188.80		89.71	22.88	
	A8-21	屋面保温 挤塑聚苯板 厚度 50 mm	100 m²	1.630 5	3 042.16	815.10	1 883.06	3.30	271.46	69.24	
	A9-4 换	细石混凝土找平层 40 mm (碎石 GD20 商品普通砼 C30)	100 m²	3.261 1	2 211.84	560.94	1 453.85	3.21	154.01	39.83	
48	010902001002	檐沟防水 1. 20 厚水泥砂浆找平层 2. 1.5 厚高分子防水卷材 3. 40 厚细石混凝土找平层	m²	148.17	78.92	16.80	55.46	0.41	4.97	1.28	

续表

序号	项目编码	项目名称及项目特征描述	单位	工程量	综合单价（元）	综合单价					
						人工费	材料费	机械费	管理费	利润	暂估价
	A9-1	水泥砂浆找平层 混凝土或硬基层上 20 mm（水泥砂浆 1：3）	100	1.481 7	1 397.54	649.86	474.07	37.45	187.64	48.52	
	A7-47	改性沥青防水卷材热贴屋面 一层 满铺（冷底子油 30：70）	100 m²	1.481 7	4 282.04	469.05	3 617.73		155.58	39.68	
	A9-4 换	细石混凝土找平层 40 mm（碎石 GD20 商品普通砼 C30）	100	1.481 7	2 211.84	560.94	1 453.85	3.21	154.01	39.83	
49	0109202001003	屋面卷材防水（一层屋顶） 1. 40厚 C30 细石砼保护层 2. 50厚 B1 级挤塑聚苯板 3. 1.5厚高分子防水卷材 4. 1.5厚聚氨酯涂膜防水 5. C15 细石砼 2%找坡（随捣随抹，表面压光）	m²	33.21	252.17	55.80	173.50	0.21	18.05	4.61	
	A9-4 换	细石混凝土找平层 40 mm（碎石 GD20 商品普通砼 C15）	100	0.332 1	2 094.20	560.94	1 336.21	3.21	154.01	39.83	
	A9-5 换	细石混凝土找平层 每增减 5 mm（碎石 GD20 商品普通砼 C15）	100	0.332 1	-793.52	-224.52	-490.20	-1.23	-61.63	-15.94	
	A7-48	改性沥青防水卷材热贴屋面 一层 条铺（1.5 mm 冷底子油 30：70）	100 m²	0.332 1	4 197.31	410.51	3 615.90		136.17	34.73	
	A7-78	屋面聚合物 水泥防水涂料 涂膜 1.5 mm 厚	100 m²	0.332 1	2 571.86	270.47	2 188.80		89.71	22.88	
	A8-21	屋面保温 挤塑聚苯板 厚度 50 mm	100 m²	1.630 5	3 042.16	815.10	1 883.06	3.30	271.46	69.24	
	A9-4 换	细石混凝土找平层 40 mm（碎石 GD20 商品普通砼 C30）	100 m²	0.332 1	2 211.84	560.94	1 453.85	3.21	154.01	39.83	

续表

序号	项目编码	项目名称及项目特征描述	单位	工程量	综合单价(元)	综合单价					暂估价
						人工费	材料费	机械费	管理费	利润	
	0111	楼地面装饰工程									
50	011101001001	水泥砂浆楼地面(住宅楼面) 1. 20厚水泥砂浆找平层 2. 现浇钢筋混凝土楼板	m²	790.02	13.98	6.50	4.74	0.37	1.88	0.49	
	A9-1	水泥砂浆找平层 混凝土或硬基层上 20 mm(水泥砂浆1∶3)	100	7.900 2	1 397.54	649.86	474.07	37.45	187.64	48.52	
51	011101001002	水泥砂浆楼地面(防潮楼面、阳台空调搁板) 1. 聚氨酯涂膜防水3遍,厚1.5,上翻300,并延伸至门洞外500范围向两侧延展200外范围 2. 20厚水泥砂浆找平层	m²	109.50	38.91	9.92	24.84	0.37	3.01	0.77	
	A7-80	屋面聚氨酯涂膜防水 1.5 mm厚	100 m²	1.095 0	2 494.51	342.34	2 009.66		113.55	28.96	
	A9-1	水泥砂浆找平层 混凝土或硬基层上 20 mm(水泥砂浆1∶3)	100	1.095 0	1 397.54	649.86	474.07	37.45	187.64	48.52	
52	011101001003	水泥砂浆楼地面(厨房) 1. 40厚C20细石混凝土找平层 2. 聚氨酯涂膜防水3遍,厚1.5,上翻300,并延伸至门洞外500范围向两侧延展200外范围 3. 20厚水泥砂浆找平层	m²	83.03	74.61	17.45	50.22	0.41	5.19	1.34	
	A7-80	屋面聚氨酯涂膜防水 1.5 mm厚	100 m²	1.294 7	2 494.51	342.34	2 009.66		113.55	28.96	
	A9-1	水泥砂浆找平层 混凝土或硬基层上 20 mm(水泥砂浆1∶3)	100	0.830 3	1 397.54	649.86	474.07	37.45	187.64	48.52	

续表

序号	项目编码	项目名称及项目特征描述	单位	工程量	综合单价（元）	人工费	材料费	机械费	管理费	利润	暂估价
									综合单价		
	A9-4	细石混凝土找平层 40 mm(C20)（碎石 GD20 商品普通砼 C20)	100 m²	0.830 3	2 172.65	560.94	1 414.66	3.21	154.01	39.83	
53	01110100 1004	水泥砂浆楼地面（卫生间，除一层） 1. 面层业主结合装修自理 2. 40 厚 C25 细石混凝土表面加浆抹平 3. 聚氨酯涂膜防水 3 遍，厚 1.5，上翻 300，并延伸至门洞外 500 范围，向两侧延展 200 外范围 4. 240 厚泡沫混凝土（管道安装完成后） 5. 20 厚 1：3 水泥砂浆找平层 6. 聚氨酯涂膜防水 3 遍，厚 1.5，上翻 300	m²	85.05	134.76	28.54	93.44	1.27	9.16	2.35	
	A9-4	细石混凝土找平层 40 mm(C20)（碎石 GD20 商品普通砼 C20)	100 m²	0.850 5	2 172.65	560.94	1 414.66	3.21	154.01	39.83	
	A7-80	屋面聚氨酯涂膜防水 1.5 mm 厚	100 m²	1.340 3	2 494.51	342.34	2 009.66		113.55	28.96	
	A8-36	屋面现浇特种混凝土隔热层 泡沫混凝土 厚度 100 mm	100 m²	0.850 5	1 874.61	523.15	1 022.35	78.60	199.60	50.91	
	A8-37×14	屋面现浇特种混凝土隔热层 泡沫混凝土 每增减 10 mm	100	0.850 5	169.47	41.50	99.31	8.04	16.43	4.19	
	A9-1	水泥砂浆找平层 混凝土或硬基层上 20 mm（水泥砂浆 1：3）	100	0.850 5	1 397.54	649.86	474.07	37.45	187.64	48.52	
	A7-80	屋面聚氨酯涂膜防水 1.5 mm 厚	100 m²	1.340 3	2 494.51	342.34	2 009.66		113.55	28.96	

续表

序号	项目编码	项目名称及项目特征描述	单位	工程量	综合单价(元)	综合单价					
						人工费	材料费	机械费	管理费	利润	暂估价
54	011101001005	水泥砂浆楼地面（首层）1. 20厚1:3水泥砂浆找平层 2. 60厚C15混凝土垫层 3. 100厚碎石 4. 回填土、素土夯实,压实系数不小于0.93	m²	296.15	53.56	14.17	33.34	0.67	4.28	1.10	
	A1-83	人工原土打夯	100 m²	2.9615	113.84	82.99		18.70	9.66	2.49	
	A3-98	砾(碎)石垫层 干铺(100 mm)	10	2.962	1 622.80	497.95	908.62	6.31	167.26	42.66	
	A4-3换	混凝土垫层(碎石)(60 mm C15)(碎石 GD40 商品普通砼 C15)	10	1.777	3 702.70	309.74	3 252.44	8.17	105.45	26.90	
	A9-1	水泥砂浆找平层 混凝土或硬基层上 20 mm(水泥砂浆 1:3)	100	2.9615	1 397.54	649.86	474.07	37.45	187.64	48.52	
55	011101001006	水泥砂浆楼地面(厨房,一层卫生间) 1. 面层甲方自理 2. 40厚 C20 细石混凝土找平层 3. 聚氨酯涂膜防水 3 遍,厚 1.5,上翻 300,并延伸至门洞外 500 范围,向两侧延展 200 外范围 4. 20厚 1:3 水泥砂浆找平层 5. 60厚 C15 混凝土垫层 6. 100厚碎石 7. 回填土、素土夯实,压实系数不小于0.93	m²	56.03	114.08	25.10	78.74	0.71	7.58	1.95	
	A1-83	人工原土打夯	100 m²	0.560 3	113.84	82.99		18.70	9.66	2.49	
	A3-98	砾(碎)石垫层 干铺(100 mm)	10	0.560	1 622.80	497.95	908.62	6.31	167.26	42.66	

续表

序号	项目编码	项目名称及项目特征描述	单位	工程量	综合单价(元)	人工费	材料费	机械费	管理费	利润	暂估价
								综合单价			
	A4-3换	混凝土垫层(碎石)(60 mm C15)(碎石 GD20 商品普通砼 C15)	10	0.336	3 702.70	309.74	3 252.44	8.17	105.45	26.90	
	A9-1	水泥砂浆找平层 混凝土或硬基层上 20 mm(水泥砂浆 1:3)	100	0.560 3	1 397.54	649.86	474.07	37.45	187.64	48.52	
	A7-80	屋面聚氨酯涂膜防水 1.5 mm 厚	100 m²	0.871 7	2 494.51	342.34	2 009.66		113.55	28.96	
	A9-4	细石混凝土找平层 40 mm(碎石 GD20 商品普通砼 C20)	100	0.560 3	2 172.65	560.94	1 414.66	3.21	154.01	39.83	
56	011102003	块料楼地面(配电间地面) 1. 块料地面 20 厚 1:3 水泥砂浆结合层、撒素水泥面(洒适量清水) 2. 20 厚 1:3 水泥砂浆找平层 3. 60 厚 C15 混凝土垫层 4. 100 厚碎石 5. 回填土、素土夯实,压实系数不小于 0.93 6. 房心素土回填		13.28	156.91	41.06	97.51	2.94	12.24	3.16	
	A1-83	人工原土打夯	100 m²	0.132 8	113.84	82.99		18.70	9.66	2.49	
	A3-98	砾(碎)石垫层 干铺(100 mm)	10	0.133	1 622.80	497.95	908.62	6.31	167.26	42.66	
	A4-3换	混凝土垫层(碎石)(60 mm C15)(碎石 GD20 商品普通砼 C15)	10	0.080	3 702.70	309.74	3 252.44	8.17	105.45	26.90	
	A9-1	水泥砂浆找平层 混凝土或硬基层上 20 mm(水泥砂浆 1:3)	100	0.132 8	1 397.54	649.86	474.07	37.45	187.64	48.52	
	A9-83换	陶瓷地砖楼地面 每块周长 2 400 mm 以内 水泥砂浆密缝(水泥砂浆 1:3)	100 m²	0.135 5	10 117.30	2 634.06	6 280.03	221.90	779.68	201.63	

续表

序号	项目编码	项目名称及项目特征描述	单位	工程量	综合单价(元)	综合单价					
						人工费	材料费	机械费	管理费	利润	暂估价
57	011102003	块料楼地面(电梯厅地面) 1. 块料地面 20 厚 1:3 水泥砂浆结合层,撒素水泥面(洒适量清水) 2. 20 厚 1:3 水泥砂浆找平层 3. 60 厚 C15 混凝土垫层 4. 100 厚碎石 5. 回填土,素土夯实,压实系数不小于 0.93 6. 房心素土回填		62.51	157.00	41.10	97.55	2.94	12.25	3.16	
	A1-83	人工原土打夯	100 m²	0.625 1	113.84	82.99		18.70	9.66	2.49	
	A3-98	砾(碎)石垫层 干铺(100 mm)	10	0.625	1 622.80	497.95	908.62	6.31	167.26	42.66	
	A4-3 换	混凝土垫层(碎石)(60 mm C15)(碎石 GD40 商品普通砼 C15)	10	0.375	3 702.70	309.74	3 252.44	8.17	105.45	26.90	
	A9-1	水泥砂浆找平层 混凝土或硬基层上 20 mm(水泥砂浆 1:3)	100	0.625 1	1 397.54	649.86	474.07	37.45	187.64	48.52	
	A9-83 换	陶瓷地砖楼地面 每块周长 2 400 mm 以内 水泥砂浆密缝(水泥砂浆 1:3)	100 m²	0.639 2	10 117.30	2 634.06	6 280.03	221.90	779.68	201.63	
58	011105001001	水泥砂浆踢脚线 1. 住宅室内不做,其余同相邻楼地面 2. 高 150,厚度同内层粉刷墙平 3. 水泥砂浆 1:3	m²	18.45	45.76	29.25	5.84	0.46	8.11	2.10	
	A9-15	水泥砂浆踢脚线(楼地面)	100 m²	0.184 5	4 575.76	2 924.73	583.94	46.26	811.08	209.75	
59	011102003	块料楼地面(楼梯间楼面) 1. 块料地面 20 厚 1:3 水泥砂浆结合层,撒素水泥面(洒适量清水) 2. 20 厚 1:3 水泥砂浆找平层 3. 刷素水泥浆一道		123.82	151.47	68.79	55.02	2.99	19.60	5.07	

续表

序号	项目编码	项目名称及项目特征描述	单位	工程量	综合单价(元)	综合单价					暂估价
						人工费	材料费	机械费	管理费	利润	
	A9-1	水泥砂浆找平层 混凝土或硬基层上 20 mm(水泥砂浆 1:3)	100	1.238 2	1 397.54	649.86	474.07	37.45	187.64	48.52	
	A9-96 换	陶瓷地砖 楼梯 水泥砂浆(水泥砂浆 1:3)	100 m²	1.238 2	13 748.58	6 229.08	5 027.67	261.63	1 771.96	458.24	
	0112	墙、柱面装饰与隔断、幕墙工程									
60	011201001002	墙面一般抹灰(外墙) 1. 界面喷浆处理 2. (12+8)厚水泥砂浆 1:3	m²	1 898.29	50.93	30.46	9.40	0.45	8.44	2.18	
	A10-25	外墙 水泥砂浆 混凝土墙 (12+8) mm(水泥砂浆 1:3)	100 m²	18.982 9	4 455.30	2 853.71	560.38	45.16	791.39	204.66	
	A10-91	混凝土基层界面处理 界面喷浆剂	100 m²	18.982 9	637.52	192.19	379.29		52.47	13.57	
61	011201001003	墙面一般抹灰(楼梯门厅) 1. 5 厚 1:1:4 水泥石灰砂浆粉面 2. 15 厚 1:1:6 水泥石灰砂浆 3. 玻璃纤维网 4. 界面喷浆处理	m²	421.57	40.98	21.31	11.70	0.48	5.95	1.54	
	A10-8	内墙 混合砂浆 混凝土墙 (15+5) mm(混合砂浆 1:1:6)	100 m²	4.215 7	2 529.50	1 426.85	551.71	45.16	401.86	103.92	
	A10-69	墙面钉(挂)网 玻璃纤维网	100	4.215 7	931.12	512.23	238.98	2.91	140.63	36.37	
	A10-91	混凝土基层界面处理 界面喷浆剂	100 m²	4.215 7	637.52	192.19	379.29		52.47	13.57	
62	011201001004	墙面一般抹灰(内墙卫生间厨房) 1. 5 厚 1:3 水泥砂浆抹灰面层 2. 15 厚 1:3 水泥砂浆抹灰底层 3. 玻璃纤维网 4. 界面喷浆处理	m²	982.06	42.07	22.10	11.73	0.48	6.17	1.59	

续表

序号	项目编码	项目名称及项目特征描述	单位	工程量	综合单价（元）	综合单价					暂估价
						人工费	材料费	机械费	管理费	利润	
	A10-21	内墙 水泥砂浆 混凝土墙（15＋5）mm（1：3）（水泥砂浆1：3）	100 m²	9.820 6	2 638.88	1 505.79	555.02	45.16	423.41	109.50	
	A10-69	墙面钉（挂）网 玻璃纤维网	100 m²	9.820 6	931.12	512.23	238.98	2.91	140.63	36.37	
	A10-91	混凝土基层界面处理 界面处理剂	100 m²	9.820 6	637.52	192.19	379.29		52.47	13.57	
63	011203001001	零星项目一般抹灰（雨篷） 1. 水泥砂浆1：3	m²	37.03	55.68	37.10	5.25	0.43	10.25	2.65	
	A10-34	其他 水泥砂浆 零星项目（水泥砂浆1：3）	100 m²	0.370 3	5 567.27	3 709.99	524.80	42.96	1 024.56	264.96	
64	011201001001	墙面一般抹灰（内墙住宅） 1. 5厚1：1：4水泥石灰砂浆粉面 2. 15厚1：1：6水泥石灰砂浆（分户墙单侧8厚水泥基无机矿物轻集料保温砂浆＋7厚1：1：6水泥石灰砂浆） 3. 玻璃纤维网 4. 界面喷浆处理	m²	3 201.92	40.98	21.31	11.70	0.48	5.95	1.54	
	A10-8换	内墙 混合砂浆 混凝土墙（15＋5）mm（混合砂浆1：1：6 混合砂浆1：1：4）	100 m²	32.019 2	2 529.36	1 426.85	551.57	45.16	401.86	103.92	
	A10-69	墙面钉（挂）网 玻璃纤维网	100 m²	32.019 2	931.12	512.23	238.98	2.91	140.63	36.37	
	A10-91	混凝土基层界面处理 界面处理剂	100 m²	32.019 2	637.52	192.19	379.29		52.47	13.57	
65	桂011203004	砂浆装饰线条 1. 底层砂浆厚度,配合比:1：3 2. 面层砂浆厚度,配合比:1：3 3. 装饰面材料种类:水泥砂浆	m	566.31	22.96	16.22	1.05	0.09	4.45	1.15	

续表

序号	项目编码	项目名称及项目特征描述	单位	工程量	综合单价（元）	综合单价					暂估价
						人工费	材料费	机械费	管理费	利润	
	A10-19换	其他 水泥砂浆 装饰线条（水泥砂浆1：3）	100 m	5.663 1	2 297.24	1 622.48	105.44	8.81	445.34	115.17	
	0113	天棚工程									
66	011301001001	天棚抹灰（天棚卫生间）1. 批白水泥浆两遍	m²	135.72	7.44	2.02	4.73		0.55	0.14	
	A13-253换	刷白水泥两遍 抹灰面 毛面	100 m²	1.357 2	744.84	202.49	472.77		55.28	14.30	
67	011301001002	天棚抹灰（天棚住宅阳台、楼梯间）1. 批白水泥浆两遍	m²	2 068.38	7.44	2.02	4.73		0.55	0.14	
	A13-253换	刷白水泥两遍 抹灰面 毛面	100 m²	20.683 8	744.84	202.49	472.77		55.28	14.30	
68	011301001003	天棚抹灰（天棚住宅阳台、楼梯间）1. 乳胶漆涂料两遍 2. 批白水泥浆两遍	m²	127.67	19.07	7.59	8.87		2.07	0.54	
	A13-210	乳胶漆 内墙、柱、天棚抹灰面 两遍	100 m²	1.276 7	1 162.23	556.84	414.06		152.02	39.31	
	A13-253换	刷白水泥两遍 抹灰面 毛面	100 m²	1.276 7	744.84	202.49	472.77		55.28	14.30	
	0114	油漆、涂料、裱糊工程									
69	011407001001	墙面喷（刷）涂料 1. 刷（喷）真石漆（专业厂家负责设计施工）	m²	1 898.29	83.39	6.82	73.29	0.70	2.05	0.53	
	A13-232换	真石漆 胶带条分格	100 m²	18.982 9	8 339.53	682.11	7 329.12	69.91	205.30	53.09	
70	011407001002	墙面喷（刷）涂料 1. 乳胶漆涂料两遍 2. 批白水泥浆两遍	m²	421.57	19.07	7.59	8.87		2.07	0.54	
	A13-210	乳胶漆 内墙、柱、天棚抹灰面 两遍	100 m²	4.215 7	1 162.23	556.84	414.06		152.02	39.31	

续表

序号	项目编码	项目名称及项目特征描述	单位	工程量	综合单价（元）	综合单价					
						人工费	材料费	机械费	管理费	利润	暂估价
	A13-253换	刷白水泥两遍 抹灰面 毛面	100 m²	4.215 7	744.84	202.49	472.77		55.28	14.30	
71	011407003	空花格、栏杆喷（刷）涂料 1.腻子种类：白水泥 2.刮腻子遍数：两遍		105.15	13.00	6.09	4.82		1.66	0.43	
	A13-254换	刷白水泥两遍 混凝土栏杆花饰	100	1.0515	1 300.41	609.18	481.91		166.31	43.01	
72	011407004	线条刷涂料 1.刷真石漆	m	566.31	30.02	2.46	26.38	0.25	0.74	0.19	
	A13-232换	真石漆 胶带条分格	100	2.0387	8 339.53	682.11	7 329.12	69.91	205.30	53.09	
	0115	其他装饰工程									
73	011503001001	金属扶手、栏杆、栏板（铁艺栏杆） 1.栏杆类型：铸铁栏杆	m	53.50	235.07	32.52	173.84	13.05	12.44	3.22	
	A14-143换	铁花栏杆 铸铁	10 m	5.350	2 350.66	325.18	1 738.43	130.48	124.40	32.17	
74	011503001002	金属扶手、栏杆、栏板（宝瓶栏杆） 1.预制混凝土	m	69.75	250.00		250.00				
	0001	预制混凝土宝瓶栏杆	m	69.75	250.00		250.00				
75	011503001003	金属扶手、栏杆、栏板（坡道栏杆） 1.栏杆类型：不锈钢栏杆	m	32.40	203.73	39.98	117.12	24.48	17.60	4.55	
	A14-140换	普通型钢栏杆 钢管	10 m	3.240	2 037.36	399.83	1 171.19	244.84	175.99	45.51	
	011701	单价措施项目									
	011701	脚手架工程									
76	011701001001	外脚手架 1.扣件式钢管外脚手架 双排 20 m 以内	m²	1 938.40	23.29	12.30	5.23	0.45	4.23	1.08	

续表

序号	项目编码	项目名称及项目特征描述	单位	工程量	综合单价（元）	综合单价					暂估价
						人工费	材料费	机械费	管理费	利润	
	A15-6	扣件式钢管外脚手架 双排 20 m 以内	100 m²	19.384 0	2 328.58	1 230.06	522.75	44.97	422.93	107.87	
77	011701006	满堂脚手架 1. 搭设高度:3.6 m以内 2. 脚手架材质:钢管		1 832.40	13.95	8.24	1.67	0.43	2.88	0.73	
	A15-84	钢管满堂脚手架 基本层 高3.6 m	100	18.420 4	1 387.95	819.55	166.31	43.01	286.11	72.97	
	011702	混凝土模板及支架（撑）									
78	011702001001	基础 1. 基础类型:基础垫层 2. 模板、支撑材质:胶合板模板木支撑	m²	49.49	21.86	8.99	8.67	0.32	3.09	0.79	
	A17-1	混凝土基础垫层 木模板木支撑	100 m²	0.494 9	2 185.72	898.83	866.89	32.35	308.87	78.78	
79	011702001003	基础 1. 基础类型:独立基础 2. 模板、支撑材质:木模板木支撑	m²	225.45	39.70	21.44	8.75	0.41	7.25	1.85	
	A17-14	独立基础 胶合板模板木支撑	100 m²	2.254 5	3 970.17	2 144.45	874.51	41.29	725.01	184.91	
80	011702003001	构造柱 1. 模板、支撑材质:胶合板模板木支撑 2. 支模高度:按实际要求	m²	561.67	51.92	27.50	12.59	0.27	9.21	2.35	
	A17-58	构造柱 胶合板模板板木支撑	100 m²	5.616 7	5 192.50	2 749.85	1 259.34	27.22	921.15	234.94	

续表

序号	项目编码	项目名称及项目特征描述	单位	工程量	综合单价(元)	综合单价					暂估价
						人工费	材料费	机械费	管理费	利润	
81	011702004001	异形柱 1. 模板、支撑材质:胶合板模板木支撑 2. 支模高度:按实际要求	m²	1 884.51	59.49	34.83	8.94	0.86	11.84	3.02	
	A17-54	异形柱 胶合板模板钢支撑	100 m²	18.845 1	5 949.10	3 483.44	893.54	86.12	1 184.02	301.98	
82	011702005001	基础梁 1. 模板、支撑材质:胶合板模板木支撑 2. 支模高度:按实际要求	m²	334.88	44.05	21.30	13.18	0.50	7.23	1.84	
	A17-63	基础梁 胶合板模板木支撑	100 m²	3.348 8	4 404.76	2 129.63	1 317.86	49.92	722.96	184.39	
83	011702006001	矩形梁 1. 模板、支撑材质:胶合板模板钢支撑 2. 支模高度:3.6 m 以内	m²	1 236.40	52.35	27.34	11.83	1.27	9.49	2.42	
	A17-66	单梁、连续梁、框架梁 胶合板模板钢支撑	100 m²	12.364 0	5 236.32	2 734.29	1 183.40	127.34	949.20	242.09	
84	011702008001	混凝土翻边 1. 模板、支撑材质:木模板木支撑	m²	84.45	46.36	26.04	8.99	0.35	8.75	2.23	
	A17-73	圈梁 直形 木模板木支撑	100 m²	0.844 5	4 636.44	2 603.87	899.31	34.79	875.24	223.23	
85	011702008002	圈梁 1. 模板、支撑材质:胶合板模板木支撑	m²	111.14	39.53	22.05	7.88	0.30	7.41	1.89	
	A17-72	圈梁 直形 胶合板模板木支撑	100 m²	1.111 4	3 953.05	2 205.22	787.84	29.62	741.30	189.07	

续表

序号	项目编码	项目名称及项目特征描述	单位	工程量	综合单价（元）	综合单价					暂估价
						人工费	材料费	机械费	管理费	利润	
86	011702009001	过梁 1. 模板、支撑材质：胶合板模板木支撑	m²	136.69	67.65	35.58	16.29	0.68	12.03	3.07	
	A17-76	过梁 胶合板模板板木支撑	100 m²	1.366 9	6 764.49	3 558.28	1 628.96	67.74	1 202.75	306.76	
87	011702011001	直形墙（剪力墙） 1. 模板、支撑材质：胶合板模板钢支撑 2. 支模高度：按实际高度	m²	589.58	34.43	16.15	10.62	0.66	5.58	1.42	
	A17-83	直形墙 胶合板模板板钢支撑	100 m²	5.895 8	3 443.42	1 615.38	1 062.14	65.96	557.70	142.24	
88	011702011002	直形墙（电梯剪力墙） 1. 模板、支撑材质：胶合板模板钢支撑 2. 支模高度：按实际高度	m²	62.46	35.35	16.26	11.61	0.50	5.56	1.42	
	A17-84	直形墙 胶合板模板板钢支撑	100 m²	0.624 6	3 535.03	1 626.50	1 161.24	49.55	555.95	141.79	
89	011702016001	平板 1. 模板、支撑材质：胶合板模板钢支撑 2. 支模高度：3.6 m以内	m²	1 031.99	43.49	22.18	10.66	1.00	7.69	1.96	
	A17-99	平板 胶合板模板钢支撑	100 m²	10.319 9	4 348.54	2 217.81	1 066.23	99.72	768.72	196.06	
90	011702024001	楼梯 1. 模板、支撑材质：木模板木支撑	m²	57.17	148.28	78.77	33.59	2.21	26.86	6.85	

续表

序号	项目编码	项目名称及项目特征描述	单位	工程量	综合单价（元）	综合单价					
						人工费	材料费	机械费	管理费	利润	暂估价
	A17-116	楼梯 直形 木模板木支撑	10 m² 投影面积	5.717	1 482.78	787.68	335.87	22.11	268.61	68.51	
91	011702027001	台阶（模板） 1. 模板、支撑材质：木模板木支撑	m²	9.93	34.81	19.12	7.14	0.42	6.48	1.65	
	A17-122	台阶 木模板木支撑	10 m² 投影面积	0.993	348.10	191.18	71.44	4.16	64.79	16.53	
92	011702028001	扶手、压顶（一层以上） 1. 构件类型：压顶、扶手 2. 模板、支撑材质：木模板木支撑	m	194.73	32.79	17.70	7.08	0.45	6.02	1.54	
	A17-118	压顶,扶手 木模板木支撑	100 延长米	1.947 3	3 278.01	1 770.25	707.54	44.67	602.01	153.54	
93	011702028002	扶手、压顶（栏杆底） 1. 构件类型：压顶、扶手 2. 模板、支撑材质：木模板木支撑	m	14.45	32.79	17.70	7.08	0.45	6.02	1.54	
	A17-118	压顶,扶手 木模板木支撑	100 延长米	0.144 5	3 278.01	1 770.25	707.54	44.67	602.01	153.54	
94	011702028003	扶手、压顶（栏杆） 1. 构件类型：压顶、扶手 2. 模板、支撑材质：木模板木支撑	m	9.65	32.79	17.70	7.08	0.45	6.02	1.54	
	A17-118	压顶,扶手 木模板木支撑	100 延长米	0.096 5	3 278.01	1 770.25	707.54	44.67	602.01	153.54	
95	011702028004	扶手、压顶（首层） 1. 构件类型：压顶、扶手 2. 模板、支撑材质：木模板木支撑	m	57.80	32.79	17.70	7.08	0.45	6.02	1.54	

续表

序号	项目编码	项目名称及项目特征描述	单位	工程量	综合单价(元)	综合单价					
						人工费	材料费	机械费	管理费	利润	暂估价
96	A17-118	压顶,扶手 木模板木支撑	100延长米	0.578 0	3 278.01	1 770.25	707.54	44.67	602.01	153.54	
	010505008001	雨篷,悬挑板,阳台板(雨篷) 1.按实际要求 2.木模板		1.85	202.55	113.89	28.99	8.65	40.65	10.37	
	A17-239	雨篷 木模板	10混凝土体积	0.185	2 025.42	1 138.92	289.87	86.49	406.47	103.67	
	011703	垂直运输									
97	011703001	建筑物垂直运输		1 832.40	18.55			16.57	1.57	0.41	
	A16-3	建筑物垂直运输高度 20 m 以内 混合结构 塔吊 卷扬机	100	18.324 0	1 855.30			1 657.26	157.44	40.60	
	011705	大型机械设备进出场及安拆									
98	011705001	大型机械设备进出场及安拆	台次	1	19 324.07	9 855.30	121.64	7 297.39	1 629.50	420.24	
	GA19-8	塔式起重机	台次	1	18 444.42	9 781.20		6 694.39	1 565.18	403.65	
	A20-20	履带式挖掘机场外运输费	台次	1	879.65	74.10	121.64	603.00	64.32	16.59	
99	桂 011705002	塔式起重机 施工电梯基础	座	1	21 475.83	1 608.71	19 154.06	30.61	543.76	138.69	
	A20-1	塔式起重机 固定式基础(带配重 碎石 GD20 商品普通砼 C35)	座	1	21 475.83	1 608.71	19 154.06	30.61	543.76	138.69	
	011708	混凝土运输及泵送									

续表

序号	项目编码	项目名称及项目特征描述	单位	工程量	综合单价(元)	综合单价					
						人工费	材料费	机械费	管理费	利润	暂估价
100	桂011708002	混凝土泵送		989.90	19.30	2.50	12.79	3.32	0.55	0.14	
	A18-4	混凝土泵送 输送泵 檐高 40 m 以内 (砾石 GD20 商品普通砼 C15)	100	0.0910	1891.40	249.60	1240.83	331.52	55.21	14.24	
	A18-4	混凝土泵送 输送泵 檐高 40 m 以内 (砾石 GD40 商品普通砼 C20)	100	0.1860	1920.53	249.60	1269.96	331.52	55.21	14.24	
	A18-4	混凝土泵送 输送泵 檐高 40 m 以内 (碎石 GD20 商品普通砼 C20)	100	0.3980	1920.53	249.60	1269.96	331.52	55.21	14.24	
	A18-4	混凝土泵送 输送泵 檐高 40 m 以内 (碎石 GD20 商品普通砼 C35)	100	0.3650	1949.64	249.60	1299.07	331.52	55.21	14.24	
	A18-4	混凝土泵送 输送泵 檐高 40 m 以内 (碎石 GD20 商品普通砼 C30)	100	0.9340	1935.08	249.60	1284.51	331.52	55.21	14.24	
	A18-4	混凝土泵送 输送泵 檐高 40 m 以内 (碎石 GD40 商品普通砼 C20)	100	1.3600	1920.53	249.60	1269.96	331.52	55.21	14.24	
	A18-4	混凝土泵送 输送泵 檐高 40 m 以内 (碎石 GD40 商品普通砼 C30)	100	6.0280	1935.08	249.60	1284.51	331.52	55.21	14.24	
	A18-4	混凝土泵送 输送泵 檐高 40 m 以内 (碎石 GD40 商品普通砼 C15)	100	0.5370	1891.40	249.60	1240.83	331.52	55.21	14.24	

总价措施项目清单与计价表

工程名称:某装配式建筑住宅楼土建

序号	项目编码	项目名称	计算基础	费率(%)或标准	金额(元)	备注
一		建筑装饰装修工程(营改增)一般计税法			240 893.17	
1	桂 011801001001	安全文明施工费	$\sum$(分部分项人材机＋单价措施人材机)(2 595 060.27＋397 401.48＝2 992 461.75)	7.36	220 245.18	
2	桂 011801002001	检验试验配合费		0.11	3 291.71	
3	桂 011801003001	雨季施工增加费		0.53	15 860.05	
4	桂 011801004001	工程定位复测费		0.05	1 496.23	
		合　计			240 893.17	

注:以项计算的总价措施,无"计算基础"和"费率"的数值,可只填"金额"数值,但应在备注栏说明施工方案出处或计算方法。

规费、增值税计价表

工程名称:某装配式建筑住宅楼土建

序号	项目名称	计算基础	计算费率(%)	金额(元)
一		建筑装饰装修工程(营改增)一般计税法		567 616.20
1	规费	1.1＋1.2＋1.3		230 602.25
1.1	社会保险费		29.35	204 824.11
1.1.1	养老保险费		17.22	120 172.78
1.1.2	失业保险费	$\sum$(分部分项人工费＋单价措施人工费)	0.34	2 372.75
1.1.3	医疗保险费	(464 949.13＋232 918.37＝697 867.50)	10.25	71 531.42
1.1.4	生育保险费		0.64	4 466.35
1.1.5	工伤保险费		0.90	6 280.81
1.2	住房公积金	$\sum$(分部分项人工费＋单价措施人工费) (464 949.13＋232 918.37＝697 867.50)	1.85	12 910.55
1.3	工程排污费	$\sum$(分部分项人材机＋单价措施人材机) (2 595 060.27＋397 401.48＝2 992 461.75)	0.43	12 867.59
2	增值税	$\sum$(分部分项工程和单价措施项目费＋总价措施项目费＋其他项目费＋税前项目费＋规费) (3 273 103.99＋240 893.17＋0.00＋0.00＋230 602.25＝3 744 599.41)	9.00	337 013.95

承包人提供主要材料和工程设备一览表
(适用于造价信息差额调整法)

工程名称：某装配式建筑住宅楼土建　　　　　　　　　　　　　　　　　　　　　　　　编号：

序号	名称、规格、型号	单位	数量	风险系数（%）	基准单价（元）	投标单价（元）	确认单价（元）	价差（元）	合计价差（元）
1	建筑装饰人工	元	536 847.996	5.00	1.30				
2	螺纹钢筋 HRB335 10 以上(综合)	t	1.119	5.00	3 845.30				
3	螺纹钢筋 HRB400 10 以内(综合)	t	67.488	5.00	4 145.30				
4	螺纹钢筋 HRB400 10 以上(综合)	t	47.682	5.00	3 909.40				
5	镀锌铁丝 Φ4	kg	638.485	5.00	4.36				
6	镀锌铁丝 Φ2.8	kg	136.657	5.00	4.36				
7	镀锌铁丝 Φ0.7	kg	487.321	5.00	4.62				
8	圆钢 HPB300Φ10 以内(综合)	t	2.317	5.00	3 705.98				
9	圆钢 HPB300Φ16	t	0.162	5.00	4 028.21				
10	扁钢(综合)	t	0.162	5.00	4 123.93				
11	定位钢板	kg	68.974	5.00	4.23				
12	聚乙烯薄膜 0.3 mm		1 044.400	5.00	4.62				
13	玻璃纤维网		5 066.105	5.00	1.79				
14	棉纱头	kg	2.508	5.00	4.62				
15	白布 0.9 m		1.206	5.00	2.56				
16	草袋		523.893	5.00	3.85				
17	草袋片	片	16.084	5.00	1.28				
18	镀锌铁钉 25 mm	kg	23.028	5.00	4.27				
19	对拉螺栓	kg	180.512	5.00	5.23				
20	地脚螺栓	kg	200.000	5.00	8.55				
21	膨胀螺栓	套	1 409.057	5.00	0.38				
22	膨胀螺栓 M8×65	套	1 934.592	5.00	0.82				
23	镀锌膨胀螺栓 M6×80	百套	20.725	5.00	17.95				
24	铁钉(综合)	kg	1 331.124	5.00	4.33				
25	电焊条(综合)	kg	400.821	5.00	6.59				

续表

序号	名称、规格、型号	单位	数量	风险系数（%）	基准单价（元）	投标单价（元）	确认单价（元）	价差（元）	合计价差（元）
26	低合金钢耐热电焊条（综合）	kg	36.405	5.00	7.01				
27	垫铁	kg	208.041	5.00	5.30				
28	预埋铁件	kg	141.132	5.00	5.49				
29	普通硅酸盐水泥 32.5 MPa	t	96.995	5.00	261.54				
30	普通硅酸盐水泥 42.5 MPa	t	0.708	5.00	300.85				
31	白水泥(综合)	t	25.085	5.00	547.01				
32	砂(综合)		272.004	5.00	86.41				
33	细砂		1.840	5.00	82.52				
34	中砂		22.077	5.00	85.44				
35	粗砂		12.479	5.00	82.52				
36	砾石 10～40 mm		47.593	5.00	60.19				
37	生石灰	kg	4 053.378	5.00	0.29				
38	石灰膏		17.659	5.00	300.97				
39	石膏粉	kg	11.259	5.00	0.53				
40	多孔页岩砖 240×115×90	千块	1.703	5.00	641.03				
41	蒸压加气砼配块		6.648	5.00	235.04				
42	蒸压加气砼砌块 590×200×200		121.569	5.00	239.32				
43	水泥彩瓦 420×332	块	3 978.036	5.00	2.39				
44	C20 钢筋混凝土块		0.310	5.00	299.15				
45	预制混凝土叠合板		59.978	5.00	2 666.67				
46	预制混凝土内墙板		190.437	5.00	2 606.84				
47	周转圆木		0.636	5.00	645.30				
48	一等杉木枋材		3.233	5.00	1 131.62				
49	二等松杂板枋材(综合)		0.543	5.00	683.76				
50	周转板枋材		0.230	5.00	828.21				
51	周转枋材		20.426	5.00	828.21				

序号	名称、规格、型号	单位	数量	风险系数（%）	基准单价（元）	投标单价（元）	确认单价（元）	价差（元）	合计价差（元）
52	周转板材		2.892	5.00	886.32				
53	锯木屑		1.784	5.00	5.56				
54	垫木		0.189	5.00	769.23				
55	竹篾	百根	40.525	5.00	3.08				
56	陶瓷地面砖 300×300		41.207	5.00	30.17				
57	陶瓷地面砖 600×600		79.407	5.00	56.03				
58	陶瓷梯级砖		137.960	5.00	30.17				
59	木质防火门（成品）		57.796	5.00	311.11				
60	钢质防火门（成品）		59.081	5.00	341.88				
61	铝合金百叶窗（成品）		7.380	5.00	258.62				
62	塑钢推拉门（成品）		188.251	5.00	301.72				
63	塑钢平开门（成品）		143.168	5.00	301.72				
64	塑钢推拉窗不带亮（成品）		73.755	5.00	241.38				
65	塑钢平开窗不带亮（成品）		122.948	5.00	241.38				
66	铁花带铁框		53.500	5.00	172.59				
67	防水漆（配套罩面漆）	kg	840.864	5.00	7.26				
68	透明底漆	kg	735.757	5.00	12.82				
69	乳胶漆	kg	152.744	5.00	14.10				
70	真石涂料	kg	5 255.400	5.00	25.86				
71	聚氨酯甲料	kg	419.829	5.00	11.54				
72	聚合物水泥防水涂料（JS-Ⅱ）	kg	1 113.602	5.00	11.11				
73	石油沥青 60♯～100♯	kg	110.121	5.00	2.39				
74	改性沥青防水卷材 SBS-Ⅰ型聚酯胎 3.0mm 厚		875.091	5.00	24.79				
75	砾石 GD40 商品普通砼 C20		18.925	5.00	339.81				
76	碎石 GD20 商品普通砼 C15		9.265	5.00	320.39				

续表

序号	名称、规格、型号	单位	数量	风险系数（％）	基准单价（元）	投标单价（元）	确认单价（元）	价差（元）	合计价差（元）
77	碎石 GD20 商品普通砼 C20		40.414	5.00	339.81				
78	碎石 GD20 商品普通砼 C30		94.800	5.00	349.51				
79	碎石 GD40 商品普通砼 C15		54.519	5.00	320.39				
80	碎石 GD40 商品普通砼 C20		138.047	5.00	339.81				
81	碎石 GD40 商品普通砼 C30		611.819	5.00	349.51				
	合计								

注：1. 此表由招标人填写除"投标单价"栏的内容，投标人在投标时自主确定投标单价。

2. 招标人应优先采用工程造价管理机构发布的单价作为基准单价，未发布的，通过市场调查确定其基准单价。

参考文献

1. 《房屋建筑与装饰工程工程量计算规范》(GB 50854—2013)
2. 《构筑物工程工程量计算规范》(GB 50860—2013)
3. 《爆破工程工程量计算规范》(GB 50862—2013)
4. 《建筑工程工程量计算规范(GB 50854～50862—2013)广西壮族自治区实施细则(修订本)》
5. 2013《广西壮族自治区建筑装饰装修工程消耗量定额》(上、下册)
6. 2013《广西壮族自治区建筑装饰装修工程人工材料配合比机械台班基期价》
7. 2013《广西壮族自治区建筑装饰装修工程费用定额》
8. 2017《广西壮族自治区装配式建筑工程消耗量定额》

课后习题答案

第1章

1. 答:预算定额计价模式和工程量清单计价模式。工程量清单计价模式应用较为广泛。

2. 答:由规费和企业管理费组成。

3. 答:(1) 概算定额与预算定额的联系

① 两者都是以建(构)筑物各个结构部分和分部分项工程为单位表示的,内容都包括人工、材料、机械台班使用量定额三个基本部分,并列有基价和工程费用,是一种计价性定额。概算定额表达的主要内容、主要方式及基本使用方法都与预算定额相似。

② 概算定额基价的编制依据与预算定额基价相同。在定额表中一般应列出基价所依据的单价,并在附录中列出材料预算价格取定表。

③ 概算定额的编制以预算定额为基础,是预算定额的综合与扩大。

(2) 概算定额与预算定额的区别

① 项目划分和综合扩大程度不同。概算定额综合了若干分项工程的预算定额,因此概算工程项目划分、工程量计算和概算书的编制都比施工图预算的编制简化。

② 适用范围不同。概算定额主要用于编制设计概算,同时可以编制概算指标,而预算定额主要用于编制施工图预算。

第2章

1. 解:(1) 小组总产量 $=22\times(20\%\times0.833+20\%\times0.862+60\%\times1.03)=21.05(\mathrm{m}^3)$

(2) 定额台班使用量 $=10\div21.05=0.475(台班)$

2. 答:按定额反映的生产要素消耗内容分类,主要分为劳动定额、材料消耗定额和机械台班使用定额三种;按编制的程序和用途分类,主要分为投资估算指标、概算指标、概算定额、预算定额、施工定额;按投资的费用性质分类,主要分为建筑工程定额、设备安装工程定额、建筑安装工程费用定额、设备及工器具定额、工程建设其他费用定额等;按照定额的专业性质分类,主要分为建筑工程定额、装饰装修工程定额、安装工程定额、市政工程定额、园林绿化工程定额、矿山工程定额;按照编制单位和管理权限分类,主要分为全国统一定额、行业统一定额、地区统一定额、企业定额、补充定额。

3. 答:施工图预算编制可以采用工料单价法和综合单价法。

第3章

1. 答:分部分项工程量清单应根据附录规定的统一项目编码、项目名称、计量单位和工程量计算规则进行编制,即"四个统一"。

2. 答:(1) 材料价格应采用造价管理机构通过工程造价信息发布的材料价格,没有发布的,应通过市场调查确定。未采用工程造价管理机构发布的工程造价信息时,需在招标文件或答疑补充文件中对招标控制价采用与造价信息不一致的市场价格予以说明;

(2) 本着经济实用、先进高效的原则,确定施工机械设备的选型;

（3）不可竞争的费用按照国家有关规定计算；

（4）招标人应首先编制常规施工组织设计或施工方案,然后经专家论证确认后再合理确定措施项目与费用。

3. 答:（1）核对合同条款；(2) 检查隐蔽验收记录；(3)落实设计变更签证；(4) 按图核实工程数量；(5) 执行的单价；(6) 防止各种计算误差。

4. 答:（1）工程量量差；(2) 各种人工、材料、机械价格的调整；(3) 各项费用的调整。

第4章

无

第5章

1. 答:按其自然层外墙结构外围水平面积计算;应计算全面积;应计算 1/2 面积。

2. 答:当设计加以利用时净高超过 2.10 m 的部位应计算全面积;净高在 1.20 m 至 2.10 m 的部位应计算 1/2 面积;当设计不利用或室内净高不足 1.20 m 时不应计算面积。

3. 解:$S = 14.7 \times (50+0.24) + 9 \times (50+0.24) \times 2 = 1\ 642.848 (m^2)$

4. 解:$S = [17.4 \times 9 + (17.4 - 4.8 \times 2 + 0.24 \times 2) \times 1.8 + 3 \times 1.2 + (1.8 \times 4.8 \times 2 + 2 \times 4.8 \times 2 + 3.7 \times 2 \times 2) \times 0.5] \times 5 = 1\ 003.72 (m^2)$

5. 解:$S = [(3.6 + 4.8 + 3.6) \times 6.6 + 4.8 \times (1.2 + 0.6) + 3.6 \times 1.2 \times 0.5] \times 2 = 180 (m^2)$

第6章

第1节

无

第2节

1. 答:清单计价时,平整场地按建筑物首层面积计算;定额计价时,平整场地按外墙外皮线外放 2 米计算。

2. 解:房心回填土工程量:回填土设计高度 $\delta = 0.45 - 0.12 = 0.33 (m)$

$S_{房净} = (16.8 - 0.24 \times 2) \times (9 - 0.24) = 142.963 (m^2)$

$V_{房心回填} = S_{房净} \times \delta = 142.963 \times 0.33 = 47.178 (m^3)$

3. 解:（1）J_1工程量

$L_{外中} = 28.8 + [10.5 \times 2 + 3.6 \times 2 + 5.1 \times 2 - (1.1 + 0.3 \times 2) \div 2 \times 2] = 65.5 (m)$

$L_{垫1} = 28.8 + (10.5 \times 2 + 3.0 \times 2 + 5.1 \times 2 - 1.3 \div 2 \times 2) = 64.7 (m)$

$\begin{aligned} V_{挖1} &= L_{外中} \times (B + 2C) \times H + V_{垫1} \\ &= 65.5 \times (0.9 + 2 \times 0.3) \times 1.2 + 64.7 \times 1.1 \times 0.1 \\ &= 117.9 + 7.117 \\ &= 125.017 (m^3) \end{aligned}$

（2）J_2工程量

$L_{内挖土} = [5.4 - (0.9 + 1.1) \div 2 - 0.3 \times 2] \times 7 + (24 - 0.9 - 0.3 \times 2) = 49.1 (m)$

$L_{内垫层} = [5.4 - (1.1 + 1.3) \div 2] \times 7 + (24 - 1.1) = 52.3 (m)$

$\begin{aligned} V_{挖2} &= L_{内挖土} \times (B + 2C) \times H + V_{垫2} \\ &= 49.1 \times (1.1 + 2 \times 0.3) \times 1.2 + 52.3 \times 1.3 \times 0.1 \\ &= 100.16 + 6.8 \\ &= 106.96 (m^3) \end{aligned}$

（3）沟槽土方工程量合计：$V_挖 = V_{挖1} + V_{挖2} = 125.017 + 106.96 = 231.977(m^3)$

第 3 节

1. 答：长宽比在 3 倍以内且底面积在 20 m^2 以内的基础为独立基础。在土质比较好，承受力比较均匀的情况下设独立基础。

2. 解：（1）打桩工程量

$V_打 = V_图 = (9 + 0.5) \times 0.35 \times 0.35 \times 260 = 302.575(m^3)$

（2）运输工程量

$V_运 = V_打 \times (1 + 1\% + 0.4\%) = 306.811(m^3)$

（3）制作工程量

$V_制 = V_图 \times (1 + 1\% + 0.1\% + 0.4\%) = 307.114(m^3)$

（4）送桩工程量

$V_送 = (1.35 - 0.15 + 0.5) \times 0.35 \times 0.35 \times 260 = 54.145(m^3)$

3. 解：打桩工程量＝图纸工程量

运输工程量＝打桩工程量×[1＋安装（打桩）损耗率＋运输堆放损耗率]

制作工程量＝打桩工程量×[1＋安装（打桩）损耗率＋制作废品率＋运输堆放损耗率]

打孔混凝土灌注桩按[设计桩长（包括桩尖，不扣除桩尖虚体积）＋设计超灌长度]×设计桩截面积计算。

工程量 V ＝（设计桩长＋设计超灌长度）×设计桩截面积×根数

　　　　＝$(15 + 0.5) \times 0.225 \times 0.225 \times 3.141\ 6 \times 165$

　　　　＝$406.754(m^3)$

4. 答：按柱身体积加四边放大脚体积计算，砖柱基础工程量并入砖柱计算。

第 4 节

1. 墙体按其所起作用可分为承重墙和非承重墙。墙体除承受自重外，还承受梁板或屋架传来的荷重的叫承重墙。只承受自重的叫非承重墙，如围护墙、隔墙、框架间墙等。墙体按是否需要外侧抹灰可分为混水墙和清水墙。墙面抹灰的称混水墙。

2. 解：外墙中心长度＝$(3.9 \times 3 + 6.4) \times 2 = 36.2(m)$

内墙基净长度＝$(6.4 - 0.12 \times 2) \times 2 = 12.32(m)$

计算砖基础工程量：

$V_{砖基础} = (36.2 + 12.32) \times [0.5 \times 0.4 + (0.5 - 0.065 \times 2) \times 0.4] + (36.2 + 12.32) \times 0.24 \times 0.7$

　　　　＝$16.885 + 8.151$

　　　　＝$25.036(m^3)$

计算墙体工程量：

（1）外墙工程量

外墙高度＝$10.4 - 0.18 \times 3 - 0.2 = 9.66(m)$

外墙门窗面积＝$1.6 \times 1.8 \times 17 + 1.5 \times 2.5 \times 3 = 60.21(m^2)$

$V_{外墙} = (36.2 \times 9.66 - 60.41) \times 0.24 = 69.428(m^3)$

（2）内墙工程量

内墙高度＝$3.3 + 3.0 \times 2 - 0.18 \times 3 = 8.76(m)$

内墙门窗面积＝$0.9 \times 2.5 \times 6 = 13.5(m^2)$

$V_{内墙} = (12.32 \times 8.76 - 13.5) \times 0.24 = 22.662(m^3)$

总计：$V_墙＝V_{外墙}＋V_{内墙}＝69.428＋22.662＝92.089(\text{m}^3)$

3. 解：(1) M1、M2 砖平旋过梁工程量＝(1.8＋0.1＋1＋0.1)×0.37×0.24＝0.266(m^3)

C1 砖平旋过梁工程量＝(1.5＋0.1)×4×0.37×0.24＝0.568(m^3)

砖平旋过梁工程量＝0.266＋0.568＝0.834(m^3)

(2) 365 砖墙

$L_中$＝(11.04−0.37＋6.64−0.37)×2−0.37×6＝31.66(m)

$L_内$＝6.64−0.37×2＝5.9(m)

墙工程量＝0.365×[(3.6×31.66−1.8×2.5−0.9×2.5−1.6×1.8×4)＋(3.6−0.12)×5.9]＋0.24×0.24×(3.6−0.5)×2−1.25＝41.534(m^3)

(3) 240 女儿墙

$L_中$＝(11.04＋6.64)×2−0.24×4−0.24×6＝32.96(m)

女儿墙工程量＝0.24×0.5×32.96＝3.955(m^3)

第5节

1. 答：整体楼梯包括休息平台、平台梁、斜梁及楼梯的连接梁。按水平投影面积计算，不扣除宽度小于 500 mm 的楼梯井，深入墙内部分不另增加。当整体楼梯与现浇楼层无梯梁连接时，按楼层的最后一个踏步外边缘加 30 cm 为界。

2. 解：楼梯工程量＝(3.6−0.12×2)×(3.64＋1.9−0.12＋0.25)＝19.051(m^2)

3. 答：在计算有梁板时，可将梁算至板底，这样可以把板作为一个整体来计算以避免板被梁分隔成小块从而增加了工程量。

4. 解：(1) 柱混凝土浇捣工程量

Z1：0.3×0.4×5.9×4＝2.832(m^3)

Z2：0.4×0.5×5.9×4＝4.72(m^3)

Z3：0.3×0.4×5.9×4＝2.832(m^3)

合计：2.832＋4.72＋2.832＝10.384(m^3)

(2) 有梁板混凝土浇捣工程量

WKL1：(16−0.175×2−0.4×2)×0.25×(0.5−0.1)×2＝2.97(m^3)

WKL2：(10.8−0.275×2−0.4×2)×0.25×(0.5−0.1)×2＝1.89(m^3)

WKL3：(10.8−0.375×2)×0.3×(0.9−0.1)×2＝4.824(m^3)

WKL4：(16−0.175×2−0.3×2)×0.2×(0.4−0.1)×2＝1.806(m^3)

板：(16＋0.25)×(10.8＋0.25)×0.1＝17.956(m^3)

扣件柱：0.3×0.4×8×0.1＋0.4×0.5×4×0.1＝0.176(m^3)

合计：2.97＋1.89＋4.824＋1.806＋17.956−0.18＝29.27(m^3)

(3) 挑檐混凝土浇捣工程量

[(16＋0.125×2)＋(10.8＋0.125×2)]×2×(0.5−0.125)×0.1＋(0.5−0.125)×4×0.1＝2.198(m^3)

第6节

无

第7节

无

第8节

1. 答:指四坡排水屋面中斜脊长度与坡面水平投影长度的比值。

2. 解:防水层工程量:因为 $i=1.8\%<5\%$,所以工程量按平面防水层计算。

平面防水面积$=(64-0.24)\times(18-0.24)=1\,132.378(\mathrm{m}^2)$

上卷面积$=[(64-0.24)+(18-0.24)]\times2\times0.25=40.76(\mathrm{m}^2)$

防水层工程量$=1\,132.378+40.76=1\,173.138(\mathrm{m}^2)$

3. 答:按设计图示尺寸以延长米计算。

第9节

1. 解:(1) 地面隔热层工程量$=(9.6-0.24)\times(7.4-0.24)\times0.1=6.702(\mathrm{m}^3)$

(2) 墙面工程量$=[(9.6-0.24-0.1+7.4-0.24-0.1)\times2\times(3.6-0.1\times2)-1\times2]\times$
$0.1=10.898(\mathrm{m}^3)$

(3) 柱面隔热工程量$=(0.5\times4-4\times0.1)\times(3.6-0.1\times2)\times0.1=0.544(\mathrm{m}^3)$

(4) 顶棚保温工程量$=(9.6-0.24)\times(7.4-0.24)\times0.1=6.702(\mathrm{m}^3)$

2. 解:保温工程量:

保温层平均厚度$=(18-0.24)\div2\times1.8\%+0.06=0.220(\mathrm{m})$

保温层工程量$=(64-0.24)\times(18-0.24)\times0.220=249.123(\mathrm{m}^3)$

第7章

第1节

1. 答:楼地面踢脚线按水平长度计算,楼梯踢脚线按斜长、斜面积计算。

2. 解:楼梯贴花岗岩石板工程量$=(0.3+3.3+1.8-0.12)\times(3.6-0.24)=17.741(\mathrm{m}^2)$

3. 解:水泥砂浆粘贴预制水磨石踢脚板

踢脚板工程量$=[(9.6-0.24+2+4-0.24)\times2+(4-0.24+3.3-0.24)\times2-1.8-0.8\times2+0.24\times4]\times0.2=8.288(\mathrm{m}^2)$

第2节

1. 答:墙面抹灰与墙面块料工程量计算的区别主要在于门窗洞侧壁面积是否要算,前者不扣踢脚线也不算门窗洞侧壁,后者刚好相反。

2. 答:按内墙墙面长度乘以内墙面的抹灰高度以平方米计算,扣除门窗洞口和空圈所占面积,不扣除踢脚板、挂镜线、$0.3\,\mathrm{m}^2$ 以内洞口和墙与构件交接处的面积,洞口侧壁和顶面亦不增加。

3. 答:抹灰面分格、嵌缝工程量按设计图示尺寸以延长米计算。

第3节

1. 解:$(9.9-0.24)\times(5.4-0.24)=49.846(\mathrm{m}^2)$

梁侧面:$(0.5-0.12)\times(9.9-0.24)\times2+(0.35-0.12)\times(5.4-0.24-0.4)\times2\times2=11.721(\mathrm{m}^2)$

天棚抹灰工程量合计 $49.846+11.721=61.567(\mathrm{m}^2)$

2. 解:(1) 不上人型装配式 U 形轻钢天棚龙骨

$10\times6.2=62(\mathrm{m}^2)$

(2) 600×600 天棚装饰石膏板面

$10\times6.2+(6.4+3.8)\times2\times0.3=68.12(\mathrm{m}^2)$

3. 答:天棚中的折线、灯槽线、圆弧形线等艺术形式的抹灰,按展开面积计算。

第4节

1. 答:按洞口面积以平方米计算。

2. 答:按洞口高度增加 600 mm 乘以门实际宽度以平方米计算。

3. 答:门窗运输工程量按洞口面积以平方米计算。

第5节

1. 解:木门油漆工程量 = $\sum$(木门洞口面积×执行单层木门油漆定额工程量系数)

$0.9×2.5×10×1$(系数)+$0.9×2.5×12×1.36$(系数)+$2×2.2×2×0.83$(系数)= 66.524(m²) (套用定额子目:A13-9)

2. 解:(1) 房 1、房 2、房 3 天棚刮成品腻子粉两遍

$(6.6-0.24)×(4.2-0.24)+(6.6-0.24-0.12)×(4.2-0.24)=49.896$(m²)

(2) 房 1、房 2、房 3 天棚刷乳胶漆两遍工程量同天棚刮成品腻子粉两遍,为 49.896 m²。

3. 答:基层处理→刷封闭底胶→放线→裁纸→刷胶→裱贴。

第6节

1. 答:按设计图示中心线长度以延长米计算,不扣除弯头所占长度。

2. 答:金属旗杆工程量按设计图示尺寸以长度计算。旗杆高度指旗杆台座上表面至杆顶的尺寸。旗杆基础、台座、台座饰面按相关附录项目另行编码列项。

3. 答:饰面板暖气罩、塑料板暖气罩、金属暖气罩工程量按设计图示尺寸以垂直投影面积(不展开)计算。

第8章

第1节

1. 答:按室内净面积计算。其高度在 3.6～5.2 m 之间时,计算基本层,超过 5.2 m 时,每增加 1.2 m 按增加一层计算,不足 0.6 m 的不计。

2. 答:按柱图示周长另加 3.6 m 乘以柱高以平方米计算。

第2节

1. 答:钢筋混凝土满堂基础垂直运输机械工程量为 96 m³;一层钢筋混凝土地下室垂直运输机械工程量为 136 m²。

2. 解:建筑物垂直运输高度 99.4 m

屋顶楼梯、电梯机房:$6.24×10.24=63.9$(m²)

主楼:$28.24×38.24×21=22\ 677.850$(m²)

裙楼(主楼水平投影部分):$28.24×38.24×8=8\ 639.181$(m²)

合计:$63.9+22\ 677.850+8\ 639.181=31\ 380.931$(m²)

建筑物垂直运输高度 36.4 m

$(38.24×58.24-28.24×38.24)×8=9\ 177.6$(m²)

3. 解:(1) 钢筋混凝土满堂基础垂直运输机械工程量=158(m³)

钢筋混凝土满堂基础垂直运输机械套定额编号 10-2-1

定额基价=150.67 元/10 m³

(2) 一层钢筋混凝土地下室垂直运输机械工程量=238(m³)

一层钢筋混凝土地下室垂直运输机械套定额编号 10-2-2

定额基价=271.73 元/10 m³

第3节

1. 解：(1) 现浇混凝土矩形柱模板工程量=$(0.3+0.4)\times2\times4.5\times45=283.5(\text{m}^2)$

(2) 超高次数=$4.5-3.6=0.9$，即1次

混凝土矩形柱钢支撑一次超高工程量=$(0.3+0.4)\times2\times(4.5-3)\times45=94.5(\text{m}^2)$

2. 答：当垫层高度≤300 mm时不计算模板；当垫层高度≤300 mm时，从垫层顶开始放坡；当垫层高度≥300 mm时，由于要支模板，所以从垫层开始放坡。

3. 答：在计算板的侧模时，可以从楼层轮廓线的角度考虑，即统一计算一个板范围内的轮廓线，然后再乘以板厚，则可以得到板侧模的工程量。

第4节

无

第5节

1. 解：总面积=$18\,000+15\,000+10\,000+30\,000=73\,000(\text{m}^2)$

加权平均降效高度=$(18\times18\,000+36\times15\,000+48\times10\,000+89\times30\,000)\div73\,000=54.986(\text{m})$

2. 答：按不同檐高的建筑面积计算加权平均降效高度，不同檐高建筑物立面示意图如图8-1，当加权平均降效高度大于20 m时套相应高度的定额子目。

$$\text{加权平均降效高度}=\frac{\text{高度}1\times\text{面积}1+\text{高度}2\times\text{面积}2+\cdots}{\text{总面积}}$$

3. 答：建筑物超高增加费是指建筑物超过一定高度，建筑装饰装修材料垂直运输运距延长，同时，施工人员垂直交通时间以及休息时间相应延长，导致人工效率降低，与施工人员配合使用的施工机械也随之产生了降效，而需在相应分部分项工程或措施项目的综合单价中增加的费用。因此，为了弥补因建筑物高度超高而造成的人工、机械降效，应计取相应的超高增加费。

第6节

无

第7节

无

第8节

无

第9章

1. 答：标准化图纸设计→部品部件工厂化预制生产→运输及现场堆放→施工现场吊装准备→柱吊装→梁吊装(临时支撑)→板吊装(临时支撑)→外墙板吊装(临时支撑)→楼梯、外挑板吊装→节点、叠合梁板面层现浇→进入上一层施工→完工。

2. 答：预制率也称建筑单体预制率，是指混凝土结构装配式建筑±0.000以上主体结构和围护结构中预制构件部分的混凝土用量占建筑单体混凝土总用量的比率。

建筑单体装配率是指装配式建筑中预制构件、建筑部品的数量(或面积)占同类构件或部品总数量(或面积)的比率。

3. 答：预制混凝土构件现场安装连接方式主要有钢筋套筒灌浆连接、钢筋浆锚搭接连接和水平锚环灌浆连接三种。